BIBLIOTHÈQUE

SCIENTIFIQUE INTERNATIONALE

PUBLIÉE SOUS LA DIRECTION

DE M. ÉM. ALGLAVE

XV

BIBLIOTHÈQUE
SCIENTIFIQUE INTERNATIONALE

PUBLIÉE SOUS LA DIRECTION

DE M. ÉM. ALGLAVE

Volumes in-8°, reliés en toile anglaise. — Prix : 6 fr.

DERNIERS VOLUMES PARUS :

De Saporta et Marion. L'ÉVOLUTION DU RÈGNE VÉGÉTAL. *Les crypto-games.* 1 vol. avec 85 figures dans le texte . . . . 6 fr.

O.-N. Rood. THÉORIE SCIENTIFIQUE DES COULEURS et leurs applications à l'art et à l'industrie. 1 vol. in-8, avec 130 figures dans le texte et une planche en couleurs . . . . 6 fr.

De Roberty. LA SOCIOLOGIE. 1 vol. in-8 . . . . 6 fr.

Th.-H. Huxley. L'ÉCREVISSE, introduction à l'étude de la zoologie, avec 82 figures. 1 vol. in-8 . . . . 6 fr.

Herbert Spencer. LES BASES DE LA MORALE ÉVOLUTIONNISTE. 1 volume in-8. 2e édition . . . . 6 fr,

R. Hartmann. LES PEUPLES DE L'AFRIQUE. 1 vol. in-8, avec 93 figures dans le texte . . . . 6 fr.

Thurston. HISTOIRE DE LA MACHINE A VAPEUR, revue, annotée et augmentée d'une Introduction par *J. Hirsch.* 2 vol., avec 140 figures dans le texte, 16 planches tirées à part et nombreux culs-de-lampe. 12 fr.

A. Bain. LA SCIENCE DE L'ÉDUCATION. 1 vol. in-8. 3e édition. . 6 fr.

N. Joly. L'HOMME AVANT LES MÉTAUX. Avec 150 figures. 3e édition. 6 fr.

Secchi. LES ÉTOILES. 2 vol. in-8, avec 60 figures dans le texte et 17 planches en noir et en couleurs, tirées hors texte. 2e édition. . 12 fr.

Wurtz. LA THÉORIE ATOMIQUE. 1 vol. in-8, avec une planche hors texte. 3e édition . . . . 6 fr.

Brucke et Helmholtz. PRINCIPES SCIENTIFIQUES DES BEAUX-ARTS, suivis de L'OPTIQUE ET LA PEINTURE. 1 vol., avec 39 figures. 3e édition. 6 fr.

Rosenthal. LES MUSCLES ET LES NERFS. 1 vol. in-8, avec 75 figures dans le texte. 2e édition. . . . . 6 fr.

VOLUMES SUR LE POINT DE PARAÎTRE :

Charlton Bastian. LE CERVEAU ET LA PENSÉE. 2 vol., avec 184 figures dans le texte.

Alph. de Candolle. L'ORIGINE DES PLANTES CULTIVÉES.

Semper. LES CONDITIONS D'EXISTENCE DES ANIMAUX. 2 vol., avec 106 fig. et 2 planches.

Cartailhac. LA FRANCE PRÉHISTORIQUE D'APRÈS LES SÉPULTURES.

Edm. Perrier. LA PHILOSOPHIE ZOOLOGIQUE JUSQU'A DARWIN.

De Saporta et Marion. L'ÉVOLUTION DU RÈGNE VÉGÉTAL. *Les phané-rogames.* 1 vol., avec nombreuses figures.

LES

CHAMPIGNONS

PAR

M. C. COOKE

SOUS LA DIRECTION DE

M. J. BERKELEY

Avec 110 figures dans le texte

TROISIÈME ÉDITION

REVUE ET CORRIGÉE

PARIS

LIBRAIRIE GERMER BAILLIÈRE ET Cie

108, BOULEVARD SAINT-GERMAIN, 108

Au coin de la rue Hautefeuille

1882

PRÉFACE

Mon nom figurant dans le titre de cet ouvrage, je dois faire connaître la part que j'ai prise à sa préparation. Je m'étais d'abord engagé à entreprendre le travail moi-même; mais j'ai trouvé que le nombre de mes occupations et l'état chancelant de ma santé ne me permettaient pas de m'en acquitter d'une manière satisfaisante et rapide. J'ai pensé alors n'avoir pas de meilleur parti à prendre que de recommander aux éditeurs M. Cooke, savant botaniste bien connu, non-seulement en Angleterre, mais aussi sur le Continent et aux États-Unis. L'ouvrage tout entier a donc été préparé par lui; le manuscrit et les épreuves m'ont été soumis successivement; j'ai suggéré les additions qui m'ont semblé nécessaires en ajoutant parfois quelques notes. Comme l'ouvrage est destiné aux étudiants en même temps qu'aux gens du monde, l'auteur n'a pas hésité à revenir, toutes les fois qu'il l'a jugé utile, sur les renseignements contenus dans des chapitres précédents.

Je ne doute pas que ce nouvel ouvrage ne rencontre auprès du public une faveur aussi grande que les publications antérieures de M. Cooke et surtout que son *Manuel des champignons de la Grande-Bretagne.*

M. J. BERKELEY.

Sibbertoft, 23 nov. 1874.

LES
CHAMPIGNONS

CHAPITRE PREMIER

NATURE DES CHAMPIGNONS

L'observateur de la nature, même le moins préparé, reconnaît sans l'aide d'une définition logique, au seul aspect des exemples qu'il rencontre dans la vie courante, les différences essentielles qui distinguent un' animal, une plante et une pierre. Pour lui, cette ancienne distinction qu'un animal possède le mouvement et la vie, une plante la vie sans le mouvement, et qu'un minéral manque de l'un et de l'autre, semble suffisante ; jusqu'à ce qu'un jour les circonstances de la vie le mettent en présence d'une éponge ou d'un zoophyte qui ne possède qu'un des attributs de la vie animale, mais qui, sans doute possible, appartient néanmoins au règne animal. Une telle rencontre ordinairement commence par jeter le néophyte dans la perplexité ; mais plutôt que d'admettre le manque de rigueur de ses classifications, il s'opiniâtrera dans l'idée que l'éponge est une plante jusqu'à ce que, vaincu par des preuves trop fortes, il soit contraint d'abandonner cette conception. Alors il cherche un refuge dans l'idée que les deux règnes empiètent l'un sur l'autre d'une manière si imperceptible qu'il n'y a pas de ligne de démarcation à tracer entre eux. Mais entre ces deux systèmes extrêmes, la classification grossière et l'absence de classification, il y a un milieu, c'est le terrain occupé par le savant : celui ci, tout en admettant qu'une définition logique ne peut fixer brièvement et nettement les limites des trois règnes, croit à l'existence de ces limites positives, si bien que le monde savant tout entier accepte, sans controverse ni contradiction, les barrières reconnues.

Ce n'est pas tout : dans l'étude de chaque règne, les mêmes difficultés renaîtront. Une plante à fleurs comme une rose et un lis se distingue immédiatement d'une fougère, d'une algue ou d'un champignon. Cependant, il y a des plantes à fleurs qui, au premier aspect et sans examen, simulent les cryptogames, comme par exemple plusieurs *Balanophores*, que le vulgaire rangerait sans hésiter parmi les champignons. Il n'en est pas moins vrai que le botaniste, même novice, séparera parfaitement les phanérogames des cryptogames, et avec une connaissance un peu plus développée bien qu'élémentaire encore, classera les derniers en fougères, mousses, champignons, lichens et algues : il ne sera embarrassé que par un nombre relativement restreint d'exceptions. Entre les champignons et les lichens, il est vrai, existe une affinité si étroite qu'il s'élève des difficultés, des doutes et des discussions, à propos de certains petits groupes ou de quelques espèces ; mais c'est là l'exception et non la règle. Les botanistes s'accordent généralement à reconnaître les cinq principaux groupes de cryptogames comme naturels et distincts. A mesure que nous passerons de la comparaison des trois règnes à celle des groupes principaux de chacun d'eux, à celle des tribus, des classes et des ordres, nous aurons besoin d'une observation plus minutieuse ; l'éducation de l'œil et de l'esprit devra se perfectionner de plus en plus pour voir et pour apprécier les ressemblances et les différences.

Nous avons déjà supposé que les champignons sont universellement et justement placés dans le règne végétal. Quelques personnes ont pourtant conçu des doutes sur la légitimité de ce classement. Toutefois ces doutes n'ont été émis qu'au sujet d'un ordre de champignons : nous ne comptons pas, bien entendu, les observateurs les plus ignorants. Aujourd'hui, quoi qu'il en soit, la nature animale des *Myxomycètes* conserve à peine un avocat sérieux. Dans cet ordre, la plante présente à son premier âge une apparence pulpeuse et gélatineuse, et est formée d'une substance qui tient plus du sarcode que la cellulose. De Bary semblait lui attribuer des affinités avec les *Amœbes*[1], tandis que Tulasne affirmait que l'enveloppe extérieure de quelques-unes de ces productions contenait assez de carbonate de chaux pour faire une forte effervescence avec l'acide sulfurique. Le docteur Henry Carter est bien connu par ses longs et habiles travaux sur les formes Amœboïdes de la vie animale ; or, à Bombay il s'est adonné à l'examen

---

1. De Bary, *Des myxomycètes* ; *Ann. des Sciences Nat.* 4 sér. xi, p. 153 ; *Bot. zeit.* xvi, p. 357. Les vues de de Bary sont contestées par M. Wigand. *Ann. des Sci. Nat.* 4 sér. (bot.). xvi, p. 355. etc.

des *Myxomycètes* dans leur jeune âge, et le résultat de ses recherches a été la ferme conviction qu'il n'y a pas le moindre rapport
entre les *Myxomycètes* et les formes inférieures de la vie animale.
De Bary lui-même a beaucoup modifié, sinon totalement aban-
donné, les idées qu'il avait émises autrefois sur ce sujet. A leur
maturité et par leurs masses pulvérulentes de spores entremêlées
de fils à forme quelquefois spirale, les *Myxomycètes* présentent des
analogies si évidentes avec certains *Lycoperdons*, ou vesses-de-
loup, qu'il n'y a pas à douter de cette affinité. Il est à peine nécessaire de remarquer que la présence de zoospores n'est pas une
preuve d'animalité, car non seulement ils se présentent chez des
saprolégniées, telles que le *Cystopus* et les *Peronospora* [1], mais ils
sont communs dans les algues, dont la nature végétale n'a jamais
été contestée.

Il y a, relativement au sujet qui nous occupe, une autre question
également importante, mais beaucoup plus compliquée, dont il
nous faut dire un mot : c'est la probabilité du développement de
petits champignons dans certaines solutions, sans l'intervention
de germes. M. Trécul, dans un mémoire présenté à l'Académie
des sciences de Paris, a résumé ainsi ses observations : 1° Des
cellules de levûre peuvent se former dans le moût de bière, sans
que des spores y aient été précédemment semées; 2° Des cellules
de même forme que celles de la levûre, mais de contenu différent,
naissent spontanément dans une solution de sucre pure et simple,
ou additionnée d'un peu de tartrate d'ammoniaque, et ces cellules
peuvent produire la fermentation de certains liquides dans des
conditions favorables; 3° Les cellules ainsi formées produisent
le *Penicillium* comme les cellules de levûre; 4° D'un autre côté,
les spores de *Penicillium* peuvent se transformer en levûre. L'interprétation de ces faits est que la moisissure appelée *Penicillium* peut se produire dans une solution de sucre par *génération
spontanée*, et sans spores ou germes d'aucune sorte. La théorie
est qu'une masse moléculaire développée dans certaines solutions ou infusions peut, sous l'influence de certaines circonstances, produire soit des animalcules soit des champignons. « Dans
tous ces cas, on ne voit jamais d'animalcule ou de champignon
naître de cellules préexistantes ou de corps plus développés, mais
toujours de molécules [2]. » Les molécules formeraient de petites
masses, qui bientôt s'unissent pour former un corps globuleux sur
lequel une petite tige prend naissance d'un côté. Ce sont là les

1. De Bary, *Recherches sur le développement de quelques champignons parasites, Ann. des Sci. Nat.* 4 sér. (bot.) xx, p. 5.
2. Dr J. H. Bennet, *Sur l'origine moléculaire des infusoires*, p. 56.

formations appelées *Torula* [1] : elles donnent des cellules-bourgeons
qui bientôt se transforment en tubes végétatifs; ceux-ci se terminent en rangées de sporules, *Penicillium*, ou en capsules renfermant de nombreux germes globuleux, *Aspergillus* (s'c).

Ces affirmations de M. Trécul reviennent à dire que certaines
cellules, ressemblant aux cellules de levûre (*Torula*), se développent spontanément, et qu'en passant par la forme de moisissure
appelée *Penicillium* elles arrivent à la forme plus complexe de
Mucor : c'est évidemment cette dernière que l'écrivain a confondue avec l'*Aspergillus*, à moins qu'il ne veuille parler de la forme
ascigère d'*Aspergillus*, connue depuis longtemps sous le nom
d'*Eurotium*. D'après ce que l'on sait aujourd'hui sur le polymorphisme des champignons, il y a peu de difficulté à croire que les
cellules ressemblant aux cellules de levûre se développent en
Penicillium, comme cela se passe réellement dans la plante appelée *Mère du vinaigre*, et que la forme capsulifère, ou plus
élevée, de cette moisissure, peut être un *Mucor*, dans lequel les
sporules se produisent dans les capsules. La difficulté se présente plutôt, dans l'origine supposée spontanée de cellules de
levûre, naissant de molécules sous certaines conditions de lumière, de température, etc., auxquelles sont soumises telles ou
telles solutions. Il serait impossible de passer en revue tous les
arguments, ou de cataloguer toutes les expériences invoquées
pour ou contre cette théorie. Mais elle ne pouvait pas être passée
sous silence, puisqu'elle est devenue une des questions brûlantes
du jour. Le grand problème d'exclure tous les germes des solutions soumises aux expériences, et de les en tenir exclus, se présente à la base des théories. A notre avis, il y a lieu de douter
que tous les germes aient été exclus ou détruits, plutôt que d'admettre que des formes connues pour naître tous les jours de
germes se développent spontanément dans d'autres conditions.

Les champignons sont des plantes c'est incontestable, des plantes d'une organisation inférieure, il est vrai, mais cependant des
plantes; ils naissent de germes analogues dans une certaine mesure, mais non entièrement semblables aux semences d'ordres
plus élevés. Le procédé de fécondation dans ces végétaux est
encore mystérieux, mais des observations s'accumulent lentement
et graduellement, de sorte que nous pouvons espérer, dans un
temps assez rapproché, avoir des certitudes là où nous n'avons
guère aujourd'hui que des hypothèses. Si nous admettons que les
champignons soient des plantes indépendantes, beaucoup plus

---

1. Elles n'ont cependant pas de relation étroite avec les véritables
Torulo, telles que *T. Moniloïdes*, etc. *Manuel de Cooke*, p. 177.

complexes dans leurs relations et leur développement qu'on ne le supposait autrefois, il faut s'attendre à ce que certaines formes soient relativement permanentes, c'est-à-dire forment des espèces distinctes. Ici encore, des efforts ont été faits pour développer une théorie d'après laquelle il n'y aurait pas, pour les champignons, d'espèces véritables, en prenant ce mot dans le sens appliqué jusqu'ici aux plantes à fleurs. En ceci, comme dans d'autres exemples analogues, des généralisations trop hâtives ont été fondées sur quelques faits isolés, sans l'intelligence de la vraie interprétation de ces faits et de ces phénomènes. Il sera plus loin traité spécialement du polymorphisme; mais dès maintenant il est bon d'observer que, si certains champignons décrits antérieurement et désignés par des noms distincts comme des espèces autonomes, sont reconnus aujourd'hui comme étant simplement des formes transitoires d'autres espèces, ce n'est pas une raison pour conclure qu'il n'y a pas de formes autonomes, ou que des champignons qui se montrent et se développent sous des états successifs ne sont pas, dans l'ensemble de leur existence, de véritables espèces. Au lieu donc d'insinuer qu'il n'y a pas d'espèces vraies, les recherches modernes tentent plutôt à l'établissement des espèces vraies et à l'élimination des fausses. C'est principalement parmi les espèces microscopiques que le polymorphisme a été constaté. Dans les champignons grands et charnus, on n'a rien découvert qui puisse ébranler notre foi dans les espèces décrites il y a un demi-siècle ou davantage. Dans les Agarics, par exemple, les formes semblent aussi permanentes et aussi distinctes que dans les plantes à fleurs. En réalité, il n'y a lieu de s'écarter que fort peu des idées exprimées en ces termes avant la découverte du polymorphisme : « A peu d'exceptions près, on peut affirmer avec certitude que dans aucune partie de la nature organique il n'existe d'espèces plus certaines que parmi les champignons. Les mêmes espèces reparaissent constamment aux mêmes places, et, s'il se présente des types non découverts jusqu'ici, ou bien ils sont identiques à d'autres connus dans des localités différentes, ou bien ce sont des espèces qui ont échappé aux observations précédentes et que des recherches plus attentives montrent répandues en beaucoup de points. Rien n'est dû au hasard dans leurs caractères ou leur accroissement [1].

Le parasitisme de nombreuses et petites espèces sur des plantes qui vivent et s'accroissent, a son parallèle parmi les phanérogames eux-mêmes, témoin le gui, la cuscute et d'autres espèces

1. Berkeley, *Outlines of British Fungology*, p. 24.

semblables. Parmi les champignons, un grand nombre sont ainsi parasites; ils détériorent, et dans beaucoup de cas finissent par détruire la plante qui leur donne l'hospitalité. Ils percent en effet les tissus du végétal, forment la rouille et la nielle du blé et des graminées, ou même exercent une influence plus destructive encore comme fléaux contagieux. C'est ce qui arrive dans la maladie de la pomme de terre et les affections analogues. Un plus grand nombre encore de champignons vivent aux dépens de la matière végétale morte ou mourante. On les trouve en hiver sur les feuilles mortes, sur les rameaux, les branches, le bois pourri, les restes des plantes herbacées, et le sol fortement chargé de végétaux décomposés. Aussitôt qu'une plante commence à dépérir, elle devient la source d'une végétation nouvelle qui en précipite la destruction, et un nouveau cycle de vie commence.

Dans ces exemples, que le champignon vive en parasite sur des plantes vivantes, ou qu'il se développe sur des plantes mortes, la source est toujours végétale. Mais il n'en est pas toujours ainsi, et on ne peut pas dire que les champignons soient des productions essentiellement épiphytes. Quelques espèces se trouvent toujours sur la matière animale, le cuir, la corne, les os, etc.; quelques autres apparaissent sur des substances aussi pauvres que les minéraux, non seulement sur le gravier, les fragments de roc. mais encore sur des métaux comme le fer et le plomb. Nous en reparlerons plus longuement quand nous traiterons de l'habitat de ces végétaux. Bien qu'en général les champignons puissent se représenter comme « des végétaux endophytes ou épiphytes tirant leurs aliments d'une matière nourricière au moyen d'un mycélium, » il y a des exceptions à cette règle qui s'applique à la majorité des cas.

Parmi les champignons que l'on trouve sur les matières animales, il n'y en a pas de plus extraordinaires que les espèces qui s'attaquent aux insectes. La moisissure blanche qui en automne exerce tant de ravages sur la mouche commune de nos maisons, peut être omise quant à présent; car elle n'est probablement qu'une forme des Saprolégniées, classées par certains auteurs parmi les champignons, et par d'autres, parmi les algues. Les guêpes, les araignées, les mites et les papillons se trouvent souvent enveloppés d'une sorte de moisissure nommée *Isaria*; c'est la forme à conidies du *Torrubia*, genre de *Sphæria* claviforme qui se développe ensuite. Quelques espèces d'*Isaria* et de *Torrubia* affectent aussi les larves et les nymphes des mites et des papillons, dont ils convertissent tout l'intérieur en une masse de mycélium pour fructifier ensuite en une tête claviforme. On s'est demandé si dans ces cas le champignon a commencé son développement pendant la vie de l'insecte dont il a ainsi hâté la mort; ou s'il est né seulement après la mort de l'animal, et n'a été que la conséquence du dépérissement [1]. L'attitude dans laquelle on voit certaines grandes mites sur les feuilles, quand elles sont infestées de l'*Isaria*, et qui ressemble de si près à celle de la mouche commune succombant au *Sporendonema Muscæ*, ferait croire que certainement, dans plusieurs cas, l'insecte a été attaqué encore vivant par le champignon; tandis que dans l'exemple des chenilles souterraines comme l'*Hepialus* de la Nouvelle-Zélande ou de la Grande-Bretagne, la question est difficile à trancher. Quoi qu'il en soit de ces derniers phénomènes, il est clair que la maladie du ver à soie appelée *Muscardine*, attaque l'insecte vivant et cause sa mort. Dans le cas des *Guêpes végétantes* il paraît que la guêpe se promène en volant avec le champignon partiellement développé.

Dans tous les champignons, nous pouvons reconnaître un système végétatif et un système reproducteur. Quelquefois le premier seul se développe, et alors le champignon est imparfait; d'autres fois le dernier est de beaucoup prédominant. Il y a ordinairement une agglomération de fils délicats joints ou non ensemble, qui ont une certaine analogie avec les racines des plantes supérieures. Ces filaments pénètrent les tissus des plantes attaquées par les champignons parasites, ou courent sur les feuilles mortes, ou forment des taches blanches portant jadis le nom d'*Himantia*, mais qui sont en réalité le mycélium de quelques espèces de *Marasmius*. Si une cause en arrête ou en trouble le développement, cette végétation s'arrête là, et il ne se produit que des filaments entrelacés. Dans cet état, les mycéliums des différentes espèces se ressemblent tellement qu'il n'y a pas à faire de détermination précise. Si le développement se poursuit, ce mycélium donne naissance à la tige et au chapeau d'un champignon agaricoïde, et le système végétatif se complète ainsi. Le chapeau à son tour produit une surface qui porte des spores, le fruit se forme, et le champignon est complet. Aucun champignon ne peut être regardé comme parfait tant que son système reproducteur n'est pas développé. Dans quelques-uns il est très-simple, dans d'autres fort complexe. Dans beaucoup de moisissures, nous avons une miniature qui représente les plantes supérieures, avec le mycélium pour racine, la tige, les branches, et enfin les capsules portant les sporidies analogues aux graines. Il est vrai que les feuilles sont absentes, mais elles sont quelquefois remplacées par des appendices latéraux ou des ramus-

---

1. Berkeley, *Intr. à la Botanique Cryptogamique*, p. 235.

cules rudimentaires. Une touffe de moisissure est en miniature une
forêt d'arbres. Bien qu'une telle définition puisse être regardée
comme plus poétique que précise, plus métaphorique que litté-
rale, peu de personnes pourraient croire à la merveilleuse beauté
d'une touffe de moisissure avant de l'avoir vue sous le microscope.

À cet état aucun doute n'est possible sur le caractère végétal
de cet être. Mais il y a une phase inférieure où se rencontrent
quelquefois ces plantes : elles peuvent consister simplement en
cellules isolées, en rangées de cellules, ou en filaments de structure simple flottant dans des liquides. Dans ces conditions, probablement le système végétatif seul est développé et encore imparfaitement ; pourtant quelques-uns se sont avancés jusqu'à donner
des noms à des cellules isolées ou à des rangées de cellules, ou
même à des filaments qui réellement ne possèdent en eux-mêmes
aucun des éléments d'une classification correcte : le système végétatif lui-même est imparfait, et par conséquent le reproducteur
est absent. Nous l'avons déjà dit : aucun champignon n'est parfait sans fruit de quelque sorte ; et les particularités de structure et de développement du fruit forment un des éléments les
plus importants dans la classification. Ainsi, essayer d'attacher
des noms à des fragments aussi imparfaits de plantes non développées, c'est aussi absurde que de dénommer une plante à fleurs
d'après une paillette des fibrilles de la racine, accidentellement
rejetées du sol; c'est même pire encore; car l'identification probablement serait alors plus facile. Il est bon de protester sans
cesse contre les tentatives de ceux qui veulent pousser la science
jusqu'aux confins de l'absurdité; et c'est le verdict à rendre sur
des essais ayant pour but de déterminer avec précision des organismes aussi incomplets que des cellules flottantes ou des fils
transparents, qui peuvent appartenir indifféremment à cinquante
espèces de moisissures ou même à une algue. Ceci nous conduit
à remarquer en passant que les champignons peuvent se trouver
sous des formes et dans des états tels que, la fructification étant
absente et le système végétatif seul étant développé, ils s'approchent des algues au point qu'il est difficile de dire à quel groupe
appartiennent les organismes.

Enfin un caractère important des champignons en général est
la rapidité de leur croissance et de leur dépérissement. En une
nuit une Vesse-de-loup peut croître prodigieusement, et dans le
même espace de temps une masse de pâte peut se couvrir de
moisissures. En quelques heures une masse gélatineuse de *Reticularia* peut se réduire à des flocons de poussière, et un
Coprinus peut tomber en déliquescence. Avec ce souvenir pré-

sent, les mycophages observeront qu'un champignon charnu, bon
peut-être à manger à midi, peut éprouver assez de changement
en quelques heures pour être détestable le soir. On a rapporté
beaucoup d'exemples de la rapidité de l'accroissement des champignons; il peut être admis aussi comme axiome que la destruction en beaucoup de cas n'est pas moins rapide.

L'affinité des lichens et des champignons a été depuis longtemps reconnue, dans ses justes limites, par les lichénologues
et les mycologues [1]. Dans l' « Introduction à la botanique cryptogamique » il a été proposé de les réunir en un seul groupe sous
le nom de *Mycétales*, de même que le Dr Lindley, dans son « Règne
Végétal », a rapproché en groupes des ordres alliés, mais en
dehors de cela, il s'est attaché peu de faveur à la théorie proposée depuis, et qui, comme toutes les théories nouvelles, a réuni
un cercle restreint, mais ardent de défenseurs. Il est nécessaire
de résumer brièvement cette théorie ainsi que les arguments par
lesquels elle a été soutenue et attaquée, d'autant plus qu'elle se
rattache étroitement à notre sujet.

Dès 1868, le professeur Schwendener exposa le premier ses idées
à ce sujet [2], mais d'une façon brève et sommaire; d'après lui, chaque
lichen individuel n'était qu'une algue qui s'était enveloppée d'un
champignon parasite, et tous ces corps particuliers qui sous le
nom de *Gonidies* étaient considérés comme des organes spéciaux

1. Sur la relation ou les affinités entre les champignons et les lichens,
H. C. Sorby a fait des remarques intéressantes dans sa communication à
la Société Royale de Londres sur la « chromatologie comparée des végé-
gaux » (*Proceedings Royal Society*, vol. xxi, 1873, p. 479), résultats de ses
observations spectroscopiques. « Tels étant, dit-il, les rapports entre les
organes de reproduction et le feuillage, il est jusqu'à un certain point possible de se rendre compte de la connexion entre les plantes parasites,
comme les champignons, qui ne puisent pas leur force dans l'énergie
constitutrice de leur feuillage, et ceux qui s'alimentent eux-mêmes et possèdent un véritable feuillage. Dans les plus hautes classes de plantes, les
fleurs présentent de l'analogie avec les feuilles, principalement par la xanthophylle et la xanthophylle jaune; tandis que, dans le cas des lichens, les
apothécions contiennent peu ou point de ces substances, mais renferment
une grande quantité de ces lichénoxanthines si caractéristiques de la classe.
Si l'on considère les champignons à ce point de vue chromatologique, ils
ont à peu près la même relation avec les lichens que les pétales d'une
plante parasite sans feuilles auraient avec le feuillage d'une plante de
caractère normal; c'est-à-dire qu'ils sont, pour ainsi dire, les organes colorés
de reproduction de plantes parasites d'un type fort approchant des lichens :
ces conclusions, comme on le voit, s'accordent de bien près, pour ne pas
dire entièrement, avec celles que les botanistes ont tirées de données
entièrement différentes.
2. Schwendener, *Untersuchungen über den Flechtenthallus.*

des lichens, n'étaient que des algues emprisonnées. Dans un langage que le Rév. J. M. Crombie [1] qualifie de *pittoresque*, cet auteur donna sa conclusion générale de la manière suivante : « D'après le résultat de mes recherches, toutes ces productions ne sont pas de simples plantes, ce ne sont pas des individus dans le sens ordinaire du mot; ce sont plutôt des colonies, qui consistent en centaines et en milliers d'individus, dont un seul cependant agit en maître, tandis que les autres, en captivité perpétuelle, pourvoient à leur nourriture et à celle de leur maître. Ce maître est un champignon de l'ordre des *Ascomycètes*, un parasite accoutumé à vivre du travail d'autrui; ses esclaves sont des algues vertes qu'il a cherchées autour de lui ou plutôt dont il s'est saisi et qu'il a forcées à le servir. Il les environne, comme une araignée entoure sa proie, d'un réseau fibreux de mailles étroites qui se convertit bientôt en un tissu impénétrable. Cependant, tandis que l'araignée suce sa proie et ne la laisse que morte, le champignon donne aux algues prises dans son filet une activité plus grande; il leur fait prendre même un accroissement plus vigoureux. » Cette hypothèse, présentée au monde avec tout le prestige du nom du professeur, ne fut pas longue à trouver des adhérents et voici les points principaux sur lesquels on insiste : 1° La relation générique des gonidies colorées avec les filaments incolores qui composent le thallus du lichen n'était qu'une simple hypothèse sans preuve. 2° La membrane des gonidies était chimiquement différente de la membrane des autres tissus, d'autant plus que la première avait une réaction correspondante à celle des algues, tandis que la seconde avait celle des champignons. 3° Les formes et les variétés différentes de gonidies correspondaient à des types parallèles d'algues. 4° Comme la germination de la spore n'avait pas été suivie au-delà du développement d'un hypothallus, on pouvait en rendre compte par l'absence de l'algue essentielle sur laquelle le nouvel organisme devait vivre en parasite. 5° Il y a une correspondance frappante entre le développement du fruit dans les lichens et dans quelques champignons sporidiifères (*Pyrenomycètes*).

Ces cinq points ont été incessamment contestés contre les théoriciens par les lichénologues, que les esprits sans préjugés doivent regarder comme les savants les plus familiarisés avec la structure et le développement de ces plantes. Un fait qui devrait avoir un certain poids, c'est qu'aucun lichénologue de

1. Crombie (J. M.), *On the Lichen-Gonidia question*, Popular science review, juillet 1874.

réputation n'a encore accepté cette théorie. En 1873, le Dr E. Bornet [1] vint au secours de Schwendener, et épuisa presque le sujet; mais il ne réussit à convaincre ni les lichénologues expérimentés, ni les mycologues. Les deux grands points à établir étaient : d'abord que les plantes appelées lichens sont des organismes composés, et non pas des végétaux simples et indépendants, puis que cet organisme composé consiste en algues unicellulaires avec un champignon qui vit sur elles en parasite. Les gonidies colorées que l'on trouve dans la substance ou le thallus des lichens, sont les algues supposées; la formation cellulaire qui environne, enferme et emprisonne les gonidies est le champignon parasite, qui est parasite sur quelque chose d'infiniment plus petit que lui-même : il isole entièrement et absolument cet être de toute influence extérieure.

Le Dr Bornet a établi que toute gonidie d'un lichen peut être rapportée à une espèce d'algue, et que la connexion entre l'hypha et la gonidie est d'une nature telle qu'elle exclut toute hypothèse de la production d'un des organes par l'autre. Suivant lui c'est la seule manière d'expliquer pourquoi les gonidies des divers lichens seraient presque identiques.

Le Dr Nylander [2], en parlant de cette hypothèse d'une algue emprisonnée, écrit : « L'absurdité d'une telle hypothèse est évidente par la considération qu'un organe (gonidie) devrait être en même temps un parasite du corps dont il accomplit des fonctions vitales; car on pourrait aussi bien prétendre que le foie ou la rate constitue un parasite des mammifères. Un être parasite est autonome et vit sur un corps étranger, dont les lois de la nature ne lui permettent pas d'être en même temps un organe. C'est là un axiome élémentaire de physiologie générale. Mais l'observation directe enseigne que la matière verte se développe originairement dans la cellule primitive qui porte la chlorophylle ou le phycochrome, et par conséquent ne s'introduit pas d'une partie extérieure, ne vient pas d'un parasitisme quel qu'il soit. On observe que la cellule est d'abord vide; puis, par sécrétion, la matière verte se produit dans la cavité et prend une forme définie. On peut donc démontrer avec facilité et avec évidence que l'origine de la matière verte dans les lichens est absolument la même que dans les autres plantes. » A une autre occasion et dans un autre passage, l'éminent lichénologiste fait cette remar-

1. Bornet (E.), *Recherches sur les Gonidies des Lichens*, Ann. des Sci. Nat., 1873, 5 sér., vol. XVII.
2. Nylander, *On the Algo-Lichen Hypothesis*, Grevillea, vol. II (1874), n° 22, p. 146.

que [1] à propos de la prétendue nature algoïde des gonidies : « Une existence aussi peu naturelle que celle qui leur serait réservée, enfermées dans une prison et privées de toute autonomie, n'a nul rapport avec le mode de vie ordinaire des autres algues ; elle n'a pas de parallèle dans la nature. Car rien d'analogue au point de vue physiologique ne se présente nulle part. Krempelhuber l'a déclaré, il ne voit pas de raison concluante contre la supposition que les gonidies des lichens soient des organes propres, normalement développés, et non des algues, que ces gonidies puissent continuer à végéter séparément, et que cette raison les ait fait prendre à tort pour des algues unicellulaires. » Th. Fries semble professer au fond la même opinion. Un autre argument, ou plutôt la répétition d'un argument déjà cité, mais mis en plus vive lumière, a été exposé par Nylander dans les termes suivants : « Ces corps regardés comme des algues dans l'hypothèse nuageuse de Schwendener, sont si loin de constituer de vraies algues qu'elles ont au contraire, on peut l'affirmer, la nature des lichens : d'où il suit que ces pseudo-algues sont des systèmes à ranger parmi les lichens, et que la classe des algues si vaguement déterminée jusqu'ici devrait recevoir des limites nouvelles et plus exactes. »

Pour considérer une autre face de la question, il y a, d'après la remarque de Krempelhuber, des espèces de lichens qui dans plusieurs pays ne fructifient pas. Leur propagation ne peut s'accomplir que par le moyen des sorédions. Les hyphas de ces végétaux ne pourraient par eux-mêmes servir à la propagation, pas plus que les hyphas du chapeau ou de la tige d'un agaric, et il est fort improbable qu'ils puissent acquérir cette faculté par l'interposition d'une algue étrangère. D'un autre côté il ajoute : « Il est bien plus conforme aux lois de la nature que les gonidies, organes normaux des lichens, communiquent, comme les spores, aux hyphas qui procèdent de ces plantes le pouvoir de propager l'individu. »

On a cité à ce propos un cas,[2] dans lequel les gonidies seraient produites par les hyphas ; et le genre *Emericella*[3], voisin des *Husseia*, parmi les *Trichogastres*, présente dans sa tige une structure exactement semblable au *Palmella botryoïdes* de Gréville, et à ce qui s'offre dans le *Synalyssa*. L'*Emericella*, avec un ou deux autres genres, doit cependant être considéré comme reliant les *Trichogastres* aux lichens ; aussi la question ne peut pas être regardée comme tranchée d'une manière satisfaisante, tant qu'on n'aura pas fait une série d'expériences sur la germina-

1. *Flore* de Regenburg, 1870, p. 92.
2. Berkeley, *Intr. à la Bot. Crypt.*, p. 373, fig. 78, a.
3. Berkeley, *Introduction*, p. 311, fig. 76.

tion des spores des lichens et leurs relations avec les algues libres, qu'on suppose identiques aux gonidies. M. Thwaites[1] a été le premier à montrer la relation des gonidies dans les différentes sections des lichens avec les types différents d'algues supposées. La question ne peut pas être décidée par de simples notions à *priori*. Il est peut-être digne de remarque que, dans le *Chiony-phe Carteri*, les filaments poussent sur les cystes, comme l'hypha des lichens est représenté croissant sur les gonidies.

Récemment le Dr Thwaites[2] a communiqué ses vues sur un point de cette controverse : elles jetteront un jour sur la question au point de vue mycologique. Cet écrivain, on le sait, a une expérience considérable de l'anatomie et de la physiologie des cryptogames inférieurs; et toute idée par lui exprimée sur un tel sujet se recommande du moins à un sérieux examen.

« D'après mon expérience, dit-il, les champignons parasites me paraissent exercer invariablement une influence funeste sur les tissus où ils se fixent. Ces tissus prennent une couleur pâle et une apparence de tout point maladive. Mais, qui a jamais vu les gonidies des lichens souffrir du voisinage des hyphas croissant au milieu d'elles? Ces gonidies sont toujours robustes, ont les couleurs les plus fraîches et un air de santé parfait. Ne peut-il entrer dans la tête de ces observateurs si patients et si excellents qu'une plante cryptogame peut avoir deux sortes de tissus croissant côte à côte, sans que l'un soit pour cela parasite sur l'autre, comme telle plante supérieure a une demi-douzaine de tissus dans son économie? Le port, d'une si belle symétrie, de ces lichens me semble un argument suffisant contre l'hypothèse d'une portion parasite sur l'autre; à voir toute cette harmonie et cette robuste santé, l'idée du parasitisme d'une partie sur l'autre me semble une complète absurdité. »

Il nous paraît que la confusion et les nombreuses erreurs qui se glissent dans nos généralisations et nos hypothèses modernes tiennent en grande partie à ce que l'on accepte des analogies pour des identités. Combien de fausses identités se sont évanouies grâce aux perfectionnements du microscope, dans le dernier demi-quart du siècle! Ces erreurs devraient nous tenir en garde pour l'avenir.

Quoi qu'il en soit des gonidies, le reste du champignon est-il un vrai lichen? « Les éléments anatomiques des filaments des lichens, écrit Nylander, se distinguent par des caractères nombreux des hyphas des champignons. Ils sont plus fermes, plus élastiques, et

1. *Ann. and Magaz. of Nat. Hist.* avril 1847.
2. Gard. Chron. 1873, p. 1341.

se reconnaissent au premier abord dans la texture des lichens. D'un autre côté les hyphas des champignons sont très-mous, à parois minces, nullement gélatineux, et se dissolvent immédiatement sous l'action de la potasse, etc. [1].

Notre propre expérience nous porte à croire que certains lichens sont dans une situation douteuse entre les champignons et les lichens; mais dans la grande majorité des cas, d'après la fermeté et l'élasticité particulières des tissus, d'après de petits détails que la pratique apprend à découvrir plutôt qu'à décrire, et même d'après le caractère général du fruit, il n'y a pas la moindre difficulté à reconnaître qu'ils diffèrent positivement des champignons, bien qu'ils aient avec eux d'étroites affinités. Nous n'avons que l'expérience pour nous guider en ces matières, mais c'est quelque chose; et l'expérience ne nous montre dans les champignons rien qui se rapporte à un *Cladonia*, quelle que soit la ressemblance de ce dernier avec un *Torrubia* et un *Clavaria*. Nous avons des *Peziza* avec un *subiculum* dans la section *Tapesia*, mais le plus novice des étudiants ne les confondrait pas avec les espèces de *Parmelia*. Sans doute un grand nombre de lichens se trouvent ressembler au premier aspect à des espèces d'*Hystériacées;* mais ce qui est vrai, quoique étrange à dire, c'est que les lichénologues et les mycologues connaissent assez chacun leur bien pour ne pas empiéter les uns sur les autres.

De nouvelles publications apportent tous les jours des éléments à cette controverse, et déjà les principaux arguments de part et d'autre ont paru dans les ouvrages anglais [2]; il est donc inutile de répéter ceux qui ne sont que des modifications des vues précédentes. Nos conclusions peuvent se résumer brièvement ainsi : les lichens et les champignons sont très-voisins les uns des autres, mais ils ne sont point identiques ; les gonidies des lichens sont une partie de l'organisation de ces derniers, et par conséquent ne sont ni des algues, ni des corps étrangers; il n'y a pas de parasitisme; et le thallus des lichens, sans y comprendre les gonidies, est complétement inconnu parmi les champignons.

Nous sommes donc complétement d'accord avec le Rév. J. M. Crombie dans la remarque qui termine son résumé de cette controverse : il voit « un roman lichénologique à sensation » dans cette « union contre nature entre une pauvre algue captive et son tyran farouche le champignon ».

1. *Grevillea*, vol. ii, page 147, en note.
2. W. *Archer, Quart. Journ. Micr. Sci.* vol. xiii, p. 217 ; vol. xiv, p. 115. Traduction de la *Nature des Gonidies des Lichens*, de *Schwendener*, dans le même journal, vol. xiii, p. 235.

CHAPITRE II

Sans une certaine connaissance de la structure des champignons, il est à peine possible de comprendre les principes de la classification, ou d'apprécier les curieux phénomènes du polymorphisme. Pourtant il y a une telle variété dans la structure des différents groupes, que ce sujet ne peut être traité en quelques paragraphes ; nous ne pensons même pas qu'il fût bon de le faire, quand cela serait possible : car l'anatomie et la physiologie des plantes présentent en elles-mêmes assez d'importance et d'intérêt pour mériter un examen attentif et prolongé. Afin de donner à ce chapitre toute l'utilité pratique qu'il comporte, il nous semble à propos de traiter séparément des ordres et des sous-ordres les plus importants et les plus typiques, en insistant de préférence sur les traits les plus caractéristiques de chaque section. Nous suivrons d'ailleurs autant que possible l'ordre systématique, tout en cherchant à donner à chaque section le plus d'indépendance possible, et à la rendre complète en elle-même. Plusieurs groupes présentent naturellement des traits plus remarquables que d'autres et sembleront en conséquence recevoir une part disproportionnée dans notre attention ; mais il était difficile d'éviter cette inégalité : d'autant plus que certains groupes ont été jusqu'ici examinés avec un soin particulier, en vertu des liens qui les rattachent à d'autres questions, ou peuvent être observés d'une manière plus facile et plus satisfaisante sous différents aspects de leur histoire.

AGARICINÉES. — Pour connaître la structure qui se rencontre dans

l'ordre auquel appartient l'Agaric champêtre, un examen de cette
dernière espèce sera presque suffisant. Ici, nous reconnaîtrons
immédiatement trois parties distinctes qui demandent à être étudiées, savoir : les filaments rhizoïdes du végétal, qui traversent
le sol et portent le nom de *mycélium*, ou *blanc* de champignon, la tige ou stipe et le chapeau, qui ensemble constituent ce
que l'on appelle l'hyménophore, et les feuillets insérés à la surface inférieure du chapeau, qui portent l'*hyménium*. Le premier état où l'on puisse reconnaître le champignon comme un
végétal distinct est celui de mycélium : c'est essentiellement un
organe d'absorption et de végétation. Sa forme normale est celle
de filaments déliés, entrelacés, anastomosés, et transparents. A
certains points privilégiés du mycélium, les fils semblent s'agréger
et devenir des centres d'extension verticale. D'abord on ne voit

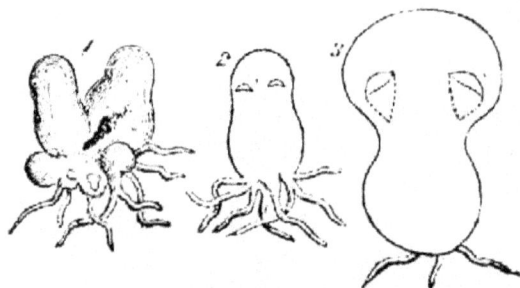

qu'un petit bouton à peu
près globuleux, sembla-
ble à un grain de mou-
tarde ; mais bientôt il
s'accroît rapidement, et
il apparaît à la base
d'autres boutons ou gon-
flements semblables [1].
Ils constituent le jeune
hyménophore. En pous-
sant à travers le sol,

Fig. 1. — Agaric champêtre en voie d'accroissement.

celui-ci perd graduellement sa forme globuleuse, s'allonge plus
ou moins, et, dans cet état, une section longitudinale montre la
position des futurs feuillets, par une couple de taches opposées,
en forme de croissant et de couleur sombre, près du sommet.
L'épiderme, ou l'enveloppe extérieure, semble régner d'une manière continue sur la tige et la tête globuleuse. Jusqu'ici, il n'y

1. Il y a quelques années il s'est passé à Bury St. Edmunds un fait
curieux, qui peut être rappelé ici pendant que nous parlons du développement de ces nodules. Deux enfants étaient morts dans des circonstances
suspectes, et l'autopsie du corps de l'un deux fut faite après exhumation, sur
le bruit que l'enfant était mort après avoir mangé des champignons. Comme
certains nodules blancs se montraient sur la surface interne des intestins,
on conclut sans balancer que les spores de champignons avaient germé et
que les nodules étaient de petits champignons. Cela parut si étrange à l'un
de nous que nous demandâmes des échantillons : ils nous furent fournis
obligeamment, et un rapide examen suffit à nous convaincre qu'ils n'a-
vaient rien de commun avec les champignons. L'examen microscopique
confirma ensuite ce diagnostic, et l'acide nitrique, employé comme réactif,
montra que les nodules étaient dus simplement à une mixture calcaire
donnée à l'enfant pour combattre la diarrhée à laquelle il succomba.

a pas de marque extérieure d'un chapeau déployé ni de feuillets;
une section longitudinale faite à cette époque montre que les
feuillets se développent, que le chapeau prend sa forme ordinaire,
que la membrane, régnant du stipe au bord du jeune chapeau, se
sépare du bord des feuillets en formant un *voile* qui, par la suite,
se séparera inférieurement et laissera les feuillets découverts.
Lors donc que le champignon est arrivé presque à maturité, le
chapeau se déploie, et, dans ce phénomène, le voile se déchire au
bord du chapeau; il reste, pour
un certain temps, comme un collier autour de la tige. Des fragments du voile demeurent souvent attachés au bord du chapeau. Le collier adhérent au stipe
retombe et prend alors le nom
d'*anneau*. Nous avons alors l'hyménophore complètement développé : la tige avec son anneau
soutenant un chapeau déployé
ou piléus, avec des feuillets sur
la surface inférieure qui porte
l'hyménium [1]. Une section longitudinale, faite dans le chapeau et
tout le long de la tige, donne la
meilleure notion de l'arrangement des parties et de leurs relations avec l'ensemble. On voit
par là que le chapeau est la con-

Fig. 2. — Section de l'Agaric
champêtre.

tinuation du stipe, que la substance du chapeau descend dans les
feuillets, et que celle de la tige est relativement plus fibreuse que
celle du chapeau. Dans l'Agaric champêtre, l'anneau est très distinct; il entoure la tige, un peu plus haut que le milieu, comme un
collier. Dans quelques Agarics, l'anneau subsiste fort peu de temps
ou manque complètement. La forme des feuillets, leur mode d'insertion sur la tige, leur couleur, et encore plus celle des spores,
sont autant de caractères très importants pour la distinction des
espèces, puisqu'ils varient avec les espèces. La substance de l'Agaric est entièrement cellulaire. Une tranche longitudinale, détachée

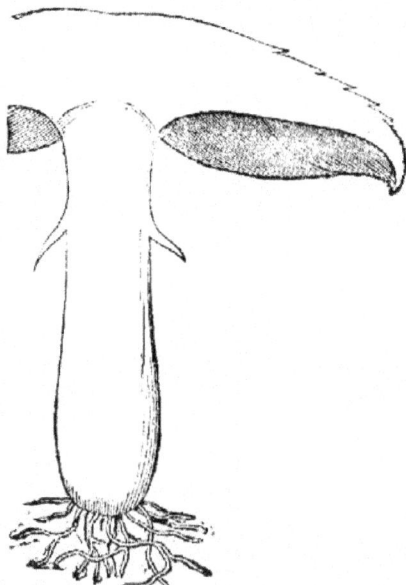

1. Ehrenberg a comparé toute la structure d'un agaric avec celle d'une
moisissure, le mycélium correspondant à l'hyphasma, le stipe et le chapeau
aux flocons, et l'hyménium aux petites branches fructifères. La comparaison
est aussi ingénieuse que vraie, et donne une idée saisissante du lien qui unit
les champignons supérieurs aux plus humbles. — Ehrb. *De mycetogenesi*.

du stipe, laisse voir sous le microscope de délicates cellules tubulaires, dont la direction générale est suivant la longueur, avec des
branches latérales, le tout s'entrelaçant si intimement qu'il est difficile de suivre bien loin dans sa course un fil déterminé. On voit
distinctement que la structure est moins compacte en approchant
du centre de la tige qui, dans plusieurs espèces, est creuse.
L'*hyménium* est la surface portant les spores ; elle est à découvert et étalée sur les feuillets. Ceux-ci sont couverts de tous
côtés d'une **couche** cellulaire, sur laquelle les organes reproducteurs se développent. S'il était possible d'enlever cette membrane tout d'une pièce et de l'étendre à plat, elle couvrirait une
surface immense en comparaison de l'étendue du piléus ; car elle
est plissée comme un éventail sur tous les feuillets ou les lamelles
du champignon [1]. Si la tige d'un champignon est coupée à la hauteur des feuillets, que le chapeau soit déposé sur une feuille de
papier avec les feuillets tournés en bas, et laissé dans cette position pendant quelques heures, on trouve, après l'avoir enlevé, un
grand nombre de lignes noires formant des rayons sur le papier,
chaque ligne correspondant à l'interstice qui sépare deux feuillets.
Ces lignes sont formées de spores qui sont tombés de l'hyménium, et sous le microscope, leur caractère se montre immédiatement avec évidence. Si un fragment de l'hyménium est soumis aussi
à un examen du même genre, on trouvera que la surface entière
est parsemée de spores. La première particularité qu'on observera ainsi, c'est que ces spores sont presque uniformément disposées par groupes de quatre. On remarquera ensuite que chaque
spore est portée sur une tige menue ou stérigmate, et que quatre
de ces stérigmates procèdent du sommet d'un appendice plus gros,
inséré sur l'hyménium et appelé baside ; chaque baside sert de
support à quatre stérigmates et chaque stérigmate à une spore [2].
Un examen plus attentif de l'hyménium montrera que les basides sont accompagnées d'autres corps, souvent plus gros, mais
sans stérigmates ni spores ; ceux-ci ont été nommés *cystides* et
leur structure et leurs fonctions ont été le sujet de bien des controverses [3]. Les deux espèces de corps se produisent sur l'hyménium de la plupart des Agaricinées, sinon de toutes.

Les basides sont ordinairement dilatées vers le haut, de ma-

1. Dans le *Paxillus involutus* l'hyménium peut être aisément détaché
du chapeau.
2. Cette structure a été bien dessinée dans *Flora Danica*, planche 834,
d'après des observations faites sur le *Coprinus comatus* dès 1780.
3. A de Bary, *Morphologie und Physiologie der Pilze, Hofmeister's Handbuch*,
vol. II, cap. 5 ; 1866, traduit dans *Grévillea*, vol. I, pag. 181.

nière à présenter plus ou moins la forme de massues ; elles sont
surmontées de quatre petites pointes ou appendices tubulaires,
supportant chacune une spore ; le contenu de ces cellules est granuleux et semble mêlé de particules oléagineuses, qui sont en
communication par les petits tubes des
spicules avec l'intérieur des spores. D'a-
près Corda, bien que chaque sporophore
ne produise à la fois qu'une spore, d'autres, après la chute de celle-ci, la remplacent successivement, pendant une période limitée. Lorsque les spores approchent de leur maturité, la communication
entre leur contenu et celui des basides
diminue et finit par cesser complètement. Quand la baside qui porte des spores mûres est encore chargée de matières
granuleuses, on peut présumer que la
production d'une seconde ou d'une troisième série de spores est possible. On
peut souvent observer des basides entièrement épuisées de leur contenu, devenues tout à fait transparentes.

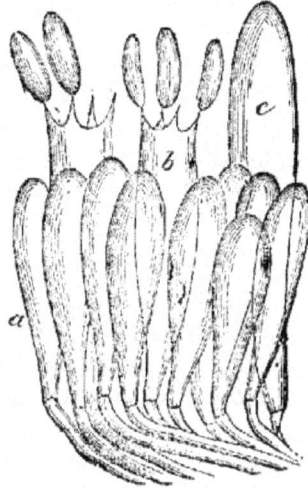

Fig. 3. — *a*, cellules stériles ; *b*,
Baside ; *c*, Cystide. Sur le *Gomphidius* (de Seynes).

Les cystides sont ordinairement plus grands que les basides,
et varient de taille et de forme avec les espèces. Ils présentent l'apparence de grandes cellules stériles, atténuées vers le
haut, quelquefois en un col étroit. Corda croyait que ce sont
les organes mâles, et leur donnait le nom de *Pollinaires*. Hoffmann a aussi décrit [1] ces deux organes sous le nom de *polli-
naria* et *spermatia*, mais il ne semble pas y reconnaître les éléments sexuels qu'indiqueraient ces noms ; tandis que de Seynes
suggère l'idée que les cystides sont seulement des organes
revenus aux fonctions végétatives par une sorte d'hypertrophie
des basides [2]. Cette manière de voir semble confirmée par le fait
que, dans la section *Pluteus* et dans quelques autres, les cystides sont surmontés de petites cornes ressemblant aux stérigmates. Hoffmann a aussi indiqué [3] le passage de cystides en
basides. Les apparences sont en faveur de l'opinion qui regarde
les cystides comme des formes stériles de basides. On trouve,
sur l'hyménium des Agarics, une troisième espèce de cellules

1. *Die Pollinarien und Spermatien von Agaricus*, *Botanische Zeitung*, 29 fév.
et 7 mars, 1856.
2. *Essai d'une Flore mycologique de la région de Montpellier*. Paris, 1863.
3. Hoffmann, *Botanische Zeitung*, 1859, p. 139.

allongées, appelées par Corda[1] cellules basilaires, et par Hoffmann « cellules stériles; » elles sont égales ou inférieures en taille aux basides, dont elles se rapprochent par la structure, sauf le développement des spicules. Ce sont les « cellules propres de l'hyménium » de Léveillé, c'est-à-dire qu'elles sont simplement les cellules terminales du tissu des feuillets, cellules qui, dans des conditions de vigueur, pourraient se développer en basides, mais qui sont ordinairement arrêtées dans leur développement. D'après de Seynes, l'hyménium semble être réduit à une grande simplicité : « un seul et unique organe en est la base ; suivant qu'il subit un arrêt de développement, qu'il croît et fructifie ou qu'il s'hypertrophie, il nous donne une paraphyse, une baside, ou un cystide, en d'autres termes une baside atrophiée, normale ou hypertrophiée ; ce sont là les trois éléments qui forment l'hyménium [2].

Les seuls organes reproducteurs dont l'existence soit jusqu'ici établie dans les Agarics sont les spores, ou, comme on les appelle quelquefois d'après leur mode de production, les basidiospores [3]. Ils sont d'abord incolores, mais prennent ensuite la couleur propre à l'espèce. Leur taille et leur forme varient extrêmement dans de certaines limites, bien qu'elles soient passablement constantes dans une même espèce. Ces corps sont d'abord globuleux ; en mûrissant, ils deviennent ordinairement ovoïdes ou elliptiques ; quelques-uns sont fusiformes, avec des extrémités régulièrement atténuées. Dans l'*Hygrophorus* ils sont assez irréguliers, réniformes ou comprimés dans le milieu. Quelquefois la surface externe est hérissée de verrues plus ou moins saillantes. Quelques mycologues pensent que l'enveloppe de la spore est double et consiste en un exospore et un endospore, le dernier fin et délicat. Dans d'autres ordres, la double enveloppe de la spore a été démontrée. Quand la spore est colorée, la membrane externe paraît seule posséder la couleur, l'endospore étant toujours transparent. On peut ajouter ici que, dans cet ordre, la spore est simple et unicellulaire. Dans le *Lactarius* et le *Russula*, la trame, ou substance interne, est vésiculaire. De vrais vaisseaux du latex se pré-

1. Corda, *Icones Fungorum hucusque cognitorum*, III, p. 41, Prague, 1839.
2. Cooke M. C., *Anatomie d'un champignon*, *Popular Science Review*, vol. VIII, p. 380.
3. On a essayé de démontrer que, dans l'*Agaricus melleus*, des ascus distincts se trouvent, à une certaine période, sur les feuillets. Nous avons en vain examiné les lamelles dans différents états, et nous n'avons rien pu découvrir de tel. Il est probable que ces asques appartenaient à quelque espèce d'*Hypomyces*, genre de Champignons Sphériacés parasites.

sentent quelquefois dans l'Agaric, bien qu'ils ne soient pas remplis de lait comme dans le *Lactarius*.

POLYPORÉES. — Dans cet ordre, les feuillets sont remplacés par des tubes ou pores, dont l'intérieur est doublé par l'hyménium; des indications de cette structure se sont déjà présentées dans quelques Agaricinées inférieures. Dans beaucoup de cas, la tige est supprimée. La substance est charnue dans le *Boletus*; mais, dans le *Polyporus*, le plus grand nombre des espèces ont une consistance de cuir ou de liége, et sont plus persistantes. Les basides, les spicules et les spores quaternées ressemblent à ceux des *Agaricinées* [1]. En réalité, dans aucun ordre des Hyménomycètes (excepté les Trémellinées), il n'y a d'organes importants relatifs à l'hyménium, qui diffèrent des organes correspondants chez les Agaricinées, sauf l'absence des cystides.

Fig. 4. — *Polyporus giganteus* (réduit).   Fig. 5. — *Hydnum repandum*.

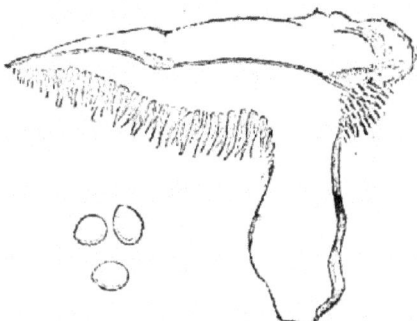

HYDNÉES. — Au lieu de pores, ce sont des épines, des pointes ou des verrues qui dans cet ordre portent l'hyménium sur leur surface [2].

1. Nous ne voulons point dire que les spores soient toujours quaternées dans les Agaricinées, bien que ce nombre soit constant dans les espèces les plus typiques. Ils sont rarement plus de quatre et se réduisent quelquefois à un seul.

2. L'espèce, connue depuis longtemps sous le nom d'*Hydnum gelatinosum*, a été examinée par M. F. Currey en 1860, (*Journ. Linn. Soc.*), et il a été amené à conclure que ce n'est pas un véritable *Hydnum*. On a fait depuis, de ce champignon, le type d'un nouveau genre, (*Hydnoglœa* B. et Br., ou suivant Fries, dans la nouvelle édition de son « Epicrisis », *Tremellodon*, Pers. Myc. Eur), et on l'a transporté aux *Trémellinées*. Currey dit qu'en examinant la fructification, il fut surpris de voir sur ce champignon, semblable pourtant dans tous ses caractères extérieurs à un *Hydnum* parfait, le fruit d'un *Tremella*. Si l'on examine une des dents sous le microscope, on trouve qu'elle consiste en fils portant des sporophores à

AURICULARINÉES. — L'hyménium est plus ou moins lisse.

CLAVARIÉES. — Le champignon entier est en forme de massue, ou à ramifications plus ou moins entrelacées, l'hyménium couvrant la surface extérieure.

TRÉMELLINÉES. — Dans cet ordre nous nous éloignons beaucoup des autres ordres de la famille, pour le caractère de la substance, l'apparence extérieure, et la structure intérieure. Nous avons ici une substance gélatineuse, et la forme est lobée, plissée, enroulée, ressemblant souvent à la cervelle d'un animal. La structure intérieure a été surtout mise en lumière par M. Tulasne [1], dans l'espèce commune *Tremella mesenterica*. Ce dernier est d'une belle couleur jaune d'or, et d'une taille assez grande. Il est uniformément composé, dans tout son ensemble,

Fig. 6. -- *Calosera viscosa*.

Fig. 7. — *Tremella mesenterica*.

d'un mucilage incolore, sans texture appréciable, dans lequel sont distribués des filaments très-fins, diversement ramifiés et anastomosés. Vers la surface, les dernières ramifications de ce réseau filamenteux donnent naissance, tant à leur sommet que latéralement, à des cellules globuleuses, qui acquièrent une taille relativement considérable. Ces cellules sont remplies d'un protoplasma, auquel la plante doit sa couleur orangée. Quand elles ont atteint leurs dimensions normales, elles s'allongent au sommet en deux, trois, ou quatre tubes distincts, épais et obtus, dans lesquels le protoplasma passe graduellement. Le développement de ces tubes est inégal et non simultané, de sorte que souvent l'un atteint ses dimensions complètes, égales peut-être à trois ou qua-

quatre lobes, et des spores exactement semblables à celles du *Tremella*. On voit ainsi, ajoute-t-il, que la plante est exactement intermédiaire entre les *Hydnées* et les *Trémellinées*, formant passage de l'un à l'autre.

1. Tulasne, L. R. C., *Observations sur l'organisation des Trémellinées*, Ann. des Sci. nat. 3ᵉ sér. XIX, (1853), pp. 193, etc.

tre fois le diamètre de la cellule génératrice, tandis que les autres
ne font que d'apparaître. Peu à peu, à mesure que chaque tube
arrive à sa taille normale, il s'atténue en une pointe fine, dont
l'extrémité se renfle en une cellule sphéroïdale, qui devient enfin
une spore. Quelquefois ces tubes, ou spicules, envoient une ou
deux branches latérales, terminées chacune par une spore. Ces
spores (de 0,006 à 0,003 mm. de diamètre) sont lisses, et se déposent, comme une fine poussière blanche, sur la surface du *Tremella* et sur la substance nourricière. Léveillé [1] supposait que
les basides des Trémellinées sont monospores; mais M. Tulasne
a démontré qu'elles sont habituellement tétraspores, comme dans
les autres Hyménomycètes. Bien que conformes en cela, elles diffèrent par d'autres traits, surtout par la forme globuleuse des
basides, le mode de production des spicules, et enfin le partage
des basides en deux, trois, ou quatre cellules par des cloisons
qui s'entrecoupent sur l'axe. Ce partage précède le développement des spicules. Il n'est pas rare de voir ces cellules, formées
aux dépens d'une baside uniloculaire, s'isoler partiellement l'une
de l'autre; dans certains cas, où elles semblent s'être séparées de
très-bonne heure, elles deviennent plus grandes qu'à l'ordinaire,
et sont groupées sur le même filament de manière à représenter
une espèce de bouton. Ce phénomène a lieu ordinairement au-
dessous du niveau des cellules fertiles, à une certaine profondeur
dans le tissu muqueux du *Tremella*.

Outre le système reproducteur ici décrit, Tulasne a aussi fait
connaître l'existence d'une série de filaments qui produisent des
spermaties. Ces filaments sont souvent disséminés et confondus
avec ceux qui produisent les basides; ils ne s'en distinguent ni
par la taille, ni par aucun autre caractère apparent, excepté la
manière dont leurs extrémités se ramifient pour produire les spermaties. D'autres fois la surface portant les spermaties couvre
exclusivement certaines portions du champignon, surtout les lobes
inférieurs; elle leur donne une couleur orangée très-brillante,
produite par la couche des spermaties non mélangées aux spores.
Ces taches conservent leur couleur brillante, tandis que le reste
de la plante devient pâle ou couvert d'une poussière blanche. Les
spermaties sont très-petites, sphériques et lisses, atteignant à
peine à 0,002 mm.; elles sont sessiles, tantôt solitaires, tantôt
groupées par trois ou quatre sur les extrémités, légèrement gonflées, de certains filaments du tissu du champignon [2]. Tulasne a

1. Léveillé, *Annal. des Sci. Nat.*, 2e sér., VIII, p. 328; 3e sér., p. 127;
aussi Bonorden, *Manuel de mycologie*, p. 151.
2. Tulasne, *Ann. des Sci. Nat.* (loc. cit.), XIX, pl. X, fig. 29; Tulasne,

trouvé impossible de faire germer ces corpuscules, et, dans tous leurs caractères essentiels, ils se sont rapportés aux spermaties observées chez les champignons ascomycètes.

Dans le genre *Dacrymyces*, le même observateur a trouvé que la structure a une grande affinité avec celle du *Tremella*. Les spores, dans les espèces examinées, ont montré différentes formes ; elles sont oblongues, très-obtuses, légèrement courbées (de 0,013 à 0,019, de 0,004 à 0,006 de *mm*.), d'abord uniloculaires, mais ensuite partagées en trois. Les basides sont cylindriques ou claviformes, remplies d'une matière colorée granuleuse ; chacune d'elles se bifurque au sommet et s'allonge peu à peu en deux branches très-ouvertes, qui sont atténuées en haut et finalement couronnées chacune par une spore. On trouve aussi, dans les espèces de ce genre, des corps globuleux, appelés *sporidioles* par M. Léveillé, et dont Tulasne a cherché avec grand soin à déterminer l'origine. Il rend compte ainsi de l'histoire de ces corpuscules. Chacune des cellules de la spore émet extérieurement un ou plusieurs de ces petits organes, supportés sur des pédicelles très-courts et très-déliés, qui subsistent après que les corpuscules s'en sont déta-chés ; de nouveaux corpuscules succèdent alors aux premiers, tant que la spore contient de la matière plastique. Les pédicelles ne sont pas du tout dans un même plan ; ils sont souvent implan-tés sur un même côté, généralement le plus convexe du corps reproducteur. Ces corpuscules, bien que placés dans les condi-tions les plus favorables, n'ont jamais donné le moindre signe de végétation ; d'où Tulasne conclut que ce sont des spermaties ana-logues à celles du *Tremella*. Les spores qui produisent des sper-maties ne sont nullement propres à germer, tandis que celles qui n'en portent pas germent parfaitement. Il semblerait résulter de là que les spores, malgré leur complète identité apparente, ont des fonctions toutes différentes. Le même observateur a aussi dé-couvert, parmi des échantillons de *Dacrymyces*, quelques-unes de ces plantes d'une teinte plus foncée ou rougeâtre, toujours dépour-vues de spores et de spermaties sur leur surface ; et celles-ci pré-sentaient une structure un peu différente. Aux points où le tissu devenait rouge, il était stérile ; les filaments constituants, ordi-nairement incolores, et presque vides de matière solide, étaient remplis d'un protoplasma fortement coloré ; ils étaient moins ténus, d'une épaisseur plus irrégulière, et au lieu de présenter de rares séparations, de rester continus, comme dans d'autres par-

---

Nouvelles remarques sur les Champignons Trémellinées, Journ. Linn. Soc., vol. XLII, (1871), p. 31.

ties de la plante, ils étaient morcelés en une infinité de pièces droites ou courbes, anguleuses, et de forme irrégulière, surtout vers la surface du champignon; là, ces pièces formaient une sorte de pulpe de consistance variable, suivant le degré de sécheresse ou d'humidité de l'atmosphère. Toutes les parties de ces petits fragments rougeâtres paraissaient plus ou moins en voie de désagrégation, les basides étant partagées par des diaphragmes transverses en plusieurs portions cylindriques ou oblongues, qui à la fin devenaient libres. On observait aussi des états transitoires sur des individus mixtes. Cette forme stérile est appelée par Tulasne « gemmipare; » il pense qu'elle a fait croire précédemment à une ou plusieurs espèces imaginaires, et trompé les mycologistes sur la structure véritable de *Dacrymyces* parfaits et fructifères.

PHALLOIDÉES. — Dans cet ordre l'hyménium est d'abord renfermé dans une sorte de péridion ou bourse commune, présentant à peu près la forme d'un globe ou d'un œuf. Cette enveloppe consiste en deux membranes, l'une intérieure, l'autre extérieure, assez semblables de texture, et en une couche gélatineuse intermédiaire, souvent fort épaisse. Si l'on fait une section du champignon pendant qu'il est encore enfermé dans la bourse, on trouve que l'hyménium présente de nombreuses cavités, dans lesquelles se développent les basides, surmontées chacune de spicules (de 4 à 6); chaque spicule porte une spore ovale ou oblongue [1]. Il est très-difficile d'observer la structure de l'hyménium à cause de sa nature déliquescente. Quand l'hyménium approche de la maturité, la bourse se rompt et la plante grandit rapidement. Dans le *Phallus*, une longue tige cellulaire dressée porte le

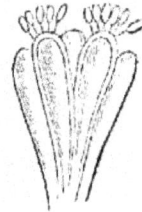

Fig. 8. — Basides et spores de *Phallus*.

chapeau, sur lequel l'hyménium est répandu, et qui se dilate énormément, après avoir échappé aux entraves de la bourse. À peine découvert, l'hyménium tombe en déliquescence sous la forme d'un mucilage noir, coloré par de petits spores, et qui découle du piléus, répandant souvent à une grande distance une odeur des plus désagréables. Dans le *Clathrus*, le receptacle forme une sorte de réseau. Dans l'*Aseroë*, le piléus porte de belles étoiles. Dans beaucoup de cas, les belles formes de ces champignons en feraient des objets recherchés pour leur beauté, sans leur déliquescence et leur odeur souvent fétide [2].

1. Berkeley, M. J., *Sur la fructification du Lycoperdon, du Phallus*, *Ann. Nat. Hist.* 1840, vol. IV, p. 158, pl. 5; Berkeley, M. J. *Introd. Crypt. Bot.*, p. 346.

2. Tulasne, L. R. et C. *Fungi hypogæi*, Paris; aussi Berkeley et

FODAXINÉES. — C'est un petit, mais très-curieux groupe de champignons, dans lequel le péridion ressemble à une bourse plus ou moins confluente avec la surface du piléus. Ils prennent les formes des Hyménomycètes ; quelques-uns ressemblent aux Agarics, aux Bolets, ou à des espèces d'*Hydnum*, avec des feuillets déformés, des spores ou des épines ; dans le *Montagnites* particulièrement, la structure en feuillets est très-distincte. Les spores sont portées en petits amas bien définis sur de courts pédicelles, du moins dans les genres que nous avons examinés [1].

HYPOGÉES. — Ce sont des champignons souterrains, en forme de vesse-de-loup, dans lesquels un péridion distinct est quelquefois présent ; mais dans la plupart des cas cet organe consiste uniquement en une série extérieure de cellules, qui tient au tissu interne, et ne peut pas être regardé comme un véritable péridion. L'hyménium est sinueux et convoluté, portant des basides avec des stérigmates et des spores dans ses cavités. Quelquefois les cavités sont traversées par des fils, comme dans les *Myxogastres*. Les spores sont dans beaucoup de cas agréablement échinulées, quelquefois globuleuses, d'autres fois allongées, et se produisent en nombre tel qu'on est porté à en croire le développement successif sur les spicules. A la maturité complète, les péridions sont remplis d'une masse poudreuse de spores, en sorte qu'il est impossible dans cet état d'arriver à une notion de la structure. Il en est ainsi avec la plupart des *Gastéromycètes*. Ces champignons (Hypogées) sont curieusement reliés aux Phalloïdées par le genre *Hysterangium*.

TRICHOGASTRES [2]. — Dans leur jeune âge, les espèces contenues dans ce groupe ne sont pas gélatineuses comme dans les *Myxogastres*, mais plutôt charnues et fermes. On a ajouté très-peu à nos connaissances sur la structure de ce groupe depuis 1830 et 1842, époque où l'un de nous donnait les détails suivants : Si l'on coupe une jeune plante de *Lycoperdon cœlatum* ou de *L. gemmatum*, et qu'on l'examine avec une loupe ordinaire, on trouvera qu'elle consiste en une masse charnue percée dans tous les sens de petites cavités allongées, réticulées, anastomosées, formant comme un labyrinthe. La ressemblance de ces cavités avec les tubes du Bolet dans son jeune âge me fit d'abord soupçonner

Broome, *British Hypogæous Fungi*. Ann. Nat. 1849, xviii, p. 74 ; Corda, *Icones Fungorum*, vol. vi, pl. vii, viii.

1. Tulasne, *Sur le genre Secotium*, Ann. des Sci. Nat. (1845), 3ᵉ sér. vol. iv, p. 169, pl. 9

2. Tulasne, L. R. et C., *De la fructification des Scleroderma comparée à celle des Lycoperdon et des Bovista*, Ann. des Sc. Nat. 1842, xvii, p. 5 ; Tulasne, L. R. et C., *Sur les genres Polysaccum et Gaster*, Ann. des Sci. Nat. 1842, xviii, p. 129, pl. 5 et 6.

qu'il devait y avoir quelque relation intime entre les deux objets.
Si maintenant on prend une tranche mince du champignon,
tandis que la masse est encore ferme, et avant qu'il y ait la
moindre indication d'un changement de couleur, on reconnaît que
la couche extérieure des parois de ces cavités consiste en cellules
obtuses translucides placées parallèlement les unes aux autres
comme le poil d'un velours : elles rappellent exactement le jeune
hyménium d'un Agaric ou d'un Bolet. Parfois un ou deux filaments traversent d'une paroi à l'autre, et, sur un échantillon, je les
ai vus s'anastomoser. A une époque plus avancée, quatre petites
spicules se développent aux pointes des sporophores; celles-ci,
autant du moins que j'ai pu l'observer, sont
toutes fertiles et d'égale hauteur, et chacune de ces spicules porte une spore globuleuse. Il est clair que nous avons ici une
structure identique à celle des vrais Hyménomycètes, circonstance qui s'accorde
bien avec la consistance charnue et le
mode de croissance. Il y a quelque difficulté à se rendre un compte exact de la
structure des espèces susnommées, at-
tendu que les cellules portant le fruit, ou
sporophores, sont très-petites; en outre,
une fois les spicules développées, la substance devient si flasque qu'il est difficile

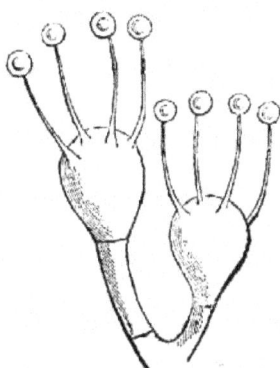

Fig. 9. — Basides et spores
de *Lycoperdon*.

d'en couper une tranche convenable, même avec la meilleure lan-
cette. J'ai cependant reconnu la véritable structure par des observations répétées. Mais s'il se présentait quelque difficulté à la
vérifier dans les espèces en question, il n'y en aurait aucune à le
faire dans le *Lycoperdon giganteum*. Dans cette espèce, la masse
des organes fructifères consiste dans les mêmes cavités sinueuses,
qui sont seulement plus petites, en sorte que la substance est
plus compacte, et je ne les ai jamais vues traversées par aucun
filament. Dans le jeune âge la surface de l'hyménium, c'est-à-dire
des parois des cavités, consiste en fils courts, composés de deux
ou trois articulations; ils sont légèrement comprimés aux jointures;
ces articles donnent naissance, surtout la dernière, à de courtes
branches formées souvent d'une seule cellule. Quelquefois deux
branches ou davantage sortent du même point. Dans certains cas,
les fils sont comprimés sans aucune séparation, les articulations
terminales sont obtuses, et ne tardent pas à se gonfler beaucoup,
de manière à surpasser considérablement en diamètre celles qui
leur ont donné naisssance. Arrivées à leur complet développe-

ment, elles sont un peu obovales et produisent quatre spicules, qui ensuite sont surmontées chacune d'une spore globuleuse. Quand les spores ont fini leur croissance, les sporophores se flétrissent et, traitées par une solution iodurée, les spores, qui prennent par là une belle couleur brune, se montrent adhérentes par leurs spicules aux sporophores fanés. Les spores deviennent bientôt libres, mais la spicule y adhère souvent : toutefois elles ne sont plus attachées aux filaments entremêlés. Dans *Bovista plumbea*, les spores ont de très-longs pédoncules [1]. Comme dans les *Hyménomycètes*, le type d'organes reproducteurs qui prévaut consiste en spores quaternaires portées sur des spicules ; de même dans les *Gastéromycètes*, le type ordinaire, d'après ce qui est connu jusqu'ici, est très-semblable et dans certains cas presque identique : il consiste en un nombre défini de petites spores, que portent des spicules insérées sur des basides. Dans un très-grand nombre de genres, la structure déliée et le développement de la fructification, si l'on excepte les spores mûres, sont presque inconnus ; mais l'analogie peut faire conclure que dans un groupe étendu, semblable aux *Myxogastres*, il règne un même procédé qui ne diffère pas essentiellement de ce qu'on connaît dans les autres groupes. L'étude du développement des spores dans cet ordre présente des difficultés bien plus grandes que dans le précédent.

MYXOGASTRES. — Il fut un temps où le célèbre mycologiste de Bary semblait disposé à exclure complétement ce groupe du règne végétal et à le reléguer en compagnie des formes amœboïdes. Mais dans des ouvrages plus récents, il paraît être revenu sur cette idée, et il en fait un groupe à part sous le nom de Myxomycètes. Ces champignons, généralement très petits, sont caractérisés dans leur jeune âge par leur nature gélatineuse. La substance dont ils sont alors composés ressemble considérablement au sarcode, et, s'ils ne changeaient pas d'état, on pourrait élever des doutes légitimes sur leur nature végétale ; mais, quand ils approchent de la maturité, ils perdent leur texture mucilagineuse et deviennent une masse de spores, mêlée de filaments, enveloppée d'un péridium cellulaire. Prenons pour exemple le genre *Trichia*, et nous avons dans les échantillons mûrs, un péridium globuleux, gros comme une graine de moutarde et quelquefois à peu près de la même couleur ; il se rompt à la fin et met à découvert une masse de petites spores jaunes, sphériques, entremêlées de fils de la même couleur [2]. Ces fils, sous un fort grossissement, mon-

---

1. Berkeley, *Sur la fructification du Lycoperdon, etc.*, Ann. Nat. Hist. (1810), p. 155.
2. Wigand. *Morphologie des genres Trichia et Arcyria. Ann. des Sci. Nat. 1ᵉ sér., xvi, p. 243.*

trent un arrangement en spirale, qui a fait le sujet d'une controverse, et dans quelques espèces même ils sont extérieurement
chargés de petites épines. Les principales questions agitées dans
la controverse sur ces fils étaient de savoir si les marques en
spirales sont extérieures ou intérieures, si elles sont causées par

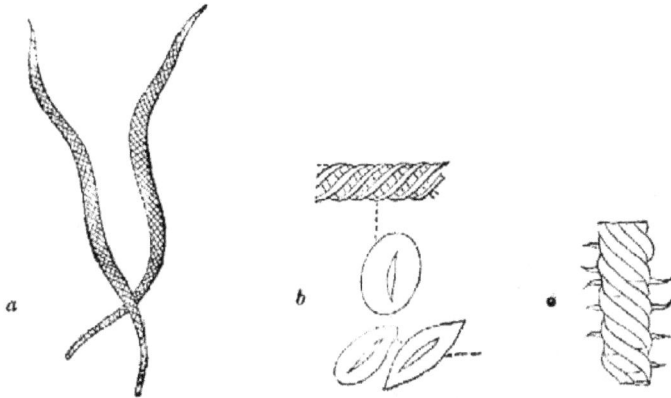

Fig. 10. — *a*, filament de *Trichia*. — *b*, portion plus agrandie avec des spores.
c, portion de filament épineux.

la torsion du fil ou par la présence d'une fibre extérieure ou intérieure. On n'a jamais douté de l'apparence en spirale, mais de la
structure qui y donne lieu; et cette question est fort indécise.

M. Currey a soutenu qu'on peut
rendre compte de l'apparence
de la spirale en supposant une
élévation régulière sur la paroi de la cellule, suivant une
direction spirale, d'un bout à
l'autre du fil. Cette supposition, pense-t-il, s'accorderait
bien avec les apparences op-
tiques, et rendrait exactement
compte des ondulations de la

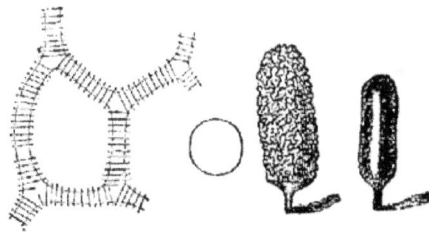

Fig. 11. — *Arcyria incarnata*, avec une portion
des filaments et une spore grossie.

silhouette dont il s'agit. Il dit avoir eu en sa possession un filament de *T. chrysosperma* dans lequel la spirale était manifestement causée par une élévation de cette nature, et il était clair
qu'il n'y avait pas de spirale interne : au point que, d'après lui,
une personne l'examinant avec soin sous un grossissement de
500 diamètres ne pouvait douter le moins du monde que la cause
de cette disposition ne pût pas être une fibre spirale. Dans l'Arcyria, des fils d'une autre nature se présentent; ils se ramifient

et s'anastomosent le plus souvent, et sont garnis extérieurement de verrues et d'épines proéminentes, que M. Currey [1] regarde aussi comme arrangées en spirale autour des fils. Dans d'autres *Myxogastres*, on trouve aussi des fils, sans marques de spirale et sans épines. Ces champignons, à leur maturité, ont tant de ressemblance et une affinité si étroite avec les *Trichogastres* qu'on s'est déjà demandé si ce n'est pas avec trop de précipitation, et après un examen trop superficiel, qu'on a proposé de les séparer de leurs alliés.

On sait fort peu de chose sur le développement des spores dans ce groupe; au commencement, la substance entière est si pulpeuse, et elle devient si poudreuse à la fin, avec un passage si rapide de l'un à l'autre état, que la relation entre les spores et les fils, et leur mode d'insertion, n'ont jamais été définitivement expliqués. On a supposé que les appendices épineux des fils capillaires dans quelques espèces sont les restes de pédicelles dont les spores sont tombées; mais cette hypothèse ne s'appuie sur aucune preuve, tandis que d'un autre côté, dans le *Stemonitis* par exemple, il y a un abondant lacis de capillaires, et on n'a point découvert d'épines. Pour que cette supposition eût du poids il faudrait que les capillaires se rencontrassent plus souvent. Les filaments capillaires, forment un beau réseau dans les genres *Stemonitis, Cribraria, Diachæa, Dictydium,* etc. Dans les genres *Spumaria, Reticularia, Lycogala,* etc., ils sont rudimentaires [2]. Dans aucun groupe l'examen du développement de la structure n'est plus difficile, pour les raisons précédemment exposées, que dans les *Myxogastres*.

NIDULARIACÉES. — Ce petit groupe s'éloigne par quelques particularités importantes du type général de structure présenté par le reste des Gastéromycètes [3]. Dans les plantes qu'il renferme, il y a trois parties à décrire, le Mycélium, le Péridium et les Sporanges. Le Mycélium est souvent abondant, vigoureux, rigide, entrelacé, coloré; il court sur la surface du sol ou parmi les débris végétaux sur lesquels les champignons s'établissent. Les peridiums sont implantés sur ce Mycélium, et dans la plupart des cas, ils finissent par s'ouvrir vers le haut en prenant la forme

1. Currey, *Sur les fils en spirales des Trichia, Quart. Journ. Micr. Sci.* (1855), III, p. 17.

2. Dans quelques genres, comme par exemple *Badhamia, Enerthenema* et *Reticularia,* les spores sont produites dans des cellules délicates ou cystes qui sont ensuite absorbées.

3. Tulasne, *Essai d'une Monogr. des Nidulariées, Ann. des Sci. Nat.* I, 11, et 64.

de coupes. Ces organes consistent en trois couches de tissus différentes par la structure : l'extérieure est fibreuse, et quelquefois chevelue; l'intérieure est cellulaire et délicate; l'intermédiaire épaisse et à la fin raide, coriace et résistante. Au moment de leur formation, les péridiums sont sphériques; ensuite ils s'allongent et se dilatent; l'orifice est pendant quelque temps fermé par un voile ou diaphragme, qui finit par disparaître. Dans les coupes, des corps lenticulaires sont attachés à la base et aux côtés par des cordons élastiques. Ce sont les sporanges. Chacun d'eux a une structure compliquée. Extérieurement il y a une tunique filamenteuse, composée de fibres entrelacées, appelée quelquefois péridiole; au-dessous est l'écorce, d'une structure compacte

Fig. 12. — *Diachæa elegans.*

Fig. 13. — *Cyathus vernicosus.*

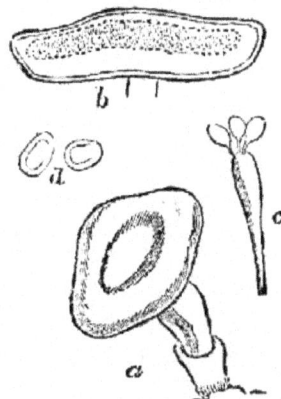

Fig. 14. — *Cyathus. a.* Sporange; *b.* section; *c.* Sporophore; *d.* Spores.

et homogène; puis vient une couche cellulaire plus épaisse, portant, vers le centre des sporanges, des fils délicats ramifiés ou sporophores. C'est à l'extrémité de ceux-ci que les spores se forment, quelquefois par paires, mais normalement il semble qu'ils soient quaternés sur les spicules, les fils étant de vraies basidies. Toute cette structure est extrêmement intéressante et très-particulière; elle peut être étudiée en détail dans le mémoire de Tulasne sur ce groupe. (Voir fig. 13 et 14, *Cyathus.*)

Sphéronémées. — Dans cet ordre très grand, et variable entre certaines limites, il y a peu d'intérêt en ce qui regarde la structure : tous les détails s'en retrouvent ailleurs; par exemple, on y rencontre toujours une sorte de périthèce, mais cet organe peut être mieux étudié dans les Sphériacées. Les spores sont généralement très petits, portés par des sporophores délicats, qui nais-ent ordinairement de la surface interne des périthèces ; mais la majorité des prétendues espèces sont sans aucun doute des formes de Champignons Sphériacés ; ce sont, par exemple, des spermogonies ou des pycnides, et ils sont beaucoup plus intéressants à étudier dans leurs relations avec les formes supérieures auxquelles ils appartiennent. Probablement le nombre des espèces complètes et autonomes est très-restreint.

MÉLANCONIÉES. — Ici encore sont rassemblés un grand nombre de champignons qui étaient considérés autrefois comme des espèces distinctes, mais qui sont connus aujourd'hui comme des modifications d'autres formes. Une différence considérable qui existe entre ces végétaux et les précédents, c'est l'absence de tout véritable périthèce, les spores étant produits sur une sorte de réceptacle bâtard ou sur un stroma. Les spores sont généralement plus grands et beaucoup plus remarquables que dans les Sphéronémées ; dans plusieurs cas, ils sont très-beaux ou très-curieux. Nous pouvons citer

Fig. 15. — *Asterosporium Hoffmanni.*

notamment les spores multiseptés du *Coryneum ;* les spores triradiés de l'*Asterosporium ;* les curieux spores à crête du *Pestalozzia ;* les spores à double crête du *Dilophospora ;* et les spores aussi singuliers du *Cheirospora*, avec leurs enveloppes gélatineuses. En tous cas la fructification est abondante, et les spores s'écoulent fréquemment de petits rejetons tendres, ou bien ils forment une masse noire au-dessus du réceptacle bâtard qui leur donne issue[1].

TORULACÉES. — Dans cet ordre, il semble d'abord y avoir une grande ressemblance avec les *Dématiées*, sauf que les fils sont rudimentaires, et que la plante se réduit à des chaînes de spores, sans trace de périthèce, de cuticule enveloppante ou de stroma défini. Quelquefois les spores sont simples, cloisonnés dans d'autres cas, et dans le *Sporochisma*, ils sont d'abord produits dans une cellule enveloppante. Dans la plupart des cas, de simples fils se cloisonnent à la longue et se partagent enfin en autant de spores qui, à la maturité, se séparent aux points de jonction.

CÉOMACÉES. — Les Coniomycètes parasites sur des plantes vivantes sont d'un intérêt bien plus grand. Le présent ordre ren-

1. Berkeley, M. J., *Introd. Crypt. Bot.*, p. 329.

ferme ceux dans lesquels le spore [1] est réduit à une simple cellule ; et ici nous ferons une observation : bien que plusieurs de ces
végétaux, cela est prouvé, soient imparfaits en eux-mêmes et ne
représentent que des formes ou des modifications d'autres champignons, nous en parlerons sans avoir égard à leur dualité. Ils
naissent généralement dans les tissus de plantes vivantes, et se
développent au dehors sous forme de pustules qui crèvent à travers la cuticule. Le mycélium pénètre les espaces intercellulaires et se trouve quelquefois dans des parties de la plante où
le champignon lui-même ne se développe pas. Il n'y a pas d'exci-
pulum ou de péridium propre, et les spores poussent directement
d'une partie plus compacte du mycélium, ou d'un stroma en forme

Fig. 16. — Cystes stériles et pseudospores de *Lecythea*.

Fig. 17. — *Coleosporium
Tussilaginis*.

Fig. 18. — *Melampsora
salicina*.

de coussin, formé par de petites cellules. Dans le *Lecythea*, les spores sub-globuleux sont d'abord engendrés aux extrémités de courts
pédicelles, dont ils se séparent ensuite ; autour de ces spores
s'élève une série de cellules stériles ou cystes, qui sont beaucoup
plus grandes que les vrais spores ; les spores sont d'une nuance
jaune ou orangée [2]. Dans le *Trichobasis*, les spores présentent
les mêmes caractères ; ils sont sub-globuleux, et d'abord pédicellés ; mais il n'y a pas de cystes environnants, et la couleur est
plus ordinairement brune, bien que parfois jaune. Dans l'*Uredo*,
les spores sont d'abord engendrés isolément dans une cellule
mère ; ils sont globuleux, et jaunes ou bruns, sans aucun pédicelle. Dans le *Coleosporium*, il y a deux espèces de spores : les
uns pulvérulents, globuleux, qui se produisent quelquefois seuls
au commencement de la saison, et d'autres prenant leur origine
dans une cellule allongée ; celle-ci se cloisonne et finalement se

1. Dans les Céomacées et les Pucciniées le terme *pseudospore* serait beaucoup plus exact.
2. Léveillé, *Sur la disposition méthodique des Urédinées*, *Ann. des Sci. Nat.*
(1847), vol. VIII, p. 369.

sépare aux articulations. Pendant la plus grande partie de l'année, les deux espèces de spores se trouvent dans la même pustule. Dans le *Melampsora*, les spores d'hiver sont plus allongés; ils forment des coins, étroitement attachés ensemble, et ne mûrissent que pendant l'hiver sur les feuilles mortes; les spores d'été sont pulvérulents et globuleux : jusqu'à ces derniers temps on en a fait une espèce de *Lecythea*.

Dans le *Cystopus*, les spores sont sub-globuleux ou un peu anguleux. Ils se forment en chapelets et ensuite se séparent aux points de jonction. Le spore supérieur est toujours le plus ancien, une production continue de spores se poursuivant pendant quelque temps à la base de cette chaîne. Dans des conditions favorables d'humidité, chacun de ces spores ou conidies, comme de Bary les appelle, est capable de produire dans son intérieur un certain nombre de zoospores [1]; ceux-ci enfin brisent la vésicule, se meuvent en tous sens à l'aide de cils vibratiles, et enfin se fixent pour germer. Outre ceux-ci, d'autres corps reproducteurs s'engendrent sur le mycélium dans les tissus de la plante, sous forme d'Oogones globuleux, ou de spores dormants, qui à la maturité renferment aussi un grand nombre de zoospores. De semblables oogones se produisent parmi les *Mucédinées* dans le genre *Peronospora*, qui, d'après A. de Bary, a beaucoup d'affinités avec le *Cystopus*. Quoi qu'il en soit, c'est une particularité de structure et de développement qu'on n'a encore rencontrée dans aucune autre Géomacée. C'est dans les *Uromyces* qu'on trouve le plus d'analogie avec les Pucciniées; en réalité c'est un *Puccinia* réduit à une seule cellule. La forme du spore est ordinairement plus anguleuse et plus irrégulière que dans le *Trichobasis;* le pédicelle est permanent. On peut remarquer ici que les genres précédents renferment beaucoup d'espèces qui ne sont pas autonomes, bien qu'on les ait fait entrer jusqu'ici dans la classification. Cela est surtout vrai des genres *Lecythea*, *Trichobasis*, et, à ce qu'il paraît maintenant, de l'*Uromyces* [2].

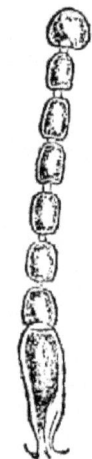

Fig. 19.
Cystopus candidus.

PUCCINIÉES. — C'est surtout par le cloisonnement de ses spores que ce groupe diffère des précédents. Les pustules crèvent de la même manière à travers la cuticule, et ici encore il n'y a pas de vrai péridium. Dans le *Xenodochus*, les articles atteignent leur

1. De Bary, *Champignons parasites, Ann. des Sci. Nat.* 4ᵉ sér. vol. XX.
2. Tulasne, *Mémoire sur les Urédinées*, etc. *Ann. des Sci. Nat.* 1854), vo..
II, p. 78.

plus haut degré de développement ; chaque spore est composé
d'un nombre indéfini de cellules, soit de 10 à 20. A ce genre
est associé un Urédo jaune uni-cellulaire, dont il est une condition. Probablement chaque espèce de Pucciniée a un Urédo
uni-cellulaire qui la précède ou est associé avec elle, et forme
une condition, ou une forme secondaire du fruit de cette espèce : ce fait est aujourd'hui soupçonné et sera peut-être démontré
ultérieurement. Beaucoup d'exemples analogues ont été signalés
par de Bary [1], Tulasne et d'autres ; quelques autres ont été ima-
ginés un peu témérairement par leurs imitateurs. Dans le *Phrag-*
midium, le pédicelle est beaucoup plus allongé que dans le *Xeno-*

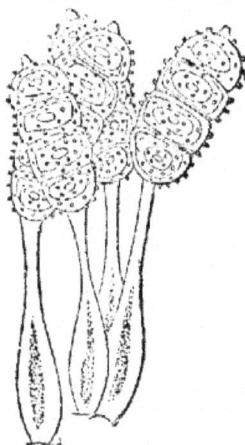

Fig. 20. — *Xenodochus*   Fig. 21. — *Phragmidium*   Fig. 22. — Pseudospore de
  carbonarius.   *bulbosum.*   *Puccinia.*

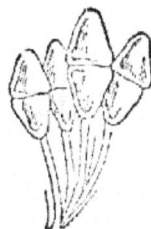

dochus, et le spore est plus court, avec un nombre moindre et
mieux défini de cellules pour chaque espèce. M. Currey pense que
chaque cellule du spore, dans le *Phragmidium,* renferme une
cellule globuleuse intérieure, qu'il fait sortir, par déchirement de
la paroi extérieure, sous la forme d'un nucléus sphéroïdal [2] : cela
conduit à penser que chaque cellule a individuellement le pouvoir
de germer et de reproduire la plante. Dans le *Triphragmium,* il
y a pour chaque spore trois cellules, deux placées côte à côte, et la
troisième par-dessus. Dans une espèce cependant, *Triphragmium*
deglubens (Amérique du Nord), les cellules sont arrangées comme
dans le *Phragmidium,* en sorte que cette espèce représente en
réalité un *Phragmidium* tricellulaire et relie le dernier genre au
premier. Dans le *Puccinia,* le nombre des espèces est de beau-

1. De Bary, *Ueber die Brandpilze,* Berlin, 1853.
2. Currey, *Quart. Journ. Micr. Sci.* 1857, vol. v, p. 119, pl. 8, fig. 13.

coup le plus nombreux ; dans ce genre les spores sont à cloison
unique, et, comme dans toutes les Pucciniées, les pédoncules sont
transparents. Il y a une grande variabilité dans le degré d'adhérence
mutuelle des spores, renfermés dans les sorus ou pulvinules. Dans
quelques espèces, les sorus sont si pulvérulents que les spores
sont aussi faciles à séparer que dans les Urédo, et dans d'autres,
ils sont si compactes qu'ils ne se séparent l'un de l'autre qu'avec
beaucoup de difficulté. Comme on pourrait le prévoir, ces différences changent beaucoup la forme des spores, qui, dans les
espèces pulvérulentes, sont plus courts, plus larges, et plus
ovales que dans les espèces compactes. Si l'on fait une section
dans un des sorus les plus compactes, on verra que la majorité
des spores sont côte à côte, presque au même niveau, leurs
sommets formant la surface extérieure du sorus; mais il ne sera
pas rare d'observer des spores plus petits et plus jeunes, venant
des cellules de l'hyménium, entre les pédoncules des spores plus
âgés : ceci porte à croire qu'il se produit une succession de spores
sur les mêmes pulvinules. Dans le *Podisoma*, les pédicelles des
spores, humectés d'eau, produisent comme une couche gélatineuse; aussi quelques auteurs ont-ils imaginé que ces plantes
ont une affinité avec les Trémellinées ; mais cette affinité est plus
apparente que réelle. Les phénomènes de la germination, et leur
ressemblance avec ceux du *Rœstelia*, si l'on y fait attention, rangent ces végétaux parmi les Puccinées [1].

Il nous semble que le *Gymnosporangium* ne diffère pas généri-
quement du *Podisoma*. Dans une espèce récemment caractérisée,
Podisoma Ellisii, les spores sont bi-triseptés. Cette espèce se
distingue de plus par la rareté de ses éléments gélatineux. Dans
une autre espèce de l'Amérique du Nord, appelée *Gymnosporangium biseptatum* (Ellis), qui est distinctement gélatineuse, il y a
des spores biseptés semblables; mais ils sont beaucoup plus larges
et plus obtus. Dans d'autres espèces décrites, ils sont uniseptés.

USTILAGINÉES. — Ces champignons aujourd'hui sont ordinairement regardés comme distincts des *Céomacées*, dont ils sont très-
voisins [2]. Ils sont aussi parasites sur des plantes vivantes, mais
les spores sont généralement noirs ou couleur de suie, et ne sont
jamais jaunes ni orangés; en moyenne ils sont beaucoup plus
petits que dans les *Céomacées*. Dans le *Tilletia*, les spores sont
sphériques et réticulés, mêlés avec des fils délicats d'où ils sortent. Dans l'espèce la mieux connue, *Tilletia caries*, ils cons-

---

1 Cooke, *On Podisoma, Journ. of. Quekett Mic. Club.*, vol. ii, p. 255.
2. Tulasne, *Mémoire sur les Ustilaginées, Ann. des Sci. Nat.* (1847), vii,
pp. 12 et 73.

tituent la carie du blé. **Les particularités** de la germination seront
signalées plus loin. Dans l'*Ustilago*, les petits spores noirâtres se
développent sur des fils délicats ; ils naissent d'abord d'une sorte
de stroma semi-gélatineux, grumeleux. Il est très-difficile de découvrir des fils associés aux spores. Les espèces attaquent les fleurs
et les anthères des Composées et des Polygonées, les feuilles, les
chaumes et les fleurs des Graminées. On les connaît vulgaire-
ment sous le nom de nielle. Dans l'*Urocystis* et le *Thecaphora*,
les spores sont unis en corps sub-globuleux, formant une sorte
de spore composé. Dans quelques espèces d'*Urocystis*, l'union
qui existe entre eux est comparativement faible. Dans le *Theca-*
phora au contraire, le spore composé, ou agglomération de spores,
est compact ; il semble être enveloppé d'abord dans un cyste délicat. Dans le *Tuburcinia*, les petites cellules sont réunies en
une sphère creuse ; il s'y montre des lacunes communiquant avec
l'intérieur, et souvent les restes d'un pédicelle.

Fig. 23. — *Thecaphora hyalina.*   Fig. 24. — *Æcidium Berberidis.*

ECIDIACÉES. — Ce groupe diffère des trois précédents par la présence d'un péridium cellulaire qui enveloppe les spores ; là-dessus
quelques mycologues n'ont pas hésité à lui trouver des liens avec
les Gastéromycètes, bien que toutes les particularités de sa structure semblent le rapprocher beaucoup des Géomacées. Les jolies
coupes du genre *Æcidium* sont tantôt disséminées, tantôt rassemblées en grappes, avec des spermogonies au centre ou sur la
surface opposée. Les coupes sont ordinairement blanches, composées de cellules bordées, arrangées régulièrement, qui à la fin
s'ouvrent au sommet, avec des bords rabattus et fendus en dents
rayonnantes. Les spores sont habituellement d'une brillante couleur orangée ou dorée, quelquefois blanche ou brune ; ils se disposent en chaînes ou en chapelets, sont légèrement attachés l'un
à l'autre [1] et se séparent au sommet en même temps qu'il continue de s'en former à la base ; ainsi il y a, pendant un certain
temps, une production successive de spores. Les spermogonies
ne sont pas toujours faciles à découvrir ; elles sont beaucoup plus

1. Corda, *Icones Fungorum*, vol. iii. fig. 45.

petites que les péridiums, et quelquefois les précèdent. Les spermaties sont chassées des sommets déchirés et frangés ; ce sont des corps très petits et incolores. Dans le *Rœstelia*, les péridiums sont grands, croissent en groupes, et dans beaucoup de cas s'ouvrent par une fente allongée ou par une déchirure. Dans la plupart des cas, les spores sont bruns, mais dans une splendide espèce de l'Amérique du Nord (*Rœstelia aurantiaca*, Peck), récemment déterminée, ils sont d'une brillante couleur orangée. S'il en faut croire les observations d'Œrsted, qui ont déjà reçu confirmation, ces espèces dépendent toutes d'espèces de *Podisoma*, comme forme secondaire du fruit [1]. Dans le *Rœstelia* du poirier, ainsi que dans celui du sorbier des oiseleurs, les spermogones se trouvent soit en touffes séparées formant des taches incolores, soit associés avec le *Rœstelia*. Le *Peridermium* diffère très-peu du *Rœstelia* par la structure, et toutes ces espèces se rencontrent sur les Conifères. Dans l'*Endophyllum*, les péridions sont plongés dans la matière succulente de la substance nourricière ; tandis que dans le *Graphiola*, il y a un péridium plus coriace et en même temps double, dont l'intérieur forme une touffe de fils dressés à la manière d'une petite brosse [2].

HYPHOMYCÈTES. — On a déjà dit que le trait dominant de la structure de cet ordre c'est le développement du système végétatif, sous la forme de fils simples ou ramifiés, sur lesquels naît le fruit. On applique à ces végétaux le nom commun de moisissures plus généralement peut-être qu'aux autres groupes : cependant ce terme est trop vague et a été employé trop au hasard pour servir à donner une idée suffisante des caractères de cet ordre. Laissant de côté les groupes moins importants, et nous bornant aux *Démaliées* et aux *Mucédinées*, nous nous ferons une idée de la structure la plus ordinaire. Dans le premier groupe, les fils sont plus ou moins de la couleur du charbon, dans le dernier presque incolores. Un des genres les plus considérables des Démaliées est l'*Helminthosporium*. Il se montre sur les plantes herbacées quand elles dépérissent, et sur le vieux bois, où il forme de grandes taches noires et veloutées. Le mycélium, formé de fils colorés joints ensemble, se répand sur la substance sous-jacente et la pénètre ; il s'en élève des fils dressés raides et ordinairement articulés, d'une couleur brune foncée, presque noire à la base, mais plus pâle vers le sommet. Dans la plupart des cas, ces fils ont une couche extérieurement corticale, qui leur donne

1. Cooke, *On Podisoma*, *Quekett Jour.*, vol. II, p. 255.
2. On peut se demander si le *Graphiola* n'est pas plus voisin du *Trichosoma* que des genres auxquels on l'associe ordinairement. — M. J. B.

de la rigidité; les spores se produisent ordinairement au sommet,
mais quelquefois latéralement. Bien que parfois incolores, ils sont
le plus souvent d'une nuance sombre, plus ou moins allongés, et
partagés transversalement par des cloisons en nombre variable.
Dans l'*Helminthosporium Smithii*, les spores surpassent de
beaucoup les dimensions des fils [1];
dans d'autres espèces ils sont plus petits. Dans le *Dendryphium*, filaments
et spores se ressemblent beaucoup,
sauf que les uns sont ramifiés à leur
sommet, et que les spores se produisent souvent à la suite l'un de l'autre
en une courte chaîne [2]. Dans le *Sep-
tosporium*, les fils et les spores sont
encore du même type, mais les spores
sont pédicellés et attachés à la base ou
près d'elle; tandis que dans l'*Acrothecium*, où l'on trouve les mêmes spores
et les mêmes fils, les derniers sont
groupés ensemble au sommet des fils.
Dans le *Triposporium*, les fils sont
semblables, mais les spores sont triradiés; et dans l'*Helicoma*, les spores
sont tordus en spirale. Nous pourrions ainsi passer en revue tous les
genres pour montrer ce caractère principal de fils colorés, cloisonnés, assez
raides et généralement dressés, portant par une pointe des spores qui,

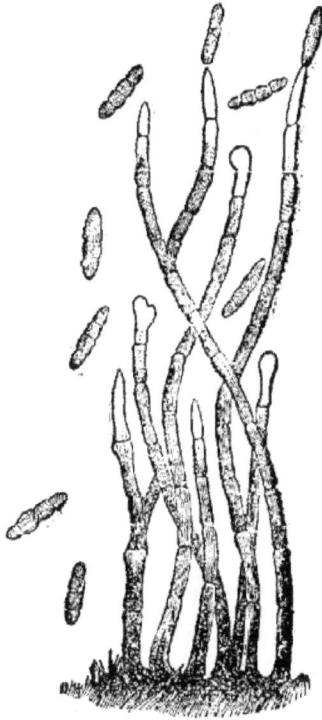

Fig. 25. — *Helminthosporium
molle.*

dans la plupart des cas, sont allongés, colorés et cloisonnés.

MUCÉDINÉES. — Ici les fils, s'ils présentent quelque coloration,
sont toujours délicats, plus flexibles, avec des parois plus minces,
sans avoir jamais de couche corticale extérieure. Un des genres
les plus importants et les plus développés est le *Peronospora*,
dont les espèces sont parasites sur les végétaux vivants qu'ils
détruisent. C'est à ce genre qu'appartient le champignon de
la trop célèbre maladie de la pomme de terre. Le professeur
de Bary a fait plus qu'aucun autre mycologue pour l'étude
et l'élucidation de ce genre; et sa monographie est un chef-

1. Cooke, *On Microsc. Moulds, Quekett Journ.*, vol. II, pl. 7.
2. Voyez *Dendryphium fumosum, Queck. Journ.*, vol. II, pl. 8; ou *Corda
Prachtflora*, pl. 22

d'œuvre [1]. Il fut cependant précédé de plusieurs années par M. Berkeley, et plus spécialement par le docteur Montagne, dans l'examen
de la structure des floccus et des conidies de plusieurs espèces [2].
Dans ce genre, il y a un mycélium délicat, qui pénètre les cavités
intercellulaires des plantes vivantes. Il donne naissance à des fils
dressés, ramifiés, qui portent, aux extrémités de leurs derniers
ramuscules, des spores sub-globuleux, ovales ou elliptiques, ou
comme de Bary les appelle, des gonidies. Profondément enfoncés
dans le mycélium, au sein de la substance de la plante nourricière, naissent d'autres corps reproducteurs, appelés oogones.
Ceux-ci sont sphériques, plus ou moins verruqueux, brunâtres ;
leur contenu se transforme en zoospores très-vifs, capables, une
fois sortis, de se mouvoir dans l'eau à l'aide de cils vibratiles. Une

Fig. 26. — *Acrothecium simplex.*   Fig. 27. — *Peronospora Arenariæ.*

structure semblable a déjà été indiquée dans le *Cystopus* ; d'ailleurs elle est rare chez les champignons, si l'on excepte les Saprolégniées. Dans le *Botrytis* et dans le *Polyactis*, les floccus et
les spores sont semblables ; mais les branches des filaments son
courtes, plus compactes, et les cloisons sont plus communes et
plus nombreuses. Les oogones aussi sont absents. De Bary a choisi
le *Polyactis cinerea*, tel qu'il se présente sur les feuilles de vigne
mortes pour mettre en lumière ses idées sur le dualisme qu'il
croit avoir découvert dans cette espèce. « Il répand son mycélium,
dit-il, dans le tissu qui devient brun, et celui-ci montre d'abord
essentiellement la même construction et le même accroissement
que les filaments du mycélium de l'*Aspergillus*. » Sur le mycélium

1. De Bary, *Champignons Parasites, Ann. des Sci. Nat.* 4° série, vol. xx.
2. Berkeley, *Sur la maladie des pommes de terre, Journ. of Hort. Soc. of
London,* vol. 1 (1846), p. 9.

apparaissent bientôt, outre les branches qui se répandent sur
le tissu des feuilles, d'autres rameaux vigoureux, épais, ordinairement fasciculés, qui se tiennent tout près l'un de l'autre, s'élancent de la feuille et s'élèvent perpendiculairement : ce sont les
porte-conidies. Ils poussent d'une longueur d'un millimètre environ, se partagent, par des cloisons successives, en chaînes de
cellules proéminentes, cylindriques, et alors leur croissance
s'arrête ; la cellule supérieure produit, près de son sommet, de
trois à six branches presque rectangulaires. Les branches inférieures sont les plus longues et elles poussent de nouveau, au-
dessous de leurs extrémités, une ou plu-
sieurs petites branches encore plus courtes. Plus les branches sont près du sommet, plus elles sont courtes, et moins elles
sont divisées ; les supérieures sont sans
ramifications, et leur longueur surpasse
à peine le diamètre de la tige principale.
Ainsi se montre un système de branches,
imitant en petit une grappe de raisin. Tous
les rejetons atteignent bientôt leur croissance complète ; leur cavité intérieure se
sépare de la tige principale au moyen
d'une cloison transversale placée tout près
de cette dernière. Toutes les extrémités, y
compris celle de la tige principale, se gonflent en même temps en forme de vessie ;
puis, sur la moitié supérieure libre de chaque gonflement, apparaissent simultanément quelques protubérances fines, serrées
les unes contre les autres : elles se gonflent promptement pour former de petites
vessies ovales remplies de protoplasme, et

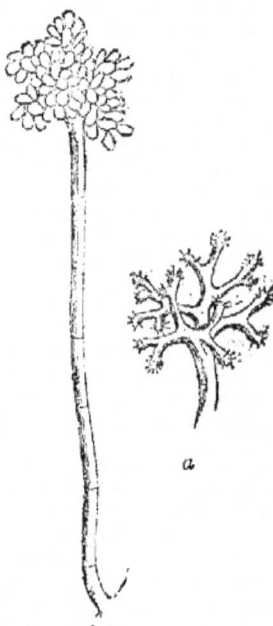

Fig. 28. — *Polyactis cinerea.*
a, sommet de l'Hypha.

reposant sur leurs supports par une base sub-sessile, pédicel-
lée, étroite ; elles se séparent ensuite par une cloison comme
dans l'*Aspergillus*. Les cellules détachées sont les conidies de
notre champignon ; il s'en forme une seule sur chaque tige. Quand
le panicule entier est complet, les petites branches qui le composent ont été privées de leur protoplasme en faveur des conidies ; il en est de même de l'extrémité inférieure de la tige principale, dont les limites sont marquées par les cloisons transversales. La paroi délicate de ces parties se rétrécit jusqu'à
devenir méconnaissable, toutes les conidies du panicule se rapprochent l'une de l'autre pour former un amas irrégulier sem-

blable à une grappe de raisin, qui tient lâchement au support et s'en sépare aisément sous forme de poussière. Portés sous l'eau, ces corps tombent immédiatement; les pellicules délicates, vides, ridées, se retrouvent seules sur la branche qui les a portées, et la place où ils sont fixés sur la tige principale se montre distinctement sous la forme d'un hile arrondi, circonscrit, généralement un peu arqué vers l'extérieur. Le développement de la tige principale ne s'arrête pas là. Elle reste solide et remplie de protoplasme, jusqu'à la portion qui en forme le bout, sous forme de conidies. L'extrémité, que l'on trouve parmi ces petits corps, devient pointue après la maturité du premier panicule, pousse d'un côté le bout de la masse ridée, croît à la hauteur d'un ou de deux panicules, et alors s'arrête pour former un second panicule semblable au premier. Celui-ci s'effeuille plus tard, comme le précédent; alors un troisième suit, et un grand nombre de panicules sont ainsi produits, sur la même tige, les uns après les autres et au-dessus des autres. Dans les échantillons parfaits, chaque panicule effeuillé reste suspendu lâchement à sa place originaire, sur la surface de la tige, jusqu'à ce que, par une secousse ou par l'accès de l'eau, il tombe immédiatement parmi les conidies isolées ou les débris de branches; les hiles ovales dont on a parlé en marquent la place. Naturellement la tige devient plus longue à chaque effeuillement; dans les plus beaux échantillons, la longueur peut atteindre à plusieurs lignes. Sa paroi, dès la maturité du premier panicule, est déjà forte et brune depuis la base. Elle est incolore seulement à l'extrémité qui s'allonge, et dans toutes les formations nouvelles. Pendant tous ces changements, le filament reste sans ramifications, sauf les panicules passagers, ou envoie çà et là, sur les points effeuillés, surtout sur les moins élevés, une ou deux branches vigoureuses se tenant en face l'une de l'autre, et ressemblant à la tige principale.

Le mycélium, qui a un accroissement aussi exubérant dans la feuille, donne souvent naissance à beaucoup d'autres productions qui portent le nom de *Sclérotes* et consistent, conformément à leur nature, en un tissu épais et bulbeux de filaments de mycélium. Leur formation commence par une abondante ramification des fils du mycélium à une place ou à une autre; cela se produit généralement, mais non toujours, dans les nervures de la feuille; les rejetons en s'entrelaçant forment une cavité ininterrompue, dans laquelle est souvent renfermé le tissu ridé de la feuille. Le corps tout entier se gonfle, dépasse l'épaisseur de la feuille et fait saillie sur la surface comme une tache épaisse. Sa configuration varie, tantôt circulaire, tantôt fusiforme. Sa taille est aussi

très inégale; elle peut aller de quelques lignes à un demi-millimètre dans son plus grand diamètre. Il est d'abord incolore;
mais ensuite ses couches extérieures de cellules s'arrondissent
et deviennent brunes ou noires; il est alors entouré d'une écorce
noire consistant en cellules rondes qui le séparent du tissu
voisin. Le tissu intérieur de l'écorce demeure incolore; c'est un
lacis non interrompu de filaments de champignon, qui prennent
bientôt des enveloppes très solides, dures et cartilagineuses. Le
sclérote, qui mûrit à mesure que l'écorce noircit, se détache facilement du lieu de sa naissance et survit aux tissus où il
est né.

Les sclérotes sont ici, comme dans beaucoup d'autres champignons, des organes bisannuels destinés à reproduire une végétation nouvelle après un état de repos apparent et à développer des organes spéciaux porteurs de fruits. Ils peuvent sous
ce rapport se comparer aux bulbes et aux racines vivaces des
sous-arbrisseaux. L'époque ordinaire du développement des sclérotes est la fin de l'automne, après la chute des feuilles de la
vigne. Tant que les gelées ne prennent pas, il en naît continuellement de nouveaux, et chacun arrive à sa maturité en quelques jours. Si la gelée se montre, cet organe peut rester sec
pendant une année entière sans perdre ses facultés de développement. La végétation d'un sclérote commence quand ce petit
corps est mis en contact avec la terre humide à la température
ordinaire de la saison chaude. Si cela se présente de bonne heure,
au plus tard quelques semaines après sa maturité, la nouvelle
végétation se développe très vite, généralement au bout de peu
de jours; sur quelques points, les filaments incolores du tissu intérieur commencent à envoyer des faisceaux de branches vigoureuses, qui, se frayant un passage au travers de l'écorce noire,
s'allongent perpendiculairement vers la surface, se séparent les
unes des autres, puis prennent tous les caractères des porte-conidies. Beaucoup de faisceaux semblables peuvent se produire sur un
sclérote, en sorte que bientôt la plus grande partie de la surface
est couverte de porte-conidies filamenteux avec leurs panicules.
Le tissu incolore du sclérote disparaît à mesure que les porte-
conidies s'accroissent, et enfin l'écorce noire reste vide et ridée.
Si, quelques mois après sa maturité, nous portons pour la première fois le sclérote sur un sol humide, en été ou en automne,
le développement se fait plus lentement et sous une forme essentiellement différente. Il est vrai que de nombreuses branches
filamenteuses naissent du tissu intérieur aux dépens de sa substance et passent à travers l'écorce noire; mais ces filaments

restent fortement reliés, dans une situation presque parallèle, à un cordon cylindrique, qui, au bout d'un certain temps, s'allonge et dilate son extrémité libre en un disque plat. Cette plate-forme est toujours formée de fils fortement unis, ramifications du cordon cylindrique. Sur la surface supérieure libre du disque, les filaments poussent des branches innombrables, qui, croissant à une même hauteur, serrées et parallèles les unes aux autres, couvrent ce disque. Quelques-uns restent étroits et cylindriques, sont très-nombreux, et produisent des poils fins (paraphyses); d'autres, très-nombreux aussi, prennent la forme de cellules claviformes en ampoules, et chacune d'elles forme dans son intérieur huit spores ovales qui y nagent librement. Ces ampoules sont les ascus sporidiifères. Lorsque les spores ont mûri, le point libre de l'utricule éclate, et les spores se répandent à une grande distance par un mécanisme que nous ne décrirons pas plus longuement ici. De nouvelles ampoules s'élèvent entre celles qui mûrissent et se flétrissent; un disque peut, dans des circonstances favorables, continuer à former de nouveaux ascus pendant plusieurs semaines de suite. Le nombre des organes ci-dessus décrits et portant les utricules, est différent suivant la taille du sclérote; les plus petits spécimens n'en produisent ordinairement qu'un; les plus grands, de deux à quatre. La taille est réglée sur celle des sclérotes et s'élève, dans les échantillons

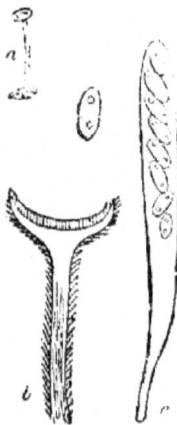

Fig. 29. — *Peziza Fuckeliana. a,* grandeur naturelle. *b,* section grossie. *c,* asque et sporidies.

de bonne grandeur, à un millimètre ou davantage pour la longueur de la tige, elle varie d'un demi-millimètre à trois millimètres (rarement plus) pour la largeur du disque [1]. Pendant quelque temps, la forme de conidie appartenant aux Mucédinées a été connue sous le nom de *Botrytis cinerea* (ou *Polyactis cinerea*). Le mycélium compacte, ou sclérote, porte à l'état imparfait le nom de *Sclerotium echinatum*, tandis que, dans son état parfait et en forme de coupe, il a reçu le nom de *Peziza Fuckeliana*. Nous avons reproduit ici, d'après de Bary, l'histoire de cette moisissure comme un exemple de la structure des Mucédinées; mais plus tard nous aurons à décrire des transformations semblables en traitant du polymorphisme.

La forme des filaments, la forme et la disposition des spores

1. De Bary, *On Mildew and Fermentation*, p. 25, tiré du *Mag. Trimestriel* allemand, 1872 ; de Bary, *Morph. und. Phys. der Pilze* (1866), 201.

varient suivant les genres dont cet ordre se compose. Dans l'*Oï-dium*, les fils, généralement simples, se partagent en articles. Beaucoup des espèces précédentes sont maintenant reconnues pour des modifications de l'*Erysiphe*. Dans l'*Aspergillus*, les fils sont simples et dressés, avec une tête globuleuse, autour de laquelle s'amassent des chaînes de spores simples. Dans le *Penicillium*, la portion inférieure des fils est simple, mais ils sont brièvement ramifiés à leur sommet. Dans le *Dactylium*, les fils sont ramifiés, mais les spores sont ordinairement rassemblés en grappes, et sont de plus cloisonnés. Dans d'autres genres, on observe des distinctions semblables. Parmi les *Hyphomycètes*, ces deux groupes de moisissures noires et de moisissures blanches sont les plus nobles, et contiennent le plus grand nombre de genres et d'espèces. Il y a cependant le petit groupe des Isariacées dans lequel les fils sont unis ; et il en résulte une ressemblance avec les formes hyménomycétales, comme celles du *Clavaria* et du *Pterula;* mais il est douteux que ce groupe contienne beaucoup d'espèces autonomes. Dans un autre petit groupe, les Stilbacées, il y a un caractère composite dans la tête ou réceptacle [1], et dans la tige, quand elle existe. Mais beaucoup d'entre eux comme le *Tubercularia*, le *Volutella*, le *Fusarium*,

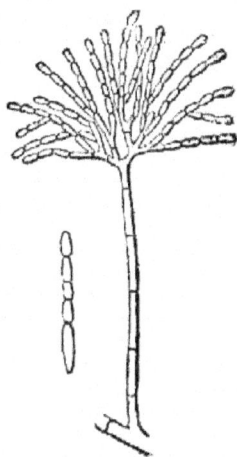

Fig. 30. — *Penicillium Chartarum*, Cooke.

etc., contiennent des espèces douteuses. Dans les Sépédoniées et les Trichodermacées, les fils sont réduits au minimum, et les spores ont des caractères tellement distincts que ces groupes relient les Hyphomycètes avec les Coniomycètes. Ces groupes cependant ne sont pas d'une importance assez grande pour qu'on en parle dans un ouvrage de ce genre autrement que par une allusion rapide.

Nous arrivons à l'étude de la structure des Sporidiifères, dans lesquels les corpuscules de la fructification ou les germes, qu'on les appelle spores ou sporidies, sont formés ordinairement en nombre défini à l'intérieur de certains cystes privilégiés. Dans les ouvrages systématiques, on les range en deux ordres, les *Physomycètes* et les *Ascomycètes*. Le premier de ces groupes consiste en moisissures portant des cystes ; et comme ils sont les plus voisins des précédents, nous leur donnerons la première place.

1. Cooke, *Handbook of. British. Fungi*, vol. II, p. 552.

Les Phycomycètes renferment, principalement parmi les *Muco-rinées*, beaucoup d'espèces très-intéressantes et très-instructives, qui tout récemment encore ont occupé l'attention des mycologistes du Continent. La plupart des phénomènes remarquables qu'elles présentent ont plus ou moins de rapport avec la reproduction, et à ce titre nous aurons à y revenir ; mais il y a aussi des points de structure dont il vaut mieux nous occuper ici. Prenant encore pour guide le professeur de Bary [1], nous en trouvons un exemple dans l'espèce commune *Mucor mucedo*. Si nous apportons du fumier de cheval frais dans une atmosphère humide et renfermée, par exemple, sous une cloche de verre, la surface se couvre, en peu de jours, d'une sorte de nielle blanche. Des filaments vigoureux, de la grosseur d'un cheveu, s'élèvent à la surface ; chacun d'eux montre bientôt à sa pointe une petite tête ronde qui graduellement devient noire, et un examen plus attentif nous montre que cet organe ressemble parfaitement, dans tous ses traits principaux, aux sporanges d'autres espèces. Chacun de ces filaments blancs est un support de sporanges. Ils s'élancent d'un mycélium répandu dans le fumier, et s'y montrent isolés les uns des autres. Certaines particularités dans la forme des sporanges et dans les petits spores cylindriques allongés, qui, examinés séparément, sont tout à fait plats et incolores, sont caractéristiques de l'espèce. Si ces derniers sont semés dans un milieu convenable, par exemple dans une solution de sucre, ils se gonflent, et donnent naissance à des utricules susceptibles de germination, qui forment promptement un mycélium : des spores en naissent. Ce champignon se développe aisément sur les corps organiques les plus variés, et le *Mucor mucedo* se produit spontanément sur toute matière capable de nourrir la moisissure; mais c'est sur la précédente que les spécimens les plus parfaits et les plus riches

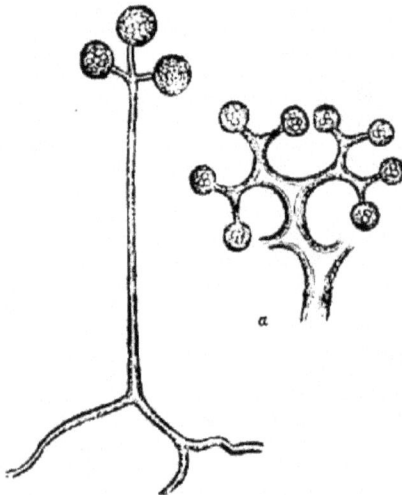

Fig. 31. — *Mucor mucedo* avec trois sporanges. *a*. Portion de dentelle avec les sporangicles.

1. De Bary, *Sur la moisissure et la fermentation, Mag. Trimestriel allemand,* 1872.

se rencontrent généralement. Les supports de sporanges, dans les premiers temps, sont toujours sans ramifications ni cloisons. Lorsque le sporange est mûr, il se forme souvent, dans l'espace intérieur, des cloisons transversales en ordre et en nombre variables, et sur la surface, des branches également variables pour le nombre et la taille, dont chacune forme un sporange à sa pointe. Les sporanges qui se forment les derniers ressemblent souvent à ceux qui paraissent les premiers, mais ils en diffèrent quelquefois beaucoup ; car leur paroi est très-épaisse et ne se détruit pas à la maturité. Elle s'ouvre irrégulièrement, ou reste entière, avec les spores à l'intérieur, pour tomber sur le sol quand le champignon s'est flétri. La cloison transversale qui sépare les sporanges de ces supports est fortement convexe dans ceux qui se forment les premiers et qui sont toujours plus épais : ceux qui suivent sont souvent plus petits, et dans les spécimens faibles, ils sont beaucoup moins arqués, quelquefois même tout à fait droits. Au bout de quelques jours, des filaments semblables se montrent généralement sur le fumier entre les supports des sporanges ; on les voit à l'œil nu, garnis de dentelles blanches et délicates. Aux points où l'on en aperçoit, on voit de deux à quatre petites branches rectangulaires se développer et s'élever à la même hauteur autour du filament. Chacune d'elles, après être restée simple sur une petite longueur, se bifurque ; les bifurcations sont faites de telle sorte que les extrémités de la branche s'assemblent à la fin de manière à former une petite balle. Finalement, chacune des extrémités des branches se gonfle en un petit sporange, arrondi, limité par une cloison, et appelé sporangiole, pour le distinguer des plus grands : il s'y forme des spores, généralement au nombre de quatre, de la manière déjà décrite. Quand les sporangioles sont seuls, ils ont une apparence si particulière, avec leurs supports richement ramifiés, qu'on peut les prendre pour quelque chose différant totalement des organes du *Mucor mucedo* ; antérieurement, ils n'étaient pas considérés comme lui appartenant. La preuve qu'ils appartiennent réellement au Mucor est fournie par le principal filament qu'ils portent et qui se termine, non pas toujours, mais très-souvent, par un gros sporange caractéristique du *Mucor mucedo*. Le fait devient plus évident encore si nous semons les spores du sporangiole : car, à la germination, il se développe un mycélium, qui, près d'un support simple, peut former de gros sporanges, tandis que les supports simples forment des sporangioles ; les premiers sont beaucoup plus nombreux et très-souvent existent seuls. Si nous examinons un grand nombre d'échantillons, nous trouvons toutes les formes intermédiaires

possibles entre les supports de sporanges, simples ou peu ramifiés, et les dentelles typiques. Nous arrivons enfin à conclure
qu'il faut placer les derniers organes parmi les variétés de formes
que présentent les supports de sporanges du *Mucor mucedo*,
toute forme organique typique pouvant varier entre certaines
limites. D'un autre côté, le *Mucor mucedo* a d'autres organes de propagation qui diffèrent des sporanges et de leurs
produits, et qu'on peut appeler conidies. Sur le fumier (ils sont
rares sur les autres substances) ils se montrent en même temps
que les supports des sporanges, ou généralement un peu après,
et, à l'œil nu, ils ressemblent à ces organes. Un examen plus
attentif montre la différence : un filament plus épais, sans cloison, s'élève et se ramifie généralement en se trifurquant, après
avoir crû d'un millimètre, en plusieurs séries de ramuscules. Les
branches fourchues de la dernière série portent, au-dessous de
leurs pointes, généralement capillaires, de petits rameaux courts
et dressés ; et ceux-ci, avec lesquels
les extrémités des branches principales s'articulent par leurs sommets un
peu élargis, supportent des spores et
des conidies rapprochés les uns des
autres ; quinze à vingt de ces corps
se forment à l'extrémité de chaque
rameau. Il n'est pas nécessaire de
discuter ici les particularités et les
variations qui se montrent si souvent dans les ramifications. Après la

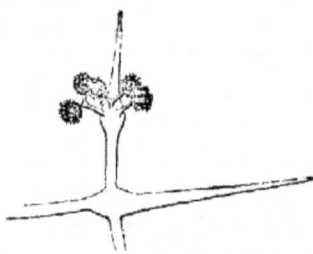

Fig. 32. — Petite portion de *Botrytis Jonesii*.

formation des conidies, leurs supports s'affaissent par degrés
et disparaissent tout à fait. Les conidies mûres sont rondes,
leur surface est à peine colorée et presque entièrement lisse.
Ces formes de conidies furent d'abord décrites comme une espèce distincte, sous le nom de *Botrytis Jonesii*. Comment donc
les rattachons-nous au *Mucor* [1] ? Le voisinage, ici comme ailleurs, est une preuve bien faible de l'identité de l'espèce. Les
tentatives faites pour prouver que les conidies et les supports
de sporanges naissent sur le même mycélium, réussiront peut-
être un jour. Jusqu'à présent il n'en a pas été ainsi, et celui
qui a essayé de démêler la masse de filaments couvrant à
profusion la matière où se développe le *Mucor* à l'époque où

---

1. Nous savons que Van Tieghem et Lemonnier, *Ann. des Sci. Nat.*,
1873, p. 335, contestent que cette forme appartienne au *Mucor mucedo*, et
affirment que le *Chœtocladium Jonesii* a lui-même un Mucor distinct avec
des sporanges monospores.

se forment les conidies, ne sera pas surpris que de tels essais soient restés sans succès jusqu'ici. Le soupçon de connexion, fondé sur le voisinage de ces végétations et sur leur ressemblance extérieure, est pleinement justifié, si nous semons les conidies dans un milieu convenable, par exemple dans une solution de sucre ; elles germent alors et produisent un mycélium exactement semblable à celui du *Mucor mucedo ;* mais elles surtout produisent à profusion sur leurs supports les sporanges typiques. Ces derniers sont jusqu'à présent les seules reproductions des porte-conidies, et n'ont jamais été observés sur des mycélium nés de conidies.

Ces phénomènes de développement se montrent dans le *Mucor* quand il croît sur une substance humide, qui doit naturellement contenir la nourriture nécessaire à l'espèce, et qu'il est exposé à l'air atmosphérique. Son mycélium montre d'abord de vigoureux utricules ramifiés, sans cloisons ; les branches sont de l'ordre le plus élevé, ordinairement partagées en rameaux à pointes très-fines. Dans l'ancien mycélium, comme aussi dans les porte-sporanges, dont le contenu est utilisé pour la formation des spores, et dont la substance est épuisée pour le développement de notre champignon, de petites pièces remplies de protoplasma se forment souvent en cellules au moyen de cloisons pour produire des spores, c'est-à-dire se développent en un nouveau mycélium fertile. Ces cellules s'appellent gemmules, ou cellules fécondes ; elles ressemblent à ces boutons de végétaux, à ces bourgeons de plantes foliacées, qui restent susceptibles de développement après que les organes de la végétation sont morts, pour reproduire, dans des circonstances favorables, de nouvelles plantes : tels sont les bulbes des oignons, etc.

Si nous mettons un mycélium vivant de *Mucor mucedo* dans un milieu contenant les éléments nécessaires à son alimentation, mais non en contact avec l'air libre, la formation des sporanges est très-limitée ou nulle, et celle des gemmules est très-abondante. Des fragments isolés des rameaux ou même le système entier des branches se remplissent d'un abondant protoplasma graisseux ; les courtes pièces et les extrémités sont limitées par des cloisons qui forment des cellules particulières, souvent en forme de tonnes ou globuleuses ; les plus longues se changent, par la formation de cloisons transversales, en chaînes de cellules semblables ; souvent ces dernières prennent peu à peu des parois fortes, épaisses, et leur contenu graisseux se résout fréquemment en gouttes innombrables de forme globuleuse, très-régulières et d'égales dimensions. Des apparences semblables se montrent après qu'on a semé les spores : ceux-ci sont susceptibles de germination dans le milieu décrit ci-dessus, et dont l'air est exclu. Tantôt de courts utricules germent, s'allongent, et se convertissent bientôt en rangées de gemmules ; tantôt les spores se gonflent en grandes vésicules arrondies remplies de protoplasma, et poussent en différents points de leur surface d'innombrables protubérances ; celles-ci, se fixant par une base étroite, deviennent bientôt des cellules rondes, vésiculaires, sur lesquelles se reproduisent les mêmes bourgeons d'où elles-mêmes sont nées. Ces formations nous rappellent le ferment appelé levûre globuleuse. Les formes connues de gemmules varient par degrés insensibles ; toutes, dans les conditions normales de développement, montrent les mêmes ordres de phénomènes et la même germination que ceux que nous avons décrits.

Nous nous sommes arrêtés assez longuement sur la structure et sur le développement de l'un des Mucors les plus communs : ces détails donnent une idée de l'ordre. Il y a d'autres caractères qui présentent de l'intérêt en ce qu'ils déterminent les limites des genres concurremment avec ceux dont nous parlerons quand nous traiterons spécialement de la reproduction.

Ascomycètes. — Passant maintenant aux *Ascomycètes*, qui sont particulièrement riches en genres et en espèces, nous devons d'abord faire une courte allusion aux *Tubéracées*, ordre de champignons sporidiifères d'habitudes souterraines et de structure assez particulière [1]. Dans cet ordre, une couche extérieure de cellules forme une sorte de périthécion qui est plus ou moins développé dans différents genres. Cette enveloppe renferme l'hyménium, qui est sinueux, contourné, tordu, et forme souvent des lacunes. L'hyménium, dans quelques genres, consiste en asques allongés, presque cylindriques, contenant un nombre défini de sporidies dans les vraies truffes et dans les genres voisins, les asques sont de larges sacs, contenant de grandes et belles sporidies, souvent colorées. Ces dernières ont un épispore lisse, verruqueux, épineux ou lacuneux suivant les cas, et, comme on le verra d'après les figures de la monographie de Tulasne [2] ou d'après celles du dernier volume du grand ouvrage de Corda [3], elles sont des objets curieux pour l'observation microscopique. Dans certains cas, il n'est pas difficile d'y découvrir des paraphyses, mais dans d'autres elles semblent complétement absentes. Un nombre relativement con-

1. Vittadini, *Monog. Tuberacearum*, 1831
2. Tulasne, *Fungi Hypogæi*, 1851.
3. Corda, *Icones Fungorum*, vol. VI.

sidérable de ces tubercules a été découvert et signalé[1] en Grande-Bretagne; mais parmi eux il n'y en a pas de plus convenable pour l'étude de la structure générale que la truffe ordinaire des marchés.

La structure des autres Ascomycètes peut être étudiée dans deux groupes : les Ascomycètes charnus, ou, comme on les a nommés, les Discomycètes, et les Ascomycètes durs ou charbonneux, quelquefois appelés Pyrénomycètes. Aucun de ces noms ne donne une idée des caractères distinctifs des deux groupes : dans le premier, la forme discoïde n'est pas universelle, et le dernier contient des espèces assez charnues. Mais dans les Discomycètes, l'hyménium est bientôt mis plus ou moins à découvert, et dans les derniers, il est enfermé dans un périthèce. Les Discomycètes sont de deux sortes, ceux à chapeau et ceux à coupes. Parmi les Discomycètes à chapeau, tel genre, comme le *Gyromitra* ou l'*Helvella*, est en un certain sens analogue aux Agarics parmi les *Hyménomycètes*, avec un hyménium supérieur au lieu d'être inférieur, et des spores renfermés au lieu d'être nus. Parmi les genres à coupes, le *Peziza* est, pour ainsi dire, un *Cyphella* ascomycète. Mais ce sont peut-être des analogies plus imaginaires que réelles.

Récemment Boudier a examiné un groupe de Discomycètes à coupe, les *Ascobolées*, et, en usant librement de son mémoire[2], nous arriverons à une idée générale de la structure des Discomycètes cupulés. Ils se présentent d'abord sous la forme d'un petit globe arrondi, et presque entièrement cellulaire. Ce petit globe, l'origine du réceptacle, n'est pas long à s'accroître, conservant sa forme arrondie jusqu'au développement des asques. A cette époque, sous l'influence de la croissance rapide de ces organes, il se produit au sommet une fissure de la membrane extérieure; cette fente devient une dépression plus marquée dans les espèces à rebord. Le réceptacle ainsi formé s'accroît rapidement, devient plan, puis convexe, ou plus ou moins ondulé au bord, pour peu qu'il soit de grande taille. Fixé à la place où il est né, par quelques filaments mycelioïdes plus ou moins abondants, le réceptacle prend à peu près la forme d'une coupe, stipitée ou sessile ; il se compose du réceptacle proprement dit et de l'hyménium. Le réceptacle proprement dit comprend le tissu subhyménial, le parenchyme et la membrane extérieure. Le tissu subhyménial est composé de petites cellules compactes, généralement plus colorées et plus denses, parmi lesquelles les cellules supérieures donnent naissance aux

1. Berkeley et Broome, *Ann. of. Nat. Hist.* 1e sér., vol. XVIII (1846), p. 73 ; Cooke, *Seem. Journ. bot.*

2. Boudier (E.), Mémoire sur les Ascobolés. *Ann. des. Sci. Nat.* 5e série, vol. X (1869).

asques et aux paraphyses. Le parenchyme est situé au-dessous et est formé généralement de filaments entrelacés, d'une consistance plus lâche que l'organe précédent, unis par des cellules intermédiaires. La membrane extérieure, qui enveloppe le parenchyme et limite l'hyménium, diffère du tissu précédent en ce que les cellules sont souvent polyédriques, quelquefois transversales, unies ensemble, quelquefois séparables. Extérieurement elle est tantôt lisse et tantôt granuleuse ou poilue.

L'hyménium est cependant la partie la plus importante; il comprend : 1° les paraphyses, 2° les asques, 3° quelquefois un mucilage enveloppant. Les asques sont toujours présents; les paraphyses sont quelquefois rares, et le mucilage, en beaucoup de cas, paraît manquer entièrement.

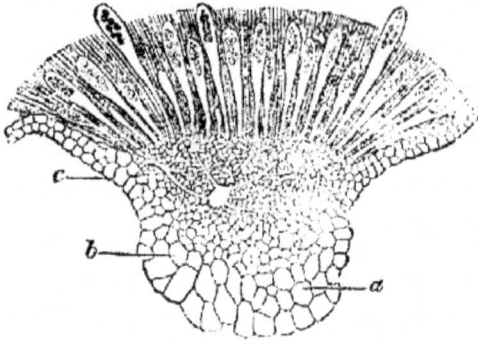

Fig. 33. — Section de la coupe d'un *Ascobolus* : *a*. cellules extérieures ; *b*. seconde couche; *c*. tissu subhyménial (Janczewski).

Les paraphyses, qui se forment dès l'origine du réceptacle, sont d'abord très-courtes, mais bientôt allongées, et atteignent leur entier développement avant l'apparition des asques. Elles sont linéaires, tantôt ramifiées et tantôt simples, souvent plus ou moins épaissies à leur sommet; presque toujours elles contiennent intérieurement quelques granules oléagineux colorés ou incolores. La fonction spéciale des paraphyses est assez obscure, et Boudier suppose qu'elles peuvent être des organes d'excitation pour la déhiscence des asques. Quoi qu'il en soit, certains mycologistes pensent que, dans quelques Ascomycètes au moins, les paraphyses sont des asques avortés, ou, tout au moins, que des asques avortés mêlés aux paraphyses ne s'en peuvent pas distinguer.

Le mucilage se forme presque en même temps que les paraphyses et avant la naissance des asques. Cette substance est incolore ou jaunâtre, elle enveloppe les paraphyses et les asques, et couvre ainsi l'hyménium d'un enduit brillant.

Les asques se montrent d'abord à la base des paraphyses, sous la forme de cellules oblongues, remplies d'un protoplasma incolore. Par une croissance rapide, ils acquièrent une taille considérable en même temps qu'ils deviennent pleins; le protoplasma est graduellement absorbé par les sporidies, dont la première indication est toujours le nucléus central. Le mucilage disparaît aussi partiellement, et les nucléus atteignant leur maturité, deviennent bien distincts, chacun enveloppant ses sporidies. Mais avant d'avoir achevé leur développement, ils se détachent du tissu subhyménial, et s'atténuant à la base, sont repoussés vers le haut par la pression des asques plus jeunes, au point d'atteindre, et quelquefois de dépasser la surface supérieure du disque. Ce phénomène commence pendant la nuit, et se poursuit toute la matinée. Les organes atteignent leur hauteur à midi, et c'est alors que le plus léger souffle d'air, le plus petit mouvement suffit à causer la déhiscence, généralement suivie d'un mouvement contractile à peine perceptible du réceptacle.

Il y a une succession manifeste dans la formation et la maturité des asques dans un réceptacle. Dans les vrais Ascobolées, chez qui les sporidies sont colorées, cela peut se voir distinctement. D'abord se montrent, sur le disque, des pointes délicates formant saillie; le lendemain elles sont plus nombreuses et le deviennent de plus en plus les jours suivants, de manière à rendre le disque presque couvert de pointes dressées, noires ou cristallines [1]; ensuite leur production diminue de jour en jour jusqu'à ce qu'elle cesse complétement. Les asques, après leur séparation du tissu subhyménial, continuent à s'allonger, et il peut se faire que l'élasticité leur permette de s'étendre pendant l'expulsion. Boudier estime qu'une certaine élasticité est hors de doute, parce qu'il a vu un asque, arrivé à maturité, rejeter ses spores et ensuite faire un mouvement brusque et considérable de retraite; alors l'asque revenait immédiatement à ses premières limites, toujours avec une réduction du nombre des sporidies qu'il contenait.

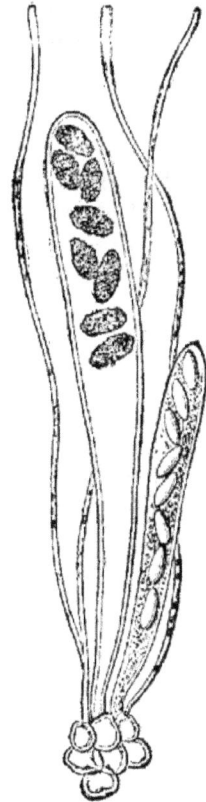

Fig. 34. — Asques, sporidies et paraphyses d'*Ascobolus*. (Boudier.)

La déhiscence des asques, dans les *Ascobolées*, dans quelques espèces de *Peziza*, de *Morchella*, d'*Helvella* et de *Verpa*, a lieu par le moyen d'une ouverture au sommet; et dans d'autres *Peziza*, l'*Helotium*, le *Geoglossum*, le *Leotia*, le *Mitrula*, par une fissure de l'asque. Cet opercule peut se voir plus facilement quand l'asque est coloré par une goutte de teinture iodurée.

1. Les asques ne se prolongent extérieurement que dans quelques Discomycètes.

Les sporidies sont ordinairement au nombre de quatre, ou de huit, ou d'un multiple de quatre, dans chaque asque; il y en a rarement quatre; le plus ordinairement elles sont au nombre de huit. A un moment donné, le protoplasma qui remplissait d'abord les asques disparaît, ou est transformé en une matière mucilagineuse qui occupe sa place; au milieu de ce mucilage est un petit nucléus, qui est le rudiment du premier spore; d'autres spores se forment consécutivement, et alors la substance se sépare en autant de sections qu'il y a de sporidies. A partir de là, chaque sporidie semble avoir une existence séparée. Toutes ont un nucléus qui est à peine visible, souvent un peu granuleux, mais qui est tout à fait distinct des sporidioles oléagineuses si fréquentes parmi les Discomycètes, et qu'on appelle souvent du même nom. Les sporidies sont d'abord un peu plus petites qu'à la maturité et entourées de mucilage. Après cette période, elles perdent leurs granulations nébuleuses en conservant toujours leur nucléus; leurs contours sont distincts, et, parmi les vrais Ascobolées, ils commencent à prendre une couleur rosée, premier signe de la maturité. Cette couleur se manifeste rapidement et s'accumule exclusivement sur l'épispore qui devient d'un rose foncé, puis violet, et finalement violet bleu si foncé qu'il semble quelquefois tout à fait noir. Il y a quelques modifications dans cette coloration; car, dans certaines espèces, elle passe du rouge vineux au gris, puis au noir, ou du rose violet au brun.

L'épispore prend une consistance de cire par cette pigmentation, en sorte qu'il peut se détacher en granules. C'est à cette consistance particulière de l'épispore que sont dus les craquements si fréquents dans les sporidies colorées de l'Ascobolus, par la contraction de l'épispore. A mesure qu'elles approchent de la maturité, les sporidies s'accumulent vers le sommet des asques et finalement s'échappent de la manière déjà indiquée.

Pour tous les détails essentiels, il y a une grande ressemblance dans la structure des Ascomycètes, surtout dans le système reproducteur. Dans la plupart d'entre eux les sporidies colorées sont rares. Dans quelques-uns, le réceptacle est en forme de chapeau, de massue, ou renflé, tandis que dans le *Stictis* il est très-réduit, et dans la forme la plus humble, l'*Ascomyces*, il est complétement absent. Dans les Phacidiacées, la structure ressemble beaucoup à celle des Helvellacées; les Hystériacées, malgré de grandes affinités avec les dernières, se rapprochent cependant des Pyrénomycètes par la nature plus cornée du réceptacle, et la tendance plus grande de l'hyménium à rester fermé, au moins quand il est sec. Dans quelques espèces d'*Hysterium*, les sporidies sont remarquablement fines. M. Duby [1] a soumis ce groupe à l'examen, et M. Tulasne [2] partiellement aussi.

SPHÉRIACÉES. — Dans ce groupe, il y a des variations considérables entre certaines limites. Il contient un très-grand nombre d'espèces, et elles s'augmentent tous les jours. Le caractère général de toutes est la présence d'un périthèce, qui enveloppe l'hyménium, et qui, à la longue, s'ouvre au sommet par un pore ou ostiole. Dans quelques espèces, le périthèce est simple; il est composé dans d'autres; ici il est plongé dans un stroma, là il est libre; dans certains cas il est charnu ou cireux, dans d'autres charbonneux, dans d'autres membraneux. Mais il y a toujours avec les Ascomycètes cette différence importante, déjà signalée, que l'hyménium n'est jamais à nu. Le périthèce consiste ordinairement en une couche extérieure de structure cellulaire, qui est lisse ou poilue, ordinairement noirâtre, et en une couche intérieure de cellules compactes, qui donne naissance à l'hyménium.

Comme dans les Discomycètes, l'hyménium consiste en asques, paraphyses et mucilage; mais le tout forme dans le périthèce une masse moins compacte et plus mucilagineuse. La formation et la croissance des asques et des sporidies diffèrent peu de ce que nous avons décrit; à la maturité, les asques s'entr'ouvrent et les sporidies seules sont rejetées par l'ostiole. Nous n'avons pas connaissance que des asques operculés aient jamais

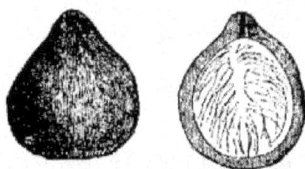

Fig. 35. — Périthèce de *Sphæria* et section.

été découverts. Il a été montré dans certains cas, et soupçonné dans d'autres, que certaines moisissures, précédemment classées parmi les *Mucédinées* et les *Dématiées*, surtout dans le genre *Helminthosporium*, portent les conidies des espèces de *Sphæria*, de sorte qu'on peut ne voir dans ce dernier genre qu'une forme de fruit.

Des périthèces tres semblables extérieurement à ceux du *Sphæria*, mais contenant des spores nés sur de délicats pédicelles, et non enfermés dans des asques, ont, avec certaines espèces de *Sphæria*, des relations qui ont été signalées, et on les regarde moins comme des espèces d'*Hendersonia* ou de *Diplodia* que comme les pycnides de *Sphæria*. D'autres périthécions plus petits, contenant en grand nombre des stylospores menus et déliés, étaient classés autrefois parmi les *Aposphæria*, les

1. Duby, *Mem. sur la tribu des Hystérinées*, 1861.
2. Tulasne, *Selecta Fungorum Carpologia*, vol. III.

Phoma, etc.; mais ils sont maintenant regardés comme des spermogones contenant les spermaties d'espèces de *Sphæria*. Comment ces organes s'influencent-ils l'un l'autre, quand et dans
quelles circonstances les spermaties agissent-elles pour imprégner
les sporidies, ce sont encore là des mystères. Il est clair cependant
que dans toutes ces conidies, macrospores, microspores, spermaties, quel que soit le nom qu'on leur donne, il y a un pouvoir de
germination. Tulasne a indiqué, dans certains cas, cinq ou six
formes de fruit comme appartenant à un même champignon, dont
l'état le plus élevé et le plus parfait est une espèce de *Sphæria*.

PÉRISPORIACÉES. — Si ce n'était par la rupture irrégulière des
périthéces et le défaut de déhiscence par un pore, quelques-uns
des genres de ce groupe différeraient peu en structure des Sphériacées. D'un autre côté, les *Erysiphe* pré-
sentent des caractères importants et très-intéressants. Ces champignons se rencontrent
principalement sur les parties vertes des plantes vivantes. D'abord il y a un mycélium blanc
plus ou moins abondant[1]. Il donne naissance
à des chaînes de conidies (*Oïdium*), et ensuite de petites saillies sphéroïdales apparaissent sur certains points du mycélium. Celles-
ci grossissent, prennent une couleur orangée,

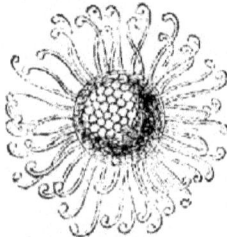

Fig. 36. — *Uncinula
adunca*.

et passent enfin à une couleur brune, puis presque noire. Extérieurement ces périthéces sont ordinairement pourvus d'appendices
longs, déployés, entrelacés ou ramifiés, présentant quelquefois de
beaux rameaux ou des crochets à leurs pointes. A l'intérieur du réceptacle, se forment des asques pyriformes ou ovales, en grappes,
attachés ensemble à la base, et contenant deux ou plusieurs
sporidies transparentes. On a aussi observé d'autres formes de
fruits sur le mycélium. Dans un genre exotique, *Meliola*, les appendices aussi bien que le mycélium sont noirs; autrement
la plante est très analogue à tel genre d'*Erysiphe*, comme le
Microsphæria. Dans le *Chætomium*, les périthéces sont hérissés
de poils raides, foncés, et les sporidies sont colorées. Nos limites
toutefois ne nous permettent pas de détails plus amples sur la
structure complexe et variée des champignons[2].

---

1. Tulasne, *Selecta Fungorum Carpologia*, vol. I, *Organisation, etc., sur
l'Erysiphe, Ann. des Sci. Nat.* (1851), vol. XV, p. 109.

2 Outre les ouvrages déjà cités, on pourra consulter avec avantage, sur
la structure, les suivants :

Tulasne, L. R. et C., différents articles dans les *Ann. des Sci. Nat.*, séries
III et IV.

Hoffmann, *Icones Analyticæ Fungorum*.

De Bary, *Der Ascomyceten*. Leipsick, 1863.

Berkeley, M. J. *Introd. to Crypt. Bot.*

Seynes (J. de), *Recherches, etc., des Fistulines*. Paris, 1874.

Winter, G. *Die Deutschen Sordarien*, 1871.

Corda, J. *Prachtflora* Prague, 1840.

De Bary, *Ueber die Brandpilze*. 1853.

Brefeld, O., *Botan. Untersuch. Ueber die Schimmelpilze*.

Fresenius, G. *Beiträge Zur Mykologie*. 1850.

Van Tieghem et Lemonnier, *Ann. des Sci. Nat.* (1873), p. 365.

Cornu, M. *Sur les Saprolegniées, Ann. des Sci. Nat.* 5e sér. xv, p. 5.

Janczenski, *Sur l'Ascobolus Furfuraceus, Ann. des Sci. Nat.* 5e sér. xv, p. 200.

De Bary et Woronin, *Beitrage Zur Morph. und Physiol. der Pilze*. 1870.

Bonorden, H. F., *Abhandlungen an dem Gebiete des Mykologie*, 1864.

Coemans, E., *Spicilége Mycologique*. 1862, etc.

CHAPITRE III

Un ouvrage de ce genre ne saurait être complet sans quelques notions sur l'arrangement systématique ou classification que ces plantes ont reçu des botanistes. Il serait superflu d'entrer dans des détails trop minutieux; mais il faut mettre les lecteurs en état de comprendre la valeur et la relation des différents groupes dans lesquels les champignons ont été partagés. L'arrangement généralement adopté est fondé sur le *Systema Mycologicum* de Fries, modifié, pour le mettre au niveau des recherches microscopiques récentes, par Berkeley, dans son *Introduction*[1], et adopté par Lindley dans son *Règne Végétal*. Un autre groupement a été proposé par le professeur de Bary[2], mais il n'a pas été généralement adopté.

Dans notre classification, tous les champignons sont partagés en deux grandes sections suivant le mode de la fructification. Dans une section, les spores, organes qui occupent à peu près la même position, et accomplissent les mêmes fonctions que les graines des plantes supérieures, sont nus, c'est-à-dire qu'ils sont produits sur des spicules, et non enfermés dans des cystes ou des capsules. C'est la section des SPORIFÈRES ou porte-spores : car dans l'usage général, le terme de *spore* est limité, en fait de champignons, aux cellules-germes qui ne sont pas produites dans des cystes. La seconde section est celle des SPORIDIIFÈRES ou porte-sporidies, parce que, de la même manière, le terme de spo-

---

1. Rév. M. J. Berkeley, *Intr. to Crypt. bot.* (1857), Londres, pp. 235 à 372.
2. De Bary, *Sireinz Nomenclator Fungorum*, p. 722.

ridies est limité aux cellules-germes qui se produisent dans des cystes. Ces cystes sont connus respectivement sous le nom de *sporanges*, *d'usques* ou de *thèques*. La vraie signification et la valeur de ces divisions seront mieux comprises quand nous aurons détaillé les caractères des familles qui les composent.

La section des SPORIFÈRES contient quatre familles dont deux ont un hyménium, et dont deux n'ont pas d'hyménium propre. Le mot *hyménium* désigne une surface plus ou moins développée, sur laquelle se produit la fructification. Quand cette surface n'existe pas, le fruit est porté sur des fils insérés soit directement sur les filaments radicaux du mycélium, soit sur une sorte de coussin intermédiaire ou stroma. Les deux familles dans lesquelles un hyménium existe sont appelées *Hyménomycètes* et *Gastéromycètes*. Dans la première l'hyménium est à découvert ; dans la seconde il est d'abord renfermé. Nous examinerons séparément chacune d'elles.

L'Agaric champêtre peut être accepté comme type de la famille des *Hyménomycètes*, dans laquelle l'hyménium est à découvert ; et cet organe forme le caractère le plus remarquable de la famille à laquelle il donne son nom. Le *piléus* ou chapeau porte sur sa face inférieure des feuillets rayonnants sur la surface desquels les basides se rencontrent en grand nombre, surmontées chacune de quatre spicules, et chaque spicule porte un spore. A la maturité, ces spores tombent librement sur le sol. Mais il faut observer que l'hyménium ne prend la forme de feuillets que dans un ordre d'*Hyménomycètes*, savoir les *Agaricinées ;* et encore, dans quelques genres de ce groupe, comme dans le *Cantharellus*, l'hyménium est quelquefois étendu sur des veines proéminentes plutôt que sur des feuillets. Une divergence plus grande encore se manifeste dans les *Polyporées ;* dans cet ordre l'hyménium forme la doublure de la surface intérieure de pores ou de tubes normalement situés sur la face inférieure du piléus. Ces deux ordres renferment un nombre immense d'espèces qui, dans le premier, sont plus ou moins charnues, dans le second, plus ou moins dures et à consistance de cuir. Il y a encore d'autres formes et d'autres ordres dans cette famille, comme les *Hydnées*, chez lesquelles l'hyménium revêt la surface de piquants ou d'épines, et les *Auricularinées*, dans lesquelles l'hyménium est tout à fait ou presque lisse. Les deux autres ordres s'écartent encore plus de la forme du champignon commun. Dans l'un, appelé *Clavariées*, le champignon entier est simplement cylindrique, ou claviforme, ou très-ramifié. Quelle que soit la forme des champignons, l'hyménium couvre toute la surface découverte. Dans les *Trémelli-nées* règne une structure particulière, qui d'abord semble avoir peu de rapport avec la précédente. Toute la plante à l'état frais est gélatineuse, lobée, convolutée, souvent en forme de cervelle, et la taille varie, suivant les espèces, de celle d'une tête d'épingle à celle d'une tête d'homme. Des fils et des sporophores sont plongés dans une substance gélatineuse[1], en sorte que les fils fertiles ne sont pas en réalité soudés pour former un véritable hyménium. De ces préliminaires nous pouvons conclure que les caractères techniques de la famille sont les suivants :

Hyménium libre, généralement nu, ou, s'il est renfermé d'abord, bientôt découvert; spores nus, généralement quaternés sur des spicules distinctes, — HYMÉNOMYCÈTES.

Fig. 37. — *Agaricus nudus.*

C'est dans cette famille que, suivant quelques mycologues, les champignons atteignent le plus haut degré de développement dont ils soient susceptibles ; d'autres prétendent que la fructification des *Ascomycètes* est plus parfaite, et que plusieurs de leurs espèces les plus belles, telles que les formes à chapeau, méritent le premier rang. La Morille en est un exemple familier. Quoi qu'il en soit, il est incontestable que les formes les plus nobles et les plus belles, aussi bien que les plus grandes, font partie des *Hyménomycètes.*

Dans les *Gastéromycètes*, la seconde famille, il existe aussi un véritable hyménium; mais au lieu d'être à découvert, il est enfermé longtemps dans un péridium ou sac extérieur, jusqu'à ce que les spores soient complétement mûrs, ou que le champignon commence à dépérir. La vesse-de-loup commune (*Lycoperdon*) est bien connue, et donnera une idée des principaux traits de la famille. Extérieurement il y a une enveloppe coriace ou péridium, qui est d'abord pâle, mais qui tourne ensuite au brun. Intérieurement se trouve une masse cellulaire couleur de crème, puis verdâtre, formée par l'hyménium sinueux et par de jeunes spores ; ensuite, lorsque les spores sont complétement mûrs, elle devient brunâtre et poudreuse, l'hyménium se séparant en fils, et les spores devenant libres. Dans les premiers temps, et avant la rupture de l'hymé-

---

1. Tulasne, L. et C. R. *Observ. sur l'org. des Trémellinées, Ann. des Sci. Nat.*, 1853, xix, p. 193.

nium, les spores, d'après ce qu'on a trouvé, ont du rapport avec
ceux des *Hyménomycètes* dans leur mode de production, puisqu'il
y a des basides, surmontées chacune de quatre spicules, et que
chaque spicule est normalement couronnée d'un spore[1]. C'est
donc là un hyménium cellulaire portant des spores quaternés;
mais, au lieu d'être à découvert, cet hyménium est entièrement
renfermé dans un sac extérieur ou péridion, qui ne se rompt pas
avant l'entière maturité des spores et l'époque où l'hyménium
se résout en fils; l'ensemble forme une masse pulvérulente. Il
faut pourtant ne pas oublier que c'est seulement dans quelques
ordres de cette famille que l'hyménium disparaît ainsi. Dans
d'autres il est plus ou moins permanent, et ceci a conduit naturellement à la reconnaissance de deux sous-familles : dans l'une
l'hyménium est plus ou moins persistant, suivant le type hymé-
nomycète; dans l'autre, l'hyménium s'évanouit et la masse poudreuse des spores se rapproche davantage des *Coniomycètes*.
Cette dernière sous-famille est celle des *Coniospermes* (spores en
poussière).

La première sous-famille renferme d'abord les *Hypogées*, ou
champignons souterrains. Ici encore il faut rappeler au lecteur que
tous les champignons souterrains ne sont pas compris dans cet
ordre, puisque plusieurs, dont la truffe est un exemple, sont sporidiifères et développent leurs sporidies dans un asque. Nous
nous en occuperons plus tard. Dans les *Hypogées*, l'hyménium est
permanent et convoluté, laissant de petites cavités nombreuses
et irrégulières, où les spores se produisent sur des sporophores.
Quand les échantillons sont très-vieux et en voie de dépérissement, l'intérieur peut devenir pulvérulent ou déliquescent. La
structure des champignons souterrains a attiré l'attention de
M. Tulasne et l'a conduit à une magnifique monographie de ce
groupe[2]. Un autre ordre appartenant à cette sous-famille est
celui des *Phalloïdées*, dans lequel la bourse ou péridion se déchire
avant la maturité, et l'hyménium mûr devient déliquescent. Plusieurs membres de cet ordre non-seulement présentent une apparence des plus singulières, mais possèdent une odeur fétide dont
rien n'approche dans tout le règne végétal[3]. Dans cet ordre, la

1. Berkeley, M. J. *Sur la fructification des Lycoperdon, des Phallus et des genres voisins. Ann. of. Nat. Hist.* (1840), vol. iv, p. 155; *Ann. des Sci. Nat.* (1839), xii, p. 163. Tulasne, L. R. et C, *De la Sruct. des Scleroderma*, comp. à celle des *Lycoperdon* et des *Bovista, Ann. des Sci. Nat.* 2e sér. xvii, p. 5.
2. Tulasne, L. R. et C. *Fungi Hypogæi*, Paris, 1851 ; *Observ. sur le genre Elaphomyces, Ann. des Sci. Nat.* (184.), xvi, p. 5.
3. Les *Stapeliées* sous ce rapport se rapprochent des *Phalloïdées*.

couche intérieure de la volva enveloppante est gélatineuse. Dans le jeune âge, et avant la rupture de la bourse, l'hyménium présente des cavités sinueuses dans lesquelles les spores se produisent sur des spicules comme dans les *Hyménomycètes*[1]. Les *Nidulariacées* forment un ordre un peu à part, offrant une structure particulière. Le péridium consiste en deux ou trois enveloppes, et éclate au sommet, soit irrégulièrement, soit en étoile, soit par la séparation d'un petit couvercle. Dans la cavité sont contenus un ou plusieurs réceptacles secondaires, qui sont libres ou attachés par des fils élastiques au réceptacle commun. A la fin les réceptacles communs sont creux, et des spores, portés sur des spicules, sont produits à l'intérieur[2]. L'apparence dans quelques genres est celle d'un petit nid d'oiseau contenant des œufs ; elle a donné à l'ordre son nom.

La seconde sous-famille contient les vesses-de-loup coniospermes, et renferme deux ordres. Le caractère le plus distinct est l'état cellulaire de la plante entière à son premier âge dans les *Trichogastres*, et l'état gélatineux du premier âge dans les *Myxogastres*. Les uns et les autres se résolvent à la fin intérieurement en une masse poudreuse de fils et de spores. Dans les premiers, le péridium est simple ou double, quelquefois porté sur une tige, mais ordinairement sessile. Dans le *Geaster*, vesse-de-loup étoilée, le péridium extérieur se partage en différents lobes, qui retombent sous une forme étoilée et laissent à découvert le péridium interne, comme une sphère centrale. Dans le *Polysaccum*, l'intérieur est partagé en cellules nombreuses, remplies de péridiums secondaires. Nous avons déjà parlé du mode de production des spores dans nos remarques sur le *Lycoperdon*. Toutes les espèces sont grandes, comparées à celles de la sous-famille suivante ; une espèce de *Lycoperdon* atteint une taille énorme. Un échantillon cité dans le *Gardener's Chronicle* avait trois pieds quatre pouces de circonférence et pesait près de dix livres. Dans les *Myxogastres*, le premier âge de la plante a donné lieu à beaucoup de controverses. L'état gélatineux présente des phénomènes si différents de tout ce qui avait été observé auparavant chez les plantes, qu'un savant professeur[3] n'a pas hésité à proposer l'exclusion de ces êtres du règne végétal, et leur admission dans le règne animal dans le voisinage des *Grégarines*. A la maturité, les spores

1. Berkeley, *Ann. Nat. Hist.*, vol. IV, p. 155.
2. Tulasne, L. R. et C., recherches *Sur l'org. et le mode de Struct. des Nidulariées. Ann. des Sci. Nat.* (1844), I, p. 41.
3. De Bary, *Des Myxomycètes, Ann. des Sci. Nat.* 4e sér. XI, p. 153 ; *Bot. zeit.* XVI, p. 357.

et les fils ressemblent beaucoup à ceux des *Trichogastres*, et les petites plantes elles-mêmes sont si bien des vesses-de-loup en miniature que la théorie de leur nature animale ne fut pas acceptée dès le principe et qu'elle est maintenant abandonnée. Les caractères de la famille que nous venons de passer en revue se résument ainsi :

Hyménium caché d'une manière plus ou moins permanente, consistant dans la plupart des cas en cellules fortement serrées ; cellules fertiles portant des spores nus sur des spicules distinctes découvertes seulement par la rupture ou la destruction de la membrane enveloppante ou péridium. — GASTÉROMYCÈTES.

Nous arrivons maintenant à la seconde section des *Sporifères*, dans lesquels il n'y a pas d'hyménium distinct. Ici nous trouvons encore deux familles. Dans l'une d'elles, le caractère prédominant

Fig. 38. — *Scleroderma vulgare.*

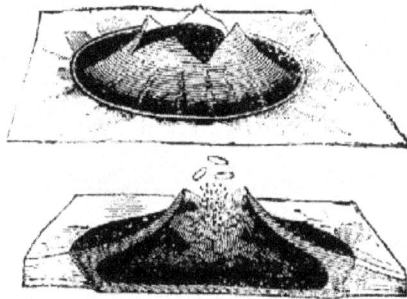

Fig. 39. — *Ceuthospora Phacidioïdes* (Greville).

consiste en spores pulvérulents ; ce sont les *Coniomycètes ;* l'autre, dans laquelle les fils sont les caractères les plus saillants, est celle des *Hyphomycètes.* Dans la première de ces familles, le système reproducteur semble prédominer si bien sur le système végétatif, que le champignon paraît être entièrement formé de spores. Le mycélium se réduit souvent à l'état rudimentaire et les pédicelles sont si fugaces qu'une poudre semblable à de la rouille ou à de la suie peut donner une idée du champignon mûr, qui infeste les parties mûres des plantes vivantes. Cela est surtout vrai pour un ou deux ordres. Le mieux sera de reconnaître deux sous-familles artificielles pour les besoins de l'exposition ; dans l'une, les espèces se développent sur les plantes vivantes, et dans l'autre, sur les plantes mortes. Nous commencerons par les dernières, et nous nous occuperons d'abord des champignons qui croissent sous la cuticule, puis de ceux qui sont superficiels. Parmi les sub-cuticulaires, on peut citer deux ordres comme représentant ce groupe en Grande-Bretagne : ce sont les *Sphéronémées*, chez lesquelles les spores sont contenus dans un périthèce plus ou moins parfait, et les *Mélanconiées*, où cet organe manque manifestement. Le premier de ces ordres est analogue aux *Sphériacées* des *Ascomycètes*, et il consiste probablement en grande partie en spermogonies des espèces connues de *Sphœria*; toutefois cette relation n'a pas encore été jusqu'ici mise en évidence. Les spores se produisent sur des fils déliés qui s'élancent de la paroi interne du périthèce, et, à la maturité, ils sont chassés par un orifice pratiqué au sommet. Tel est l'état normal, auquel il y a des exceptions. Dans les *Mélanconiées*, il n'y a pas de vrais périthéces ; mais les spores sont produits pareillement sur une sorte de stroma ou de coussin formé sur le mycélium ; à la maturité, ils sont chassés par une rupture de la cuticule sous laquelle ils ont été engendrés; souvent ils sortent en longs surgeons gélatineux. Ici encore, la majorité des espèces qu'on regardait autrefois comme distinctes ne sont, d'après ce qu'on a établi ou soupçonné, que des formes de champignons plus élevés. Les *Torulacées* représentent les champignons superficiels de cette famille. Ils consistent en un mycélium plus ou moins développé qui donne naissance à des fils fertiles ; ceux-ci, par des étranglements et des séparations, produisent à la maturité des chapelets de spores. Les espèces apparaissent ordinairement comme des taches noirâtres et veloutées, sur les tiges des plantes herbacées et sur le vieux bois exposé à l'air.

Un grand intérêt s'attache à l'autre sous-famille des *Coniomycètes*, dans laquelle les espèces se produisent pour la plupart sur les plantes vivantes. On a fait tant de découvertes ces dernières années sur le polymorphisme des espèces de cette section, que toute classification détaillée ne peut être que provisoire. Nous allons donc partir de la supposition que nous avons affaire à des plantes autonomes. En premier lieu, nous devons reconnaître une petite section dans laquelle existe une sorte de péridium cellulaire : c'est celle des *Æcidiacées*, ou fruits de seconde génération. La majorité des espèces sont très belles à voir sous le microscope; les péridiums sont distinctement cellulaires blancs ou pâles, produits sous la cuticule, qu'ils crèvent; ils s'ouvrent au sommet en forme d'étoile, en sorte que les dents réfléchie s ressemblent à des coupes délicatement frangées, avec des spores ou des pseudospores orangés, dorés, bruns ou blanchâtres entassés dans l'intérieur [1]. Ces pseudospores se produisent d'abord en chaînes,

1. Corda, *Icones Fungorum*, vol. III, fig. 45.

mais à la fin ils se séparent. Dans beaucoup de cas, ces coupes sont accompagnées ou précédées de spermogonies. Dans deux autres ordres, il n'y a pas de péridium. Dans les *Céomacées*, les pseudospores sont plus ou moins globuleux ou ovales, quelquefois comprimés latéralement et simples; dans les *Pucciniées*, ils sont allongés, souvent subfusiformes et cloisonnés; dans les deux ordres, les pseudospores se produisent toujours en touffes ou en grappes, venant directement du mycélium. Les Céomacées pourraient encore se subdiviser en *Ustilaginées* [1] et *Urédinées* [2]. Dans les premières, les pseudospores sont ordinairement d'un brun sombre; et dans les dernières, plus brillamment colorés, souvent jaunâtres. Les *Ustilaginées* renferment les nielles et la carie des céréales; les *Urédinées* comprennent les rouilles rouges du blé et des graminées. Dans quelques-unes des espèces du dernier ordre, on trouve deux sortes de fruit. Dans le *Melampsora*, les pseudospores d'été sont jaunes, globuleux, et étaient autrefois classés comme une espèce de *Lecythea*, tandis que les *pseudospores* d'hiver sont bruns, allongés, comprimés en coins, et compactes. Les *Pucciniées* [3] diffèrent principalement par leurs pseudospores cloisonnés, qui dans un genre (*Puccinia*) sont uniseptés; dans le *Triphragmium*, ils sont biseptés; dans le *Phragmidium*, multiseptés; et dans le *Xenodochus*, moniliformes, se séparant en articles distincts. Il est probable que dans tous ces genres, puisqu'il en est certainement ainsi dans plusieurs, les pseudospores cloisonnés sont précédés ou accompagnés de pseudospores simples avec lesquels ils ont des relations inconnues. Il y a un autre groupe assez singulier, ordinairement rattaché aux *Trémellinées*, dans lequel les pseudospores cloisonnés sont plongés dans une gelée, de sorte que cette espèce a beaucoup de points de contact avec les *Trémellinées*. Ce groupe renferme deux ou trois genres, dont le *Podisoma* offre le type [4]. Ces champignons sont parasites sur un assez grand nombre d'espèces de genévriers; ils se montrent tous les ans sur les mêmes gonflements des branches, sous forme d'appendices gélatineux, en forme de massues ou de cornes, d'une couleur jaunâtre ou orangée. Bien qu'au premier aspect il semble anormal de réunir ces formes trémelloides avec les espèces pulvérulentes, leurs relations sont mises en évidence par un examen plus détaillé, si l'on tient compte de la

1. Tulasne, *Mém. sur les Ustilaginées, Ann. des Sci. Nat.* (1847), VII, 12-13.
2. Tulasne, *Mém. sur les Urédinées, Ann. des Sci. Nat.* (1854), II, 78.
3. Tulasne, *Mém. sur les Urédinées, Ann. des Sci. Nat.* (1854), II, 78.
4. Cooke. M. C. *Notes sur le Podisoma, Journ. Quek. Micr. Club.* n° 17 (1871), p. 255.

forme des pseudospores, du mode de germination, ainsi que d'autres caractères, surtout si l'on prend pour sujet de comparaison le *Podisoma Ellisii*, déjà cité. Les caractères techniques de cette famille sont les suivants :

Point d'hyménium distinct. Pseudospores solitaires ou enchaînés, produits aux extrémités de fils généralement courts: ces derniers nus ou contenus dans un périthèce, rarement réunis en une masse gélatineuse, donnant à la fin de petits spores. — CONIOMYCÈTES.

La dernière famille des Sporifères est celle des *Hyphomycètes*, dans laquelle les fils sont remarquablement développés. Ce sont les moisissures, comme on les appelle ordinairement ; elles renferment quelques-unes des formes microscopiques les plus élégantes et les plus délicates. Il est vrai que beaucoup de ces végétaux, comme il arrive chez les *Coniomycètes*, ne sont que des formes conidiales de champignons plus élevés; mais il reste toujours un grand nombre d'espèces qui, dans l'état actuel de nos connaissances, doivent être acceptées comme autonomes. Dans cette famille, nous pouvons reconnaître encore trois subdivisions : dans l'une, les fils sont plus ou moins soudés en une tige commune, dans la seconde ils sont libres, et dans la troisième ils se distinguent à peine du mycélium. C'est ce dernier groupe qui forme un lien entre les *Hyphomycètes* et les *Coniomycètes*. L'analogie s'augmente par la grande profusion avec laquelle les spores se développent. Le premier groupe, dans lequel les fils fertiles sont unis de manière à former une tige composée, consiste en deux petits ordres : les *Isariacées* et les *Stilbacées;* dans le premier, les spores sont secs; dans le second, un peu gélatineux. Beaucoup d'espèces rappellent les formes que l'on trouve chez les *Hyménomycètes,* telles que le *Clavaria ;* et dans le genre *Isaria*, il est presque certain que les espèces trouvées sur les insectes morts, les papillons, les araignées, les mouches, les fourmis, etc., sont simplement les conidiophores d'espèces de *Torrubia* [1].

Le second groupe est de beaucoup le plus grand, le plus typique et le plus intéressant de cette famille. Il contient les moisissures blanches et les noires, connues sous les noms techniques de *Dématiées* et de *Mucédinées*. Dans les premières, les fils sont plus ou moins enveloppés d'écorce, c'est-à-dire que la tige a une membrane enveloppante distincte qui tombe comme une écorce; et les fils, souvent aussi les spores, sont de couleur noire comme s'ils étaient carbonisés ou brûlés. Dans beaucoup de cas, les spores sont

1 Tulasne, L. R. et C., *Selecta Fungorum Carpologia*, vol. III, pp. 1-19.

très-développés, grands, multiseptés et nucléés; rarement les spores et les fils sont incolores ou de teintes brillantes. Dans les *Mucédinées* au contraire, les fils n'ont jamais d'enveloppe, ni de teintes sombres; ils sont ordinairement blancs ou de couleur claire, et les spores ont moins de tendance à un développement considérable ou au cloisonnement. Dans quelques genres, comme dans le *Peronospora*[1], par exemple, un fruit secondaire est produit par le mycélium, sous forme de spores dormants; ceux-ci engendrent, comme les spores de la première espèce, des zoospores semblables à ceux des algues. Ce dernier genre est un grand destructeur de plantes vivantes; une de ses espèces est le principal agent de la maladie de la pomme de terre, et une autre n'exerce pas moins de ravages sur les récoltes d'oignons. La maladie de la vigne est produite par une espèce d'*Oïdium*, que l'on classe aussi parmi les *Mucédinées,* mais qui est réellement la forme conidiifère d'un *Érysiphe.* Dans d'autres genres, la majorité des espèces se développent sur des plantes mourantes, de sorte qu'à l'exception des deux genres précédents, les *Hyphomycètes* exercent une influence moins funeste que les *Coniomycètes.* La dernière section, renfermant les *Sépédoniées,* a déjà été citée comme remarquable par la suppression des fils, qui se distinguent à peine du mycélium; les spores sont abondants, ramassés sur le mycélium floconneux; tandis que dans les *Trichoder-*

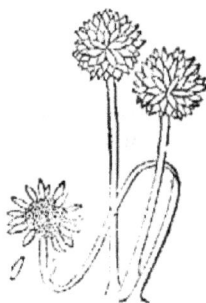

Fig. 40. — *Rhopalomyces candidus*

macées, les spores sont enveloppés par les fils comme dans une sorte de faux péridium. Voici donc le résumé des caractères de la famille :

Filamenteuses : fils fertiles nus, pour la plupart libres ou faiblement assemblés, simples ou ramifiés, portant les spores à leurs sommets, rarement soudés de manière à former une tige commune distincte. — HYPHOMYCÈTES.

Après les *Sporifères,* nous avons à nous occuper des deux familles de *Sporidiifères.* Comme les plus voisins des *Hyphomycètes,* les premiers à remarquer sont les *Phycomycètes,* dans lesquels il n'y a pas d'hyménium propre; les fils procédant du mycélium portent des vésicules contenant un nombre indéfini de sporidies. Les fils fertiles sont libres ou légèrement feutrés. Dans l'ordre des *Antennariées,* les fils sont noirs et en chapelets, plus

---

1. De Bary, A., *Recherches sur les champignons parasites, Ann. des Sci. Nat.,* 4ᵉ sér. XX, p. 5; *Grevillea,* vol. 1, p. 150.

ou moins feutrés, portant des sporanges irréguliers. Un champignon commun, appelé *Zasmidium cellare*, que l'on trouve dans
les caves, et qui s'incruste sur les vieilles bouteilles de vin
comme un feutre noirci, appartient à ce groupe. L'ordre des *Mucorinées*, plus grand et d'une organisation plus élevée, diffère par
les fils, qui sont simples ou ramifiés, libres, dressés, et portant
des sporanges à leurs extrémités ou à celles des branches. Quelques-unes des espèces offrent une grande ressemblance avec les
Mucédinées. Mais si l'on examine le fruit, on voit que les têtes
de la fructification, ordinairement globuleuses
ou ovales, sont des vésicules transparentes, délicates, renfermant un grand nombre de petites
sporidies ; à la maturité, les sporanges éclatent et les sporidies sont mises en liberté. On
sait depuis longtemps que, dans quelques espèces, il y a une sorte de copulation entre des
fils opposés, et qu'il en résulte la formation
d'un sporange [1]. Ces espèces ne sont pas nuisibles à la végétation ; elles ne se montrent que
sur les plantes mourantes et jamais sur les vi-

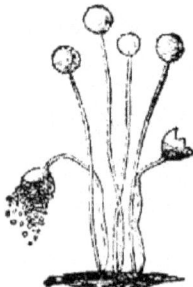

Fig. 41. — *Mucor
Caninus.*

vantes. Un état approchant de la putréfaction semble être essentiel
à leur complet développement. Les caractères suivants peuvent
être comparés à ceux de la famille précédente :

*Filamenteuses : fils libres ou légèrement feutrés, portant des
vésicules qui contiennent un nombre indéfini de sporidies.* —
PHYCOMYCÈTES.

Dans la dernière famille, celle des *Ascomycètes*, nous trouvons
une grande variété de formes, avec ce caractère commun qu'elles
produisent des sporidies contenues dans certaines cellules appelées *asques*, qui procèdent de l'hyménium. Dans quelques espèces
les asques sont fugaces, mais dans le plus grand nombre ils sont
persistants. Dans les *Onygénées*, le réceptacle est claviforme ou
un peu globuleux, et le péridium est rempli de fils ramifiés qui
produisent des asques d'un caractère très-fugace ; les sporidies
pulvérulentes remplissent la cavité centrale. Toutes les espèces
sont petites, et ont la singulière habitude d'affecter les substances
animales ; d'ailleurs elles sont de peu d'importance. Les *Périsporiacées*, au contraire, exercent une action destructrice sur la végétation ; ces champignons se développent, dans la majorité des cas,
sur les parties vertes des plantes vivantes. A cet ordre appartien-

1. A. de Bary, traduit dans *Grevillea*, vol. I, p. 167 ; Tulasne, *Ann. des
Sci. Nat.*, 5e série (1866), p. 211.

nent la nielle du houblon, celle du rosier et celle des pois. Le
mycélium est souvent très-développé; sur l'érable, le pois, le
houblon et quelques autres plantes, il couvre d'une enveloppe
blanche épaisse les parties attaquées, de sorte qu'à distance,
les feuilles paraissent lavées à la chaux. Insérés sur le mycélium,
d'abord comme de petites pointes orangées, se montrent les périthèces, qui grossissent ensuite et deviennent presque noirs.
Dans quelques espèces, des appendices très élégants, blanchâtres,
rayonnent des côtés des périthèces; les variations de ces organes servent à distinguer les espèces. Les périthèces contiennent
des asques pyriformes, qui poussent à la base et renferment un
nombre défini de sporidies[1]. Les asques eux-mêmes disparaissent
bientôt. En même temps que les sporidies, d'autres corps reproducteurs sont produits directement par le mycélium, et, dans
quelques espèces, on a observé jusqu'à cinq sortes différentes de
corps reproducteurs. Les caractères à remarquer dans les *Périsporiacées*, comme formant la base de leur classification, sont que les
asques ont la forme de sacs naissants de la base des périthèces
et sont bientôt absorbés. Joignons à cela que les périthèces eux-
mêmes ne sont pas percés au sommet.

Les quatre derniers ordres, bien qu'étendus, sont faciles à ca-
ractériser. Dans les *Tubéracées*, toutes les espèces sont souterraines, et l'hyménium est généralement sinueux. Dans les *Elvel-
lacées*, la substance est plus ou moins charnue et l'hyménium est
à découvert. Dans les *Phacidiacées*, la substance est dure ou
semblable à du cuir, et l'hyménium est bientôt mis à découvert.
Dans les *Sphériacées*, bien que la substance soit d'une consistance
variable, l'hyménium n'est jamais à découvert; il est enfermé dans
des périthéces, ayant une ouverture distincte au sommet; c'est
par là que les spores mûrs s'échappent.

Il faut étudier avec plus de détails chacun de ces quatre ordres. Les *Tubéracées*, ou *Ascomycètes* souterrains, sont analogues aux *Hypogées* des *Gastéromycètes*. La truffe en est un
exemple vulgaire. Il s'y trouve une sorte de péridium extérieur;
l'intérieur consiste en un hyménium charnu, plus ou moins convoluté, quelquefois sinueux et confluent, de manière à ne laisser que de petites cavités allongées et irrégulières et quelquefois à n'en laisser aucune, les faces opposées de l'hyménium se
rencontrant et se soudant[2]. Certaines cellules privilégiées de

1. Léveillé J.H. *Organis.* etc., de l'*Érysiphé. Ann. des Sci. Nat.* (1851), XV,
p. 109.
2. Tulasne, L. R. et B. *Fungi Hypogœi*, Paris; Vittadini, C. *Monogr. Tuber.*, Milan (1831).

l'hyménium se gonflent, et finalement deviennent des asques renfermant un nombre défini de sporidies. Les sporidies, en beaucoup de cas, sont grandes, réticulées, échinulées, ou verruqueuses, et généralement un peu globuleuses. Dans le genre *Elaphomyces*, les asques sont plus liquides qu'à l'ordinaire.

Les *Helvellacées* sont charnues ou un peu cireuses, quelquefois trémelloïdes. Il n'y a pas de péridion, et l'hyménium est toujours à découvert. Il y a une grande variété de formes, les unes en chapeau, et les autres en coupe, comme il y a aussi de grandes différences de taille, depuis le menu *Peziza*, petit comme un grain de sable, jusqu'au grand *Helvella gigas*, qui égale en dimension la tête d'un enfant. Dans les formes à chapeau, le stroma est charnu et bien développé; dans les formes en coupe, il est réduit aux cellules extérieures de la coupe, qui renferment l'hyménium. L'hyménium lui-même consiste en cellules allongées fertiles, ou asques, mêlées de cellules stériles filiformes, appelées paraphyses, qui sont regardées par certains auteurs comme des asques stériles. Celles-ci sont placées côte à côte près du sommet, vers l'extérieur. Chaque asque contient un nombre défini de sporidies qui sont quelquefois colorées. A la maturité, les asques éclatent vers le haut, et on peut voir, au grand soleil, les sporidies s'échapper sous forme d'un petit nuage de fumée. Le disque, ou surface de l'hyménium, est souvent brillamment coloré dans le genre *Peziza;* les teintes orangées, rouges et brunes prédominent.

Dans les *Phacidiacées*, la substance est dure et semblable au cuir, intermédiaire entre la matière charnues des *Helvellacées* et la matière plus cornée des *Sphériacées*. Les périthèces sont orbiculaires ou allongés, et l'hyménium est bientôt mis à nu. Dans quelques exemples, il y a une affinité étroite avec les *Helvellacées*, l'hyménium découvert étant d'une même structure; mais le disque est toujours fermé au commencement. Dans les formes orbiculaires, la fissure se fait en forme d'étoile à partir du centre, et les dents sont réfléchies. Dans les *Hystériacées*, où les périthécions sont allongés, la fissure se fait sur toute la longueur. Les sporidies sont en général plus allongées, plus ordinairement cloisonnées et colorées que dans les *Helvellacées*. On ne trouve que des exemples isolés d'espèces parasites sur des plantes vivantes

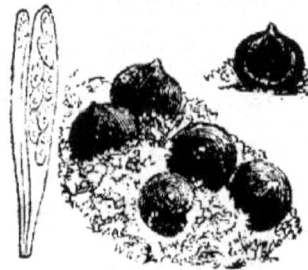

Fig. 42. — *Sphæria aquila.*

Dans les *Sphériacées*, la substance du Stroma (quand il existe) et des périthèces est variable; sa consistance est intermédiaire entre celles de la chair et de la cire dans les *Nectriées*, et coriace, cornée, quelquefois cassante dans l'*Hypoxylon*. Il existe toujours un périthèce, ou une cellule creusée dans le stroma, et remplissant les fonctions d'un périthèce. L'hyménium double les parois internes du périthèce et forme un nucléus gélatineux, consistant en asques et en paraphyses. A la maturité complète, les asques se rompent et les sporidies s'échappent par un pore qui occupe le sommet du périthèce. Les périthèces sont tantôt solitaires ou disséminés, tantôt groupés ; tandis que dans d'autres cas ils sont étroitement serrés et plongés dans un stroma de taille et de forme variables. Des conidies, des spermaties, des pycnides, ont été rattachées et associées à quelques espèces; l'histoire des autres est encore obscure. Beaucoup de formes coniomycètes, groupées parmi les *Sphéronémées*, sont probablement des modifications de *Sphériacées ;* il en est de même de *Mélanconiées* et de quelques *Hyphomycètes.* Par exemple, un champignon très-commun, abondant sur les scions et les rejetons, où il forme des pustules rosées ou rougeâtres de la taille d'un grain de millet, était appelé autrefois *Tubercularia vulgaris;* on le connaît maintenant pour un stroma conidiifère du champignon sphériacé *Nectria cinnabarina*[1]; et de même pour beaucoup d'autres. Tels sont les caractères techniques de la famille :

Fruits consistant en sporidies généralement définies, contenues dans des asques naissant d'une couche nue ou entourée de cellules fructifères, et formant un hyménium ou un nucléus. — ASCOMYCÈTES.

Si l'on se rappelle les caractères des différentes familles, il y aura peu de difficulté, d'après les remarques précédentes, à rattacher un champignon à l'ordre auquel il appartient. Pour plus de détails et pour les tables analytiques des familles, des ordres et des genres, nous devons renvoyer l'étudiant aux ouvrages spéciaux : ils lui présenteront moins de difficulté, s'il a présents à l'esprit les caractères distinctifs des familles[2].

Pour plus de commodité, nous donnons à la page suivante un tableau analytique des familles et des genres, suivant le système adopté dans ce volume. C'est, dans toutes ses parties essentielles,

1. *A Currant Twig and Something on it, Gardener's Chronicle;* 28 janv. 1871.
2. Berkeley, M. F., *Intr. Crypt. Bot.* Londres, 1857; Cooke, M.C. *Handbook of British Fungi.* Londres, 1871; Corda, A. C. F. *Anleitung zum studium der Mykologie.* Prague, 1842; Kickx, J. *Flore Cryptogamique des Flandres,* Gand, 1867; Fries, E, *Syst. Mycol.*1839. Fries, E. *Summa vegetabilium Scandinaviæ,* 1846. Secretan. L. *Mycogr. Suisse.* Genève, 1833. Berkeley, M. J., *Outlines of British Fungology.* Londres, 1860.

la méthode adoptée dans notre *Manuel* ; elle est fondée sur celle de l'*Introduction* et des *Outlines* de Berkeley.

Tableau des familles et des ordres.

DIVISION I.　　　SPORIFÈRES.	*Spores nus.*

I. Hyménium libre, généralement nu, ou bientôt découvert. ... HYMÉNOMYCÈTES.

    Hyménium normalement inférieur.

        Surface fructifère lamelleuse. ... *Agaricini.*

        Surface fructifère poreuse ou tubulaire. ... *Polyporei.*

        Surface fructifère recouverte d'épines. ... *Hydnei.*

        Surface fructifère lisse ou rugueuse. ... *Auricularini.*

    Hyménium supérieur ou en cercle.

        Claviforme, ou ramifié, rarement lobé. ... *Clavariei.*

        Lobé, convoluté, ou discoïde, gélatineux. ... *Tremellini.*

II. Hyménium renfermé dans un péridium, déchiré à la maturité. ... GASTÉROMYCÈTES.

    Plante hyménomycète.

        Souterraine, nue ou enfermée. ... *Hypogæi.*

        Terrestre, hyménium déliquescent. ... *Phalloïdei.*

        Péridium renfermant des sporanges qui contiennent des spores. ... *Nidulariacei.*

    Plante coniosperme.

        Stipité, hyménium convoluté, séchant en une masse pulvérulente, enclos dans une volva. ... *Podaxinei.*

        Cellulaire d'abord, hyménium séchant en une masse pulvérulente de fils et de spores. ... *Trichogastres.*

        Gélatineuse d'abord, péridium contenant à la fin une masse poudreuse de fils et de spores. ... *Myxomycètes.*

III. Spores nus, généralement terminaux, sur des fils imperceptibles, libres ou enfermés dans un périthèce. ... CONIOMYCÈTES.

    Plante croissant sur les plantes mortes ou mourantes.

        Sous-cutanée.

        Périthèce plus ou moins distinct. ... *Sphæronemei.*

        Périthèce rudimentaire ou absent. ... *Melanconiei.*

    Superficielle.

        Surface fructifère nue.

        Spores composés. ... *Torulacei.*

    Parasite sur les plantes vivantes.

        Péridium distinctement cellulaire. ... *Æcidiacei.*

Péridium absent.

Spores sub-globuleux, simples ou
caducs. *Cæomacei.*

Spores généralement oblongs, ordinairement cloisonnés. *Puccinicei.*

IV. Spores nus, sur des fils très-visibles, rarement soudés, petits. Hyphomycètes.

Fils fertiles soudés, quelquefois cellulaires.

Tige ou stroma composé.

Spores secs, volatiles. *Isariacei.*

Masses de spores humides, liquides. *Stilbacei.*

Fils fertiles, libres ou anastomosés.

Fils fertiles noirs, charbonneux.

Spores généralement composés. *Dematiei.*

Fils fertiles non charbonneux.

Très-distincts.

Spores généralement simples. *Mucedines*

A peine distincts du mycélium.

Spores très-abondants. *Sepedoniei.*

DIVISION II. SPORIDIIFÈRES. Sporidies dans des asques.

V. Cellules fertiles placées sur des fils, non soudés en
un hyménium. Phycomycètes.

Fils feutrés, moniliformes.

Sporanges irréguliers. *Antennariei.*

Fils libres.

Sporanges terminaux ou latéraux *Mucorini.*

Plantes aquatiques ou épiphytes. *Saprolegniei.*

VI. Asques formés sur les cellules fertiles de l'hyménium. Ascomycètes.

Asques souvent fugaces.

Réceptacle claviforme.

Asques poussant sur des fils. *Onygenei.*

Périthéces libres.

Asques poussant de la base. *Perisporiacei.*

Asques persistants.

Périthéce s'ouvrant par un ostiole distinct. *Sphæriacei.*

Plante dure ou coriace, hyménium à
la fin découvert. *Phacidiacei.*

Plante souterraine, hyménium à replis. *Tuberacei.*

Charnue, cireuse ou trémelloïde ; hyménium
généralement découvert. *Helvellacei.*

CHAPITRE IV

Au point de vue utilitaire, les usages des champignons sont très - restreints. Excepté ceux qui sont plus ou moins employés pour la nourriture de l'homme, on en trouve très-peu qui aient des applications dans les arts et la médecine. Il est vrai que les formes imparfaites de certains champignons exercent une influence très - importante sur la fermentation, et deviennent ainsi utiles; mais malheureusement les champignons ont la réputation d'être plus destructeurs et plus pernicieux que précieux ou utiles. Bien qu'un grand nombre d'espèces aient été de temps en temps citées comme comestibles, ceux dont on se sert ordinairement sont cependant très -peu nombreux. Le préjugé dans bien des cas, la crainte dans d'autres s'opposent énergiquement à ce que le nombre en soit augmenté. Il en est ainsi surtout en Grande-Bretagne. Sans doute, il faut apporter beaucoup de soins et de précautions dans les expériences sur les espèces douteuses ou non encore essayées; mais c'est le préjugé seul qui empêche l'usage plus étendu d'espèces véritablement bonnes, excellentes, alimentaires, qu'on laisse pourrir par milliers dans les lieux où elles naissent. Les espèces vénéneuses sont abondantes aussi, et on ne peut pas donner de règle au moyen de laquelle le premier venu puisse reconnaître au seul aspect les bonnes des mauvaises, sans les connaissances nécessaires à la distinction des espèces. Pourtant, après tout, les caractères d'une demi-douzaine de champignons comestibles sont aussi faciles à apprendre que les différences àuxquelles un enfant de la campagne reconnaît une demi-douzaine d'oiseaux.

Le champignon commun (*Agaricus campestris*) est le meilleur des champignons comestibles, soit à l'état de culture, soit à l'état inculte. En Grande-Bretagne, des milliers de gens, surtout dans les masses ignorantes, n'en veulent pas reconnaître d'autres comme bons à manger, tandis qu'en Italie les mêmes personnes ont un fort préjugé contre cette espèce [1]. A Vienne, d'après notre expérience personnelle, bien qu'on en mange beaucoup d'autres, c'est celui-ci qui a la préférence la plus universelle ; cependant, en comparaison des autres, il se montre assez rarement sur les marchés. En Hongrie, il est loin de jouir d'une aussi bonne réputation. En France et en Allemague, c'est un objet commun de consommation. Les diverses variétés que développe la culture présentent quelques différences relatives à la couleur, aux écailles du chapeau, et à d'autres caractères moins importants ; elles conservent du reste les caractères distinctifs de l'espèce. Bien qu'il n'entre pas dans notre intention d'énumérer ici les caractères botaniques des espèces que nous pouvons citer, cependant, comme on rapporte souvent des méprises, quelquefois fatales, dans lesquelles d'autres champignons sont confondus avec celui-ci, on nous permettra une ou ou deux remarques dont il serait bon de se souvenir. Les spores sont d'un rouge pourpre, les feuillets, d'abord d'un rose délicat, prennent bientôt la couleur des spores ; il y a autour de la tige un anneau ou un collier persistant, et il ne faut pas chercher ce champignon dans les bois. Bien des accidents auraient été évités si l'on avait tenu compte de ces avis. Le champignon des prairies (*Agaricus arvensis*) est commun dans les prairies et les bas pâturages ; il est ordinairement d'une taille plus grande que le précédent, avec lequel il a beaucoup de rapports, et on l'envoie par grandes quantités au marché de Covent-Garden, où il prédomine souvent sur l'*Agaricus campestris*. Quelques personnes préfèrent souvent au champignon ordinaire, le champignon des prairies, qui a un parfum plus développé. C'est l'espèce qui se vend le plus communément dans les rues de Londres et dans les villes de province. Suivant Persoon, il est préféré en France ; en Hongrie, il est considéré comme un don spécial de saint Georges. On lui a donné en Angleterre le nom de champignon de cheval, à cause de la taille énorme qu'il atteint quelquefois. Withering cite un échantillon qui pesait quatorze livres [2].

1. Badham, D C. D, *A treatise on the esculent funguses of England*, 1re éd. (1847), p. 81, pl. 4. Cooke, M. C., *A Plain and Easy Account of British Fungi*. 1re éd. (1862), p. 44.

2. M. Worthingtion Smith a publié, en deux feuilles, des figures colo-

Un des plus communs (le plus commun d'après notre expérience) de tous les champignons comestibles vendus sur les marchés publics de Vienne est le Hallimasche (*Agaricus melleus*), qui en Angleterre ne jouit d'une bonne réputation ni pour le parfum ni pour la qualité. Le Dr Badham l'appelle « nauséabond et désagréable, » et ajoute que « sa seule recommandation est de ne pas être vénéneux. » A Vienne, on l'emploie surtout pour faire des sauces; mais nous devons avouer que, même sous cette forme, et sans préjugé contre la cuisine viennoise, il ne nous a pas satisfait. C'est tout au plus s'il peut remplacer le champignon ordinaire. En été et en automne, cette espèce se montre communément en grandes touffes sur les vieux troncs. On rencontre aussi aux mêmes places et en touffes, mais moins grandes et moins communes, l'*Agaricus fusipes*. Il est préférable au précédent comme comestible, et se reconnaît aisément à sa tige en fuseau.

L'*Agaricus rubescens*, P., appartient à un groupe très-suspect de champignons, dans lesquels le chapeau est parsemé de verrues plus pâles, restes d'une volva enveloppante. A ce groupe appartient le vénéneux, mais magnifique Agaric-mouche (*Agaricus muscarius*). Malgré cette mauvaise compagnie, cet agaric a une bonne réputation, et Cordier rapporte que c'est un des champignons les plus délicats de la Lorraine [1]. Son nom lui vient de sa tendance à rougir lorsqu'il est écrasé.

La variété grise d'une espèce voisine (*Agaricus vaginatus*) a été recommandée, et le Dr Badham dit que peu d'Agarics le surpassent en parfum.

Un Agaric à chapeau écailleux (*Agaricus procerus*), avec une tige menue, appelé quelquefois champignon parasol à cause de son port, est un comestible estimé. En Italie et en France, il est fort recherché, et dans la majorité des ouvrages du Continent, il est compris parmi les champignons bons à manger [2]. En Autriche, en Allemagne et en Espagne, il a ses noms vulgaires spéciaux, et on le mange dans tous ces pays. On le récolte en Angleterre beaucoup plus qu'autrefois ; mais il mérite d'être encore mieux connu. Une fois qu'on l'a vu, on ne peut guère le confondre avec les autres champignons de la Grande-Bretagne, sauf avec un de ses plus proches alliés (*Agaricus rachodes*) qui, bien qu'un peu inférieur, partage ses bonnes qualités.

riées des champignons comestibles les plus communs, ainsi que des vénéneux (Londres, Hardwicke) : ces planches valent mieux qu'une description, pour la distinction des espèces.

1. Roques, J., *Hist. des champ. comestibles et vénéneux*. Paris, 1832, p. 130.
2. Lenz, *Die Nützlichen Schwämme*, Gotha, 1831, p. 32, pl. 2.

L'*Agaricus prunulus*, Scop., et l'*Agaricus orcella*, Badh., s'ils ne sont pas des formes d'une même espèce (le Dr Bull prétend qu'ils sont distincts [1]), ont aussi une bonne réputation comme comestibles. L'un et l'autre sont des champignons propres, blancs, à odeur farineuse ; ils poussent l'un dans les bois, l'autre dans les clairières. L'*Agaricus nebularis*, Batsch., est une espèce beaucoup plus grande, qu'on trouve dans les bois, souvent par grandes agglomérations, parmi les feuilles mortes, avec un chapeau couleur de souris et des spores blancs abondants. Il a quelquefois jusqu'à cinq ou six pouces de diamètre, avec une odeur faible et un goût de lait. Sur le Continent aussi bien qu'en Grande-Bretagne, on le compte parmi les champignons comestibles. D'une taille plus imposante encore est l'*Agaricus maximus*, Fr. [2], qui est représenté par Sowerby [3] sous le nom d'*Agaricus giganteus*. Il atteint un diamètre de quatorze pouces, avec une tige de deux pouces d'épaisseur et une odeur assez forte.

Un champignon du printemps, le vrai champignon de St-Georges, *Agaricus Georgii*, Fr., se montre dans les pâturages, ordinairement en cercles, dans les mois d'avril et de mai ; il fait la joie des mycophages, grâce à ses habitudes hâtives : les espèces comestibles sont rares à cette époque. Il est très-estimé en France et en Italie, au point que, sec, il se vend de quinze à vingt francs la livre. Guillarmod le range parmi les champignons comestibles de Suisse [4]. Le professeur Buckman dit que c'est un des plus hâtifs et des meilleurs d'Angleterre ; d'autres ont partagé cette opinion, et le Dr Badham observe que de petits paniers de cette friandise, quand elle commence à se montrer en Italie au printemps, sont offerts comme présents aux hommes de loi et comme honoraires aux médecins.

L'espèce très-voisine, *Agaricus albellus* [5], D.C., a aussi la réputation d'être comestible ; mais elle est si rare en Angleterre qu'on n'en peut guère apprécier la qualité. Le curieux *Agaricus brevipes*, Bull [6], avec sa courte tige, a une réputation semblable.

Deux espèces singulières par leur odeur parfumée font aussi partie des champignons comestibles. Ce sont l'*Agaricus fragrans*, Sow., et l'*Agaricus odorus*, Bull. L'un et l'autre ont une douce

1. Bull, *Transaction of Woolhope Club*, 1869. Fries les admet comme espèces distinctes dans la nouvelle édition de son *Epicrisis*.

2. Hussey, *Illustr. of mycology*, ser. I, pl. 79.

3. *British Fungi*, pl. 244.

4. Favre-Guillarmod, *les Champ. Com. du canton de Neufchâtel* (1861), p. 27.

5. Sowerby, *English Fungi*, pl. 42, Smith, *Seemann's Journ. Bot.* (1868), tom. 46, f. 45.

6. Klotsch, *Flora Borussica*, t. 371, Smith ; *Seem. Journ. Bot.* (1869, t. 95, f. 1-4.

odeur anisée qui persiste longtemps. Le premier a une pâle couleur de tan presque blanche ; le dernier est d'un vert sale et pâle. Tous les deux ont des spores blancs, et, bien qu'ils soient assez rares, on peut récolter l'*Ag. odorus* à l'automne en quantité suffisante pour les usages domestiques. D'après une personne qui en fait souvent l'épreuve, nous pouvons assurer qu'ils forment un plat exquis.

Un champignon blanc d'ivoire , *Agaricus dealbatus*, dont on trouve quelquefois une variété frisée, pousse en gros amas sur les vieilles couches de champignons ; il est très-bon à manger, mais il manque un peu de l'arome délicat de quelques autres espèces. La forme typique n'est pas rare sur le sol des plantations de sapins. Une espèce plus robuste et plus grande, *Agaricus geotropus*, Bull, se trouve au bord des bois, où elle se dispose souvent en cercles, dans notre pays, aux États-Unis, aussi bien que sur le continent européen ; elle est reconnue comme comestible.

Nous pouvons ajouter aux espèces précédentes trois ou quatre autres espèces dans lesquelles la tige est latérale, et quelquefois presque rudimentaire. La plus grande et la plus commune est le champignon-huître (*Agaricus ostreatus*, Jacq)[1], consommé si universellement qu'il fait partie de presque toutes les listes de champignons comestibles ; c'est l'espèce la plus commune en Transylvanie, où l'on en voit quelquefois des tonnes sur les marchés. Il ne possède pas ce parfum délicat qu'on trouve dans beaucoup d'espèces ; mais, bien que vanté par quelques-uns au delà de ses mérites, il est parfaitement sain ; si on le cuit jeune et avec soin il n'est pas à dédaigner. Il ne faut pas le confondre avec une espèce très-semblable (*Agaricus euosmus*, B.) à spores roses, qui est désagréable. L'*Agaricus tessellatus*, Bull, l'*Agaricus pometi*, Fr., l'*Agaricus glandulosus*, Bull, sont tous voisins du précédent et cités comme comestibles aux États-Unis ; aucun des trois cependant n'a jamais été signalé en Grande-Bretagne. On peut ajouter les suivants : l'*Agaricus salignus*[2], Fr., qui est rare en Angleterre, mais assez commun dans d'autres pays, notamment aux États-Unis. En Autriche, on le mange communément. L'*Agaricus ulmarius*[3], Bull, est commun sur les troncs d'orme, non seulement en Grande Bretagne mais aussi dans l'Amérique du nord. Une espèce voisine, *Agaricus fossulatus*, Cooke[4], Bull, se trouve sur Cabul Hills où il est recueilli, séché, et forme un objet de commerce

1. Krombholz, *Abbildungen der Schwämme*, pl, 11, f. 1-7.
2. Tratinnick, L. *Fungi Austriaci*, p. 47, pl. 4, f. 8.
3. Vittadini, *Fungi Mangerecci*, pl. 23.
4. Cooke, *Journ. Bot.*, vol. 8, p. 352.

avec les plaines. Une autre espèce plus petite est séchée à l'air sur des cordes passées à travers un trou fait dans la tige courte (*Agaricus subocreatus*, Cooke). Elle est envoyée, on le croit du moins, de Chine à Singapore.

La plus petite espèce comestible que nous connaissions est l'*Agaricus esculentus* [1], Jacq., qui n'a guère plus d'un pouce de diamètre au chapeau, avec une tige fine. Le goût du champignon cru, dans les échantillons provenant de la Grande-Bretagne, est amer et désagréable; mais, comme l'indique son nom, on le mange volontiers en Autriche et dans plusieurs autres pays de l'Europe. Il se trouve dans les plantations de sapins au printemps; c'est là que pendant cette saison on le recueille autour de Vienne, et on l'envoie dans cette ville, où il ne sert qu'à parfumer les sauces sous le nom de *Nagelschwämme*.

Avant de quitter le groupe des vrais Agarics, auquel appartiennent toutes les espèces énumérées jusqu'ici, nous devons en mentionner quelques autres de moindre importance, mais classées pourtant parmi les comestibles. A leur tête se place une belle espèce de couleur orangée : c'est l'Oronge (*Agaricus cæsarius*, Scop. [2]), qui appartient au même sous-genre que l'Agaric-mouche et le non moins funeste *Agaricus vernus*, Bull. On mange partout l'Oronge sur le continent; mais il n'a jamais été trouvé en Grande-Bretagne. Il faut ranger dans le même sous-genre *Agaricus strobiliformis* [3], Fr., qui est rare dans notre pays, et probablement aussi *Agaricus Ceciliæ*, B. et Br. [4]. Puis viennent *Agaricus excoriatus*, Schæff., *Agaricus mastoideus*, Fr., *Agaricus gracilentus*, Kromb., et *Agaricus holosericeus*, Fr. [5], appartenant tous au même sous-genre que le champignon parasol, et plus ou moins rares en Angleterre.

Bien que le plus grand nombre des Agarics aient des spores blanches, un petit nombre, dignes de remarque, ont pris place dans les autres sections; tel est notamment l'Agaric champêtre et son congénère des prairies, le champignon boule de neige. A ceux qui ont été déjà énumérés on pourrait ajouter *Agaricus pudicus*, Bull, qui est certainement sain, aussi bien que son allié *Agaricus leochromus*, Cooke [6], tous deux à spores couleur de rouille.

Le Dr Curtis [7], dans une lettre au Rev. M. J. Berkeley, énumère

---

1. Cooke, *A. Plain and Easy Guide*, etc., p. 38. pl. 6, fig. 1.
2. Krombholz, *Schwämme*, t. 8. Vittadini, *Mang.*, t. I.
3. Vittadini, *Mang.*, t. 9.
4. Berkeley, *Outlines*, pl. 3, fig. 5.
5. Saunders et Smith, *Mycological Illustr.*, pl. 23.
6. Cooke, *Handbook of Bristish Fungi*, vol. I, pl. 1, fig. 2.
7. *Gardener's Chronicle* (1869), p. 1066.

quelques-uns des champignons comestibles des États-Unis. De ce nombre, dit-il, l'*Agaricus amygdalinus*, Curt., peut à peine se distinguer, étant cuit, du champignon commun. *Agaricus frumentaceus*, Bull, et trois nouvelles espèces voisines, particulières aux États-Unis, sont aussi recommandées. *Agaricus cœspitosus*, Curt., dit-il, se trouve en énormes quantités, puisqu'une seule touffe en contient de cinquante à cent pieds : il pourrait donc à juste titre être regardé comme une espèce précieuse en temps de disette. Il peut ne pas être fort estimé dans les endroits où se présentent d'autres espèces et de meilleures ; mais il est généralement préféré à l'*Agaricus melleus*, Fr. Il est bon à sécher pour l'hiver. L'auteur de la même communication observe que l'Oronge. (*Ag. Cæsarius*, Scop.) croît en grande quantité dans les forêts de chênes et pourrait se recueillir par charretées durant la saison ; mais au goût de cet écrivain et à celui de sa famille, c'est le plus détestable des champignons ; et, à sa connaissance, les plus déterminés mycophages ne peuvent convenir qu'ils l'aiment. Il a une saveur saline désagréable, qu'on ne peut ni faire disparaître ni dissimuler. L'auteur ajoute l'*Agaricus Russula*, Schæff., *Ag. hypopithyus*, Curt., et *Ag. Consociatus*, Curt., dont les derniers sont limités aux États-Unis, *Ag. Columbetta*, Fr., qui se trouve en Grande-Bretagne, mais ne s'y mange pas, de même que l'*Ag. radicatus*, Bull.; *Ag. bombycinus*, Schæff., et *Ag. speciosus* Fr., se rencontrent aussi en Grande-Bretagne mais rarement ; *Ag. squarrosus*, Mull., a toujours été regardé comme suspect dans notre pays, où il n'est pas rare ; *Ag. cretaceus*, Fr., et *Ag. sylvaticus*, Schæff., sont voisins du champignon commun.

Le Dr Curtis assure que partout, sur la colline et dans la plaine, la montagne et la vallée, les bois, les champs et les pâturages, pullulent des champignons alimentaires excellents qu'on laisse pourrir où ils poussent, parce qu'on ne sait pas ou qu'on n'ose pas s'en servir. Leur valeur, dit-il, fut appréciée plus que jamais pendant la dernière guerre par ceux d'entre nous qui en connaissaient l'usage, quand toute autre nourriture, surtout la viande, était rare et chère. Alors les personnes à qui j'ai entendu dire qu'elles préféraient les champignons à la viande ne manquaient pas d'une nourriture agréable ; elles pouvaient la recueillir facilement, et à peu de distance de leur demeure, si elles vivaient à la campagne. Il n'en était pourtant pas toujours ainsi. Une fois, je m'en souviens, pendant cette triste période, une sécheresse prolongée survint et on ne pouvait plus découvrir les champignons charnus que dans les bois humides et ombragés : encore en petite quantité. Je ne pus en trouver assez d'aucune espèce pour un repas ; mais j'en ramassai de toutes sortes et j'en rapportai à la maison trente variétés. Je les fis cuire tous ensemble, et fis un excellent souper.

La confection du *Ketchup* est encore un important usage, auquel différentes sortes de champignons sont propres. On peut faire servir à cet objet non-seulement le champignon commun, *Ag. campestris*, et le champignon boule de neige, *Ag. arvensis;* mais l'*Ag. rubescens* est donné comme excellent pour cet emploi. Le *Marasmius oreades* fournit aussi un extrait délicieux, mais pâle. D'autres espèces, comme *Coprinus comatus* et *Coprinus atramentarius*, conviennent également, de même que *Fistulina hepatica* et *Morchella esculenta*. Dans quelques localités, quand les champignons sont rares, il paraît que presque toutes les espèces propres à donner un jus noir sont mêlées sans scrupule aux champignons communs, et cela, dit-on, sans autre résultat fâcheux que la dépréciation du Ketchup [1]. Il y a une vaste manufacture de Ketchup à Lubbenham, près de Market-Harborough; la principale difficulté semble être d'empêcher la décomposition. MM. Perkins reçoivent des tonnes de champignons de tous les points du royaume, et ils trouvent, dans la même espèce, une différence considérable, quant à la qualité et à la quantité du produit. Le prix des champignons varie beaucoup avec la saison, d'un penny à six pence par livre. MM. Perkins apportent le plus grand soin dans leur choix, mais les industriels qui fabriquent à la campagne sur une petite échelle, ne prennent pas les mêmes précautions : ils se servent d'espèces douteuses comme l'*Ag. lacrymabundus*, l'*Ag. spadiceus*, et une foule d'espèces voisines, qu'ils décorent des noms français de *Nonpareils* et de *Champignons*. Dans les comtés de l'ouest, l'*Ag. arvensis* a la préférence pour le Ketchup.

Les distinctions génériques entre les vrais Agarics et quelques-uns des genres voisins peuvent difficilement être appréciées par le lecteur étranger à la botanique; nous avons préféré néanmoins grouper les espèces comestibles dans un ordre à peu près scientifique, et suivant ce plan, les premières espèces qui vont se présenter sont celles du *Coprinus*, dans lequel les feuillets tombent en déliquescence lorsque la plante est arrivée à maturité. Le champignon à crinière (*Coprinus comatus*), Fr.[2], est la meilleure des espèces comestibles de ce groupe. Il est très-commun en Angleterre, au bord des routes et en d'autres places; tant qu'il est jeune et cylindrique, que les feuillets restent blanchâtres ou conservent une teinte rosée, il est fort recommandable. Semblable, mais peut-être un peu inférieur, est le *Coprinus atra-*

1. Berkeley, *Outlines*, p. 64.
2. Cooke, *Easy Guide*, etc., pl. 11.

mentarius, Fr. [1], également commun sur les vieux troncs d'arbres et sur le sol nu. On rencontre et on mange ces deux espèces aux États-Unis.

Dans le *Cortinarius,* le voile est composé de fils arachnoïdes, et les spores sont couleur de rouille. Le nombre des espèces comestibles est petit. A leur tête se place le superbe *Cortinarius violaceus,* Fr. [2], d'une belle couleur violette ; il a souvent près de quatre pouces de diamètre. Puis l'espèce plus petite *Cortinarius castaneus,* Fr. [3], dépassant à peine un pouce de diamètre : tous les deux poussent dans les bois et sont communs en Grande-Bretagne et aux États-Unis. *Cortinarius cinnamomeus,* Fr., aime aussi les bois ; dans les latitudes du Nord, on le trouve partout. Avec une chair jaunâtre, il a un chapeau couleur de cannelle. Son odeur et sa saveur le rapprochent, dit-on, de cette épice : en Allemagne il est fort estimé. *Cortinarius emodensis,* B., se mange dans le nord de l'Inde.

Le petit genre *Lepista* de Smith (qui cependant n'est pas adopté par Fries dans sa nouvelle édition de l'*Epicrisis*) renferme une espèce comestible, *Lepista personata,* qui est l'*Agaricus personatus* de Fries [4]. Il n'est pas rare dans le nord de l'Europe ni dans le nord de l'Amérique, où il pousse fréquemment en grands cercles ; le chapeau est pâle et la tige tachetée de lilas. Autrefois, paraît-il, il se vendait à Covent-Garden ; mais nous ne l'avons pas vu, et nous n'en avons pas entendu parler à Londres depuis de longues années.

De petits champignons d'un blanc d'ivoire sont très-communs sur les pelouses en automne. Ce sont surtout des *Hygrophorus virgineus,* Fr. [5], et bien qu'ils n'aient pas plus d'un pouce de diamètre, avec une tige courte et de grands feuillets décurrents, ils sont si abondants dans la saison que leur quantité peut compenser leur petite taille. Ils se mangent quelquefois en France ; du reste ils ne jouissent pas d'une bonne réputation à l'étranger. L'*Hygrophorus pratensis,* Fr. [6], forme une espèce plus grande, variant du chamois à l'orangé qui est presque aussi commune dans les pâturages découverts. Il se trouve en masses, soit par touffes soit par portions de cercles. Le chapeau est charnu au centre, et les feuillets épais et décurrents. En France, en Allemagne, en Bohême et en

---

1. Cooke, *Easy Guide,* etc., pl. 12.
2. Hussey, *Mycol. Illust.,* pl. 12.
3. Bulliard, *Champ.* p. 268.
4. Cooke, *Easy Guide,* pl. 4, fig. 1 ; Hussey, *Illust.,* vol. II, pl. 40.
5. Greville, *Scot. Crypt. Flora,* p. 166.
6. Ibid., p. 91.

Danemark, on le range parmi les espèces comestibles. On peut citer encore *Hygrophorus eburneus*, Fr., autre espèce blanche, et aussi *Hygr. niveus*, Fr., qui poussent dans les pâturages moussus. *Paxillus involutus*, Fr. [1], bien que très-commun en Europe, ne s'y mange pas ; pourtant il est placé par le Dr Curtis parmi les espèces comestibles des États-Unis.

Les Agarics laiteux, appartenant au genre *Lactarius*, se distinguent par le jus laiteux qui en découle quand ils sont blessés. Les spores sont plus ou moins globuleuses et rugueuses, ou échinulées, au moins dans plusieurs espèces. La plus remarquable espèce comestible de ce genre est le *Lactarius deliciosus*, Fr. [2], dans lequel le lait est d'abord rouge safran, puis verdâtre, car la plante prend une couleur d'un vert livide quand elle est meurtrie ou brisée. Cette espèce est généralement très-vantée; les écrivains l'exaltent à l'envi, et les mycophages de tous les pays souscrivent à ces éloges et déclarent ce champignon délicieux. D'après nos renseignements, on le trouve sur les marchés de Paris, de Berlin, de Prague, de Vienne, ainsi que sur ceux de Suède, de Danemark, de Suisse, de Russie, de Belgique; en un mot, il est estimé dans presque tous les pays de l'Europe.

Un autre champignon comestible, *Lactarius volemus*, Fr. [3], donne un lait blanc, d'une saveur agréable et douce, tandis que, dans les espèces délétères à lait blanc, le liquide est piquant et âcre. Cette espèce a été fort vantée depuis peu, et son goût ressemble, dit-on, à celui des rognons d'agneau.

Lactarius piperatus, Fr., est classé en Angleterre parmi les champignons dangereux, quelquefois vénéneux, tandis que le Dr Curtis de la Caroline du Nord nous a positivement dit qu'on le cuit et qu'on le mange aux États-Unis, et qu'il en a fait l'essai. Ce savant range *Lactarius insulsus*, Fr., et *Lactarius subdulcis*, Fr. [4], parmi les champignons comestibles ; tous deux se trouvent dans notre pays, mais n'y sont pas regardés comme bons à manger. Il y joint *Lactarius angustissimus*, Lasch, qui n'est pas un champignon de la Grande-Bretagne. Il paraît qu'en Russie on mange presque indistinctement toutes les espèces de *Lactarius* quand ces champignons sont conservés dans du vinaigre et du sel : ils forment ainsi un des plus importants objets d'alimentation autorisés dans les longs jeûnes du pays; quelques bolets, à l'état sec, appartiennent à la même catégorie.

1. Sowerby, *Fungi*, pl. 66 ; Schœffer, *Icones Bav.*, p. 72.
2. Trattinnick, L. *Die Essbaren Schwämme* (1809), p. 82, pl. M ; Barla, J. B. *Champignons de Nice* (1859), p. 34, p. 19.
3. Smith. *Champ. comest.*, fig. 26.
4. Barla, *Champ. de Nice*, f. 20, feuille 4-10.

Les *Russula* ressemblent par beaucoup de points aux *Lactarius* sans lait. Quelques-uns sont dangereux, et d'autres comestibles. Parmi les derniers, on peut citer *Russula heterophylla*, Fr., très-commun dans les bois. Vittadini déclare que, pour la subtilité du parfum, il ne le cède pas même au remarquable *Amanita cæsarea* [1]. Roques en parle favorablement aussi comme d'une espèce que l'on consomme en France. Ces deux auteurs vantent le *Russula virescens*, P. [2], que les paysans des environs de Milan ont coutume de faire griller sur la cendre pour le manger ensuite avec un peu de sel. Malheureusement il est loin d'être commun en Angleterre. Une troisième espèce de *Russula* est le *Russula alutacea*, Fr., aux feuillets jaune chamois. Il n'est nullement à dédaigner, bien que le Dr Badham l'ait placé parmi les espèces à éviter. Trois ou quatre autres ont aussi le mérite d'être inoffensifs et sont cités comme comestibles par tels ou tels auteurs de mycologie, ce sont : *Russula lactea*, Fr., espèce blanche qui se trouve aux États-Unis ; *Russula lepida*, Fr., espèce rose qui se trouve aussi dans la Basse-Caroline (États-Unis), et une autre espèce rougeâtre, *Russula vesca*, Fr., de même que *Russula decolorans*, Fr. En parlant de ce genre, nous devons observer par précaution qu'il contient aussi une espèce rouge très-nuisible, *Russula emetica*, Fr., à feuillets blancs, que les personnes inexpérimentées pourraient confondre avec quelques-unes des espèces précédentes.

Cantharellus cibarius, Fr., a une odeur et un aspect charmants et appétissants. Sa couleur est jaune d'or brillant, et son goût a été comparé à celui des abricots mûrs. On le mange presque universellement dans tous les pays où il se trouve, excepté en Angleterre où on ne peut l'obtenir qu'à *Freemason's Tavern*, dans les grandes occasions et aux tables des mycophages convaincus [3]. Trattinnick dit : Non-seulement ce champignon n'a jamais fait de mal, mais il pourrait ressusciter un mort [4].

Le champignon des fées, *Marasmius oreades*, Fr., bien que de petite taille, est abondant; c'est un des champignons comestibles les plus délicieux. Il pousse dans les pâturages découverts, où il forme des cercles ou des parties de cercle. Ce champignon a l'avantage de sécher rapidement et de conserver longtemps son arome.

---

1. Vittadini, *Funghi manger.*, 1835, p. 209; Barla, *Champ. de Nice*, pl. 1.
2. Vittadini, Ibid., p. 215; Roques, *Champ. comes.*, p. 86.
3. Dr Badham, *Champ. comest. de la Grande-Bretagne*, 2e édition, p. 110. Hussey, *Illust. Brit. Mycol.* 1e série, pl. 4; Barla, *Champ.*, pl. 28, f. 7-15.
4. Trattinnick, *Ess. Schw.*, p. 98.

Nous avons souvent regretté qu'on ne fasse pas de tentatives et d'expériences suivies pour la culture de cette excellente et utile espèce. Le *Marasmius scorodonius*, Fr. [1], espèce petite, a une odeur forte et est de tous points inférieur ; il pousse dans les bruyères et les pâturages secs jusqu'aux États-Unis ; on le consomme en Allemagne, en Autriche et en d'autres parties du Continent, où son odeur d'ail l'a peut-être recommandé comme condiment pour les sauces. Dans cette énumération, nous n'avons pas épuisé toutes les espèces à feuillets que l'on pourrait manger ; nous nous sommes borné à celles qui ont quelque réputation comme comestibles, et à celles qu'on trouve plus particulièrement en Grande-Bretagne et aux États-Unis.

Parmi les *Polyporées*, où les feuillets sont remplacés par des pores ou des tubes, on rencontre moins d'espèces comestibles que dans les *Agaricinées*, et le plus grand nombre appartient au genre *Boletus*. Dans notre séjour à Vienne et en Hanovre, nous fûmes assez surpris de trouver le *Boletus edulis*, Fr., coupé en tranches minces, séché et exposé en vente dans toutes les boutiques où l'on débitait de la farine, des pois et d'autres comestibles farineux. Cette espèce est assez commune en Angleterre, mais généralement elle n'y jouit pas d'une grande réputation, tandis que sur le Continent il n'est pas de champignon qui se mange plus communément. On croit que c'est le *Suillus* que mangeaient les anciens Romains [2], qui le tiraient de Bithynie. Les Italiens modernes le font sécher sur des cordes pour l'hiver, et il sert en Hongrie à faire une sorte de soupe quand il est frais. Une espèce que nous trouvons meilleure est le *Boletus æstivalis* [3], Fr., qui se montre au commencement de l'été, et a, quand il est cru, un parfum particulier de noisette, rappelant celui de certains Agarics frais. *Boletus scaber*, Fr. [4], est commun en Grande-Bretagne, de même que sur le Continent, mais ne jouit pas d'une aussi bonne réputation que *Boletus edulis*. Krombholz dit que *Boletus bovinus*, Fr., espèce qui vient par masses sur les bruyères et dans les bois de sapins, est recherché à l'étranger comme un plat délicat, et est encore bon lorsqu'il a été séché. *Bol. castaneus*, Fr. [5], est une petite espèce à saveur douce et agréable quand elle est crue, et très-bonne quand elle est bien

1. Lenz, *Die Nützl. und Schädl. Schw.*, p. 49.
2. Badham, *Esculent Funguses of Britain*, 2ᵉ édit., p. 110; Hussey, *Brit. Mycol.* 1ᵉ sér., pl. 4; Barla, *Champ.*, pl. 28, f. 7-45.
3. Hussey. *Myc. Illust.*, II, pl. 36 ; Paulet, *Champ.*, p. 170.
4. Barla J.-B. *Champ. de Nice*, p. 71, pl. 35, f. 11-15.
5. Hussey, *Illustr.*, II, p. 17 ; Barla, *Champ. de Nice*, p. 32, f. 11-15.

préparée. On la mange assez souvent sur le Continent. *Bol. chrysenteron*, Fr.[1], et *Bol. subtomentosus*, Fr., passent pour un pauvre régal, et quelques auteurs les ont regardés comme nuisibles; mais M. W. G. Smith déclare qu'il a mangé du premier en plus d'une occasion et Trattinnick rapporte que le second se consomme en Allemagne. M. Salter nous a dit que, durant son emploi dans les expéditions géologiques, il a, pendant un temps, vécu presque entièrement de différentes espèces de Bolets sans les choisir beaucoup. Sir W. C. Trevelyan nous apprend qu'il mangea le *Boletus luridus* sans conséquence fâcheuse, mais nous avouons que nous ne répéterions pas volontiers l'expérience. Le Dr Badham remarque qu'il a mangé *Boletus Grevillei*. B., *Bol. flavus*, With., et *Bol. granulatus*, L.; ce dernier est aussi reconnu pour comestible à l'étranger. Le Dr Curtis a fait l'essai aux États-Unis du *Bol. collinitus* et, bien qu'il ne se déclare pas grand amateur des Bolets, il reconnait que celui-là est comestible. Il ajoute que quelques personnes à qui il l'avait envoyé ont trouvé délicieux ce champignon. Il énumère encore parmi ceux qu'il regarde comme comestibles *Bol. luteus*, Fr., *Bol. elegans*, *Bol. flavidus*, Fr., *Bol. versipellis*, Fr., *Bol. leucomelas*, Tr., et *Bol. ovinus*, Sch. Il ne faut pas oublier deux espèces italiennes de *Polyporus* : *Polyporus tuberaster*, Pers., que l'on se procure en arrosant la *Pietra Funghaia* ou pierre à champignons, sorte de tuf dans lequel le mycélium s'enfonce. Il est limité à Naples. L'autre espèce est *Polyporus corylinus*, Mauri., que l'on se procure artificiellement à Rome avec les troncs brûlés du noisetier[2].

Des vrais *Polyporus*, on ne regarde que deux ou trois espèces comme comestibles; ce sont : *Pol. intybaceus*, Fr., qui est très-grand et atteint quelquefois le poids de quarante livres; *Pol. giganteus*, Fr., énorme, a la consistance du cuir lorsqu'il est vieux : ces deux espèces sont indigènes de la Grande-Bretagne. On ne doit choisir pour la cuisine que des échantillons jeunes et juteux. *Pol. umbellatus*, Fr., compte parmi les comestibles. *Pol. squamosus*, Fr., a aussi été rangé dans cette catégorie, mais Mr Hussey pense qu'autant vaudrait manger des semelles. Aucune de ces espèces n'est recommandée. Le Dr Curtis énumère, parmi les espèces de l'Amérique du nord, le *Pol. cristatus*, Fr., et le *Pol. poripes*, Fr. Ce dernier, lorsqu'il est cru, a le goût de châtaignes ou d'avelines excellentes, mais il devient sec quand il est cuit. *Pol. Berkeleii*, Fr., est très-piquant quand il est cru, mais dans sa jeunesse et avant que les spores soient visibles, on peut le

1. Hussey, *Illust.*, I, p. 5. *Krombholz Schwämme*, p. 76.
2. Badham, *Champ. comest.*, 1re éd., pp. 116 et 120.

manger impunément, toute sa saveur piquante étant dissipée par la cuisson. *Pol. confluens*, Fr., est considéré par cet écrivain comme supérieur, et est en effet très-recherché. *Pol. sulfureus*, Fr., qu'on ne mange pas en Europe, est d'après lui à peu près inoffensif, mais il ne faut pas en abuser, et ne jamais le recommander aux personnes faibles de l'estomac. Le catalogue du Dr Curtis énumère cent onze espèces de champignons comestibles dans la Caroline [1].

Il en est tout autrement de *Fistulina Hepatica*, Fr.; car nous avons ici un champignon charnu, juteux, ressemblant un peu à un bifteck par son apparence, mais beaucoup plus encore par son goût. Aussi lui a-t-on donné le nom de champignon bifteck. Quelques auteurs en font un éloge peut-être exagéré. Il atteint quelquefois une très-grande taille : le Dr Badham [2] en cite un, trouvé par lui, qui avait presque cinq pieds de tour et pesait huit livres; un autre, trouvé par M. Graves, pesait près de trente livres. A Vienne on le coupe en tranches et on le mange avec de la salade comme la betterave, avec laquelle il prend alors une grande ressemblance. Sur le Continent, on le mange partout à l'égal des meilleures espèces comestibles.

Les Hydnées, au lieu de pores ou de tubes, ont des épines et des verrues, sur lesquelles s'étend la surface fructifère. Le plus commun est *Hydnum repandum*, qu'on trouve dans les endroits boisés en Angleterre, sur le continent et aux États-Unis. Cru, il a un goût de poivre, mais quand il est cuit, il est fort estimé. Comme il est assez sec de sa nature, on peut facilement en le séchant le conserver pour l'hiver. Moins commun en Angleterre est l'*Hyd. imbricatum*, bien qu'il ne soit pas rare sur le Continent. On le mange en Allemagne, en Autriche, en Suisse, en France et ailleurs. *Hydn. lœvigatum*, Swartz, est mangé dans les Alpes [3]. Parmi les espèces à branches, *Hyd. coralloïdes*, Scop. [4], et *Hyd. caput medusæ*, Bull [5], sont comestibles mais très-rares en Angleterre; ce dernier est assez commun en Autriche et en Italie; le premier l'est en Allemagne, en Suisse et en France. En Allemagne [6] et en France on mange aussi l'*Hyd. erinaceum*, Bull.

Les champignons clavaroïdes sont généralement petits, mais la

1. Catalogue des plantes de la Caroline.
2. Badham, *Champ. comest.* 2e éd., p. 128 ; Hussey. *Illust.* 1re sér., pl. 65. Berkeley, *Gard. chron.* (1861), p. 121 ; Bull, *Trans. Woolhope Club.* (1869).
3. Barla, *Champ. de Nice*, 79, pl. 38, f. 5, 6.
4. Roques, l. c., p. 48.
5. Lenz, p. 93. Roques, l. c. p. 47, pl. 2, fig. 5.
6. Lenz, *Die Nütz. und Schädl. Schw.*, p. 93.

majorité des espèces à spores blanches sont comestibles. *Clavaria rugosa*, Bull, est une espèce commune en Grande-Bretagne, de même que *Cl. coralloïdes* L.; la première se trouve aussi aux Etats-Unis. *Cl. fastigiata*, D. C., n'est pas rare; c'est le contraire pour *Cl. amethystina*, Bull, belle espèce violette. En France et en Italie, *Cl. cinerea*, Bull, est classé parmi les comestibles; il est assez commun en Grande-Bretagne. *Cl. botrytis* P. et *Cl. aurea*, Schœff., sont de grandes et belles espèces, mais rares chez nous; elles s'étendent aussi jusqu'aux Etats-Unis. On en pourrait nommer d'autres (le Dr Curtis énumère treize espèces que l'on mange dans la Caroline), qui sont certainement saines, mais elles ont peu d'importance au point de vue alimentaire. *Sparassis crispa*, Fr., est au contraire très-grand et ressemble par la taille [1] et un peu par l'apparence à un chou-fleur; depuis peu on l'a trouvé plusieurs fois dans notre pays. En Autriche on le fricasse avec du beurre et des herbes.

Parmi les vrais *Tremella*, aucun ne mérite d'être cité ici. La curieuse Oreille-de-Juif, *Hirneola auricula Judæ*, Fr., avec une ou deux espèces d'Hirnéole, se recueillent en grande quantité à Tahiti et sont envoyées sèches en Chine, où l'on s'en sert pour faire de la soupe. Il en arrive jusqu'à Singapore. Les fausses truffes (*Hypogées*) n'ont qu'une valeur douteuse; on a vendu récemment sur les marchés de Bath, l'espèce *Melanogaster variegatus*, comme remplaçant les vraies truffes [2]. Nous ne trouvons pas non plus, parmi les *Phalloïdées*, une espèce qui ait une valeur économique. A la Nouvelle-Zélande, où on l'appelle ordure de tonnerre, on mange la bourse gélatineuse d'une espèce d'*Ileodictyon*; celle de *Phallus Mokusin* se consomme de la même manière en Chine [3]. Mais ces exemples ne doivent pas nous conduire à recommander la consommation du *Phallus impudicus*, Fr., en Grande-Bretagne, ou bien à vérifier par l'expérience cette assertion d'un de nos amis d'Ecosse, que la tige poreuse est un excellent manger.

Une espèce de vesse-de-loup, *Lycoperdon giganteum*, Fr. [4], a de très-zélés partisans, et quand elle est jeune et crèmeuse, elle peut, bien préparée, figurer avec succès au déjeuner. Cette espèce a un grand avantage; car un seul échantillon est quelquefois assez gros pour satisfaire l'appétit de dix ou douze personnes. D'autres espèces de *Lycoperdon* ont été mangées jeunes, et ceux qui en ont fait l'expérience nous ont assuré qu'elles ne sont guère

1. Berkeley, *Intellectual Observer*, n° 25, pl. 1.
2. Berkeley, *Outlines of Brit. Fung.*, p. 293.
3. Berkeley, *Int. Crypt. bot.*, p. 347.
4. Cooke, *A Plain and Easy Guide*, etc., p. 90.

inférieures à leurs congénères plus âgées. On mange aussi aux États-Unis *Bovista nigrescens*, Fr., et *Bovista plumbea*, Fr.; et l'on voit plus d'une espèce de *Lycoperdon* et de *Bovista* dans les bazars de l'Inde, ainsi qu'à Secunderabad et à Rangoon; les fourmilières de fourmis blanches produisent, en même temps qu'un excellent Agaric, une ou plusieurs espèces de *Podaxon* qui, jeunes, sont comestibles. Une espèce de *Scleroderma*, qui croît abondamment dans les localités sablonneuses, remplace quelquefois dans les pâtés les truffes du Périgord : mais elle n'en a nullement l'arome.

Laissant de côté le reste des champignons sporifères, nous trouvons, dans le groupe auquel appartiennent les Ascomycètes, quelques espèces fort esti-mées. Ainsi nous citerons les espèces de morille qui sont regardées comme des frian-dises partout où on les trouve *Morchella esculenta*, Pers., est la plus commune, mais nous avons aussi *Mor. semi-libera*, D. C., et l'espèce beau coup plus grande *Mor. cras-sipes*, Pers. Toutes les espèces de *Morchella* sont probable ment comestibles, et nous en connaissons plusieurs, outre les précédentes, que l'on man-ge en Europe et dans d'au-tres pays : *Mor. deliciosa*, Fr., à Java; *Mor. bohemica*,

Fig. 43. — *Morchella gigaspora* de Cachemire.

Kromb., en Bohême; *Mor. gigaspora*, Cooke, et *Mor. deliciosa*, Fr., à Cachemire[1]. *Mor. rimosipes*, D. C., se rencontre en France et en Bohême; *Mor. Caroliniana*, Bosc., dans le sud des États-Unis. D'après W. G. Smith, on a trouvé en Grande-Bretagne des échantillons de *Mor. crassipes*, P., de dix pouces de haut, et un échantillon avait onze pouces de haut avec un diamètre de sept pouces et demi[2].

Quelques espèces d'*Helvella* s'emploient aux mêmes usages, bien que leur apparence soit différente. Les échantillons des deux genres peuvent être séchés facilement, ce qui augmente leur prix :

1. Cooke. *Morilles de Cachemire*, *Trans. Bot. Soc. Edin.*, vol. 10, p. 439, avec les fig.

Smith. *Journ. bot.*, vol. IX, p. 211.

car ils peuvent servir d'assaisonnement en hiver, époque à laquelle les champignons frais de toute nature sont difficiles à rencontrer. L'espèce anglaise la plus commune est l'*Hel. crispa*, Fr. ; mais *Hel. lacunosa*, Fr., est, paraît-il, également bonne, quoique un peu plus petite et assez rare. *Hel. infula*, Fr., est aussi une grande espèce, mais étrangère à la Grande-Bretagne, bien qu'elle se trouve dans l'Amérique du Nord, comme *Hel. sulcata*, Afz. Il y a une espèce intermédiaire entre la Morille et l'*Helvella*; elle était autrefois confondue avec cette dernière. elle est connue aujourd'hui sous le nom de *Gyromitra esculenta*, Fr. [1]. On la trouve rarement en Grande-Bretagne, mais elle est plus commune sur le Continent, où elle est estimée. Un curieux champignon stipité, avec un chapeau semblable à un capuchon, le *Verpa digitaliformis*, Pers. [2], est rare en Angleterre; mais Vittadini dit qu'on le vend sur les marchés de l'Italie. bien qu'on ne doive en recommander l'usage qu'à défaut de tout autre champignon comestible : le cas se présente quelquefois au printemps [3].

Deux ou trois espèces de *Peziza* ont la réputation d'être comestibles, mais ont fort peu de valeur : telles sont *Pez. acetabulum*, L., *Pez. cochleata*, Huds., et *Pez. venosa*, Per. [4]. Ce dernier joint à une saveur fungoïde, l'odeur nitreuse la plus marquée; les précédents ne se recommandent que par bien peu de chose. Nous avons vu recueillir dans Northamptonshire de pleins paniers de *Peziza cochleata* au lieu de morille.

Un genre très-intéressant de champignons comestibles, qui poussent dans l'Amérique du Sud sur les hêtres toujours verts du pays, a été nommé *Cyttaria*. Une de ces espèces, *Cyttaria Darwinii*, B., se rencontre à la Terre-de-Feu, où elle a été trouvée par M. C. Darwin [5], croissant en grandes quantités et concourant pour une large part à l'alimentation des habitants. Une autre est *Cyttaria Berteroi*, B., que M. Darwin vit au Chili, et que l'on mange quelquefois : mais elle paraît inférieure à la précédente [6]. Citons encore *Cyttaria Gunnii*, B., qui abonde en Tasmanie et jouit parmi les colons d'une grande réputation comme comestible [7].

1. Cooke, *Handbook*, fig. 322.
2. Cooke. *Handbook*, fig. 321.
3. Vittadini, *Funghi Mangerecci*, p. 117.
4. Gréville, *Sc. Crypt. Fl.*, II. pl. 156.
5. Berkeley, *Linn. Trans.* XIX, p. 37; Cooke, *Technologist* (1864), p. 357.
6. Berkeley, *Linn. Trans.* XIX, p. 37.
7. Berkeley, *Hooker, Flora Antarctica*, p. 117. *Hooker's Journ. bot.* (1848 576, t. 20, 21.

Pour compléter notre énumération des espèces comestibles, il ne nous reste plus qu'à parler des champignons souterrains, dont la truffe est le type. La truffe qui se consomme en Angleterre est *Tuber æstivum*, Vitt. ; mais en France on a l'espèce plus parfumée *Tuber melanospermum*, Vitt.[1], et aussi *Tuber magnatum*, Pico, avec quelques autres espèces. En Italie les truffes sont très-communes ; on en trouve quelques-unes en Algérie. Une espèce au moins est citée dans le Nord-Est de l'Inde ; mais dans le nord de l'Europe et de l'Amérique elles paraissent rares ; *Terfezia Leonis* est employé

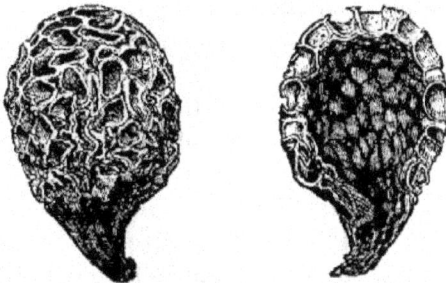

Fig. 44. — *Cyttaria Gunnii*, B.

comme comestible à Damascus. Une grande espèce de *Mylitta*, qui atteint quelquefois plusieurs pouces de diamètre, se trouve en abondance dans quelques parties de l'Australie. Bien que classée souvent parmi les champignons, la curieuse production connue sous le nom de *Pachyma cocos*, Fr., n'est pas un champignon, comme l'a prouvé l'examen du Rev. M. J. Berkeley. On la mange sous le nom de *Tuckahoe* aux États-Unis, et elle consiste presque entièrement en acide pectique. On s'en sert quelquefois pour faire de la gelée.

Aux Neilgherries (Indes Méridionales), on trouve une substance que l'on mêle quelquefois au pain, dans les régions du midi. On la rencontre à une élévation de 5000 pieds. Les indigènes l'appellent « pain du petit homme, » par allusion à une tradition d'après laquelle les Neilgherries auraient été primitivement peuplés par une race de nains[2]. On a supposé d'abord que c'étaient les bulbes d'une orchidée ; mais on a eu plus tard une autre idée de sa nature. M. Scott, après examen d'un échantillon qu'on lui avait envoyé, remarque qu'au lieu d'être une production d'orchidée, c'est un champignon souterrain du genre *Mylitta*. Il semble, dit-il, très-voisin du pain de Tasmanie[3], s'il ne lui est pas identique.

Parmi les champignons employés en médecine, la première place doit être donnée à l'ergot, modification sclérotioïde d'une espèce de *Claviceps*. Il se trouve non-seulement sur le seigle, mais sur le blé et sur beaucoup de graminées sauvages ; à cause de son principe actif, ce champignon a sa place dans le codex.

1. Vittadini, *Monographia Tuberacearum* (1831), pp. 36, etc.
2. Proceedings *Agri. Hort. Soc. India* (Dec. 1871 n. LXXIX).
3. Ibid. (Juin), p. XXIII.

D'autres, qui avaient autrefois une réputation, sont maintenant écartés, comme, par exemple, les espèces d'*Elaphomyces* ; le *Polyporus officinalis*, Fr., qui a été en partie remplacé comme styptique par d'autres substances, était autrefois employé comme purgatif. Les filaments capillaires spongieux de la grande vesse-de-loup, *Lycoperdon giganteum*, Fr., ont été, à l'état mûr, employés de la même façon et recommandés aussi comme calmant ; en effet des opérations chirurgicales terribles ont été faites sous l'influence de ce médicament, et on l'emploie souvent comme narcotique dans la récolte du miel. Langsdorf cite des cas curieux de son emploi comme narcotique ; et, dans un récent ouvrage sur le Kamtschatka, on dit qu'il atteint un très-haut prix dans ce pays. Le Dr Porter Smith parle de son emploi en médecine chez les Chinois. Mais, d'après les échantillons mêmes, c'est certainement une espèce de *Polysaccum* qu'il a prise pour un *Lycoperdon*. En Chine on attribue une grande vertu à certaines espèces, notamment au *Torrubia sinensis*, Tul. [1], qui se développe sur les chenilles mortes ; mais puisqu'on le recommande comme garniture dans le canard rôti, nous pouvons être sceptiques à l'égard de ses propriétés médicinales. Nous avons aussi découvert parmi les médicaments chinois le *Geaster hygrometricus*, Fr., ainsi qu'une espèce de *Polysaccum* et le petit et dur *Mylitta lapidescens,* Horn. Dans l'Inde on attribue de grandes vertus médicinales [2] à un champignon de grande taille, mais imparfaitement observé, auquel on a provisoirement donné le nom de *Sclerotium stipitatum*, Curr., on le trouve dans les nids de fourmis blanches. Une espèce de *Polyporus* (*P. anthelminticus*, B.), qui pousse à la racine des vieux bambous, est employé à Burmah comme vermifuge [3]. On supposait autrefois que l'Oreille de juif (*Hirneola auricula Judæ,* Fr.) était douée de grandes vertus auxquelles on ne croit plus maintenant. La levûre est aussi rangée parmi les substances pharmaceutiques ; mais on pourrait sans doute s'en passer. Les truffes ne sont plus regardées comme un aphrodisiaque.

Quant aux autres usages, nous ne dirons qu'un mot de l'amadou, qui se prépare dans le nord de l'Europe avec le *Polyporus fomentarius*, Fr., coupé en tranches, séché et battu jusqu'à ce qu'il devienne mou. Cette substance, outre son emploi comme mèche, sert à faire des coiffures chaudes, des vêtements pour la poitrine, et d'autres articles. Le même *Polyporus* ou une espèce voisine, probablement *P. igniarius*, est séché et broyé par les

1. Lindley, *Règne végétal*, fig. 11.
2. Currey, *Linn. Trans*, vol. XXIII, p. 93.
3. *Pharmacopœia of India*, page 258.

Ostyacks de l'Obi, qui en font ainsi un ingrédient à priser. En Bohème, quelques grands champignons polyporés, tels que *P. igniarius* et *P. fomentarius*, sont dépouillés de leurs pores et d'une partie de leur substance intérieure, et alors le chapeau est fixé au mur dans une position renversée, par la partie qui originairement adhérait au bois. La cavité est ensuite remplie de terreau, et le champignon devient un pot à fleurs pour la culture des plantes grimpantes qui ne demandent que peu d'humidité [1].

La modification mycelioïde stérile du *Penicillium crustaceum*, Fr., est employée à la campagne sous le nom de plante à vinaigre pour la fabrication domestique du vinaigre au moyen de liqueurs sucrées. On rapporte que le *Polysaccum crassipes*, D. C. [2], est employé dans le sud de l'Europe pour produire une teinture jaune ; récemment le *Polyporus sulfureus*, Fr., a été recommandé pour le même objet. L'*Agaricus muscarius*, Fr., ou Agaric-Mouche, connu comme un poison violent, sert en décoction dans quelques parties de l'Europe à détruire les mouches et les punaises. L'*Helotium œruginosum*, Fr. [3], paraît mériter une mention ici, parce que, au moyen de son mycélium diffus, il teint d'une belle couleur verte le bois sur lequel il pousse, et le bois ainsi teint est employé dans la fabrication des articles de Tonbridge.

Cela complète la liste si importante des champignons qui rendent directement service à l'humanité dans l'alimentation, la médecine, ou dans les arts. Si on les compare aux lichens, l'avantage reste certainement aux champignons ; et même, mis en balance avec les algues, l'avantage paraît être encore en leur faveur. En réalité on peut se demander si les champignons ne renferment pas une proportion d'espèces réellement utiles plus grande que les autres cryptogames, et sans vouloir rabaisser l'élégance des fougères, la délicatesse des mousses, l'éclat de quelques algues ou l'intérêt qui s'attache aux lichens, on peut dire que les champignons, par leur utilité réelle (mélangée, il est vrai, d'inconvénients tout aussi certains), sont à la tête des cryptogames, et se rapprochent le plus des plantes à fleurs.

1. *Gard. Chron.* (1862), p. 21.
2. Barla, *Champ. de Nice*, p. 126. pl. 47, fig. 11.
3. Greville, *Scot. Crypt. Flora*, pl. 241.

CHAPITRE V

PHÉNOMÈNES REMARQUABLES.

Les champignons ne présentent pas de phénomènes d'un intérêt plus grand que ceux qui se rattachent à la production de la lumière. Le fait que les champignons sont lumineux dans de certaines conditions, est connu depuis longtemps : au temps de notre enfance, des écoliers avaient l'habitude de recueillir de petits fragments de bois pourri, pénétré de mycélium, et d'étonner ainsi leurs camarades plus ignorants ou incrédules. Rumphius a noté ces apparences à Amboyna, et Fries, dans ses observations, donne le nom de *Thelephora phosphorea*, à cause de sa phosphorescence dans certaines conditions, à une espèce de *Corticium* appelé maintenant *Corticium cœruleum*. Cette espèce est encore l'*Auricularia phosphorea* de Sowerby ; mais ce dernier ne parle pas de sa phosphorescence. La production de lumière dans les champignons « a été remarquée dans différentes parties du monde, et quand l'espèce s'est trouvée complétement développée, ç'a été généralement un agaric qui a produit le phénomène [1]. » Une des espèces les plus connues est l'*Agaricus olearius* du Sud de l'Europe, qui a été examiné spécialement par Tulasne pour son éclat lumineux [2]. Dans son préambule, il dit que quatre espèces seulement d'agarics lumineux semblent être connues aujourd'hui. L'une d'elles, *A. olearius*, D. C., est indigène de l'Europe centrale ; une autre, *A. igneus*, Rumph, vient d'Amboyna ; la troi-

1. Berkeley, *Int. Crypt. bot.*, p. 265.
2. Tulasne, *Sur la Phosphorescence des champ. Ann. des Sci. Nat.* (1848), vol. ix, p. 338.

sième, *A. noctileucus*, Lév., a été découverte à Manille par Gaudichaud, en 1836 ; la dernière, *A. Gardneri*, Berk., vit au Brésil, dans la province de Goyaz, sur les feuilles mortes. Quant au *Dematium violaceum*, Pers., à l'*Himantia candida*, Pers., cité une fois par Link, et au *Thelephora cœrulea*, D. C. (*Corticium cœruleum*, Fr.), Tulasne est d'avis que leurs propriétés phosphorescentes sont encore problématiques ; du moins elles ne sont confirmées par aucune observation récente.

La phosphorescence de l'*Agaricus olearius*, D. C., paraît avoir d'abord été signalée par de Candolle ; mais peut-être s'est-il trompé en disant que les propriétés lumineuses de cette plante ne se manifestent qu'au moment de la décomposition. Fries, décrivant le *Cladosporium umbrinum*, qui vit sur l'Agaric de l'olivier, a exprimé l'opinion que l'Agaric ne doit sa phosphorescence qu'à la présence de la moisissure ; mais Tulasne le nie ; il écrit en effet : « J'ai eu l'occasion d'observer que l'Agaric de l'olivier est réellement phosphorescent par lui-même, et qu'il ne doit à aucune production étrangère la lumière qu'il émet. » Comme Delille, il remarque que le champignon n'est phosphorescent que jusqu'au temps où sa croissance est achevée ; ainsi la lumière qu'il projette est, pourrait-on dire, une manifestation de sa végétation.

« Un fait important, écrit Tulasne, que je puis établir et sur lequel il est important d'insister, c'est que la phosphorescence n'est pas exclusivement limitée à la surface hyméniale. J'ai fait de nombreuses observations qui prouvent que la totalité de la substance du champignon participe très-souvent, sinon toujours, à la faculté de briller dans l'obscurité. Parmi les premiers agarics que j'ai examinés, j'en ai trouvé beaucoup dont la tige répandait çà et là une lumière aussi brillante que l'hyménium, et cela m'a conduit à penser que le phénomène était dû aux spores qui étaient tombées sur la surface de la tige. Je grattai donc dans l'obscurité, avec mon scalpel, les parties lumineuses de la tige, mais cela ne diminua pas sensiblement leur éclat ; alors je fendis la tige, je la meurtris, je la partageai en petits fragments, et je trouvai que la totalité de cette masse, même dans les parties les plus profondes, jouissait, au même degré que la surface, de la propriété lumineuse. Je vis en outre une phosphorescence aussi brillante dans tout le chapeau ; car après que je l'eus fendu verticalement en lames, la trame meurtrie jetait une lumière égale à celle des surfaces fructifères ; en réalité il n'y a que la surface supérieure du piléus, ou sa cuticule, que je n'ai jamais vue lumineuse.

« Comme je l'ai dit, l'Agaric de l'olivier, qui est lui-même très-

jaune, répand une vive lumière, et reste doué de cette faculté
remarquable tant qu'il croît, ou au moins tant qu'il semble conserver une vie active et qu'il reste frais. La phosphorescence
d'abord et plus ordinairement se manifeste à la surface de l'hyménium. J'ai vu un grand nombre de champignons jeunes très-
phosphorescents dans les feuillets, mais qui ne l'étaient nulle part
ailleurs. Dans un autre cas, et parmi des champignons plus âgés
dont l'hyménium avait cessé de donner de la lumière, la tige au
contraire jetait un vif éclat. Habituellement la phosphorescence
est distribuée d'une façon inégale sur la tige et sur les feuillets.
Bien que la tige soit lumineuse à sa surface, elle ne l'est pas
toujours nécessairement à l'intérieur si on la meurtrit; mais
cette substance devient souvent phosphorescente par suite du
contact de l'air. Ainsi, après avoir irrégulièrement taillé et fendu
une grosse tige dans sa longueur, j'avais trouvé toute la chair obscure, tandis qu'à l'extérieur étaient quelques places lumineuses.
Je rassemblai sommairement les parties déchirées, et, le soir suivant, en les observant de nouveau, je les trouvai toutes répandant
une brillante lumière. Une autre fois, j'avais fendu verticalement avec un scalpel plusieurs champignons pour hâter leur
dessiccation; le soir du même jour, toutes les surfaces coupées
étaient phosphorescentes. Mais, dans plusieurs de ces morceaux de champignons, la phosphorescence était limitée à la surface coupée qui était exposée à l'air; la chair au-dessous n'était
pas changée.

« J'ai vu une tige ouverte et déchirée irrégulièrement, dont toute
la chair resta phosphorescente pendant trois soirées consécutives; mais l'éclat diminuait d'intensité de l'extérieur à l'intérieur,
de sorte que, le troisième jour, il ne venait plus de la partie intérieure de la tige. La phosphorescence du feuillet n'est nullement
modifiée dans les premiers moments par l'immersion des champignons dans l'eau; après y avoir été plongés, ils sont aussi brillants
qu'à l'air, mais les champignons que je laissai immergés jusqu'au
soir suivant perdirent toute leur phosphorescence, et communi-
quèrent à l'eau une teinte jaune assez sensible. L'alcool, placé sur
les feuillets phosphorescents, ne faisait pas tout à coup disparaître complétement la lumière, mais l'affaiblissait visiblement.
Quant aux spores, qui sont blanches, j'en ai trouvé souvent des
couches très-épaisses répandues sur des assiettes de porcelaine,
mais je ne les ai jamais vues phosphorescentes.

« Quant à l'observation faite par Delille, que l'Agaric de l'olivier
placé dans l'obscurité complète, ne brille pas pendant le jour,
je pense qu'on ne saurait la répéter. De tout ce que j'ai dit de la

phosphorescence de l'*A. olearius*, on conclut naturellement qu'il n'existe pas de relation nécessaire entre ce phénomène et la fructification du champignon; l'éclat lumineux de l'hyménium montre, dit Delille, « l'activité plus grande des organes reproducteurs. » Mais elle n'est pas la conséquence de ces fonctions reproductrices; on peut regarder la phosphorescence seulement comme un phénomène accessoire dont la cause est indépendante de ces fonctions et plus générale qu'elles, puisque toutes les parties du champignon, sa substance entière, émettent à la fois ou successivement de la lumière. Tulasne infère de ces expériences que les mêmes agents, oxygène, eau et chaleur, sont absolument nécessaires à la production de la phosphorescence, aussi bien chez les êtres organisés vivants que chez ceux où la vie a cessé. Dans l'un et l'autre cas, les phénomènes lumineux accompagnent une réaction chimique qui consiste principalement dans une combinaison de la matière organisée avec l'oxygène de l'air, c'est-à-dire dans sa combustion, et dans le dégagement de l'acide carbonique qui en résulte. »

Nous avons fait une longue citation de ces observations de Tulasne sur l'Agaric de l'olivier, parce qu'elles nous éclairent très-nettement sur les manifestations semblables des autres espèces, qui se ressemblent, sans doute, dans leurs traits principaux.

M. Gardner a décrit exactement la manière dont il découvrit au Brésil l'espèce phosphorescente qui porte aujourd'hui son nom. Il la rencontra par une nuit sombre de décembre, en suivant les rues de la ville de la Nativité. Quelques enfants s'amusaient avec un objet lumineux, qu'il supposa d'abord être une sorte de grande luciole ; mais en examinant, il reconnut que c'était un bel **Agaric** phosphorescent qui, lui dit-on, croissait abondamment dans le voisinage sur les feuilles mortes d'un palmier nain. La plante entière répand la nuit une brillante lumière, assez semblable à celle des grandes lucioles, et teintée de vert pâle. Cette circonstance et sa croissance sur un palmier l'avaient fait appeler par les habitants « flor de coco [1]. »

Le nombre des espèces d'Agarics reconnues phosphorescentes n'est pas grand, bien qu'on en puisse encore ajouter deux ou trois à celles que cite Tulasne. ; de ce nombre, *Agaricus lampas* et quelques autres se trouvent en Australie [2]. Aux phénomènes de l'*Agaricus noctilucus*, découvert par Gaudichaud, et de l'*Agaricus igneus* de Rumphius, trouvé à Amboyne, le Dʳ Hooker ajoute un

1. Hooker's *Journ. bot.* (1848), vol. 2, p. 426.
2. Berkeley, *Int. Crypt. Bot.*, p. 265.

exemple semblable , aussi commun à Sikkim; mais il paraît qu'il n'a pu découvrir quelle espèce y donnait lieu.

Le Dr Cuthbert Collingwood a fait postérieurement des observations relatives à la phosphorescence d'un Agaric, à Bornéo (on suppose que c'est *A. Gardneri*). « Par une nuit sombre, dit-il, les champignons se voyaient distinctement, toutefois à une distance modérée, brillant d'une lueur douce d'un vert pâle. Çà et là, apparaissaient des taches d'un éclat beaucoup plus intense ; c'étaient des échantillons très-jeunes et très-petits. Les échantillons plus âgés possèdent plutôt une lueur verdâtre, comme celle de l'étincelle électrique ; elle était pourtant tout à fait suffisante pour qu'on pût définir leur forme, et, en y regardant de près, les principaux détails de leur configuration. La phosphorescence ne se communiquait pas à la main, et ne semblait pas diminuée, du moins pendant quelques heures, par la séparation du champignon et de la racine sur laquelle il croissait. Je regarde comme probable que le mycélium de ce champignon est aussi lumineux; car, en retournant le sol pour chercher de menus vers luisants, j'observai de petites taches de lumière, qui ne pouvaient se rapporter à aucun objet, à aucun corps particulier, quand on les amenait au jour et qu'on les examinait : elles étaient probablement dues à quelques petites portions de mycélium [1]. » Le même écrivain ajoute : « M. Hugh Low m'a assuré avoir vu toute la savane resplendissante de lumière, au point qu'il eût pu lire en passant à cheval. Il fit cette observation, il y a quelques années, en traversant l'île par la route de la savane; d'après son récit, c'est un Agaric qui produisait ce phénomène. »

Des observations semblables ont été rapportées en détail par M. James Drummond, dans une lettre datée de Swan River, et dans laquelle il est question de deux espèces d'Agarics. Ils croissaient sur des souches d'arbres, et leur apparence n'avait rien de remarquable dans le jour; mais la nuit ils répandaient une lumière extrêmement curieuse, telle que l'auteur n'en a jamais vu de pareille décrite dans aucun livre. Une espèce fut trouvée poussant sur le tronc d'un *Banksia*, dans l'Australie occidentale. Cette souche était alors environnée d'eau. La nuit était noire quand l'observateur vit pour la première fois, en passant, cette curieuse lumière. Le champignon mis sur un journal émettait la nuit une lumière phosphorescente suffisante pour permettre de lire alentour; le phénomène dura plusieurs nuits consécutives, en diminuant d'intensité à mesure que la plante séchait. L'autre exemple,

1. Dr Collingwood, *Journ. Linn. Soc. (Bot.)*, vol. x, p. 160.

se présenta plusieurs années après. L'auteur, pendant une de ses excursions botaniques, fut frappé de l'apparence d'un grand Agaric, mesurant seize pouces de diamètre et pesant environ cinq livres. Ce spécimen était suspendu dans une salle pour sécher, et l'observateur, en traversant l'appartement, s'aperçut qu'il répandait une lumière remarquable. La propriété lumineuse continua, quoique diminuant peu à peu, pendant quatre ou cinq nuits, et alors elle cessa, la plante étant devenue sèche : « Nous appelâmes quelques naturels, ajoute-t-il, pour leur montrer ce champignon lumineux; les pauvres gens crièrent *Chinga*, ce qui, dans leur langue, signifie esprit, et semblèrent fort effrayés [1]. »

Bien que les exemples cités plus haut se rapportent à des agarics, la phosphorescence n'est nullement limitée à ce genre. M. Worthington Smith a observé, rapporte-t-il, quelques échantillons de l'espèce commune *Polyporus annosus*, qui se trouvaient sur des pièces de bois dans les houillères de Cardiff. Il fait remarquer que les mineurs connaissent bien les champignons phosphorescents; ces hommes disent qu'il en vient une lumière suffisante pour « voir leurs mains à cette clarté. » Les échantillons de *Polyporus* étaient si lumineux qu'ils pouvaient se voir dans l'obscurité à vingt mètres de distance. Il déclare en outre qu'il a rencontré des spécimens de *Polyporus sulfureus*, qui étaient phosphorescents. Quelques champignons des mines, qui donnent une lumière connue des mineurs, appartiennent au genre incomplet *Rhizomorpha*, dont Humboldt, entre autres savants, a décrit la phosphorescence. Tulasne a aussi observé ce phénomène dans l'espèce commune *Rhizomorpha subterranea*, Pers. Cette espèce s'étend sous le sol en longues files, dans le voisinage des vieux troncs d'arbres, surtout ceux du chêne, quand ils se pourrissent; elle s'y fixe par une de ses ramifications. Ces champignons sont cylindriques, très-flexibles, ramifiés, et revêtus d'une écorce dure, incrustante et fragile, d'abord lisse et brune, devenant ensuite rugueuse et noire. Le tissu intérieur, d'abord blanchâtre, qui passe à une teinte brune plus ou moins foncée, est formé de filaments parallèles extrêmement longs, de 0,0035 à 0,0015 mm. de diamètre. Le soir du jour où j'ai reçu les échantillons [2], écrit-il, par une température d'environ 22° cent., toutes les jeunes branches brillaient d'une lueur phosphorescente uniforme sur toute leur longueur, ainsi que la surface de quelques-unes des branches plus âgées, dont le plus grand nombre étaient encore brillantes en quelques points superficiels. Je fendis et

1. Hooker's *Journ. Bot.* Avril 1842

2. Tulasne, *Phosphorescence*, *Ann. des Sci. Nat.* (1848), vol. IX, p. 34, etc.

déchirai plusieurs de ces rejetons, mais leur surface intérieure resta sombre. Le lendemain soir, au contraire, cette substance ayant été exposée au contact de l'air, montra à sa surface le même éclat que l'écorce des branches. Je fis cette expérience sur les vieux pieds aussi bien que sur les jeunes. Une friction prolongée des surfaces lumineuses·en diminuait l'éclat et les séchait à un certain degré, mais ne laissait sur les doigts aucune matière phosphorescente. Ces parties conservaient la même intensité lumineuse lorsqu'on les avait tenues dans la bouche assez longtemps pour les imbiber de salive ; plongées dans l'eau, présentées à la flamme d'une chandelle de façon à prendre une chaleur appréciable au toucher, elles émettaient toujours dans l'obscurité une faible lumière ; il en fut de même après les avoir tenues dans l'eau chauffée à 30° cent.; mais placées dans l'eau à la température de 55° cent., elles s'éteignaient complétement. Elles s'éteignent également si on les tient dans la bouche jusqu'à ce qu'elles en prennent la température; peut-être encore ce fait doit-il être attribué moins à la chaleur communiquée, qu'au défaut d'oxygène suffisant : car, j'ai vu quelques pieds qui, après être devenus obscurs dans la bouche, recouvraient quelques instants après un peu de leur phosphorescence. Un jeune pied qui avait été fendu dans sa longueur, et dont la surface intérieure était phosphorescente, put s'imbiber d'huile d'olive à plusieurs reprises, tout en continuant à répandre pendant longtemps une légère lueur. En conservant ces *Rhizomorpha* dans un état convenable d'humidité, j'ai pu renouveler plusieurs soirs l'examen de leur phosphorescence; le commencement de la dessiccation les prive de la propriété lumineuse longtemps avant qu'ils périssent réellement. Ceux qui avaient été séchés pendant plus d'un mois, recommençaient, quand on les plongeait dans l'eau, à végéter et poussaient de nombreuses branches en quelques jours; mais je ne pus jamais découvrir de phosphorescence à la surface de ces nouvelles formations, et très-rarement dans leur voisinage immédiat; les plantes mères paraissaient avoir perdu, par la dessiccation, leur phosphorescence, sans pouvoir la recouvrer quand on les rappelait à la vie. Ces observations prouvent que Schmitz était dans l'erreur, en écrivant que toutes les parties de ces champignons sont rarement phosphorescentes.

Le phénomène lumineux en question est sans doute plus compliqué qu'il ne semble, et les causes auxquelles nous l'attribuons sont sans doute puissamment modifiées par le caractère général des parties dans lesquelles elles résident. La plupart des botanistes allemands donnent cette explication, d'autres supposent qu'il se forme, au commencement ou pendant la durée du phénomène, une matière spéciale, où réside la propriété lumineuse. Cette matière, que l'on dit mucilagineuse dans le bois lumineux, semble n'être, dans le *Rhizomorpha*, qu'une sorte de combinaison chimique entre les membranes et certaines matières gommeuses qu'elles contiennent. Malgré cette opinion, je suis certain que toute matière mucilagineuse extérieure était complétement absente de l'*Agaricus olearius*, et je n'en ai découvert ni sur les branches du *Rhizomorpha subterranea*, ni sur les feuilles mortes que j'ai vues phosphorescentes ; dans tous ces objets, les surfaces lumineuses ne différaient en rien des tissus mêmes.

On peut remarquer ici que les prétendues espèces de *Rhizomorpha* sont des champignons imparfaits, entièrement privés de fructification, ne consistant en réalité qu'en un système végétatif ; c'est une sorte de mycélium compacte ; elles se rapportent probablement à des espèces de *Xylaria*, avec quelques affinités pour le *Sclerotium*.

On a signalé récemment un exemple extraordinaire de phosphorescence dans notre pays [1]. « Un lot de bois avait été acheté dans une paroisse voisine et était charrié à sa destination, en montant une colline très-rapide. Dans la charge se trouvaient quelques bûches de mélèze ou de sapin (on ne sait pas exactement lequel), de 24 pieds de long et d'un pied de diamètre. Quelques jeunes amis vinrent à passer pendant la nuit sur la colline et furent surpris de trouver la route parsemée de taches lumineuses ; après un examen plus attentif, ils s'aperçurent que ces lueurs étaient produites par des morceaux d'écorce ou de petits fragments de bois. Suivant la trace, ils furent très-surpris d'arriver à un véritable foyer de lumière blanche. On l'examina, et l'on vit que tout l'intérieur de l'écorce de la bûche était couvert d'un mycélium byssoïde blanc exhalant une odeur forte particulière ; malheureusement ce mycélium était dans un tel état qu'on ne pouvait pas distinguer la forme parfaite de la végétation. L'écorce était lumineuse, mais la lumière y était bien moins brillante que dans les parties du bois où le mycélium avait pénétré plus profondément ; là l'éclat était si intense que le traitement le plus rude semblait à peine le diminuer. Si l'on essayait d'enlever par le frottement la matière lumineuse, elle n'en brillait que plus vivement ; si on l'enveloppait de cinq doubles de papier, la lumière pénétrait de tous côtés, à travers cette enveloppe, aussi brillamment qu'à nu ; quand on plaçait les spécimens dans la poche, la poche ouverte semblait contenir une masse de lumière.

1. Berkeley, *Gard. Chron.*, 1872, p. 4258.

Cette phosphorescence dura trois jours. Malheureusement nous ne la vîmes que le troisième jour, et lorsque, peut-être par un changement de l'état électrique, elle avait un peu diminué; mais elle était encore fort intéressante, et nous avons simplement rapporté ce que nous avons observé nous-mêmes. Il était à la rigueur possible de voir l'heure à une montre, même aux endroits les moins brillants. Nous ne supposons pas pour un instant que le mycélium soit essentiellement lumineux, mais nous sommes plutôt portés à croire qu'un concours particulier de circonstances climatériques est nécessaire à la production de ce phénomène, sans doute très-rare. Nous avons observé pendant cinquante ans les champignons dans leur lieu d'origine, et jamais auparavant nous n'avions rencontré un cas semblable. Une fois, il est vrai, le professeur Churchill Babington nous a envoyé des spécimens de bois lumineux; mais ils avaient perdu leur phosphorescence avant d'arriver. Il est bon d'observer que les parties du bois les plus lumineuses étaient non-seulement pénétrées profondément par les filaments les plus délicats du mycélium, mais étaient décomposées. Il est donc probable que cette circonstance concourait à la production du phénomène, aussi bien que la présence du champignon. »

Dans tous les cas de phosphorescence cités, la lumière émise est décrite comme présentant le même caractère et variant seulement en intensité. Cette circonstance justifie le nom donné au phénomène, qui ressemble remarquablement à la lumière émise par certains insectes et d'autres organismes vivants, ou à celle que répand, dans des circonstances favorables, la matière animale morte : c'est une pâle lueur bleuâtre, comme celle du phosphore, telle qu'on la voit dans une chambre obscure.

Un autre phénomène digne de remarque est le changement de couleur, subi par plusieurs champignons quand leur surface est meurtrie ou coupée. Ce fait est surtout notable dans certaines espèces vénéneuses de Bolet, comme par exemple *Boletus luridus*, et quelques autres, qui, meurtries, coupées, ou partagées, se colorent d'un bleu intense, et dans certains cas très-vif. Parfois ce changement est si instantané qu'avant que les deux portions fraîchement coupées d'un bolet puissent être séparées, il est déjà commencé et progresse rapidement jusqu'à ce que le maximum d'intensité soit atteint. Cette couleur bleue est si généralement limitée aux espèces vénéneuses qu'il est de bonne règle de ne pas manger les espèces qui offrent une teinte bleue lorsqu'on les coupe ou qu'on les meurtrit. Le degré d'intensité varie considérablement suivant l'état du champignon. Par exemple le *Bo-*

letus cœrulescens ne se colore quelquefois en bleu que très-légèrement, si même il se colore, lorsqu'on le coupe; pourtant, comme le nom l'indique, le phénomène particulier est souvent très-développé. On ne peut pas dire que ce changement de couleur ait été jusqu'ici pleinement élucidé. Un écrivain a supposé, s'il n'a pas affirmé, que la couleur est due à la présence de l'aniline; d'autres ont prétendu qu'elle venait d'une oxydation rapide et d'un changement chimique par suite de l'oxydation des surfaces à l'air. L'archidiacre Robinson a examiné ce phénomène dans différents gaz; il est arrivé à cette conclusion que le changement dépend d'une altération de l'arrangement moléculaire [1].

Une des meilleures espèces comestibles de *Lactarius*, connue sous le nom de *L. deliciosus*, prend, toutes les fois qu'on la coupe ou qu'on la meurtrit, une couleur vert livide. Ce champignon est rempli d'un liquide laiteux orangé, qui devient vert au contact de l'air; c'est donc le jus qui s'oxyde par cette exposition. Quelques variétés du champignon cultivé deviennent plus brunes que d'autres quand on les coupe, et nous avons observé un changement semblable dans d'autres espèces, quoique nous n'en n'ayons pas pris note.

La présence d'un jus laiteux dans certains champignons a été signalée; ce caractère n'est nullement limité au genre *Lactarius*, dans lequel un pareil jus se rencontre toujours, tantôt blanc, tantôt jaune, et tantôt incolore. Dans les Agarics, surtout dans le sous-genre *Mycena*, les feuillets et la tige sont remplis d'un jus laiteux. Il en est de même de quelques espèces de *Peziza*, comme le *Peziza succosa*, B., que l'on trouve quelquefois sur le sol des jardins, et le *Peziza saniosa*, Schrad., espèce également terrestre. On peut ajouter aux précédentes quelques espèces telles que *Stereum spadiceum*, Fr., et *Stereum sanguinolentum*, Fr., qui tous deux deviennent décolorés et sanglants quand ils sont meurtris; *Corticium lactescens* distille un lait aqueux.

Les champignons en général n'ont pas la réputation d'avoir une odeur agréable. Il faut avouer qu'ils possèdent une odeur, quelquefois singulière, souvent forte et parfois nuisible. Il y a une odeur particulière commune à un grand nombre de formes et qu'on appelle l'odeur *Fungoïde* : c'est la senteur faible des cuves humides renfermées, l'odeur de moisissure qui souvent s'élève des corps en décomposition. Mais il y a d'autres odeurs plus fortes et aussi distinctes qui, lorsqu'on les a respirées, ne s'oublient pas : telle est l'odeur fétide du *Stinkhorn*, qui est

---

1. Berkeley, *Int. Crypt. Bot.*, p. 266.

plus développée dans le *Clathrus*, espèce plus belle et plus curieuse. Il est très-probable qu'après tout, l'odeur du *Phallus* ne serait pas désagréable si elle était moins forte. Il n'est pas difficile d'imaginer, quand on la respire apportée par une brise légère, que le principe de cette senteur ainsi diluée n'a rien de désagréable ; il faut cependant convenir que l'odeur, transportée dans un vase, dans une voiture fermée, dans un vagon de chemin de fer ou dans une chambre close, peut devenir extrêmement fétide. L'expérience de plus d'un dessinateur, qui a essayé de dessiner le *Clathrus* d'après nature, démontre que l'odeur en est insupportable même à un artiste enthousiaste et déterminé à faire un croquis.

Un des champignons les plus fétides peut-être est le *Thelephora palmata*. Quelques échantillons furent une fois placés par M. Berkeley dans sa chambre à coucher à *Aboyne* ; au bout d'une heure ou deux, il trouva avec horreur que l'odeur était pire que celle d'une salle de dissection. Il désirait beaucoup conserver les échantillons ; mais l'odeur était si forte qu'elle fut intolérable, tant qu'il ne les eut pas enveloppés dans douze doubles épais du papier le plus fort. L'odeur du *Thelephora fastidiosa* est assez mauvaise ; mais comme celle du *Coprinus picaceus*, elle vient probablement de l'imbibition de l'ordure sur laquelle le champignon se développe. Quand un artiste est forcé, avant d'avoir à moitié fini une exquisse grossière, de la jeter et de se réfugier au grand air, c'est la preuve la plus évidente que l'odeur est insupportable. Un grand nombre d'Agarics comestibles ont l'odeur particulière de la viande fraîche ; mais deux espèces, *Agaricus odorus* et *Agaricus fragrans*, ont un agréable parfum anisé. Deux ou trois espèces d'*Hydnum* coriace exhalent une odeur forte et persistante, comme celle du mélilot ou de l'aspérule, et qui ne disparaît pas même après des années de dessication. Dans quelques espèces de *Marasmius*, il y a une odeur d'ail très-tranchée, et, dans une espèce d'*Hygrophorus*, une telle ressemblance avec celle de la larve de la mite de la chèvre, que ce champignon porte le nom d'*Hygrophorus cossus*. La plupart des formes charnues répandent une forte odeur nitreuse quand elles dépérissent ; mais la plus forte que nous nous souvenions d'avoir respirée sortait d'un très-grand échantillon de *Choiromyces meandriformis*, gigantesque espèce souterraine voisine de la truffe. Ce spécimen avait quatre pieds de diamètre quand il fut découvert ; encore était-il partiellement détruit. C'était une odeur nitreuse particulière, mais forte et si désagréablement piquante que nous ne nous souvenons pas d'en avoir trouvé de pareille dans aucune autre substance. Le *Peziza venosa* est remarquable, quand il est frais, par une senteur accusée semblable à celle de l'eau forte.

Pour la couleur, les champignons en montrent une variété presque infinie, depuis le blanc, en passant par le jaune d'ocre, jusqu'à toutes les teintes du brun, y compris le noir ; ou, en passant par le jaune soufre, jusqu'aux rouges de toutes nuances, à l'écarlate, aux teintes vineuses et pourprées. Ce sont là les gradations prédominantes ; mais il y a aussi parfois des bleus, des verts minéraux, passant à l'olive. Pourtant on ne trouve pas le vert pur de la chlorophylle. Ce qui en approche le plus c'est l'hyménium de quelques Bolets. Plusieurs Agarics ont de brillantes couleurs, mais le plus grand nombre des espèces richement teintées se rencontre dans le genre *Peziza*. Rien ne peut être plus élégant que les coupes orangées du *Peziza aurantia*, l'éclatant cramoisi du *Peziza coccinea*, le brillant écarlate du *P. rutilans*, la blancheur de neige du *P. nivea*, le jaune délicat du *P. theleboloïdes* ou le brun velouté du *P. repanda*. Parmi les Agarics, le plus noble, *Agaricus muscarius*, avec son chapeau cramoisi moucheté, est à peine éclipsé par le champignon orangé du Continent, *Agaricus cæsarius*. La variété améthyste de l'*Agaricus laccatus* est très-commune et cependant très-belle ; certaines formes et certaines espèces de *Russula* sont de vraies perles de coloris. Les touffes dorées de plus d'une espèce de *Clavaria* sont fort belles, et le rose délicat du *Lycogala epidendrum*, avant sa maturité, commande l'admiration. Les formes menues qui exigent le microscope pour montrer leurs couleurs aussi bien que leur structure ne manquent pas de teintes riches et délicates ; le jeune peintre trouverait nombre d'excellents et charmants modèles pour son pinceau dans ces exemples si dédaignés de la vie inférieure.

Parmi les phénomènes, on peut citer rapidement le mycélium sarcodioide particulier des *Myxomycètes*, les formes amœboïdes qui se développent de leurs spores, et les faits de croissance extraordinairement rapides. On connait l'exemple du *Reticularia* que Schweinitz observa couvrant un morceau de fer chauffé au rouge quelques heures auparavant. M. Berkeley a observé que le mycélium crémeux du *Lycogala* ne revit pas quand il a été séché quelques heures, malgré toute l'activité dont il était doué auparavant.

CHAPITRE VI

LES SPORES ET LEUR DISSÉMINATION

Un ouvrage de ce genre ne pourrait être considéré comme complet s'il ne s'occupait du sujet annoncé sous ce titre; cette matière se rattache d'ailleurs à quelques questions discutées, et particulièrement à celle de la diffusion des spores dans l'atmosphère. La plus grande spore est microscopique, et la plus petite connue est à peine visible sous un grossissement de 360 diamètres. Si l'on considère le grand nombre des espèces de champignons, presque aussi nombreux probablement que celui des plantes à fleurs, et le nombre immense des spores produites par certains individus, ces végétaux doivent être extrèmement abondants et largement répandus, bien que leur petitesse les dérobe facilement aux regards. On a essayé d'estimer le nombre de spores que peut produire une seule plante de *Lycoperdon*, mais ce nombre surpasse tellement ceux que notre esprit est habitué à considérer, qu'il n'est guère possible d'en concevoir la grandeur. De récentes observations microscopiques de l'astmosphère montrent la grande quantité de spores qui y sont continuellement en suspension[1]. Dans ces recherches, on a trouvé que des spores et des cellules semblables se rencontrent constamment dans l'air, et s'y présentent généralement en nombre considérable. Que la majorité de ces cellules soient vivantes et prêtes à entrer en développement dès qu'elles rencontrent des conditions favorables, c'est ce qui a

1. Cunningham, *Ninth Annual Report of the Sanitary Commissioner with the Government of India.* Calcutta, 1872.

été mis hors de doute ; car dans les cas où les préparations ont
été tenues en observation pendant assez longtemps, la germination a eu lieu rapidement dans beaucoup de cellules. Dans quelques cas, le développement se borna à la formation de réseaux de
mycélium ou de masses de cellules toruloïdes ; mais, dans un ou
deux cas, des sporules distinctes naquirent sur les filaments produits par quelques-unes des grandes spores cloisonnées ; et dans
quelques autres, le *Penicillium* et l'*Aspergillus* développèrent les
têtes caractéristiques de leurs fructifications. Quant à la nature
précise des spores et des autres cellules présentes en différents
cas, on ne peut dire que peu de chose ; à moins en effet que leur
développement ne soit suivi avec soin dans toutes ses phases, il est
impossible d'indiquer exactement à quelles espèces ou même à
quels genres les spores appartiennent. Le plus grand nombre paraît
se rattacher aux anciens ordres de champignons, *Sphéronémées*,
Mélanconiées, *Torulacées*, *Démaliées* et *Mucédinées*, tandis que
probablement quelques-uns faisaient partie des *Pucciniées* et des
Céomacées.

Il est donc démontré qu'un grand nombre de spores de champignons sont constamment présentes dans l'atmosphère ; ce qui
est confirmé par le fait que, partout où une substance convenable
se présente, des spores flottantes en prennent possession, en sorte
qu'elle est bientôt convertie en une forêt de végétation fungoïde.
Il est admis que les spores des moisissures communes, telles
que l'*Aspergillus* et le *Penicillium*, sont si largement répandues
qu'il est presque impossible de les exclure des vases fermés, ou
des préparations les plus soigneusement abritées. Les procédés
spéciaux pour la dispersion des spores dans les différents groupes
rentrent dans quelques types généraux, et il est rare que nous
rencontrions une méthode limitée à une espèce ou à un genre.
Nous allons décrire quelques-unes des formes de spores les plus
remarquables, avec leur mode de dissémination.

Nous employons le mot de BASIDIOSPORES pour désigner toutes
les spores venant aux extrémités de supports comme on en
trouve dans les *Hyménomycètes* et les *Gastéromycètes* : ces supports ont été appelés basides. En réalité nous pouvons placer
dans cette section toutes les spores de ces deux ordres, bien que
nous ignorions la manière précise dont se développent les fruits
de la plupart des Myxomycètes. Nous mettons dès l'abord le lecteur en garde contre toute fausse interprétation quant à l'usage
que nous faisons de ce terme, employé simplement pour désigner
le fruit des *Hyménomycètes ;* nous pouvons invoquer pour excuse
notre désir d'éviter autant que possible les termes spéciaux.

Dans les Agaricinées, les spores sont abondantes et sont répandues sur l'hyménium ou les feuillets, dont la surface est parsemée de basides ; chacun de ces derniers organes se termine normalement par quatre appendices courts, dressés, délicats, filiformes, dont chacun est surmonté d'une spore. Ces spores sont incolores ou colorées, et c'est sur ce fait que repose la division fondamentale du genre *Agaricus*, d'autant plus que la couleur, dans les spores, paraît être un des caractères permanents. Dans les espèces à spores blanches, les spores sont blanches chez tous les individus, et ne subissent pas de changements comme la couleur

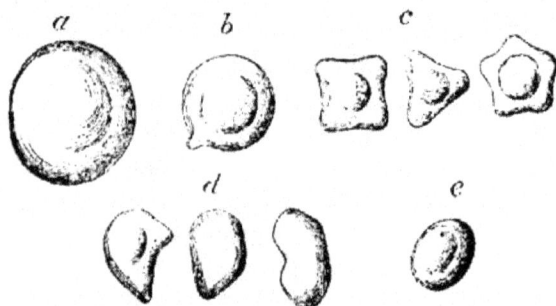

Fig. 45. — Spores de (a) *Agaricus mucidus* ; (b) *Agaricus vaginatus* ; (c) *Agaricus pascuus* ; (d) *Agaricus nidorosus*, et *Agaricus campestris*. (Smith).

du chapeau ou la couleur des plantes phanérogames. Il en est de même des espèces à spores roses, couleur de rouille, noires et autres. Cette particularité fera comprendre pourquoi la couleur, dont on s'occupe si peu dans la classification des plantes supérieures, peut être introduite comme élément de classification dans un des plus grands genres de champignons.

Il y a des différences considérables de taille et de forme dans les spores des *Agaricinées*, bien qu'elles soient d'abord globuleuses. A la maturité, elles sont globuleuses, ovales, oblongues, elliptiques, fusiformes, tantôt lisses, tantôt tuberculées, conservant souvent, dans les différents genres ou sous-genres, un caractère particulier ou une forme typique. Il n'est pas nécessaire de

Fig. 46. — Spores de (a) *Lactarius blennius* ; (b) *Lactarius fuliginosus* ; (c) *Lactarius quietus*. (Smith).

signaler ici dans le détail toutes les modifications que subissent la forme et la couleur des spores dans les différentes espèces ; nous y avons déjà fait allusion. Les spores dans les *Polyporées*, les *Hydnées*, etc., sont moins variables et ont un caractère constant, comme dans les *Hyménomycètes*, excepté peut-être les *Trémellinées*.

Quand un Agaric est mûr, si l'on en coupe la tige au niveau des feuillets, qu'on renverse le chapeau, avec les feuillets tournés en bas, sur une feuille de papier noir (en choisissant de préférence une espèce à spores pâles), et qu'on le laisse pendant quelques

heures ou même une nuit entière dans cette position, on trouvera le
lendemain, imprimée sur le papier, l'image du chapeau, avec ses
feuillets rayonnants : c'est que les spores ont été répandues de l'hyménium, sur le papier, en grand nombre, et en plus grande quantité des surfaces des feuillets qui se regardent. Cette petite expérience est instructive à deux ou trois points de vue. Elle montre

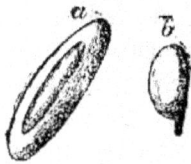

Fig. 46 (bis). — (a) spore de *Gomphidius*
viscidus; (b) spore de *Coprinus mica-*
reus.

Fig. 47. — Spores de (a) *Polyporus cœsius* ;
(b) *Boletus parasiticus*; (c) *Hydnum*.

la facilité avec laquelle les spores se disséminent, le nombre immense dans lequel elles se produisent, la façon dont la structure des
feuillets économise l'espace pour développer le plus grand nombre
possible de basidiospores sur une surface donnée. Les tubes ou
les pores des *Polyporées*, les épines des *Hydnées*, sont des modifications des mêmes principes, produisant un résultat semblable.

Dans les *Gastéromycètes*, les spores se produisent souvent,
probablement dans la plupart des cas ou dans tous, aux extrémités de sporophores ; mais l'hyménium, au lieu d'être à découvert, comme dans les *Hyménomycètes*, est renfermé dans un
péridion ou sac extérieur, quelquefois double. Le plus grand
nombre de ces spores sont globuleuses, quelquefois extrèmement
petites, diversement colorées, souvent sombres, presque noires, et
ont l'extérieur lisse ou échinulé. Dans quelques genres comme
Enerthenema, *Badhamia*, etc., un nombre défini de spores sont
d'abord renfermées dans des cystes délicats, mais ce sont des
exceptions à la règle générale : il en est de même dans une
espèce au moins d'*Hymenogaster*. Quand les spores approchent
de la maturité, on peut observer dans certains genres, comme
Stemonitis, *Arcyria*, *Diachea*, *Dictydium*, *Cribraria*, *Trichia*, etc., qu'elles sont accompagnées de fils formant un squelette
réticulé qui reste permanent, et qui servait sans doute dans un
âge antérieur à supporter les spores ; c'est en effet le squelette de
l'hyménium. On a supposé que la forme spéciale des fils de *Trichia*
rappelle les élatères des hépatiques, et qu'ils peuvent, comme
ces derniers, aider par leur élasticité, à la dispersion des spores.
Aucun fait connu, du reste, ne justifie cette idée. Quand les spores
sont mûres, le péridium se rompt, soit par un orifice extérieur,

comme dans le *Geaster*, le *Lycoperdon*, etc., soit par une ouverture irrégulière ; et les spores légères, délicates, sont disséminées par le moindre souffle d'air. Des spécimens de *Geaster* et de *Bovista* sont aisément séparés de la place où ils ont poussé ; en roulant de place en place, ils déposent les spores sur une grande surface. Dans les Phalloïdées, les spores sont enveloppées d'un mucus limoneux qui devrait en quelque sorte empêcher leur diffusion. Mais cette substance gélatineuse a un attrait particulier pour les insectes, et il est assez plausible d'imaginer qu'en suçant cette boue fétide, ils s'imprègnent aussi des spores et les transportent de place en place ; ainsi, parmi les champignons eux-mêmes, les insectes aident à la propagation de l'espèce. On ne saurait dire exactement si cette idée s'applique aux Myxogastres, dans lesquels le mode de développement des spores est à peine connu ; l'analogie qu'ils ont avec les Trichogastres, à d'autres égards, conduit seule à la conclusion qu'ils peuvent produire des basidiospores. Les tiges délicates, élastiques, qui supportent les péridions dans un grand nombre d'espèces, aident sans doute à la dissémination des spores [1].

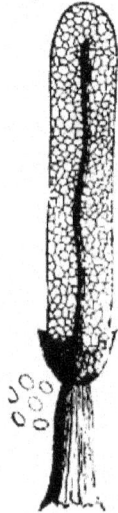

Fig. 48. — *Diachea elegans.*

Sous le nom de STYLOSPORES, on peut classer les spores qui, dans quelques ordres de *Coniomycètes,* se produisent au sommet

Fig. 49. — Spore d'*Hendersonia polycystis.*

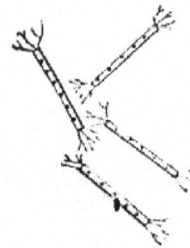

Fig. 50. — Spores de *dilophospora graminis.*

de fils courts, soit dans l'enceinte d'un périthèce, soit fixées sur une sorte de stroma. Elles sont extrèmement variables, tantôt grandes et multiseptées, tantôt petites et ressemblant à des spermaties.

1. Voyez Corda, *Icones*, table 2.

Dans les genres qui vivent principalement sur les plantes, dans le *Septoria*, le *Phyllosticta*, et les genres voisins, les petites spores sont renfermées dans un périthéce membraneux, et à la maturité elles sont rejetées par un orifice pratiqué au sommet, ou mises à nu par la rupture de la portion supérieure du perithéce. Dans les genres *Diplodia* et *Hendersonia*, les spores sont plus grandes, généralement colorées, souvent très-belles dans le dernier, et multiseptées; elles s'échappent du périthéce par un pore terminal. Probablement les espèces ne sont que des pycnides de *Sphériacées*, mais cette particularité ne présente aucune importance pour notre recherche actuelle. Parmi les stylospores qui méritent une mention à cause de la singularité de leur forme, nous pouvons citer celles du *Dilophospora graminis*, qui sont droites et ont à chaque extrémité deux ou trois appendices en forme de poil. Dans le *Discosia*, il y a à chaque extrémité, ou sur le côté des spores cloisonnées, une simple

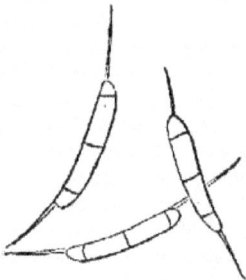

Fig 51. — Spores de *Discosia*.

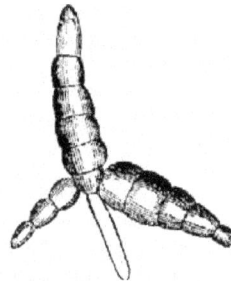

Fig. 52. — Spore de *Prosthemium betulinum*.

soie oblique, tandis que dans le *Neottiospora*, une touffe de poils délicats se trouve à une extrémité seulement. Les appendices du *Dinemasporium* sont semblables à ceux du *Discosia*. Les spores du *Prosthemium* ressemblent à des spores composées d'*Hendersonia* : elles sont fusiformes et multiseptées, souvent rassemblées à la base en forme d'étoiles. Dans ce genre, comme dans le *Darluca*, le *Cytispora* et la plupart de ceux qui appartient aux *Melanconiées*, les spores, à la maturité, sont chassées par l'orifice du périthéce ou du faux périthéce, soit sous la forme de rejetons, soit en une masse pâteuse. Dans cet exemple, les spores sont plus ou moins enveloppées d'une matière gélatineuse, et, après leur expulsion, sont répandues sur la substance nourricière autour de l'orifice. Leur dernière diffusion est due à l'humidité, qui les entraîne sur d'autres parties du même arbre : car leur aire naturelle de dissémination n'est probablement pas grande, les plantes plus élevées, dont elles ne sont que des formes, se développant

sur les mêmes branches. C'est seulement lorsque nous connaîtrons mieux les rapports du *Melanconium* et du genre sphériacé
de Tulasne, *Melanconis,* que nous pourrons apprécier, comme il
doit l'être, l'avantage que possèdent le *Melanconium* et quelques
autres genres, d'avoir la large diffusion de leurs spores gênée par
le mucus qui les enveloppe, ou par leur agglutination sur la surface

Fig. 53. — Spore de *Stego-*   Fig. 54. — Stylospores de   Fig. 55. — Spores d'*Asterospo-*
nosporium cellulosum.   *Coryneum disciforme.*   *rium Hoffmanni.*

nourricière, pour être simplement délayées et répandues par la
pluie. Les spores, dans beaucoup d'espèces de Melanconiées, sont
d'une beauté remarquable. Celles du *Stegonosporium* ont l'endochrome cloisonné et cellulaire. Dans le *Stilbospora* et le *Cory-*
neum, les spores sont multiseptées, grandes, et généralement
colorées. Dans l'*Asterosporium,* les spores sont étoilées, tandis
que dans le *Pestalozzia,* elles sont cloisonnées, avec un pédoncule
persistant, et portent sur le dessus une crête formée de deux ou
trois appendices transparents.

Les Torulacées, extérieurement et à l'œil nu, ressemblent beaucoup aux moisissures noires, et le mode de dissémination est

Fig. 56. — Spores de *Pestalozzia.*   Fig. 57. — *Bispora moniloides.*

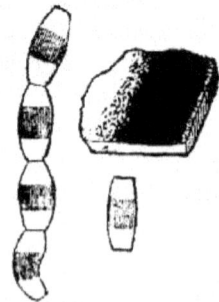

pareil dans les deux groupes. Les spores sont pour la plupart composées ; elles ressemblent à des fils cloisonnés et finissent par se séparer en articles, dont chacun joue le rôle d'une spore. Dans quelques exemples, les fils sont connés côte à côte, comme dans le *Torula hysterioides* et dans le *Speira*; dans le dernier genre ils sont disposés concentriquement en lames. La structure, dans le *Sporochisma*, est très-particulière : les articles se séparent dans un tube ou une membrane extérieure. Les spores du *Sporidesmium* paraissent consister en une masse irrégulière de cellules agglomérées en une sorte de spore composée. La plupart des espèces deviennent pulvérulentes, et les spores se répandent facilement dans l'air, en poussière impalpable. Elles forment une sorte de lien entre les stylospores d'une section des Coniomycètes, et les pseudospores de la section des parasites.

Le mot de pseudospore est peut-être le meilleur qu'on puisse donner aux prétendues spores des Coniomycètes parasites. Leur germination particulière, le développement de corps reproduc-

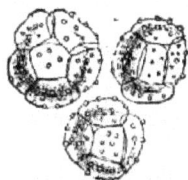

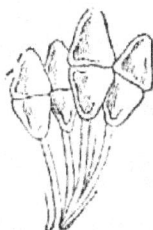

Fig. 58. — Pseudospores de *Thecaphora hyalina*.

Fig. 59. — Pseudospores de *Puccinia*.

Fig. 60. — Pseudospores de *Triphragmium*.

teurs sur les tubes-germes, prouvent qu'elles ont une certaine analogie avec le *prothallus* d'autres cryptogames, et rendent nécessaire l'usage d'un terme qui les distingue des spores reproduisant le végétal sans l'intervention d'un promycélium. Les différences entre ces pseudospores des différents genres se bornent, dans quelques cas, à leur cloisonnement; dans d'autres, à leur mode de développement. Dans les Écidiacées, les pseudospores sont plus ou moins globuleuses, et se produisent en chaînes dans un péridion cellulaire extérieur. Dans les Céomacées, elles sont simples, tantôt en chaînes, tantôt libres, avec ou sans un pédoncule caduc. Dans les Ustilaginées, elles sont simples, de couleur sombre, et quelquefois attachées, comme dans l'*Urocystis* et le *Thecaphora*, en masses subglobuleuses plus ou moins compactes. Dans les Pucciniées, les traits distinctifs des genres consistent dans la nature plus ou moins complexe des pseudospores, qui sont biloculaires dans le *Puccinia*, triloculaires dans le *Triphragmium*, multiloculaires dans le *Phragmidium*, etc. Dans le curieux genre *Podisoma*, les pseudospores cloisonnées sont enveloppées d'une matière gélatineuse. La diffusion de ces fruits est plus ou moins complète, suivant leur nature compacte ou pulvérulente. Dans quelques espèces de *Puccinia*, les sores sont si compactes qu'ils restent attachés aux feuilles longtemps après qu'elles sont mortes et tombées. Dans le genre *Melampsora*, les pseudospores d'hiver en forme de coin ne sont entièrement développées que lorsque les feuilles mortes sont restées longtemps sur le sol et sont presque pourries. Il est probable que leur dernière diffusion

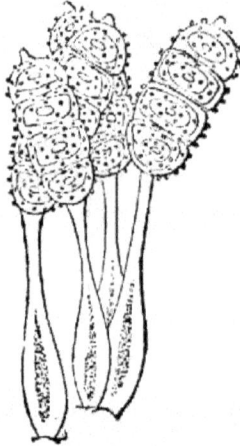

Fig. 61. — Pseudospores de *Phragmidium bulbosum.*

Fig. 62. — *Melampsosa salicina* (Fruit d'hiver).

n'est accomplie que par la putréfaction et la désagrégation de la substance qui les porte. Dans les Géomacées, les Ustilaginées et les Ecidiacées, les pseudospores sont pulvérulentes comme dans quelques espèces de *Puccinia*, et se répandent facilement par le mouvement des feuilles au vent, ou le contact des corps qui passent. Leur diffusion dans l'atmosphère semble être beaucoup moindre que dans les *Hyphomycètes.* Par quels moyens une espèce comme le *Puccinia malvacearum*, qui a des sores très-compactes, a-t-elle pu se répandre durant une si courte période sur une si grande surface, c'est là un problème qui ne peut pas encore être résolu dans l'état actuel de nos connaissances. Peut-être cette diffusion a-t-elle eu pour agents des spores secondaires petites et abondantes.

Les SPERMATIES sont des corps délicats, très-petits, que l'on trouve associés avec beaucoup de Coniomycètes épiphylles; on a supposé qu'ils ont quelques rapports avec certaines Sphériacées; mais leur fonction réelle est encore obscure à l'heure actuelle. Il n'est nullement improbable que les spermaties soient des organes très-répandus parmi les champignons, mais nous devons attendre patiemment l'histoire de leurs relations.

Le nom de TRICHOSPORES s'appliquerait mieux peut-être que celui de conidies aux spores qui se produisent sur les fils des Hyphomycètes. Quelques-unes d'entre elles sont connues pour être des conidies de plantes plus élevées; mais comme il n'en est pas ainsi de toutes, ce serait aller trop loin que de donner le nom de conidies à l'universalité. Quel que soit leur nom, les spores des Hyphomycètes diffèrent complètement, par leur type, de toutes les précédentes. Celles dont peut-être elles se rapprochent le plus sont les basidiospores des Hyménomycètes ou celles des Gastéromycètes, suivant les cas; citons comme exemple les Sépédoniées et les Trichodermacées. La forme des spores ainsi que leur taille diffèrent notablement, comme la manière dont elles se produisent sur les fils. Dans beaucoup de genres, elles sont très-petites et très-abondantes, mais plus grandes et moins nombreuses parmi les Démaliées que parmi les Mucédinées. Les spores de quelques espèces d'*Helminthosporium* sont grandes et multiseptées, rappelant les spores des Mélanconiées. D'autres sont très-curieuses, étoilées dans le *Triposporium*, circinées dans l'*Helicoma* et l'*Helicocoryne*, anguleuses dans le *Gonatosporium*, et ciliées dans le *Menispora ciliata*. Les unes se produisent isolément, les autres en forme de chaînes; chez d'autres, les fils sont rudimentaires. Dans le *Peronospora*, on a démontré que certaines espèces produisent de petites zoospores venant des prétendues spores. La dissémination par l'air des petites spores des Mucédinées n'est pas douteuse; on peut affirmer aussi que la pluie contribue non-seulement à la dispersion des spores, dans ce groupe comme dans d'autres, mais aussi à la production des zoospores, qui réclament de l'humidité. Parmi les Mucédinées, la forme des fils et le mode d'attache sont bien plus variables que la forme des spores; mais ces dernières sont dans tous les cas si faiblement attachées sur leurs supports qu'elles se séparent au moindre mouvement. Cette circonstance aide aussi à la diffusion des spores par l'atmosphère.

Les SPORANGES se produisent dans les Phycomycètes, ordinairement aux extrémités ou sur les branches de fils délicats, et, à leur maturité, ils s'ouvrent pour mettre en liberté les petites sporidies. Ces corps très-petits forment un type si uniforme qu'il suffira d'en faire une simple mention. Le procédé de diffusion ressemble beaucoup à celui des Mucédinées, les parois des sporanges étant ordinairement assez fines et assez délicates pour se rompre aisément. Dans d'autres espèces, d'autres modes de fructification se manifestent par la production de cystes, qui sont le résultat de l'accouplement des fils. Ces corps sont, pour la plupart, munis de parois plus épaisses et plus résistantes, et la diffusion de leur contenu se règle par d'autres circonstances que celles qui déterminent la dispersion des petites sporidies des cystes terminaux. Probablement ils sont plus vivaces, et peuvent s'assimiler plutôt aux organes du *Cystopus* et du *Peronospora* ; car ils se rapprochent des spores dormantes, d'autant plus que les mêmes fils portent ordinairement les fruits terminaux.

Le mot de Thécaspores peut s'appliquer généralement à toutes les sporidies produites dans des asques; mais ces corps sont si nombreux et si variables qu'il sera nécessaire de parler particulièrement de plusieurs groupes. Les Thécaspores des Tubéracées, par exemple, ont certains traits qui les distinguent des autres thécaspores. Les asques dans lesquels se forment ces sporidies, ont généralement la forme d'un large sac ovale. Le nombre des

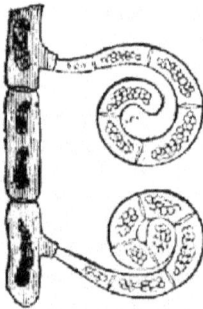

Fig. 63. — Spores
d'*Helicocoryne*.

Fig. 64. — Sporidie du
Genea verrucosa.

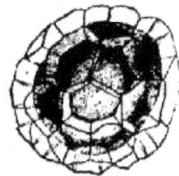

Fig. 65. — Sporidie aréolée
de *Tuber*.

sporidies contenues dans chaque asque est habituellement moindre que dans la majorité des Ascomycètes, et les sporidies se rapprochent davantage de la forme globuleuse. Ordinairement aussi elles sont comparativement grandes. Corda [1] et Tulasne [2] en ont représenté plusieurs. On peut dire que trois types de spores se présentent dans les Tubéracées : les spores lisses, les verruqueuses ou épineuses, et les aréolées. Le *Stephensia bombycina* fournit un exemple du premier type dans lequel les sporidies globuleuses sont complétement lisses et incolores. On peut observer les sporidies verruqueuses dans le *Genea verrucosa*, les épineuses dans le *Tuber nitidum*, les aréolées dans le *Tuber œstivum* et le *Tuber excavatum*, chez lesquels l'épispore est partagé en alvéoles polygonales, terminées par des cloisons min-

1. Corda, *Icones Fungorum*, vol. VI. Prague.
2. Tulasne, *Fungi Hypogœi*, Paris.

ces, membraneuses et proéminentes. Cette forme de sporidies est très-belle. Dans tous ces champignons, il n'y a pas de disposition spéciale pour la dissémination des sporidies; en effet la vie souterraine de la plante les rendrait toutes inutiles, à l'exception de la dissolution finale des téguments extérieurs. Comme ces champignons sont dévorés avidement par plusieurs animaux, il est possible que la dispersion se fasse par les excréments.

Dans les Périsporiacées, le périthéce n'a pas d'orifice propre ou d'ostiole pour l'expulsion des sporidies mûres, qui sont généralement petites et se répandent par la rupture irrégulière des enveloppes assez fragiles. Les asques sont d'ordinaire plus ou moins en forme de sac, et les sporidies se rapprochent de la forme globuleuse. Les asques sont souvent très-liquides. Dans le *Perisporium vulgare*, les sporidies, brunes et ovales, sont d'abord pour quelque temps attachées ensemble quatre par quatre, en chaînes ou en colliers. Dans quelques espèces d'Erysiphées, le conceptacle ne renferme qu'un simple asque, dans d'autres il en contient plusieurs qui sont attachés ensemble à la base. Dans quelques espèces, les asques contiennent deux sporidies, dans d'autres quatre, dans d'autres huit, et dans d'autres enfin un nombre indéfini. Dans le *Chœtomium*, les asques sont cylindriques, et dans beaucoup de cas les sporidies colorées sont en forme de citron. Quand les conceptacles sont complétement mûrs, il arrive ordinairement que les asques sont absorbés et les sporidies mises en liberté dans l'intérieur des conceptacles.

Comme type des Discomycètes charnus, on peut prendre le genre *Peziza*. Si l'on a présente à l'esprit la structure de ce genre, on se souvient que l'hyménium forme la doublure d'une coupe ouverte, et que les asques sont réunis côte à côte

Fig. 66. — Asques, sporidies et paraphyses d'*Ascobolus*. (Boudier).

en paquets, les sommets dirigés vers l'extérieur, et les bases attachées à une couche de cellules qui forment la paroi interne du réceptacle. Les sporidies sont ordinairement au nombre de huit dans chaque asque, soit disposées en files simples ou doubles, soit groupées d'une façon irrégulière. Les asques se produisent successivement; les derniers pénétrant vers le haut entre leurs prédécesseurs déterminent vers le sommet la rupture des asques mûrs et l'expulsion des sporidies avec une force considérable. En observant pendant quelque temps un grand *Peziza*, on verra un nuage blanchâtre s'élever subitement de la surface du disque, et ce phénomène se répétera à diverses reprises, toutes les fois qu'on remuera l'échantillon. Ce nuage est formé de sporidies rejetées à la fois de plusieurs asques. Quelquefois les sporidies ainsi chassées se déposent comme de la gelée blanche à la surface du disque. On a émis des théories pour rendre compte de cette expulsion soudaine des sporidies dans l'*Ascobolus*, et, dans quelques espèces de *Peziza*, des asques eux-mêmes ; l'explication la mieux fondée est celle qui repose sur l'accroissement successif des asques ; la contraction de la coupe y peut aussi contribuer concurremment avec quelques autres causes moins puissantes. On peut remarquer ici que les sporidies du *Peziza* et de l'*Helotium* sont généralement incolores, tandis que dans l'*Ascolobus* elles passent du rose au violet ou au brun sombre ; dans ces dernières l'épispore, qui est de nature cireuse, se fendille d'une manière plus ou moins réticulée.

Fig. 67. — Sporidie de d'*Ostreichnion americanum*.

Les sporidies, dans l'*Hysterium* proprement dit, sont d'ordinaire colorées, souvent multiseptées, parfois fenestrées, et dans certains cas d'une taille considérable. Il n'y a pas d'indice que les sporidies soient jamais chassées de la même manière que dans le *Peziza ;* les lèvres se referment par-dessus le disque de manière à empêcher ce phénomène. La diffusion des sporidies a pour cause probable la dissolution des asques ; aussi ne peuvent-elles se répandre bien loin, si ce n'est peut-être par l'action de la pluie.

Dans le *Tympanis*, on a observé chez quelques espèces deux sortes d'asques ; l'une contenant un nombre indéfini de très-petits corps ressemblant à des spermaties, et l'autre contenant des sporidies du type ordinaire.

Les Sphériacées présentent une variété presque infinie dans la forme et le type des sporidies. Quelquefois un asque en contient un nombre indéfini, bien qu'en général il en contienne huit, et moins dans certains cas. Dans les genres *Claviceps* et *Hypocrea*, la structure n'est pas tout à fait la même que dans d'autres groupes ; dans le premier, les sporidies longues et filiformes se partagent en courts articles, et dans le dernier, l'asque contient seize sporidies subglobuleuses ou à peu près carrées. D'autres espèces contiennent des sporidies linéaires qui sont souvent de la longueur de l'asque et peuvent être simples ou cloisonnées. Dans le *Sphœria ulnaspora*, les sporidies sont brusquement courbées au second article. Il n'est pas rare de rencontrer des sporidies plus petites, fusiformes, avec des différences dans le nombre des cloisons, ou dans les étranglements aux articulations chez certaines espèces. On trouve communément des sporidies elliptiques ou ovales, comme celles qu'on pourrait appeler sporidies en forme de saucisse. Elles sont transparentes ou colorées d'une nuance brune. Les sporidies ainsi colorées sont communes dans le *Xylaria* et l'*Hypoxylon*, aussi bien que dans différentes espèces de la section *Superficiales*. Les sporidies colorées sont

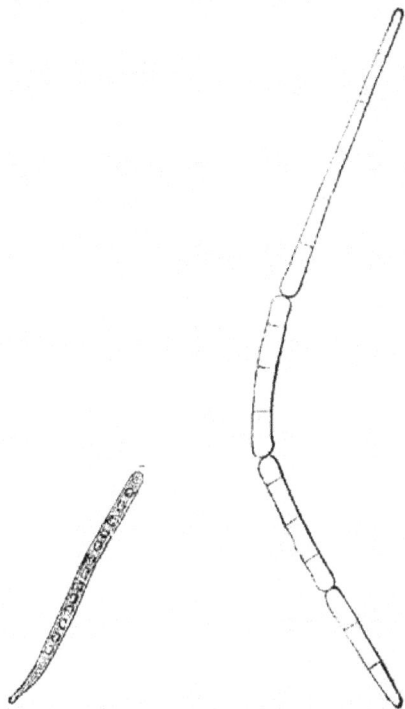

Fig. 68. — Asque et spo-
ridies d'*Hypocrea*.

Fig. 69. — Sporidie de
Sphæria ulnaspora.

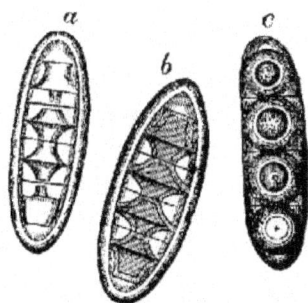

Fig. 70. — Sporidies de *Valsa
profusa* (Currey).

souvent grandes et belles, d'une forme allongée, elliptique ou fusiforme. On peut citer comme remarquables les sporidies du *Melanconis lanciformis*, celles du *Valsa profusa*, et de quelques espèces de *Massaria;* les dernières sont d'abord revêtues d'une enveloppe transparente. Quelques sporidies colorées ont à chaque extrémité des appendices transparents, comme dans le *Melanconis Berkeleii* et dans une espèce alliée, *Melanconis bicornis*, des États-Unis, ainsi que dans quelques *Sphæria* du fumier: par exemple S. *fimiseda*, qui fait partie d'un genre *Sordaria* [1], pro-

1. Winter, *Die Deutschen Sordarien*.

posé par un auteur. Des sporidies transparentes montrent à chaque
extrémité un délicat appendice en forme de soie, comme dans le
Valsa thelebola; ils ont de plus quelquefois, à l'étranglement mé-
dian, deux cils additionnels, comme dans le *Valsa taleola.* Une
forme particulière de sporidie se présente dans certaines espèces
de *Sphæria,* que l'on trouve sur le fumier, et pour laquelle on a
proposé le nom générique de *Sporormia.* Cette sporidie (comme

Fig. 71. — Sporidies de *Massaria
fœdans* (grossie 400 fois).

Fig. 72. — Sporidie de *Melanconis
bicornis.* (Cooke).

dans le *Perisporium vulgare)* consiste en quatre articles colorés
ovales, qui finissent par se séparer. Des sporidies multiseptées et
fenestrées ne sont pas rares dans le *Cucurbitaria* et le *Pleospora,* de même que dans le *Valsa fenestrata* et dans quelques
autres espèces. Dans le *Sphæria putaminum,* de l'Amérique du
Nord, les sporidies sont extraordinairement grandes.

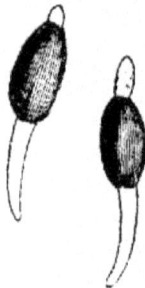

Fig 73. — Sporidies à queue
de *Sphæria fimiseda.*

Fig. 74. — Sporidies de
Valsa thelebola.

Fig. 75. — Sporidies de *Valsa
taleola* (grossies 400 fois).

La dissémination des sporidies, d'après l'identité de la structure du périthéce, peut être considérée comme se faisant

par le même procédé dans toutes ces plantes. A la maturité, elles sont en grande partie chassées par la bouche du périthéce; le phénomène est évident dans les espèces à grandes sporidies sombres, comme dans les genres *Hypoxylon*, *Melanconis* et *Massaria*. Dans ces genres, on peut voir les sporidies, à la maturité, noircissant la substance nourricière autour des ouvertures des périthéces. Comme l'humidité concourt évidemment à l'expulsion des sporidies en gonflant le nucléus gélatineux, on peut supposer que cet agent est une des causes de dissémination. Quand on soumet les *Sphæria* à une humidité exagérée, soit

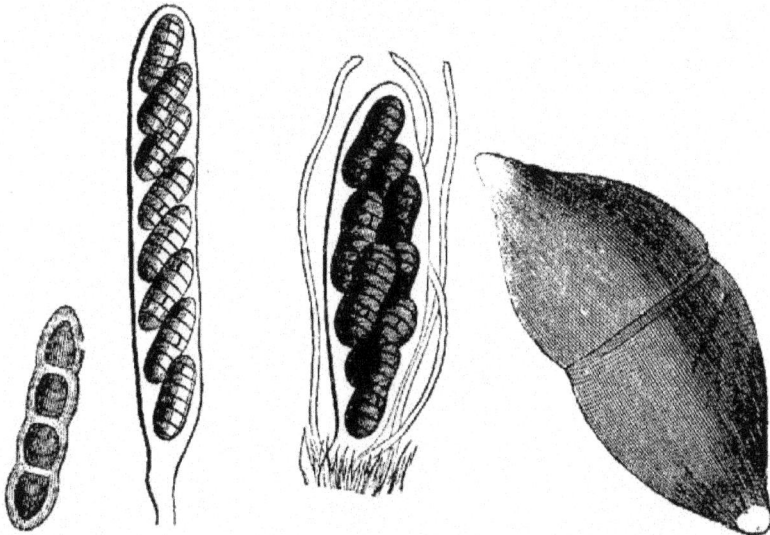

Fig. 76. — Sporidie   Fig. 77. — Asques et sporidies   Fig. 78. — Sporidie de *Sphæria*
de *Sporormia in-*   de *Valsa fenestrata.*   *putaminum* (grossie 400 fois).
termedia.

en plaçant dans une salle humide la petite branche qui les porte, soit en plongeant une extrémité de cette branche dans un vase d'eau, les sporidies transpirent et forment à l'orifice un chapelet gélatineux. Il peut y avoir d'autres procédés, peut-être la production successive de nouveaux asques, peut-être l'accroissement de la masse par le développement des sporidies, mais on n'a que des indices insuffisants à cet égard.

Pour terminer, on peut citer les OOGONES comme se présentant dans quelques genres : le *Peronospora* parmi les moisissures, le *Cystopus* parmi les Urédinées, et les *Saprolégniées* parmi les Phycomycètes. Les zoospores, pourvues de cils vibratiles, sont pendant quelque temps actives; elles n'ont besoin que d'eau pour se répandre, et la pluie la leur fournit.

Nous avons brièvement indiqué les types les plus importants de spores qui se trouvent dans les champignons, et quelques-uns des modes connus ou supposés de leur dissémination. Dans ce résumé nous avons dû nous contenter de mentions rapides ; car un examen complet aurait occupé trop d'espace. Les différences dans les fruits des champignons, que nous n'avons pu complètement détailler, sont développées dans les ouvrages illustrés consacrés plus spécialement aux petites espèces [1].

1. Corda, *Icones fungorum*, six vol. (183.-1842); Sturm, *Deutschlands Flora, Pilze* (1811) ; Tulasne, *Selecta Fungorum Carpologia* ; Bischoff, *Cryptogamenkunde* (1860) ; Corda, *Anleitung zum Studium der Mycologie* (1860); Nees von Esenbeck, *Das system der Pilze* (1816); Bonorden, *Handbuch der Allgemeiner Mykologie* (1851).

CHAPITRE VII

En décrivant dans un chapitre précédent la structure des spores, nous avons à dessein exclu et réservé pour celui-ci la germination et l'accroissement de ces organismes. Nous pouvons supposer que le lecteur, nous ayant suivis jusqu'ici, est préparé à nos observations par une connaissance des principaux traits de la structure dans les différents groupes, et des principes généraux de la classification : il a du moins des notions suffisantes pour nous dispenser ici de toute répétition. Dans beaucoup d'espèces, il n'y a pas de difficulté à étudier la germination des spores, tandis que dans d'autres le succès est des plus incertains.

M. de Seynes a fait des Hyménomycètes un objet spécial d'étude[1]; mais il ne peut nous donner aucun renseignement sur la germination et l'accroissement de la spore. Jusqu'ici on ne sait presque rien de positif. La forme de la spore est toujours sphérique dans le principe, et persiste ainsi longtemps, tant que la spore est attachée aux basides; dans quelques espèces, mais rarement, cette forme est définitive, comme dans l'*Ag. terreus*, etc. La forme la plus générale est ovoïde ou régulièrement elliptique. Toutes les Coprinées ont les spores ovales, ovoïdes, plus ou moins allongées ou atténuées à partir du hile, qui est plus transparent que le reste de la spore. Cette dernière forme est assez générale parmi les leucospores, dans l'*Amanita*, le *Lepiota*, etc. D'autres fois les spores sont fusiformes, avec des extrémités régulièrement atténuées

---

1. De Seynes. *Essai d'une Flore mycologique de Montpellier*, 1863, p. 30.

comme dans l'*Ag. ermineus*, Fr., ou avec des extrémités obtuses, comme dans l'*Ag. rutilans*, Sch. Dans l'*Hygrophorus* [1] elles sont assez irrégulières, réniformes, ou comprimées circulairement au milieu [1]. Hoffmann en a donné une figure sur *Ag. chlorophanus*, et de Seynes l'a vérifiée sur l'*Ag. ceraceus*, Sow. (Voir fig. 45 et 46).

L'exospore est quelquefois rugueux, parsemé de verrues plus ou moins proéminentes, comme on peut le voir dans le *Russula*, qui ressemble beaucoup au *Lactarius* en ceci comme en d'autres détails. Les spores du *Derminus* et de l'*Hyporhodius* diffèrent souvent beaucoup de la forme sphérique. Dans l'*Ag. pluteus*, Fr., et l'*Ag. phaiocephalus*, Bull, il y a déjà un commencement de forme polygonale, mais les angles sont fort arrondis. C'est dans l'*Ag. sericeus*, l'*Ag. rubellus*. etc., que la forme polygonale devient le plus distincte. Dans le *Derminus* les angles sont plus ou moins prononcés ; ils deviennent assez aigus dans l'*Ag. murinus*, Sow., et l'*Ag. ramosus*, Bull. Le passage de l'un à l'autre peut se voir dans la forme étoilée des conidies du *Nyctalis*.

C'est presque toujours la membrane extérieure qui est colorée ; la nuance est aussi variable que la forme. Les teintes les plus belles et les plus délicates sont : rose, isabelle ou jaune, violet, gris cendré, chamois, orangé, olive, rouge brique, brun cannelle, rouge-brun, allant jusqu'au noir sépia et à d'autres nuances. C'est seulement au microscope et par transparence qu'on peut constater ces couleurs ; avec une quantité suffisante de spores agglomérées, la nuance peut se distinguer à l'œil nu. La couleur, qui n'a qu'une faible importance dans les autres organes, en acquiert ici une grande, comme base de classification.

Quant à l'accroissement des Agarics considérés comme naissant du mycélium, nous ne manquons pas de renseignements ; mais les conditions nécessaires pour déterminer les spores elles-mêmes à germer sous nos yeux et à produire le mycélium sont très-peu connues. Dans les espèces cultivées, nous partons de la supposition que les spores ont subi une période d'épreuve dans les intestins du cheval, et ont acquis par là la propriété de germer : ainsi, une fois expulsées, nous n'avons qu'à les recueillir avec l'excrément dans lequel elles sont cachées, et nous sommes assurés d'une récolte [2]. Quant aux autres espèces, nous savons que

---

1. Hoffmann, *Icones Analyticæ Fungorum*.
2. Les spores des Agarics qui sont dévorés par les mouches se retrouvent dans les excréments de ces insectes dans un état parfait en apparence, mais sont tout à fait altérées. Ce sont principalement, croyons-nous, les *Syrphides* qui consomment les spores de champignons ; ces mouches dévorent aussi le pollen.

jusqu'ici toutes les tentatives pour percer le mystère de la germination et de la culture ont échoué. Il y a diverses espèces qu'il
serait très-désirable de cultiver, si l'on pouvait découvrir les conditions essentielles à la germination [1]. De même les Bolets, les
Hydnées, et au surplus tous les autres champignons hyménomycètes, à l'exception des Trémellinées, demandent encore à être
soumis à des expériences persévérantes et à des études attentives
quant à leur mode de germination, et plus spécialement quant
aux conditions essentielles à la production d'un mycélium fertile.

La germination de la spore a été observée dans quelques Trémellinées. Tulasne l'a décrite dans le *Tremella violacea* [2]. Ces spores
sont blanches, uniloculaires, et remplies d'une matière plastique
d'apparence homogène. D'une certaine portion de leur surface
naît un filament-germe allongé, dans lequel passe le contenu de
la cellule reproductrice, jusqu'à complet épuisement. D'autres spores, peut-être plus nombreuses, ont un mode de végétation différent. De leur côté convexe, plus rarement
de leur bord extérieur, ces spores particulières émettent un prolongement coni-
que, généralement plus court que la spore
elle-même, et dirigé perpendiculairement
à l'axe de figure. Cet appendice se remplit
de protoplasma aux dépens de la spore, et
son extrémité libre et pointue se dilate
en un sac, d'abord globuleux et vide. Celui-ci reçoit ensuite dans sa cavité la matière plastique contenue dans son support, et, s'accroissant, prend exactement
la forme d'une nouvelle spore, sans pourtant égaler tout à fait en taille la spore
primitive. La spore de nouvelle formation
conserve longtemps son pédicelle attaché
à la spore qui l'a produite ; mais ces der-

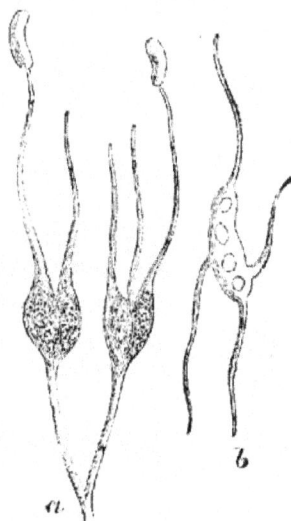

Fig. 79. — (a) Basidies et spores de l'*Exidia spiculosa* ; (b)
spore en germination.

niers organes sont alors tout à fait vidés
et extrêmement transparents. Quelquefois
deux spores secondaires naissent ainsi de la même spore, et leurs
pédicelles peuvent être implantés sur le même côté ou sur deux
côtés différents, de manière à être parallèles dans le premier

1. Toutes les tentives faites à Chiswick, sur les espèces les plus comestibles, ont échoué. Ni M. Ingram à Belvoir, ni M. Henderson à Milton
n'ont réussi avec des mycéliums indigènes ou importés.

2. Tulasne, *Sur l'org. des Trémellinées, Ann. des Sci, Nat.* 3ᵉ sér., XIX
(2853), p. 193.

cas et à croître dans des directions opposées dans le second. On n'a pas reconnu le sort de ces spores secondaires.

Dans le *Dacrymyces deliquescens*, on trouve mêlés parmi les spores des nombres immenses de petits corps uniloculaires ronds ou ovoïdes, sans appendice d'aucune sorte, et qui ont longtemps embarrassé les mycologistes. Tulasne a reconnu qu'ils dérivent des spores de ce champignon quand celles-ci sont devenues libres, et qu'elles restent sur la surface de l'hyménium. Chacune des cellules de la spore émet extérieurement un ou plusieurs de ces corpuscules, supportés par des pédicelles déliés très-courts, qui subsistent après que les corpuscules s'en sont détachés. Cette dernière circonstance montre que de nouveaux corpuscules succèdent aux premiers sur chaque pédicelle, tant qu'il reste de la matière plastique dans la spore. Celle-ci, en conséquence de ce travail de production, se vide peu à peu, et pourtant conserve les pédicelles générateurs des corpuscules, même quand elle ne contient plus de matière solide ou colorée. Ces pédicelles ne sont pas du tout dans le même plan, comme on peut s'en assurer en tournant la spore sur son axe longitudinal; mais ils semblent souvent être placés ainsi quand on les regarde de profil, à cause de la très-faible distance qui les sépare l'un de l'autre. On remarquera aussi que, dans ce cas, ils sont souvent implantés sur le même côté du corps reproducteur et presque toujours sur le côté convexe. Leur production s'épuise avec le contenu de la spore. Les corpuscules, placés dans les conditions les plus favorables, n'ont jamais donné le moindre signe de végétation; ils sont aussi restés longtemps dans l'eau sans éprouver d'altération appréciable.

Fig. 80. — Spores en germination et (*a*) corpuscules du *Dacrymyces deliquescens*.

Tous les individus de *Dacrymyces deliquescens* ne produisent pas ces corpuscules avec la même abondance; ceux qui en portent le plus sont reconnaissables à la teinte pâle de la poussière reproductrice dont ils sont couverts; dans les autres, où cette poussière conserve son apparence dorée, on ne trouve que peu de corpuscules. Les spores qui produisent les corpuscules ne semblent pas du tout aptes à germer. D'un autre côté, on voit germer une multitude de spores, qui n'ont pas produit de corpuscules. Tulasne remarque à ce sujet qu'il y a lieu de croire, d'après ces observations, que toutes les spores, quoique parfaitement identiques à nos yeux, n'ont pas, sans distinction, le même sort, ni sans doute la même nature; et en second lieu, que ces deux sortes de corps, s'ils ne sont pas toujours isolés, se rencontrent pourtant le plus fréquemment sur des individus distincts. Cet auteur range ces corpuscules parmi les spermaties, et ne considère leur origine comme extraordinaire que parce qu'ils procèdent de véritables spores.

Tous les Gastéromycètes ont jusqu'à présent gardé le secret du mode et des conditions de leur germination et de leur développement. Il est probable qu'en ce point, ils ne diffèrent pas essentiellement des Hyménomycètes.

Tulasne [1] a suivi la germination du l'*Æcidium* soit en plaçant les pseudospores dans une goutte d'eau, soit en les renfermant dans une atmosphère humide, soit en plaçant sur l'eau les feuilles sur lesquelles apparaît l'*Æcidium*. Les pseudo-spores plongées dans l'eau germaient plus facilement que les autres. Si les conditions étaient favorables, la germination se produisait en quelques heures. L'*Æcidium Ranunculacearum*, DC., sur les feuilles de la Ficaire, donne rarement plus d'un filament qui germe; celui-ci atteint trois fois la longueur du diamètre de la pseudospore. Ce filament reste généralement simple, tantôt toruleux, et tantôt tordu en spirale. Quelquefois on l'a vu partagé en deux branches presque égales entre elles. La spore, en germant, se vide de son contenu protoplasmique, se contracte et diminue de taille. Les pseudospores de l'*Æcidium crassum*, P., émettent trois longs filaments qui décrivent des spirales imitant les circonvolutions de la tige du haricot ou du liseron. Dans l'*Æcidium Violæ*, Schum, il se produit un filament, qui fréquemment roule en spirale son extrémité antérieure; mais plus souvent cette même extrémité s'élève pour former une grande vésicule ovoïde, irrégulière, qui continue l'axe du filament ou fait avec lui un angle plus ou moins marqué. De quelque manière qu'elle soit placée, cette vésicule attire à elle tout le protoplasma orangé, et à peine cette opération est-elle terminée, que la vésicule devient le point de départ d'un nouveau développement ; car elle commence à produire un filament plus délié que le premier, raide et sans ramifications.

Suivant M. Tulasne, la germination des pseudospores de l'*Æcidium Euphorbiæ*, sur l'*Euphorbia sylvatica*, diffère un peu de la précédente. Si elles viennent à tomber dans l'eau, ces spores émettent bientôt un tube court, qui ordinairement se courbe presque dès son origine en arc ou en cercle, et atteint une longueur de trois à six fois le diamètre de la spore; alors ce

1. Tulasne. *Mém. sur les Urédinées.*

tube donne naissance à quatre spicules, dont chacune produit un petit sporule obovale ou réniforme. La formation de ces sporules absorbe toute la matière protoplasmique contenue dans le tube-germe, et l'on peut voir alors qu'il était partagé en quatre cellules, correspondant au nombre des spicules. Ces sporules germent très-rapidement, émettent, d'un point indéterminé de leur surface, un prolongement fusiforme ; cet appendice flexueux et très-délicat, qui n'atteint pas en longueur plus de trois fois le grand axe des sporules, reproduit à son sommet un nouveau sporule, différant comme forme et comme taille de celui qui l'a précédé. Ce sporule de seconde formation devient à son sommet un centre vital, et pousse un ou plusieurs bourgeons linéaires, dont l'allongement est quelquefois interrompu par la formation de gonflements vésiculaires. Ainsi que l'observe Tulasne, les pseudospores de l'Æcidium et celles du plus grand nombre des Urédinées sont aisément mouillées par l'eau avant d'arriver à maturité ; mais une fois mûres, au contraire, elles paraissent revêtues d'une matière grasse qui les protége contre le liquide, et les force presque toutes de rester à la surface.

Fig. 81. — Germination de l'Æcidium Euphorbiæ (sylvaticæ), Tulasne.

Les pseudospores du Ræstelia se produisent sous forme de cordons ou de chapelets comme dans l'Æcidium, avec cette différence qu'au lieu d'être contiguës, elles sont séparées par des isthmes très-étroits. Les pseudospores mûres sont enveloppées d'un tégument épais, d'une couleur brun foncé. Elles germent rapidement sur l'eau, en produisant un filament quinze fois aussi long que le diamètre de la spore. Ce filament est quelquefois enroulé ou recourbé. Vers son extrémité, il montre des protubérances qui ressemblent à des rudiments de rameaux ; ces appendices sont terminés par une vésicule qui donne naissance à un filament menu. Le tégument de ces pseudospores, celui surtout de celles qui ont germé et par conséquent sont devenues plus transparentes, laisse voir facilement beaucoup de pores ou d'ostioles arrondis.

Dans le Peridermium, les pseudospores plongées dans l'eau germent à n'importe quel point de leur surface. Quelquefois, deux filaments inégaux sortent de la même spore. Après quarante-huit heures de végétation à l'air, la plus grande partie a déjà émis une multitude de petites branches épaisses, simples ou ramifiées, donnant aux filaments un aspect particulier. Tulasne n'a jamais observé la formation de spores secondaires.

Dans les Urédinées proprement dites, la germination paraît être à peu près semblable ; du moins dans l'*Uredo*, le *Trichobasis*, le *Lecythea*, etc., elle n'offre pas de différences suffisantes pour exiger des détails spéciaux. Dans le *Coleosporium*, il y a deux sortes de spores ; les unes consistent en cellules simples et pulvérulentes, et les autres en cellules cloisonnées allongées, qui se partagent en articles obovales. Bientôt après la maturité des spores pulvérulentes, chacune commence à émettre un long tube, qui,

Fig. 82. — Pseudospores en germination de (*b*) *Coleosporium Sonchi*; (*ss*) spores secondaires ou sporules (Tulasne).

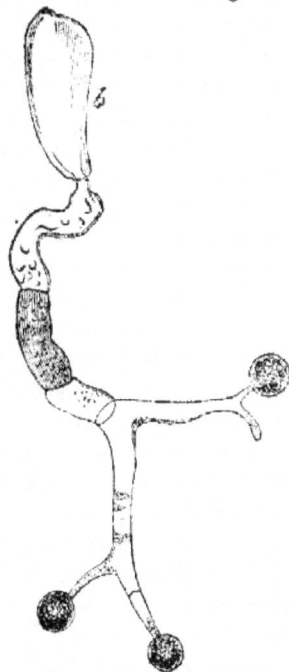

Fig. 83. — Pseudospores en germination (*b* de *Melampsora Betulina* (Tulasne).

habituellement simple, produit à son sommet une cellule reproductrice ou sporule, réniforme. Le protoplasma orangé passe par le tube incolore jusqu'aux sporules, sur la fin de sa végétation. Les deux formes de spores, dans ce genre, se trouvent constamment sur la même feuille et sur la même pulvinule ; mais généralement les spores pulvérulentes abondent au commencement de l'été. Les sporules réniformes commencent à germer en grand nombre aussitôt qu'ils sont libres ; quelques-uns développent un filament qui reste parfois simple et uniforme ; mais plus souvent il se produit à son extrémité un second sporule. Si celui-ci ne s'isole pas pour vivre indépendant, le filament se continue et de nouvelles vésicules apparaissent ainsi à plusieurs reprises.

Dans le *Melampsora*, les spores d'été appartiennent au type *Lecythea*, et elles étaient placées dans ce genre avant que leur relation avec le *Melampsora* fût clairement démontrée. Les spores d'hiver sont renfermées dans des pulvinules solides, et leur fructification a lieu vers la fin de l'hiver et au printemps. Ce phénomène consiste dans la production de tubes cylindriques qui partent de l'extrémité supérieure des spores en forme de coin, ou plus rarement de la base. Ces tubes sont droits ou tordus, simples ou bifurqués, et chacun d'eux émet bientôt quatre spicules monospores, en même temps qu'il se cloisonne. Dans ce cas, les sporules sont globuleux.

Dans les *Uromyces*, la germination se fait précisément de la même façon que dans les cellules supérieures du *Puccinia*. Tulasne dit en effet qu'il est très-difficile de spécifier en quoi ces champignons diffèrent des *Puccinia* qui sont accidentellement uniloculaires.

Dans le *Cystopus*, on rencontre un procédé plus complexe qui sera ci-après examiné en détail.

Dans le *Puccinia*, les pseudospores, comme on l'a déjà fait remarquer en décrivant leur structure, sont à deux cellules. Des spores de chaque cellule, qui sont voisines de la cloison médiane, naît un tube claviforme qui atteint deux ou trois fois la longueur totale du fruit et dont l'extrémité très-obtuse se recourbe plus ou moins en crosse [1]. Ce tube, formé par une membrane parfaitement incolore, se remplit d'une matière plastique granuleuse et très-pâle, aux dépens de la cellule génératrice, qui par conséquent devient vide ; alors il donne naissance à quatre spicules, placées ordinairement du même côté, et au sommet desquelles se produit une cellule réniforme. Les quatre sporules ainsi engendrés épuisent tout le protoplasma contenu d'abord dans la cellule génératrice, et comme leurs capacités réunies se trouvent évidemment beaucoup trop petites pour le contenir tout entier, on est conduit à penser que cette matière subit en se condensant une modification qui a pour effet de diminuer son volume. En tous cas, la spicule naît avant le sporule qu'elle porte, et elle a atteint toute sa longueur quand le sporule apparaît. La forme de ce dernier est d'abord globuleuse, puis ellipsoïdale, et plus ou moins recourbée. Toutes ces phases de végétation s'accomplissent en moins de deux heures, et si la spore est mûre et prête pour la germination, il suffit, pour

1. Tulasne, *Mémoir. sur les Urédinées.*

la provoquer, de tenir les pseudospores dans une atmosphère humide. Pendant ce travail, les deux cellules ne se séparent pas, et la germination de l'une se fait en même temps que celle de l'autre. Quand les sporules sont produits, le protospore, assez analogue à un prothalle, a terminé ses fonctions, et il périt. A l'époque de leur chute, les sporules sont presque tous partagés par des cloisons transversales et parallèles, en quatre cellules inégales. Ces sporules produisent à un moment donné, d'un point quelconque de leur surface, un filament qui reproduit un nouveau sporule semblable au premier, mais généralement plus petit. Ce sporule de seconde génération se détache ordinairement du support avant de germer.

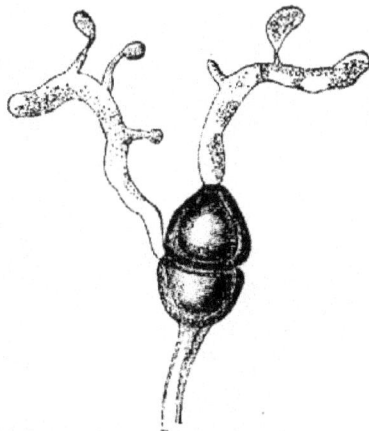

Fig. 84. — Pseudospore en germination d'*Uromyces appendiculatus*
(Tulasne).

Fig. 85. — Pseudospore en germination de *Puccinia Moliniæ* (Tulasne).

On a vu les pseudospores de *Triphragmium Ulmariæ* germer en avril sur les vieilles feuilles de la Reine des prés, survivant à l'hiver, tandis qu'en même temps de nouvelles touffes de spores se développaient sur les feuilles nouvelles. Ces fruits de la végétation du printemps ne germent pas la même année. Chaque cellule en germination émet un long filament cylindrique contenant un protoplasma brunâtre, et sur lequel naissent quatre spicules portant autant de sporules.

La germination des fruits noirs du *Phragmidium* semble n'avoir lieu qu'au printemps ; elle ressemble beaucoup à celle du

Puccinia; toutefois le filament est plus court, et les sporules
sont sphériques et orangés, au lieu d'être réniformes et pâles.
Dans l'espèce qu'on trouve sur les feuilles de la ronce commune,
le filament émis par chaque cellule atteint trois ou quatre fois
la longueur du fruit. Le protoplasma orangé granuleux qui le
remplit passe bientôt dans les sporules qui se forment à l'extrémité des spicules pointues. Lorsque les longs fruits verruqueux
se sont vidés de leur contenu, ils paraissent toujours aussi sombres
qu'auparavant; mais les pores dont leurs côtés sont percés, et à
travers lesquels se sont avancés les filaments de la germination,
se laissent voir plus distinctement.

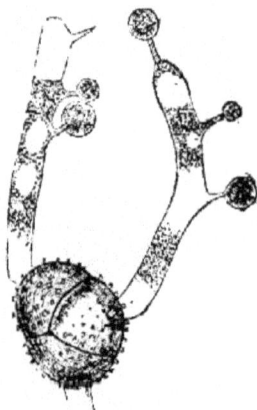

Fig. 86. — Pseudospore en germination de *Triphragmium Ulmariæ* (Tulasne).

Fig. 87. — Pseudospore en germination de *Phragmidium bulbosum*
(Tulasne).

On observera que dans tous ces genres alliés, *Uromyces,
Puccinia, Triphragmium, Phragmidium,* le type de la germination est le même; ceci confirme d'une part la légitimité de leur
réunion en un même groupe, et d'autre part rend moins probable
l'affinité supposée du *Phragmidium* avec le *Sporidesmium,* affinité qui était à une époque maintenue par des mycologistes très-
habiles, mais qui est maintenant abandonnée. Cette étude de la
germination conduit aussi à une conclusion très-nette à l'égard du
genre *Uromyces :* c'est qu'il est plus voisin du *Puccinia* et de ses
alliés immédiats que des autres Urédinées unicellulaires.

La germination des pseudospores des Urédinées gélatineuses

du genre *Podisoma* a été étudiée par Tulasne [1]. Ces prétendues spores, écrit-il, sont formées de deux grandes cellules coniques opposées par la base et faciles à séparer. Leur longueur est variable. La membrane dont elles sont formées est mince et complétement incolore dans la plupart; mais elle est plus épaisse et colorée en brun dans un petit nombre. Ce sont probablement les spores à membranes minces qui émettent, d'un point voisin de leur milieu, des tubes très-obtus, où passe par degrés, à mesure qu'ils s'allongent, le contenu de la cellule mère. Chacune des deux cellules de la spore supposée peut produire près de sa base quatre de ces tubes, opposés l'un à l'autre à leur point d'origine et dans leurs directions; mais il est assez rare de voir huit tubes se séparer deux à deux de la même spore. Ordinairement, il y en a seulement deux ou trois qui sont complétement développés et ils s'avancent ensemble vers la surface du champignon,

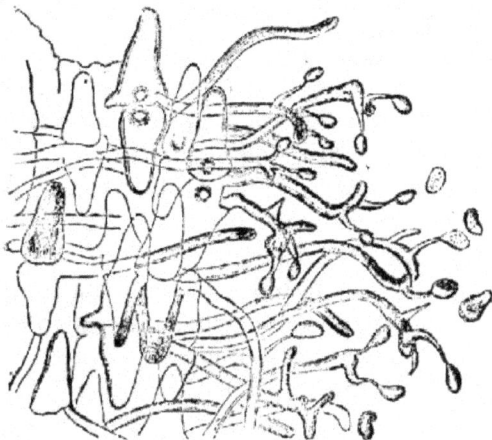

Fig. 88. — Pseudospores en germination du *Podisoma Juniperi* (Tulasme).

qu'ils dépassent, pour s'étaler librement à l'air. Généralement les tubes augmentent peu à peu d'épaisseur à mesure qu'ils s'allongent; quelques-uns n'excèdent que faiblement la longueur des protospores. D'autres atteignent trois ou quatre fois cette longueur, suivant que la distance est plus ou moins grande entre le protospore et la surface de la plante. Dans les tubes les plus longs, il est facile d'observer comment la matière colorante passe à leur extrémité extérieure, laissant incolore et sans vie la portion la plus rapprochée de la cellule mère. Quand ces tubes ont à peu près atteint leur dimension définitive, ils se partagent tous vers leur extrémité extérieure, par des cloisons transversales, en cellules inégales; alors des prolongements simples et solitaires, de

1. M. Berkeley a fait connaître récemment, sous le nom de *P. Ellisii*, une espèce dans laquelle l'élément gélatineux est à peine perceptible tant que la plante est humide. Il y a deux cloisons dans cette espèce. Récemment aussi M. Ellis a fait connaître une autre espèce ou forme qui a des pédicelles beaucoup plus courts, et ressemble de plus près au *Puccinia*, dont elle se distingue principalement par son caractère revivescent.

longueur et de forme variables, mais atténués vers le haut, s'avancent de chaque segment du tube initial, et produisent à leur extrémité une spore ovale (téleutospore, Tul.), qui est légèrement courbée et uniloculaire. Ces spores absorbent l'endochrome orangé contenu dans les tubes primitifs. Elles se montrent en nombre immense sur la surface du champignon, et, en se détachant de leurs spicules, elles tombent sur le sol ou sur tout objet placé au-dessous d'elles. Ainsi déposées en liberté, elles peuvent être recueillies sur du papier ou sur un morceau de verre, sous forme d'une fine poussière dorée. Maintenant ces spores secondaires (téleutospores) sont capables de germination, et on en trouve beaucoup qui germent sur la surface du *Podisoma* d'où elles sont nées. Le filament-germe qu'elles produisent pousse habituellement sur le côté, à une petite distance du hile, qui marque le point d'attache de la spicule primitive. Ces filaments atteignent, avant de se ramifier, une longueur de 15 à 20 fois le diamètre de la spore, et sont extrêmement délicats. Les tubes qui sortent des spores primaires (protospores, Tul.) ne sont pas toujours simples, mais quelquefois fourchus ; et les cellules qui se forment finalement à leurs extrémités, bien que produisant des prolongements filiformes, n'engendrent pas toujours des spores secondaires (téleutospores) à leurs sommets. Ce mode de germination, comme on le voit, ressemble beaucoup à celui du *Puccinia*.

La germination des Ustilaginées a été en partie examinée par Tulasne ; mais depuis, de nouveaux faits ont été acquis grâce aux travaux du docteur Fischer de Waldheim [1]. Cependant rien d'important n'a été ajouté à nos connaissances sur la germination du *Tilletia*, qui est connue depuis 1847 [2]. Au bout de quelques jours, un petit tube obtus passe à travers l'épispore, portant à son sommet de longs corps fusiformes, qui sont les sporules de première génération. Ils s'accouplent au moyen de petits tubes transversaux, comme les fils du *Zygnema*. Ainsi accouplés ils produisent de longs sporules elliptiques de seconde génération portés sur de courts pédicelles (fig. 89, *ss*). Finalement, ces sporules de seconde génération germent, et produisent sur de courtes spicules, des sporules semblables de troisième génération (fig. 89, *st*).

Dans l'*Ustilago* (*flosculorum*), la germination se produit facilement par un temps chaud. Le tube-germe est un peu plus petit à

1. De Waldheim, *Développement des Ustilaginées, Pringsheim's Jahrbucher*, vol. VII (1869).

2. Berkeley, *Propagation de la Carie* (Bunt), *Trans. Hort Soc. London, II*, (1847), p. 113 ; Tulasne, 2e Mémoire, *Ann. des Sci. Nat., II.* 1e sér., p. 77 ; Cooke, *Journ. Queqett. Micr. Club. I,* p. 170.

sa base que plus loin. Dans l'espace de quinze à dix-huit heures, le contenu devient grossièrement granuleux. En même temps se montrent sur le tube de petits appendices, rétrécis à la base, dans lesquels passe une partie du protoplasma. Ceux-ci mûrissent alors pour former des sporules. En même temps un sporule terminal apparaît généralement sur les fils. Du sporule primaire naissent généralement des sporules secondaires, qui sont d'ordinaire plus petits et donnent lieu quelquefois à une troisième génération.

Dans l'*Urocystis pompholygodes*, les tubes de la germination naissent exclusivement des cellules plus sombres des paquets. Il se développe, à l'extrémité de ces tubes, trois ou quatre corps linéaires comme dans le *Tilletia*, mais on n'a pas observé de développement ultérieur. On peut remarquer ici que Waldheim a constaté, dans quelques espèces d'*Ustilago*, des accouplements de sporules semblables à ce qu'on a remarqué dans les sporules de première génération du *Tilletia*.

Revenant au *Cystopus*, pour la dernière des Urédinées, nous devons récapituler brièvement les observations faites par le professeur de Bary [1]. Ce savant veut en faire un genre voisin du *Peronospora* (parasite bien connu pour son rapport avec la maladie de la pomme de terre), et non des Urédinées et de leurs alliées. Dans ce genre, il y a deux sortes d'organes reproducteurs : d'abord ceux qui sont produits à la surface de la plante et qui crèvent à travers la cuticule en pustules blanches. De Bary les nomme *conidies*; elles se disposent sous forme de chaînes. Puis il y a certains corps globuleux appelés *oogones*, qui se développent sur le mycélium dans l'intérieur des tissus de la plante nourricière. Quand les conidies sont semées sur l'eau, elles absorbent rapidement l'humidité et se gonflent; le centre de l'une des extrémités devient promptement une grande papille obtuse, semblable au col d'une bouteille. Cette partie se remplit d'un proto-

Fig. 89. — Pseudospore en germination (*g*) de *Tilletia caries* avec les spores secondaires accouplées. (Tulasne).

1. De Bary. *Recherches*, etc. *Ann. des sci. Nat.* 4ᵉ Sér., XX, p. 5; Cooke. *Pop. Sci. Rev.* III (1864), p. 459.

plasma où se forment des vacuoles. Bientôt cependant, ces vacuoles disparaissent et de très-fines lignes de démarcation séparent le protoplasma en portions polyédriques, au nombre de cinq à huit, présentant chacune au centre une vacuole faiblement colorée (a).

Fig. 90. — Pseudospores d'*Ustilago receptaculorum*, en germination, et spores secondaires accouplées. (Tul.)

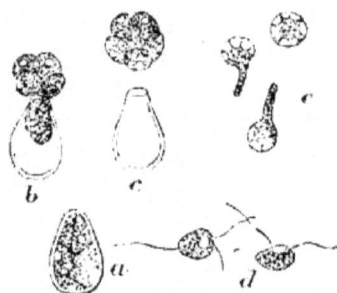

Fig. 91. — Conidies et zoospores de *Cystopus candidus*; *a.* conidie avec le plasma partagé; *b.* zoospores sortant; *c.* zoospores sorties de la conidie; *d.* zoospores actives; *e.* zoospores ayant perdu leurs cils et commençant à germer.

Presque aussitôt après cette séparation, la papille se gonfle à l'extrémité, s'ouvre, et en même temps les cinq à huit corps qui se sont formés dans l'intérieur sont chassés un à un (b); ce sont des zoospores, qui d'abord prennent une forme lenticulaire, et se groupent devant l'ouverture de la cellule mère en une masse globuleuse (c).

Fig. 92. — Spore dormante de *Cystopus candidus* avec les zoospores mises en liberté.

Cependant ils commencent à se mouvoir, des cils vibratils se montrent (d), et au moyen de ces appendices, le globule tout entier se meut par oscillations, tandis que les zoospores se séparent une à une, chacune devenant isolée et nageant en liberté dans le fluide environnant. Le mouvement est précisément le même que celui des zoospores des Algues.

La génération des zoospores commence une heure et demie à trois heures après que les conidies ont été semées sur l'eau. Dans les oogones, ou spores dormantes, de semblables zoospores, mais en plus grand nombre, sont engendrées de la même manière, et leurs allures après leur mise en liberté sont identiques. Leurs mouvements dans l'eau durent ordinairement de deux à trois heures; alors ils se ralentissent, les cils disparaissent, la zoospore devient immobile, prend une forme globuleuse et s'entoure d'une membrane de cellulose. Ensuite la spore émet, d'un point quelconque de sa surface, un tube mince droit ou flexueux, qui atteint une longueur de deux à dix fois le diamètre de la spore. L'extrémité est dès lors claviforme ou gonflée, et devient, avec les zoospores mises en liberté, une vésicule qui reçoit peu à peu la totalité du protoplasma.

De Bary passe ensuite à la description des expériences qu'il a faites en arrosant des plantes vivantes avec de l'eau contenant ces zoospores : le résultat fut que les tubes de germination ne pénétrèrent pas l'épiderme, mais entrèrent par les stomates, et produisirent alors un abondant mycélium qui traversa les espaces intercellulaires. La germination de ces conidies et de ces zoospores présente dans son ensemble tant de différence avec la germination ordinaire des Urédinées, et ressemble tant à celle du *Peronospora*, car les deux genres produisent des spores d'hiver ou oogones, qu'on ne peut pas être saisi d'étonnement en voyant le savant mycologiste, auteur de ces observations, attribuer au *Cystopus* une affinité avec le *Peronospora*, plutôt qu'avec les plantes placées depuis si longtemps avec lui parmi les *Coniomycètes*. Pour passer de ce groupe aux Mucédinées, nous ne pouvons donc procéder plus naturellement qu'en prenant pour transition ce genre de moisissures blanches auquel nous venons de faire allusion. Les fils droits ramifiés portent, au sommet de leurs rameaux, des spores ou conidies, qui se comportent comme les organes du même nom dans le *Cystopus*; et les oogones ou spores dormantes, développées par le mycélium dans le tissu de la plante nourricière, donnent aussi naissance à des zoospores semblables.

Les conidies sont portées sur des filaments droits, allongés, originaires du mycélium rampant. Ces fils sont creux et rarement cloisonnés; la portion supérieure se partage en branches nombreuses ; celles-ci se subdivisent à leur tour, et chacun des derniers rameaux se termine par une seule conidie. Ce corps, à la maturité, est ovale ou elliptique, rempli de protoplasma; mais il y a des différences dans le mode de germination. Dans le plus grand nombre des cas, par exemple dans le *P. effusa*, les conidies ont la fonction de simples spores. Placées dans des conditions favorables, elles poussent chacune un tube-germe, dont la formation ne diffère en rien d'essentiel de ce que l'on sait sur les spores de la plus grande partie des champignons.

Les courtes conidies ovales du *P. gangliformis* ont de petites papilles obtuses à leur sommet, et c'est à ce point que la germination commence.

Les conidies du *P. densa* sont semblables, mais la germination est différente. Quand on les place dans une goutte d'eau, les circonstances étant favorables, on observe les changements suivants pendant une durée de quatre à six heures. Le protoplasma, d'abord uniformément distribué dans toutes les conidies, se montre parsemé de vacuoles semi-lenticulaires à peu près équidistantes, dont la face plane est immédiatement en contact avec la périphérie du protoplasma. Il y a de seize à dix-huit de ces vacuoles dans le *P. macrocarpa*, mais elles sont moins nombreuses dans le *P. densa*. Peu de temps après l'apparition des vacuoles, la conidie entière s'étend, de sorte que la papille disparaît; tout à coup celle-ci reparaît, s'allonge; ses membranes atténuées se résorbent et le protoplasma est chassé par l'ouverture étroite qui reste à la place de la papille. Dans les cas normaux, le protoplasma reste rassemblé en une seule masse qui montre un contour net, mais très-délicat. La masse, après avoir atteint le devant de l'ouverture de la conidie, qui est ainsi vidée, reste immobile. Dans le *P. densa*, la forme est d'abord très-irrégulière, mais peu à peu la figure devient régulièrement globuleuse. La masse est privée de membrane distincte. Les vacuoles, qui ont disparu pendant l'expulsion, redeviennent visibles, mais disparaissent bientôt pour la seconde fois. Le globule s'entoure d'une membrane de cellulose, et bientôt émet, du point opposé à l'ouverture de la conidie, un tube épais qui pousse de la même manière que le tube-germe des conidies dans les autres espèces. Quelquefois l'expulsion du protoplasma ne se fait pas complétement; il en reste, dans la membrane de la conidie, une portion qui se détache de la partie chassée, et tandis que celle-ci se transforme, l'autre portion prend la forme d'une vésicule qui est détruite avec la membrane. Il est très-rare que le protoplasma ne soit pas évacué et que les conidies produisent des tubes terminaux ou latéraux, suivant le procédé normal des autres espèces sans papilles. La germination qu'on vient de décrire n'a pas lieu si les conidies ne sont pas entièrement plongées dans l'eau; il n'est pas suffisant qu'elles reposent sur la surface du liquide. Il y a en outre une autre condition qui, sans être indispensable, a une influence sensible sur la germination du *P. macrocarpa* : c'est l'exclusion de la lumière. Pour se rendre compte de l'influence de la lumière ou de l'obscurité, on a placé deux semis semblables côte à côte, l'un sous une cloche de verre transparent, l'autre sous une cloche de verre noirci. Ces expériences, répétées à plusieurs reprises, ont toujours donné le même résultat : germination en quatre ou six heures dans les conidies placées sous le verre noirci; aucun changement jusqu'au soir dans les semences placées sous le verre transparent. Le lendemain matin, la germination était complète.

Les conidies du *P. umbelliferarum* et du *P. infestans* [1] montrent une structure analogue. Ces corps, si leur développement est normal, deviennent des zoosporanges. Quand ils sont semés sur l'eau, on voit, au bout de quelques heures, le protoplasma partagé par des lignes très-fines, et chacune des parties est munie d'une petite vacuole centrale. Alors la papille de la conidie disparaît. A sa place se montre une ouverture ronde, par laquelle les parties du protoplasma sont rapidement chassées, l'une après l'autre. Chacune d'elles, mise en liberté, prend immédiatement la forme d'une zoospore parfaite, et commence à s'agiter. En quelques instants, le sporange est vide et les spores disparaissent du champ du microscope.

Les zoospores sont ovales ou semi-ovales; et dans les *P. infestans*, les deux cils partent du même point sur le bord inférieur de la vacuole. Leur nombre par chaque sporange est de six à seize dans le *P. infestans* et de six à quatorze dans le *P. umbelliferarum*. Le mouvement des zoospores cesse au bout de quinze à trente minutes. Elles deviennent immobiles, s'entourent d'une membrane de cellulose, et poussent des tubes-germes, délicats, recourbés, rarement ramifiés. Il est rare que deux tubes sortent de la même spore. Le développement des zoospores, le même que dans le *P. infestans*, est favorisé par l'exclusion de la lumière. Placées dans une position modérément éclairée, ou protégées par une cloche noircie, les conidies produisent promptement des zoospores.

Il y a une seconde forme de germination des conidies dans le *P. infestans*, quand on les sème sur un corps humide ou sur la surface d'une goutte d'eau. La conidie émet de son sommet un tube simple, dont l'extrémité se renfle en une vésicule ovale qui attire à elle peu à peu tout le protoplasma contenu dans la conidie. Alors cette ampoule s'isole du tube-germe par une cloison, et prend tous les caractères essentiels de la conidie mère. Cette conidie secondaire peut quelquefois engendrer une troisième cellule par un procédé semblable. Ces productions secondaires ou tertiaires ont également le caractère de sporanges. Plongées dans l'eau, elles donnent lieu à la production ordinaire de zoospores.

Enfin, les conidies du *P. infestans* présentent un troisième mode de germination. La conidie émet de son sommet un tube-germe, simple ou ramifié; celui-ci pousse de la même manière que dans les conidies citées plus haut, par exemple, dans l'espèce *P. effusa*. Les conditions qui règlent ce mode de germination

─────────

1. C'est le champignon qui produit la maladie de la pomme de terre.

ne peuvent pas être indiquées; car des conidies qui germent ainsi se trouvent quelquefois mêlées à d'autres dont la plus grande partie fournissent des zoospores. Il peut se faire que les conidies elles-mêmes soient dans quelque état anormal.

Dans toutes les espèces examinées, les conidies ont la propriété de germer à partir du moment de leur maturité. Plus elles sont jeunes plus elles germent facilement. Elles peuvent conserver cette propriété pendant des jours et des semaines, pourvu qu'elles ne soient pas entièrement desséchées. La dessiccation sous une température ordinaire a paru suffisante pour détruire la faculté germinative en vingt-quatre heures, quand les conidies étaient enlevées des feuilles sur lesquelles elles avaient été produites. Aucune n'a conservé cette faculté pendant plusieurs mois; elles ne peuvent donc pas la garder pendant l'hiver.

Les germes du *Peronospora* pénètrent dans la plante nourricière, si les spores sont semées sur une partie appropriée au développement du parasite. Il est facile de se convaincre que le mycélium, naissant des germes qui entrent dans les tissus, prend bientôt tous les caractères qu'on lui connaît à l'état adulte. En outre, après quelque temps de culture, on peut voir naître des branches conidiifères, identiques à celles auxquelles le végétal doit son origine. Cette culture est si facile qu'on peut la pratiquer sur des feuilles coupées et conservées fraîches dans une atmosphère humide.

Dans les espèces de *Peronospora* qui habitent des plantes vivaces ou des plantes annuelles qui subsistent pendant l'hiver, le mycélium, caché dans les tissus de la plante nourricière, persiste avec elle. Au printemps, il recommence à végéter, et émet ses branches dans les organes nouvellement formés de son hôte, pour y fructifier. Le *Peronospora* de la pomme de terre est ainsi vivace, grâce à son mycélium contenu dans le tissu bruni des tubercules malades. Lorsqu'au printemps une pomme de terre malade commence à pousser, le mycélium s'élève dans la tige et s'y trahit bientôt par des taches noirâtres. Les parasites peuvent fructifier abondamment sur ces petites tiges, et par conséquent se propager durant la saison nouvelle par les conidies venant du mycélium vivace. Les tubercules malades de la pomme de terre contiennent toujours le mycélium du *P. infestans*, qui n'y fructifie jamais tant que la peau du tubercule est intacte. Mais quand, le tubercule étant coupé, le parenchyme occupé par le mycélium est exposé au contact de l'air, il se couvre au bout de vingt-quatre à quarante-huit heures de branches portant des conidies. Des résultats analogues s'obtiennent avec les tiges de la pomme de

terre. Il est évident que, dans ces expériences, il n'y a d'autres
changements que ceux apportés par le contact de l'air; les conditions spécifiques restent les mêmes. Il paraît donc que c'est
ce contact seul qui détermine généralement la production des
branches conidiifères [1].

Le mode de germination et de développement des Mucors a été
étudié par différents observateurs, mais en dernier lieu par Van
Tieghem et Le Monnier [2]. Dans une des formes les plus communes,
le *Mucor phycomyces* de quelques auteurs, et le *Phycomyces
nitens* de quelques autres, le phénomène est donné en détail.
Chez cette espèce, la germination n'a pas lieu dans l'eau ordinaire. Mais elle se produit facilement dans le jus d'orange et dans
d'autres milieux. La spore perd sa couleur, se gonfle et absorbe
le fluide qui l'entoure, jusqu'à ce que son volume se double et
que sa forme devienne ovoïde. Alors de l'une de ses extrémités,
ou des deux, elle émet un fil épais qui s'allonge et porte des ramifications en forme d'ailes. Quelquefois l'exospore se rompt et se
détache de la spore en germination. Quarante-huit heures environ
après le semis, le mycélium envoie dans l'air des branches qui
se ramifient elles-mêmes abondamment. D'autres branches courtes, submergées, restent simples, ou présentent des ramifications en touffes, se terminant chacune par une pointe, de sorte
que l'ensemble se trouve hérissé de poils épineux. En deux ou
trois jours, des branches brusquement gonflées en forme de massue font leur apparition sur les fils, tant dans l'air que dans le
liquide. Quelquefois ces branches se prolongent en un nombre
égal de fils porteurs de sporanges; mais le plus souvent elles se
partagent à leur sommet en ramifications nombreuses, dont
une ordinairement, parfois deux ou trois, se développent en
fils portant des sporanges, tandis que les autres sont courtes,
pointues, et forment une touffe chevelue. Quelquefois encore ces
touffes chevelues se réduisent à une ou plusieurs protubérances
arrondies vers la base des fils porteurs des sporanges. Souvent
aussi un certain nombre des branches ont pris la forme de
massue, et ne s'élèvent pas au-dessus de la surface; au lieu de
produire un fil fertile, ce qui semblerait avoir été leur première intention, elles s'atténuent brusquement et se prolongent

1. De Bary, *Champignons parasites*, Ann. des Sci. Nat. 4e Sér. XX,
p. 5. Cooke, *Micros. Fungi*. Chap. XI, p. 138; *Pop. Sci. Rev.*, III, 193
(1864).
2. Van Tieghem et Le Monnier, *Recherches sur les Mucorinées*. Ann. des Sci.
Nat. (1873), XVII, p. 211; Résumé dans le *Quart. Journ. Micr. Sci.* 2e sér.
XIV, p. 49.

simplement en un filament mycélial. Bien que, dans d'autres espèces, il se forme des chlamydospores en des points ainsi placés sur le mycélium, on n'a observé dans cette espèce rien de plus que ce qui vient d'être indiqué. Parfois, lorsque la germination est arrêtée prématurément, certaines portions des hyphas, dans lesquels le protoplasma conserve sa vitalité, se séparent par une cloison. Cela peut s'interpréter comme une tendance à la formation de chlamydospores ; mais il n'y a ni condensation de protoplasma, ni naissance d'une membrane spéciale. Plus tard, ce protoplasma isolé s'altère graduellement, se séparant en granules assez réguliers, ovoïdes, ou fusiformes, qui ont jusqu'à un certain point l'apparence de spores dans un asque ; mais ils semblent incapables de germination.

Van Tieghem décrit dans cette espèce un autre procédé de reproduction, qui n'est pas rare dans les mucorinées. Des fils accouplés sur la matière nourricière élaborent par degrés des zygospores ; mais celles-ci, contrairement à ce qui se passe dans d'autres espèces, sont entourées de curieux appendices ramifiés qui émanent des cellules, arquées de part et d'autre, de la zygospore nouvellement développée. Ce système de reproduction est expliqué plus en détail dans un chapitre suivant.

M. de Seynes a fait connaître les résultats de ses observations sur le *Morchella esculenta* pendant la germination[1]. Un certain nombre de ces sporidies, placées dans l'eau le matin, présentaient, à neuf heures du soir le même jour, un bourgeon né de l'une des extrémités et mesurant la moitié de la longueur de la spore. Le matin du jour suivant, ce bourgeon avait augmenté, et était devenu un filament trois ou quatre fois aussi long. Le jour suivant, ces filaments allongés montraient quelques divisions transversales et quelques ramifications. Le troisième jour, la germination étant plus avancée, un plus grand nombre de sporidies avaient subi des changements aussi complets, et présentaient, par suite de leur allongement, l'apparence d'une manchette cylindrique ; les

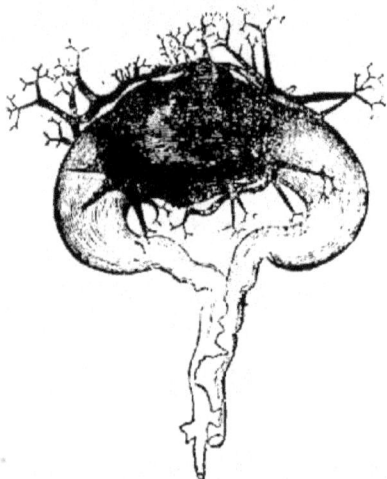

Fig. 93. — Zygospores de *Mucor phycomyces*. (Van Tieghem).

---

1. De Seynes, *Essai d'une Flore Mycologique.*

prolongements cellulaires développés par la germination avaient
une tendance vers l'une des extrémités du grand axe de la sporidie, et plus souvent vers les deux extrémités opposées, soit
simultanément soit successivement. Sur plusieurs centaines de
sporidies examinées pendant la germination, il n'avait vu qu'un
très-petit nombre d'exceptions à cette règle ; dans ces cas, la tendance centrifuge s'était manifestée sur deux filaments opposés ;
c'est une preuve que si, à côté du premier filament situé à l'un des
pôles, il s'en développe un second, un second aussi se développe
à côté du filament venant du pôle opposé.

Avant d'être soumis à l'action de l'eau, le contenu des sporidies
semblait formé de deux parties distinctes : il y avait une grosse
goutte d'huile jaune, de la même forme que la sporidie, et l'espace compris entre elle et la paroi de la cellule était occupé par
un liquide clair plus fluide et moins réfringent, presque incolore
ou parfois légèrement rosé. A mesure que la membrane absorbait
l'eau environnante, la quantité de ce liquide clair s'augmentait, et
la teinte rosée devenait plus facile à distinguer. Tout le contenu
de la spore, qui jusque-là était resté partagé en deux parties, présentait maintenant un aspect unique : il n'y avait que des granulations nombreuses, presque de même taille, le remplissant complétement, et atteignant la paroi intérieure de la membrane.

A partir de là, la sporidie augmente rapidement de taille, devenant quelquefois irrégulière ; son volume devient double ou même
triple quelquefois ; alors se montre à la surface, généralement à un
des sommets de l'ellipse, une petite proéminence avec une membrane extrêmement fine, qui ne paraît pas se séparer de celle qui
enveloppe la sporidie : il est difficile de dire si c'est un prolongement de la membrane interne qui passe à travers l'enveloppe extérieure, ou simplement un appendice formé par une continuation du
tissu d'une membrane unique. Quelquefois on aperçoit, au point où
le premier filament sort de la sporidie, une marque circulaire qui
paraît indiquer la rupture de la membrane extérieure. Dès lors un
autre changement survient dans le contenu. Nous retrouvons le
liquide huileux jaune, occupant maintenant la position extérieure,
avec quelques gouttes de liquide incolore ou rosé au centre : ainsi
le liquide huileux et le liquide plus limpide intervertissent les
positions qu'ils occupaient avant le début de la germination. Il
est difficile de dire si ces deux fluides ont subi quelque changement dans leur constitution ; toutefois, le liquide huileux paraît
moins réfringent et plus granuleux, et il est peut-être le produit
de nouvelles combinaisons contenant quelques-uns des éléments
de la goutte huileuse primitive. D'après la délicatesse de la mem-

brane des filaments-germes, de Seynes supposait qu'ils pouvaient offrir une grande facilité à l'entrée de l'eau par endosmose et expliquer ainsi le grossissement rapide de la sporidie. Par une série d'expériences, il s'assura qu'il en est ainsi le plus souvent, mais il ajoute : « Je ne puis pas m'empêcher de supposer qu'une grande absorption de matières grasses, dans la première cellule produite par la germination, rend assez inadmissible l'hypothèse d'une endosmose aqueuse. On peut voir aussi dans cette observation une preuve de l'existence de deux membranes spéciales, et ainsi supposer que la cellule germinative est la continuation de la membrane interne, la membrane externe seule étant susceptible d'absorber les liquides, au moins avec une certaine rapidité. »

Dans d'autres Discomycètes, la germination a lieu d'une façon semblable. Boudier[1] rapporte que dans l'*Ascobolus*, quand une fois la spore atteint une place favorable, si les circonstances sont bonnes, c'est-à-dire si la température est assez élevée et l'humidité suffisante, elle germera. Le temps nécessaire à ce phénomène est variable. Quelques heures suffisent pour quelques espèces ; les spores de l'*A. viridis*, par exemple, germent en huit ou dix heures, sans doute parce que la plante, étant terrestre, a moins de chaleur. La spore augmente légèrement de taille, puis s'ouvre, généralement à l'une ou à l'autre de ses extrémités, quelquefois aux deux, ou à un point quelconque de sa surface, afin de laisser passer les tubes du mycélium. D'abord simples, sans cloisons, et granuleux intérieurement, surtout à l'extrémité, ces tubes, rudiments du mycélium, ne tardent pas à s'allonger, à se ramifier, et enfin à se cloisonner. Ces filaments sont toujours incolores ; la spore seule peut être colorée ou non. Coemans les a décrits comme produisant deux sortes de conidies[2] ; les unes ayant la forme du *Torula*, quand elles donnent naissance à des filaments continus, les autres celle du *Penicillium*, quand elles engendrent des filaments cloisonnés. De Seynes n'a jamais pu obtenir ce résultat. Bien des fois il a vu le *Penicillium glaucum* envahir ses semis ; mais il est convaincu que ce développement n'avait rien de commun avec l'*Ascobolus*. M. Woronin[3] a rapporté en détail quelques observa-

Fig. 94.
Sporidie d'*Ascobolus* en germination.

---

1. Boudier, *Mém. sur l'Ascobole*, pt. i. IV feuilles 13-15 fig. 94.
2. Coemans, *Spicilége Mycologique*, I, p. 6.
3. Woronin, *Abhandlungen der Senschenbergischen Naturfor. Gesellschaft* (1865), p. 433.

tions sur les phénomènes sexuels qu'il a observés dans l'*Ascobolus* et le *Peziza*, et pour tout ce qui concerne le scolécite ces observations ont été confirmées par M. Boudier.

On ne peut douter que, dans d'autres Discomycètes, la germination des sporidies ne soit très-semblable à celle qui a déjà été observée et décrite, tandis que dans les Pyrénomycètes, bien que la production des tubes de la germination ne soit nullement difficile à obtenir, le développement n'a pas été, que nous sachions, suivi au delà de cette phase [1].

1. Dans les observations très-importantes faites à Calcutta par le Dr Cunningham, sur les substances flottant dans l'atmosphère, il a été constaté que les sporidies de plusieurs *Sphæria* germaient positivement après avoir été enlevées par l'air. La multitude des spores de champignons qui ont été observées dans tous ces cas était vraiment extraordinaire.

CHAPITRE VIII

On a longtemps soupçonné chez les champignons l'existence d'une reproduction sexuée; on n'avait pas cependant pour le croire des raisons bien fondées; mais, dans ces dernières années, les observations se sont multipliées, les faits se sont accumulés, et aujourd'hui on n'a plus aucun doute sur l'existence du phénomène. En mettant de côté les *Saprolégniées* et les *Péronosporées*, où ce phénomène est très net, il reste encore nombre d'exemples authentiques de copulation et beaucoup d'autres faits qui indiquent une relation sexuelle. La manière précise dont accomplissent leurs fonctions ces petits corps, si communs parmi les *Sphéronémées*, et pour lesquels nous adopterons le nom de *stylospores*, est encore en grande partie un mystère ; pourtant on ne doute plus que certaines espèces d'*Aposphœria*, de *Phoma*, de *Septoria*, etc., ne soient simplement des modifications de quelques espèces de *Sphæria*, qui souvent se développent et mûrissent dans le voisinage des premières aux dépens du même hôte. Dans l'*Æcidium*, le *Ræstelia,* etc., les spermogonies se produisent en abondance aux mêmes points ou près des points sur lesquels apparaît la fructification, soit simultanément, soit à une époque ultérieure. La relation des *Cytispora* avec les *Valsa* a été soupçonnée par Fries depuis nombre d'années, et pleinement confirmée par des preuves récentes. Cependant toutes les tentatives faites pour établir quoi que ce soit de semblable à la reproduction sexuée dans les formes plus élevées des Hyménomycètes sont restées jusqu'ici sans résultat ; et il en est de même pour les Gastéromycètes ; mais chez les Ascomycètes et les Phycomycètes, les exemples abondent.

Nous ne savons pas s'il faut attacher de l'importance aux opinions de M. A -S. Œrstedt[1], qui n'ont pas encore été confirmées, mais qui ont été citées et approuvées par le professeur de Bary : ces opinions sont relatives à des traces d'organes sexuels chez les Hyménomycètes. M. Œrstedt aurait observé dans l'*Agaricus variabilis*, P., des oocystes ou des cellules réniformes allongées, qui poussent comme des branches rudimentaires appartenant aux filaments du mycélium, et renferment un abondant protoplasma, sinon même un nucléus. A la base de ces oocystes apparaissent les anthéridies supposées, c'est-à-dire un ou deux filaments délicats, qui généralement tournent leurs extrémités vers les oocystes, et plus rarement viennent s'y appliquer. Dès ce moment, sans éprouver de modification appréciable, la cellule fertile ou oocyste s'enveloppe d'un réseau de filaments de mycélium nés sur le filament qui la porte, et ce tissu forme les rudiments du chapeau. La réalité d'une fécondation en cette circonstance, et le mode du phénomène, s'il existe, sont, quant à présent, également incertains. Si la théorie de M. Œrstedt se confirme, naturellement la totalité du chapeau sera le résultat d'une fécondation. Il est probable que Karsten (*Bonplandia,* 1862, p. 62) a vu quelque chose de semblable dans l'*Agaricus campestris ;* mais sa description est obscure.

Dans les *Phycomyces,* les organes de la reproduction ont été examinés attentivement par Van Tieghem[2], et s'il n'a pas réussi à découvrir les chlamydospores dans ces végétaux, il les a décrits chez d'autres Mucors. Dans cette espèce, outre le développement sexuel régulier, par le moyen de sporanges, il y a une sorte de reproduction sexuée par des zygospores, et le phénomène se passe de la manière suivante. Les fils déliés qui s'associent pour former les zygospores, se dressent sur la surface où la plante végète. Deux de ces fils se mettent en contact intime sur une longueur considérable, et s'attachent l'un à l'autre par des protubérances et des dépressions alternantes qui s'emboîtent. Quelques-unes des protubérances se prolongent en tubes minces. En même temps les extrémités des fils se dilatent, et prenant une forme arquée, rapprochent leurs extrémités jusqu'à ce qu'il y ait contact :

1 Œrstedt, *Verhandl, der Königl. Dan. Gesellsch. der Wissensch.,* 1er janvier 1865 ; de Bary, *Handbuch der physiol. Botanik* (1861), p. 172 ; *Ann. des Sc. Nat.* 5e sér., vol. V (1856), p. 366.

2. Van Tieghem et Le Monnier, *Annales des sciences naturelles* (1873), vol. XVII, p. 261.

on a alors comme un étau dont les deux mâchoires augmentent rapidement de dimensions. L'extrémité de chacune de ces cellules arquées, claviformes, a maintenant une portion de son extrémité isolée par une cloison ; aussi il se forme, au point de jonction de chaque fil avec le fil opposé, une nouvelle cellule hémisphérique. Ces cellules deviennent ensuite cylindriques par la pression, le protoplasma se rassemble en une masse, la double membrane, au point de contact des fils, se résorbe ; enfin les deux masses protoplasmiques réunies forment une zygospore revêtue d'une enveloppe tuberculeuse et renfermée dans les parois primitives des deux cellules accouplées. Pendant la formation de la zygospore, les deux cellules arquées d'où elle provient donnent naissance à une série d'appendices dichotomes dans le voisinage immédiat des parois qui les séparent de la zygospore. Ces appendices se montrent d'abord, sur l'une des cellules arquées, dans un ordre régulier. Le premier fait son apparition en haut, sur le côté convexe ; les autres successivement à droite et à gauche, en descendant. Le dernier naît en bas, sur la concavité. C'est seulement quand ce développement est terminé que le premier appendice se montre sur la cellule opposée, pour être suivi par d'autres dans le même ordre. Ces appendices dichotomes ne sont autre chose

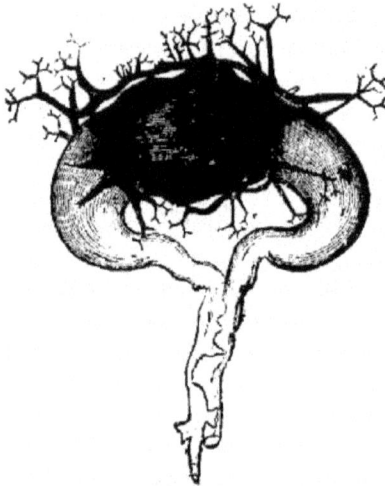

Fig. 95. — Zygospore de *Mucor phycomyces.*

que des branches développées par les cellules arquées, ou cellules mères. Pendant tous ces changements, tandis que la zygospore grandit, la paroi des cellules arquées se colore en brun. La coloration est plus marquée sur le côté convexe ; elle se montre d'abord sur la cellule qui a produit la première les appendices dichotomes, et qui conserve la teinte foncée plus longtemps que l'autre. La zone sur laquelle les appendices sont nés, et les appendices eux-mêmes, ont leurs parois d'un noir intense, tandis que celles des cellules arquées, qui continuent à revêtir la zygospore pendant tout le temps de son développement, sont d'un bleu sombre. Par la pression, l'enveloppe mince et fragile qui entoure la zygospore se rompt, et la surface de la zygospore se montre à nu, formée d'une épaisse membrane cartilagineuse, et parsemée de grandes verrues irrégulières.

La germination de la zygospore dans cette espèce n'a pas encore été observée ; mais elle est probablement identique ou analogue à celle qui a été constatée chez d'autres espèces de mucors. Dans ces dernières, le rude et tuberculeux épispore se fend d'un côté, sa membrane interne s'allonge et sort sous la forme d'un tube rempli de protoplasma et de globules huileux : ce tube se termine par un sporange ordinaire. Ordinairement la provision de nourriture contenue dans la zygospore est épuisée par la formation du sporange terminal, suivant Brefeld[1] ; mais Van Tieghem et Le Monnier remarquent que dans leurs observations ils ont souvent vu une cloison se formant au tiers de la longueur du filament principal, à partir de la base : au-dessous de cette séparation naissait une branche vigoureuse, qui se terminait aussi par un gros sporange.

De Bary a donné une description précise de la formation de la zygospore dans un autre mucor, le *Rhizopus nigricans* : d'après cet observateur, les filaments qui s'accouplent sont des tubes solides extrêmement nombreux, qui se ramifient sans ordre et s'entremêlent confusément. Au point où deux de ces filaments se rencontrent, chacun d'eux émet vers l'autre un appendice : ces deux protubérances sont d'abord cylindriques et de même diamètre. Elles s'appliquent d'abord solidement l'une contre l'autre

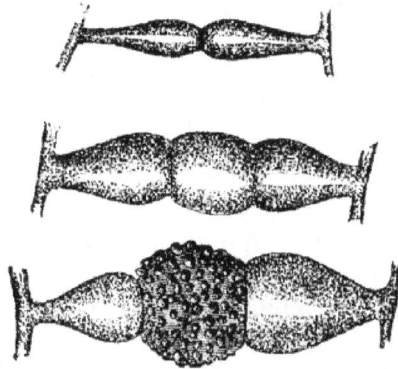

Fig. 96. — Zygospore de *Rhizopus* à différents âges (de Bary).

par leurs extrémités ; puis elles augmentent de volume, prennent la forme de massues, et constituent ensemble un corps fusiforme placé en travers des deux filaments accouplés. Entre les deux moitiés de ce corps, il n'y a pas de différence constante de volume ; souvent elles sont parfaitement égales. Dans chacune se rassemble un protoplasma abondant, et quand elles ont atteint un certain développement, la grosse extrémité de chacune d'elles se trouve, par une cloison, isolée du rejeton, qui est réduit ainsi au rôle de support ou de pédoncule de la cellule copulatrice. Les deux cellules accouplées du corps fusiforme sont généralement inégales ; l'une est cylindrique, aussi longue que large, l'autre est disciforme, et sa longueur est seulement égale à la moitié de

1. Brefeld, *Bot. Unt. über Schimmelpilze*, p. 31.

sa largeur. La membrane primitive du rejeton forme entre les deux cellules copulatives une solide cloison de deux membranes ; mais, peu de temps après que les cellules ont reçu leur délimitation. la cloison médiane se perce à son centre et finit bientôt par disparaître entièrement : ainsi les deux cellules jumelles sont confondues en une seule zygospore, due à l'union de deux utricules plus ou moins semblables. Après sa formation, la zygospore continue à s'accroître considérablement et acquiert un diamètre de plus d'un cinquième de millimètre. Sa forme est généralement sphérique, et aplatie sur les faces qui sont unies aux pédoncules ; ou bien elle ressemble à un tonneau un peu allongé. La membrane s'épaissit considérablement, et consiste, à la maturité, en deux téguments superposés ; l'extérieur, ou l'épispore, est solide, d'une couleur bleu foncé, lisse sur les surfaces planes en contact avec les pédoncules, mais couvert sur tous les autres points d'épaisses verrues qui sont creuses en dessous. L'endospore est épais, composé de plusieurs couches, incolore, couvert de verrues qui correspondent à celles de l'épispore dans lesquelles elles s'emboîtent. Le contenu de la zygospore est un protoplasma à granulations grossières, dans lequel flottent de grosses gouttelettes oléagineuses. Tandis que la zygospore croit en volume, le pédoncule de la plus petite cellule copulatrice devient un utricule arrondi et muni d'une petite tige ; il est souvent partagé à la base par une cloison et atteint presque la taille de la zygospore. Le pédoncule de la plus grande cellule copulatrice conserve sa forme primitive et augmente à peine de dimension. Il est rare qu'il n'y ait pas une différence de taille considérable entre les deux cellules accouplées et leurs pédoncules [1].

Plusieurs copulations semblables se produisent, avec des résultats analogues, chez les *Syzygites megalocarpus*. Dans cette espèce, la germination de la zygospore a été observée. Si, après un certain temps de repos, ces corps sont placés dans une substance humide, ils émettent un tube semblable à un germe, qui, sans engendrer un mycélium propre, se développe aux dépens de la matière nutritive tenue en réserve dans la zygospore, et devient un carpophore ou porte-fruit : ce dernier se partage plusieurs fois en ramifications dichotomes, portant des sporanges terminaux caractéristiques de l'espèce.

Nous avons déjà remarqué que les Saprolégniées sont rangées par certains auteurs parmi les algues, tandis que nous sommes

---

1. De Bary, *Morphologie und Physiologie der Pilze*, chap. v, p. 160 ; *Ann. des Sc. Nat.* (1866), vol. V, p. 313.

plutôt portés à les croire étroitement alliés aux mucors : comme elles fournissent un puissant argument en faveur de l'existence de la reproduction sexuée, nous ne pouvons nous dispenser de résumer les observations de De Bary et d'autres savants sur ce groupe de plantes si intéressant et si singulier, auquel M. Cornu a récemment consacré une monographie très-complète [1].

Chez le *Saprolegnia monoïca* et quelques autres, les organes femelles consistent en oogones, c'est-à-dire en cellules qui sont d'abord globuleuses et riches en matière protoplasmique, qui terminent ordinairement de courtes branches de mycélium et se voient rarement dans une position non terminale. La membrane constitutive de l'oogone adulte se résorbe sur des points très-nombreux, et là, se perce de trous ronds. En même temps le protoplasma se partage en un nombre plus ou moins grand de portions distinctes, qui s'arrondissent en petites sphères et se séparent des parois de l'enceinte pour se grouper au centre, où elles flottent dans un liquide aqueux. Ces gonosphères sont alors lisses et nues, et ne présentent à leur surface aucune membrane de nature cellulosique.

Pendant la formation de l'oogone, il s'élève de son pédicelle ou des filaments voisins de légères branches cylindriques recourbées, quelquefois enroulées autour du support de l'oogone, et qui tendent toutes vers cet organe. Leur extrémité supérieure s'applique intimement contre la paroi de l'oogone, puis, cessant de s'allonger, se gonfle légèrement et se limite en dessous par une cloison ; c'est alors une cellule oblongue, légèrement recourbée, remplie de protoplasma et intimement appliquée contre l'oogone ; en réalité, c'est une anthéridie ou organe mâle. Chaque oogone possède une ou plusieurs anthéridies. Vers le temps où les gonosphères se forment, on peut observer que chaque anthéridie envoie dans l'intérieur de l'oogone un ou plusieurs prolongements tubulaires qui traversent sa paroi, et s'ouvrent à leur extrémité pour se décharger de leur contenu. Cette dernière substance, en s'écoulant au dehors, présente de petits corpuscules très-agiles ; ils ressemblent à ceux de la *Vauchérie*, auxquels on a appliqué la désignation d'anthérozoïdes, et peuvent être par conséquent considérés comme les corpuscules fécondateurs. Après l'évacuation du contenu des anthéridies, on trouve les gonosphères revêtues de cellulose ; elles constituent alors autant d'oospores, avec des parois solides. De Bary, se reportant aux phénomènes analogues observés dans la Vauchérie et aux observations directes de Pringsheim [2], estime

1. Cornu. *Ann. des Sc. nat.*, 5ᵉ sér., vol. XV, p. 1 (1872).
2. *Jahrbücher* de Pringsheim, vol. II, p. 169.

que les membranes de cellulose sur la surface des gonosphères
ne sont que la conséquence de la fécondation.

Dans l'*Achlya dioica,* l'anthéridie est cylindrique, et le protoplasma qu'elle renferme est partagé en particules qui atteignent à
peu près le volume des zoospores de la même plante. Ces particules deviennent des cellules globuleuses groupées au centre de
l'anthéridie. Ensuite le contenu de ces dernières cellules se partage en un grand nombre d'anthérozoïdes bacilliformes, qui brisent
d'abord la paroi de la cellule mère, et ensuite sortent de l'anthéridie. Ces corpuscules en forme de baguettes, qui ressemblent

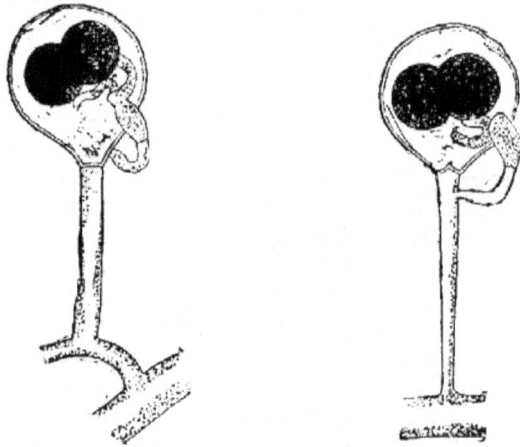

Fig. 97. — Accouplement de l'*Achlya racemosa* (Cornu).

aux anthérozoïdes de la Vauchérie, se meuvent à l'aide d'un
long cil. Il est présumable qu'ici, comme dans les algues, les
anthérozoïdes s'introduisent dans la cavité de l'oogone et s'unissent aux gonosphères.

L'incertitude règne encore sur les corpuscules décrits par
Pringsheim de la manière suivante : nés dans des filaments ou
des tubes semblables à ceux qui forment les zoosporanges, ils
représentent autant de masses distinctes de protoplasma dans un
ganglion pariétal homogène. Le contour de ces masses plastiques
se dessine bientôt d'une manière plus précise. Nous voyons dans
leur intérieur des granules homogènes qui sont d'abord globuleux,
puis ovales, et finalement se mettent à voyager jusqu'à l'extrémité
du tube générateur, extrémité élargie en forme d'ampoule. Là, ils
deviennent des cellules arrondies ou ovales, couvertes de cellulose; ils émettent de leur surface un ou plusieurs appendices
cylindriques, qui s'allongent vers la paroi de l'enceinte et la percent, sans pourtant s'avancer bien loin au dehors. En même

temps le protoplasma de chaque cellule, lequel présente des lacunes, se partage en un grand nombre de corpuscules qui s'échappent par l'extrémité ouverte du col cylindrique. Ils ressemblent par leur organisation et leur agilité aux anthérozoïdes de l'*Achlya dioica*. Ils perdent promptement tout mouvement dans l'eau, et ne germent pas. Pendant le développement de ces organes, le protoplasma de l'utricule qui les contient offre d'abord des caractères tout à fait normaux, et peu à peu disparait entièrement à mesure qu'ils s'accroissent. De Bary et Pringsheim croient que ces organes constituent les anthéridies de l'espèce de *Saprolegnia* à laquelle ils appartiennent.

Les oospores des *Saprolegnia*, arrivés à maturité, possèdent un double tégument assez épais, formé d'un épispore et d'un endospore. Ils donnent naissance à des germes tubulaires, qui, sans s'allonger beaucoup, produisent des zoospores[1].

De Bary a attribué aux oogones, dans les genres *Cystopus* et *Peronospora*, un mode de fécondation qui mérite d'être ici mentionné[2]. Les fruits, dit-il, qui doivent leur origine aux organes sexuels, devraient porter les noms d'oogones et d'anthéridies, conformément à la terminologie proposée par Pringsheim pour les organes analogues des algues. La formation des oogones, ou organes femelles, commence par le gonflement, terminal ou non, des tubes du mycélium : ces sortes d'ampoule se développent, prennent la forme de grandes cellules sphériques ou obovales et se séparent, au moyen de cloisons, du tube qui les porte. Leur membrane renferme des granules de protoplasma opaque, mêlé à de nombreux et volumineux granules de matière grasse incolore.

Les branches de mycélium qui ne portent pas d'oogones appliquent leurs extrémités obtuses contre les oogones en voie de développement ; cette extrémité se gonfle, et, par une cloison transversale, se sépare du tube qui la supporte. C'est l'anthéridie, ou organe mâle, qui est constituée par cet appendice ; elle prend la forme d'une cellule obovale ou en massue oblique, toujours beaucoup plus petite que l'oogone, aux parois de laquelle elle adhère par une surface plane ou convexe. La membrane légèrement épaissie de l'anthéridie renferme un protoplasma à granulations fines. Il est rare que plus d'une anthéridie s'applique contre une oogone.

Les deux organes ayant ensemble achevé leur développement, les volumineux granules contenus dans l'oogone s'accumulent à

1. De Bary, *Annales des Sc. Nat.*, 5e sér., vol. V (1866), p. 343 ; *Manuel* de Hoffmeister (Champignons), chap. v, p. 155.

2. De Bary, *Ann. des Sc. nat.*, 4e sér., vol. XX, p. 129.

son centre pour se grouper sous la forme d'un globule irrégulier, dépourvu de membrane propre et environné d'une couche de protoplasma presque homogène. Ce globule est la *gonosphère,* ou sphère reproductrice, qui, fécondée, doit devenir le corps reproducteur, œuf végétal, ou oospore. La gonosphère étant formée, l'anthéridie émet, du centre de la face qu'elle applique contre l'oogone, un tube droit, qui perfore les parois de la cellule femelle, et, traversant le protoplasma environnant, se dirige vers la gonosphère. Il cesse de s'allonger dès qu'il la touche, et la gonosphère se trouve maintenant revêtue d'une membrane de cellulose ; elle prend alors une forme sphéroïdale régulière.

Fig. 98. — Accouplement du *Perono-spora ; a,* anthéridie (de Bary).   Fig. 99. — Anthéridie et oogone de *Peronospora* (de Bary).

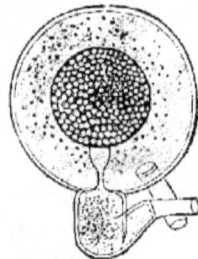

D'après la grande ressemblance de ces organes, ajoute de Bary, avec les organes sexuels des *Saprolegnia,* qui sont si voisins des Algues et dont la sexualité a été prouvée, nous n'avons pas le moindre doute que les phénomènes décrits ici ne représentent un acte de fécondation, et que le tube poussé au dehors par l'anthéridie ne soit un tube fécondateur. Il est remarquable que dans ces champignons le tube émis par l'anthéridie effectue la fécondation par simple contact. Son extrémité ne s'ouvre jamais, et jamais nous n'y trouvons d'anthérozoïdes ; au contraire l'anthéridie présente, jusqu'à la maturité de l'oospore, la même apparence qu'au moment de la fécondation.

La membrane primitive de l'oospore, d'abord très-mince, acquiert bientôt une épaisseur plus sensible et se revêt d'une couche externe (épispore), qui est formée aux dépens du protoplasma de la périphérie. Ce dernier disparaît à mesure que l'épispore mûrit, et, finalement, il ne reste qu'une certaine quantité de granules, suspendus dans un liquide aqueux transparent. A l'époque de la maturité, l'épispore est une membrane légèrement épaissie, résistante, d'une couleur jaune brun, et finement ponctuée. La surface est presque toujours pourvue de verrues brunâtres, grosses et obtuses, qui sont parfois isolées, parfois confluentes, et forment des crêtes irrégulières. Ces verrues sont composées de cellulose, que les réactifs colorent en bleu foncé, tandis que la membrane qui les porte conserve sa couleur primitive. Une de ces verrues, plus grosse que les autres, et que l'on peut reconnaître à sa forme cylindrique, forme une sorte d'étui autour du tube fécondateur. L'endospore mûr est une membrane épaisse, lisse, incolore, composée de cellulose ; il contient une couche de protoplasma finement granulé, entourant une grande cavité centrale. Cette oospore, ou spore dormante, peut rester, pendant plusieurs mois, dans une sorte de sommeil au milieu des tissus de la plante nourricière. La dernière phase de son développement, la production des zoospores, est semblable au phénomène correspondant chez les conidies, et il est inutile de le répéter ici. L'oospore devient un oosporange, duquel il finit par s'échapper au moins une centaine de corps propres à germer.

Parmi les savants qui ont observé certains phénomènes de copulation dans les cellules des Discomycètes jeunes, nous citerons le professeur de Bary [1], le docteur Woronin [2] et M. Tulasne [3]. Dans l'*Ascobolus pulcherrimus* de Crouan, Woronin s'est assuré que la *coupe* doit son origine à un tube court et flexible, plus gros que les autres branches du mycélium, et qui bientôt est partagé par des cloisons transversales en une série de cellules dont l'accroissement successif donne finalement à l'ensemble une apparence noueuse et inégale. Il appelle le corps ainsi formé « un corps vermiforme ». Le même observateur semble aussi s'être convaincu qu'il existe toujours, à proximité de ce corps, certains filaments dont les courtes ramifications, arquées ou infléchies, comme autant d'anthéridies, appuient leurs extrémités antérieures sur les cellules en forme d'utricules. Ce contact semble communiquer au corps vermiforme une énergie vitale particulière, d'où résulte immédiatement la production d'un tissu quelque peu filamenteux : c'est sur ce tissu que l'hyménium se développe ultérieurement. Ce « corps vermiforme » de M. Woronin a été désigné depuis sous le nom de *scolécite*.

Tulasne observe que ce *scolécite* ou corps annulaire peut être aisément isolé dans l'*Ascobolus furfuraceus*. Quand les jeunes réceptacles sont encore sphériques et blancs et n'ont pas atteint un diamètre de plus d'un vingtième de millimètre, il suffit de les

1. De Bary, *Ann. des Sc. nat.*, 5e sér., p. 313.
2. Woronin, *Beitr. zur Morph. und Physiol. der Pilze*, par de Bary, II (1866), p. 1-14.
3. Tulasne, *Ann. des Sc. nat.*, 5e sér., octobre 1866, p. 211.

comprimer légèrement pour en déterminer la rupture au sommet et pour chasser le scolécite. Celui-ci occupe le centre d'une petite sphère et est formé de six ou huit cellules courbées en forme de virgules.

Dans le *Peziza melanoloma*, l'observateur a encore mieux réussi dans sa recherche sur le scolécite ; il remarque que, dans cette espèce, le scolécite est très-certainement une branche latérale des filaments du mycélium. Cette branche est isolée, simple ou fourchue à une petite distance de sa base, et son diamètre surpasse généralement celui du filament qui la porte. Cette branche devient bientôt arquée ; souvent, en s'allongeant, elle décrit une spirale dont les tours irréguliers sont lâches ou serrés. En même temps, son intérieur, d'abord continu, se divise par des cloisons transversales en huit ou dix cellules ou même davantage. Quelquefois cette branche se termine par une crosse et s'enroule dans la courbure d'une autre crosse qui termine un filament voisin. Dans d'autres cas, la branche se rattache par son extrémité à celle d'une branche crochue. Ces contacts pourtant ont paru à Tulasne plutôt accidentels que normaux. Mais sur l'importance du corps annulaire ou scolécite, il n'y avait pas de doute possible, puisqu'il est le rudiment certain et constant de la coupe fertile. Les cellules inférieures sont le produit des filaments flexueux qui rampent à sa surface, le couvrent et l'enveloppent de toutes parts en se joignant les unes aux autres. D'abord continues, ensuite cloisonnées, ces cellules constituent par leur union un tissu cellulaire qui s'accroît peu à peu, jusqu'à ce que le scolécite en soit si bien enveloppé que son extrémité supérieure reste seule visible. Ces masses cellulaires atteignent un volume considérable avant que l'hyménium fasse son apparition dans une dépression de leur sommet. Tant que leur petitesse les laisse voir dans le champ du microscope, on peut s'assurer qu'elles adhèrent à un simple filament du mycélium par la base du scolécite, qui demeure découverte.

Si Tulasne n'a pu reconnaître aucun acte de copulation dans l'*Ascobolus furfuraceus* ou le *Peziza melanoloma*, il a été plus heureux avec le *Peziza omphalodes*. Dès 1860, il avait reconnu les grandes vésicules globuleuses, sessiles et groupées, qui font naître le tissu fertile, mais sans se rendre compte du rôle dévolu à ces macrocystes. Chacun d'eux émet de son sommet un tube cylindrique généralement flexueux, mais toujours plus ou moins courbé en crosse, quelquefois atténué à son extrémité. Munies de ces appendices, ces cellules ressemblent à autant de cornues en forme de tonnes, au col étroit, remplies d'un protoplasma granu-

leux, épais et rosé. Au milieu d'elles, naissent sur les mêmes
filaments des cellules allongées en massue, au contenu plus pâle,
aux vacuoles plus nombreuses : Tulasne les nomme *paracystes*.
Ces corps, bien que nés après les macrocystes, finissent par les
surpasser en hauteur et semblent diriger leurs sommets de
façon à rencontrer les prolongements en crosse. Il serait difficile de dire auquel de ces deux ordres de cellules appartient l'ini-
tiative de la copulation. Le mouvement paraît venir tantôt d'un
côté, tantôt de l'autre. Quoi qu'il en soit, la réunion de l'extrémité
du tube de conjonction avec le **sommet** du paracyste voisin est
un fait constant, observé des centaines de fois. Il n'y a de jonction réelle entre les cellules ci-dessus décrites qu'au point très-

Fig. 100. — Accouplement du *Peziza*
omphalodes (Tulasne).

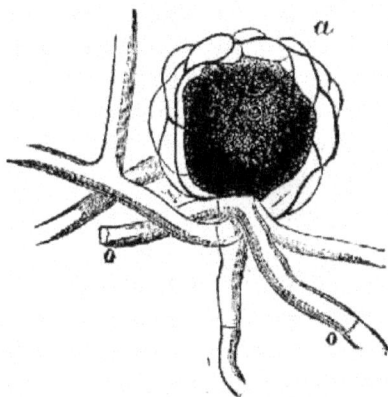

Fig. 100 (bis). — Formation du périthèce
chez l'*Érysiphe Cichoracearum.*

limité où elles s'unissent ; et là on peut discerner un trou **rond,**
limité par un bourlet circulaire, qui tantôt est à peine visible,
tantôt au contraire est très-tranché. Partout ailleurs les deux organes peuvent se toucher ou se rapprocher plus ou moins l'un de
l'autre, mais ils sont libres de toute adhérence. Si les matières
plastiques contenues dans les cellules accouplées s'influencent
réciproquement, aucune modification notable n'en résulte d'abord
dans leur apparence. La grande cellule munie d'un appendice
semble pourtant céder à sa compagne une portion du protoplasma qu'elle renferme. Tout ce qu'on peut affirmer, c'est que
les cellules accouplées, surtout la plus grande, se flétrissent et
se vident, tandis que les filaments comprimés et dressés qui
finalement constitueront les organes appelés *asques* croissent
et se multiplient

1. Tulasne, *Sur les phénomènes de copulation dans certains champignons*,
Ann. *des Sc. Nat.* (1866), vol. VI, p. 211.

Certains phénomènes, dans le développement des *Erysiphe*, sont encore du même ordre. Le mycélium de l'*Erysiphe cichoraceum*, comme celui de quelques autres espèces, consiste en filaments ramifiés qui se croisent dans toutes les directions, et, en grimpant, adhèrent à l'épiderme de la plante sur laquelle vit le champignon. Les périthéces sont engendrés aux points où deux fils se croisent. Il se produit en cet endroit un léger gonflement sur les filaments, et chacun d'eux émet un appendice qui ressemble à une branche naissante et reste dressé sur la surface de l'épiderme. L'appendice originaire du filament inférieur prend bientôt une forme ovale et un diamètre double de celui du filament ; puis il s'en isole par une cloison et constitue une cellule distincte, que de Bary[1] nomme un oocyste. L'appendice qui procède de l'autre filament adhère toujours intimement à cette cellule et s'allonge en un tube cylindrique délié, qui se termine d'une manière obtuse au sommet de la même cellule. A sa base, il est aussi divisé par une cloison, et il en apparaît une seconde au-dessous de son extrémité, à un point indiqué d'avance par un étranglement. Cette nouvelle cloison limite une cellule terminale obtuse, l'anthéridie, qui est ainsi portée sur un tube étroit comme sur un pédicelle. Immédiatement après la formation de l'oocyste, de nouvelles productions apparaissent, tant autour de l'oocyste qu'à son intérieur. Au-dessous de cette cellule, on voit huit ou dix tubes s'élancer du filament qui la porte ; ils se joignent sur les côtés l'un à l'autre et au pédicelle de l'anthéridie, tandis qu'ils appliquent leur face interne contre l'oocyste, au-dessus duquel leurs extrémités se rejoignent bientôt. Chacun des tubes est alors partagé, par des cloisons transversales, en deux ou trois cellules distinctes, et c'est de cette manière que les parois cellulaires des péridions prennent naissance.

Pendant ce temps, l'oocyste grossit et se partage, sans qu'on puisse dire avec précision comment le fait a lieu, en une cellule centrale et une couche extérieure, ordinairement simple, de cellules plus petites, contiguës aux parois de l'enveloppe générale. La cellule devient l'asque unique, caractéristique de l'espèce, et la couche qui l'entoure constitue la paroi interne de son périthéce. Les seuls changements observés ensuite sont l'accroissement du périthéce, la production de filaments semblables à des racines qui procèdent de sa paroi externe, la teinte brune qu'il prend, et enfin la formation des *sporidies* dans l'asque. L'anthéridie reste longtemps reconnaissable sans éprouver de

1. De Bary, *Morphologie und Phys. der Pilze*, chap. v, p. 162.

modification essentielle; mais la couleur sombre du périthéce
la cache bientôt aux yeux de l'observateur. De Bary se croit auto-
risé à supposer que les conceptacles et les organes de fructification de certains autres Ascomycètes, comprenant les Discomycètes
et les Tubéracées, sont les résultats de la génération sexuée.

Certains phénomènes, qui ont été observés chez les Coniomycètes, sont donnés comme exemples d'association sexuelle. Parmi
ces faits, on peut citer l'union des spores délicates de la première
génération produites sur les fils du *Tilletia* germant [1], et des cas
semblables d'association observés sur quelques espèces d'*Ustilago*. Cette interprétation convient-elle à ces phénomènes? C'est
une question qu'il serait peut-être
prématuré de trancher dans l'état
actuel de nos connaissances.

Enfin, doit-on attribuer aux spermogonies une influence secrète,
qui a échappé jusqu'ici à toutes les
recherches, sur le développement
des sporidies [2] Dans le *Rhytisma*,
qui se trouve sur les feuilles de l'é-
rable et du chêne, on voit apparaître d'abord de grandes taches
d'un noir de poix, renfermant une
pulpe dorée dans laquelle de très-
petits corpuscules sont répandus
au milieu d'un mucilage abondant.
Ces corpuscules sont les spermaties, qui, dans le *Rhytisma aceri-
num*, sont linéaires et courtes; dans

Fig. 101. — *Tilletia caries* avec les
cellules accouplées.

le *Rhytisma salicinum*, globuleuses. Quand les spermaties sont
expulsées, le stroma s'épaissit pour la production des asques et
des sporidies qui se développent ensuite pendant l'automne et
l'hiver.

Quelques espèces d'*Hysterium* possèdent aussi des spermogonies, notamment l'*Hyst. Fraxini* : ces corps peuvent se distinguer des périthèces qui renferment les asques, et auxquels
ils sont mélangés, par leur taille plus petite et leur forme qui
rappelle une bouteille. Les spermaties sont expulsées de ces spermogonies, longtemps avant la maturité des spores. Dans l'*Hypo-*

1. Berkeley, *Journ. hist. soc.*, vol. II, p. 107. — Tulasne, *Ann. des Sc.
Nat.* 4ᵉ sér., vol. II, tab. 12.
2. Tulasne, *Nouvelles recherches sur l'appareil reproducteur des champignons* (*Comptes rendus*, vol. XXXV, p. 841, 1852).

derma virgultorum, *H. commune* et *H. scirpinum*, les spermogonies sont de petites capsules déprimées, noires, qui contiennent une profusion de petites spermaties. Ces corps étaient autrefois regardés comme des espèces distinctes, sous le nom de *Leptostroma*. Dans le *Stictis ocellata*, un grand nombre de tubercules ne passent pas à l'état parfait avant d'avoir produit des spermaties linéaires très-courtes ou des stylospores qui sont des corps reproducteurs d'une forme oblongue, égaux en taille aux sporidie arrivées à l'état parfait. Quelques tubercules ne dépassent pas cette période.

Il y a encore un champignon très-commun qui forme des taches noires, discoïdes, sur les feuilles mortes du houx : c'est le *Ceuthospora phacidioides*, représenté par Gréville dans sa *Flore cryptogamique d'Écosse*. Il répand une grande quantité de petites stylospores; mais, à une époque plus avancée de la saison, nous trouvons à leur place les asques et les sporidies du *Phasidium Ilicis*, en sorte que les deux plantes sont des modifications l'une de l'autre.

Dans le *Tympanis conspersa*, on trouve plutôt les spermogonies que le fruit complet. Il y a une grande différence entre ces corps et les coupes qui portent les asques; mais il n'y a pas de preuve que les premiers organes se transforment dans les seconds. Les sporidies parfaites sont aussi des corps très-petits et très-nombreux, qui sont contenus dans des asques portés par des coupes, ordinairement autour des spermogones.

Dans quelques espèces de *Dermatea*, les stylospores et les spermaties coexistent; mais elles sont disséminées avant l'apparition des réceptacles qui portent les asques, bien qu'ils soient produits sur un stroma commun assez semblable à celui du *Tubercularia*.

Dans son jeune âge, le *Bulgaria inquinans*, champignon commun et bien connu qui, à sa maturité, ressemble à un *Peziza* noir, est un petit tubercule dont la masse est divisée en lobes ramifiés; les extrémités de ceux-ci deviennent, à la surface du tubercule, des réceptacles d'où s'échappent des flots de spermaties incolores, ou de stylospores mélangées avec elles, de dimensions plus grandes et de couleur presque noire.

Parmi les *Sphériacées*, on pourrait citer des cas nombreux de petites stylospores qui accompagnent ou précèdent les réceptacles porteurs d'asques. Un exemple très-commun se rencontre à la base des vieilles tiges d'ortie, dans les corps qui ont été désignés sous le nom d'*Aposphœria acuta*, mais qui ne sont en réalité que les stylospores du *Sphœria coniformis* ; les périthéces de ce champignon fleurissent en compagnie ou dans le voisinage de ces végétations. La plupart de ces corpuscules sont si petits, si délicats et si transparents, qu'il est très-difficile de déterminer leurs relations avec les êtres auxquels ils se rattachent. Néanmoins, il y a tout lieu de les regarder comme accomplissant les fonctions que rappellent les noms qui leur sont appliqués.

Le professeur de Bary fait ses réserves à l'égard des spermaties [1], et regarde leur caractère d'organes sexuels comme douteux. M. Tulasne, dit-il, a supposé que les spermogonies représentent le sexe mâle, et a fait des spermaties les analogues des anthérozoïdes. Son opinion s'appuie sur deux raisons plausibles; les spermaties, en fait, ne germent pas, et le développement des spermogonies précède généralement l'apparition des organes sporophores; cette double circonstance rappelle ce que l'on sait des anthérozoïdes et des anthéridies dans les autres végétaux. Il restait à découvrir quels étaient les organes femelles fécondés par les spermaties.

Plusieurs organes, rangés d'abord parmi les spermaties ont été reconnus, par M. Tulasne, susceptibles de germination, et, conséquemment, leur place légitime est parmi les spores. D'un autre côté, il faut considérer que beaucoup de spores ne germent que dans certaines conditions. Il y a donc lieu de se demander, quant à présent, s'il existe réellement des spermaties incapables de germination, ou si le défaut de germination de ces corpuscules ne tient pas plutôt à ce que les expériences tentées jusqu'ici n'ont pas réuni les conditions requises pour la production du phénomène, d'autant plus qu'on n'a pas encore trouvé de traces des organes femelles qui sont fécondés par les spermaties.

Enfin, il existe dans les Ascomycètes certains organes de reproduction, divers appareils porteurs de spores, des pycnides et quelques autres qui, à l'exemple des spermogonies, précèdent ordinairement les fruits ascophores. La nature réelle des spermogones et des spermaties a dû être regardée, jusqu'ici, comme très-incertaine. Pourtant, en ce qui concerne les spermaties, qu'on n'a jamais vues germer, peut-être est-il bon de ne pas rejeter absolument la première opinion formulée à leur égard, à moins qu'on ne leur attribue le rôle des androspores, en prenant ce terme dans le sens qui lui a été donné par Pringsheim dans l'étude des *conferves*. Les expériences faites sur les spermaties qui ne germent pas, et sur les spermogonies des *Urédinées*, ne semblent nullement justifier l'hypothèse de leur nature mâle ou

1. De Bary, *Morph. und Physiol. der Pilze.*

fécondatrice. Les spermogonies accompagnent ou précèdent constamment les fruits de l'*Æcidium*, d'où paraissait résulter la présomption que les premiers sont en relation sexuelle avec les seconds. Mais M. Tulasne, en cultivant l'*Endophyllum sempervivum*, a obtenu, sur certaines rosettes parfaitement isolées de *Sempervivum*, des *Æcidium* richement pourvus de spores normales et fertiles, sans aucune trace de spermogones ou de spermaties.

Des expériences récentes effectuées par M. Cornu tendraient à faire croire que les spermaties ne sont autre chose qu'une forme particulière de spores, réellement douées de la faculté germinative et devant servir également à la multiplication du champignon.

CHAPITRE IX

Un grand nombre de faits très-intéressants ont été mis en lumière, depuis ces dernières années, sur les différentes formes que prennent les champignons dans le cours de leur développement. Mais nous craignons qu'un grand nombre de suppositions n'aient été acceptées comme des faits, et que, d'après certaines relations possibles, deux, trois ou plusieurs espèces appartenant à des genres différents n'aient été, sur des données insuffisantes, regardées comme autant d'états ou de formes d'une seule et même plante. Si l'on avait mieux tenu compte des conseils très-sages du professeur de Bary, ces craintes n'auraient pas existé. Ce savant suggère des précautions si utiles, que nous ne pouvons nous dispenser de placer ses remarques sur ce sujet au commencement de ce chapitre [1]. Afin de déterminer, dit-il, si une forme organique, un organe ou un organisme appartient à la même série de développement qu'un autre, si le second est un produit du premier ou réciproquement, il n'y a qu'un moyen, c'est d'observer comment le second naît du premier. Nous voyons le commencement du second se manifester comme une partie du premier et être en parfaite connexion avec celui-ci; puis le second devient indépendant : que ce fait se produise par une séparation spontanée, ou que, le premier étant détruit, le second subsiste, ces deux corps désunis sont toujours réunis par un lien organi-

---

1. De Bary, *Mag. trimestriel allemand* (1872), p. 197.

que, comme des parties d'un même tout démembré plus tôt ou plus tard.

En observant la continuité organique, nous savons que la pomme est le produit du développement d'un pommier, et ne s'y trouve pas suspendue par hasard; que le pepin d'une pomme est le produit du développement de la pomme, et que du pepin peut naître ensuite un pommier; ainsi tous ces corps font partie d'un cycle de développement. Mais si notre expérience journalière nous apprend que partout où croît un pommier, le sol est parsemé de pommes, ou qu'à la place où l'on a semé des pepins, on voit sortir du sol de petits pommiers, ces faits importent fort peu à notre étude sur le cours du développement. Chacun le reconnaît tous les jours : car on rit d'une personne qui regarde une prune comme un produit du pommier, parce qu'elle se trouve sous cet arbre, ou les herbes qui se montrent parmi les semis de pepins comme le produit de ces pepins. Si le pommier, son fruit et ses graines étaient microscopiques, cela ne changerait en rien la nature de la question ni la méthode propre à la traiter; car la taille de l'objet n'a aucune importance à ce point de vue, et les questions qui se rapportent aux champignons microscopiques doivent être traitées de la même manière que celles qui ont trait aux autres végétaux.

Si donc on affirme que deux ou plusieurs formes appartiennent à la série du développement d'un être, cette assertion ne peut être fondée que sur le fait de la continuité organique. La preuve est plus difficile à établir que dans les grandes plantes ; en partie à cause de la délicatesse, de la petitesse et de la fragilité des différents organes, surtout de la plus grande portion du mycélium, en partie à cause de la ressemblance de ces organes dans différentes espèces, ce qui entraîne le danger des confusions, et en partie enfin à cause de la présence de différentes sortes de végétaux dans la même substance : de cette dernière circonstance résulte, non-seulement le mélange de différentes sortes de mycélium, mais aussi celui de différentes sortes de spores semées confusément. Avec du soin et de la patience, ces difficultés ne sont point insurmontables, et il faut, d'une manière ou d'une autre, en triompher; il faut s'assurer de la continuité ou de la non-continuité organique : autrement les questions relatives au cours du développement et à la série des formes des diverses espèces doivent être mises de côté comme insolubles.

Quelque simples et intelligibles que soient ces principes, on n'en a pas toujours tenu compte. On les a tantôt oubliés, tantôt rejetés avec intention, non qu'on les considérât comme faux,

mais parce qu'on regardait comme insurmontables les difficultés
de leur application. On a donc adopté une autre méthode d'examen : on semait les spores d'une certaine forme ; à un moment
donné, on regardait ce qu'avait produit la semence, non pas chaque spore en particulier, mais la semence en masse ; en d'autres
termes, on considérait ce qui avait poussé à la place où avait été
fait le semis. S'il s'agit de ces formes qui sont si répandues, et
surtout qui croissent habituellement dans le voisinage les unes
des autres, ce qui est le cas des expériences dont nous parlons,
nous ne pouvons jamais être sûrs que les spores de la forme soumise à l'étude ne soient pas mêlés à celles d'une autre espèce.
Celui qui a fait avec soin et attention de pareilles observations sait
que nous trouverons sans doute de semblables mélanges, et que
le fait pourra être ensuite positivement démontré. Du semis qui a
été fait, les spores pour lesquelles la substance était le mieux appropriée germeront le plus facilement, et leur développement se
montrera le plus tôt. Les germes favorisés supplanteront les moins
favorisés, et croîtront à leurs dépens. La relation qui existe entre
ces graines est la même que celle qui existe entre les semences et
les germes d'une plante d'été que l'on aurait semée, et les semences que l'on aurait involontairement semées avec elle : le phénomène est seulement plus marqué à cause du développement plus
prompt des moisissures.

Ainsi, qu'après un semis on trouve une forme déterminée ou un
mélange de différentes formes, ce n'est pas une preuve de la connexion générique de ces produits avec la plante semée dans le
but de faire une expérience : et la confusion sera plus grande encore si nous appelons l'imagination à notre aide, si, d'après une
ressemblance réelle ou imaginaire, nous plaçons dans une certaine série de développement les formes qui ont été nourries dans
le voisinage les unes des autres. Il faut rejeter comme sans fondement toutes ces allégations sur des cycles de forme et sur des
connexions, quand elles ont pour base une étude aussi superficielle, et quand elles ne sont pas fondées sur une preuve claire de
la continuité du développement, semblable aux preuves qui ont
établi la connexion du *Mucor* et du *Penicillium*, de l'*Oïdium lactis*
et du *Mucor*, de l'*Oïdium* et du *Penicillium*.

Il y a une source d'erreurs qui peut s'introduire dans la méthode
superficielle de culture employée par des expérimentateurs im-
prudents : c'est la possibilité que des spores étrangères, que l'on
ne désire pas, s'introduisent spontanément dans les semis : ce
point n'a pas jusqu'à présent été assez considéré. Il est d'une
grande importance dans la pratique ; mais en ce qui concerne

notre sujet, les remarques précédentes s'y appliquent suffisamment. Les expérimentateurs habiles dans ce genre de culture sont persuadés de l'importance de cette cause d'erreurs ; et pour détruire les spores contenues dans la substance nourricière, autant que pour éviter les spores étrangères, on a construit plusieurs appareils appelés « machines à culture pure ». Bien entendu, ces appareils ne s'opposent pas aux mélanges dans les semis. Ces machines peuvent, à d'autres égards, remplir leur objet, mais elles ne peuvent pas changer la forme de la question, et les instruments les plus ingénieusement construits ne peuvent pas remplacer l'attention et l'intelligence de l'observateur [1].

Deux catégories distinctes de phénomènes ont été groupées sous le nom de polymorphisme. Dans l'une des catégories, deux ou plusieurs formes de fruits se présentent successivement ou simultanément sur le même individu ; et dans l'autre, deux ou plusieurs formes se montrent sur des mycéliums différents, sur des parties différentes de la même plante ou sur une substance nourricière entièrement distincte. Dans le dernier cas, la connexion est attestée ou indiquée par certaines circonstances; dans le premier, elle est prouvée par la méthode que de Bary a suggérée. On avouera que dans les cas où un accroissement, un développement observé, établit les faits, le polymorphisme n'est pas douteux; tandis que, dans l'autre ordre de phénomènes, il ne peut guère être que soupçonné. Nous allons donner des exemples des deux sortes.

Un des cas les plus anciens de dualisme, qui a longtemps embarrassé les premiers mycologistes, a été observé parmi les Urédinées. Il y a plusieurs années, on croyait qu'il devait exister une relation mystérieuse entre la rouille (*Trichobasis rubigo vera*) du blé et des graminées, et la nielle du blé (*Puccinia Graminis*) qui lui succède. La rouille à spores simples fait d'abord son apparition, et plus tard vient la nielle biloculaire. Il n'est nullement rare de trouver les deux formes dans la même pustule. Quelques-uns ont pensé que les cellules simples se divisaient ensuite et se convertissaient en *Puccinia;* mais il n'en est pas ainsi. Les spores de l'*Uredo* sont toujours simples, et restent dans cet état,

1. La méthode suivie par MM. Berkeley et Hoffmann consiste à entourer la goutte de liquide dans laquelle un nombre déterminé de spores ou de globules de levure ont été semés, d'une mince couche d'air, dans laquelle les fils de la germination peuvent passer et fructifier. C'est peutêtre la plus satisfaisante qui ait été adoptée, bien qu'elle exige une manipulation délicate. Avec les précautions requises, le résultat est irréfragable, bien que des doutes aient été élevés sur leurs observations.

excepté dans l'*Uredo linearis*, où l'on a observé chaque phase intermédiaire. Les unes et les autres sont parfaites dans leur genre et capables de germination.

Quelles peuvent être les relations précises entre les deux formes ? C'est ce qui n'a pas encore été révélé aux observateurs ; mais il n'est pas douteux que les deux formes n'appartiennent à une seule espèce. Beaucoup d'espèces de *Puccinia* ont déjà été trouvées associées avec un *Trichobasis* correspondant, ainsi que des espèces de *Phragmidium* avec un *Lecythea ;* mais on peut se demander si quelques-unes des nombreuses espèces associées par les auteurs n'ont pas été réunies plutôt d'après des soupçons que d'après des observations. Nous sommes prêts à admettre qu'il y a de fortes présomptions en faveur du dimorphisme d'un grand nombre d'espèces, peut-être de toutes ; mais cette doctrine attend des preuves ou de sérieux indices. Jusqu'à présent, nous savons qu'il y a des espèces de *Trichobasis* pour lesquelles on n'a jamais pu trouver d'association avec un *Puccinia*, et sans doute il y a des espèces de *Puccinia* pour lesquelles on ne peut trouver d'*Uredo* ou de *Trichobasis* correspondant.

Tulasne, dans un de ses mémoires, remarque, en parlant du *Puccinia Sonchi*, que cette curieuse espèce montre qu'un *Puccinia* peut réunir trois sortes de corps reproducteurs : ceux-ci, pris à part, constituent pour certains mycologues actuels trois plantes entièrement différentes : un *Trichobasis,* un *Uromyces* et un *Puccinia.* Les Urédinées ne sont pas moins riches, ajoute-t-il, en corps reproducteurs de différentes sortes que les Pyrénomycètes et les Discomycètes ; et nous n'avons pas lieu d'en être surpris, car c'est une loi, semble-t-il, presque constante dans l'harmonie générale de la nature, que plus les êtres organisés sont petits, plus leurs races sont prolifiques.

Dans le *Puccinia variabilis,* Grev., il n'est pas rare de trouver une forme unicellulaire, espèce de *Trichobasis,* dans les mêmes pustules. Une circonstance semblable se présente avec le *Puccinia Violarum,* Link, et le *Trichobasis Violarum,* B.; avec le *Puccinia fallens,* C., et le *Trichobasis fallens,* Desm. ; avec le *Puccinia Menthæ,* P., et le *Trichobasis Labiatarum,* DC. De même dans le *Melampsora,* les pseudospores prismatiques du *Melampsora salicina,* Lév., sont les fruits d'hiver du *Lecythea Caprearum,* Lév., comme celles du *Melampsora populina,* Lév., sont celles d'hiver du *Lecythea populina,* Lév. Dans les espèces de *Lecythea* elles-mêmes, on trouve, comme de Bary l'a montré [1], des

1. De Bary. *Über die Brandpilze* (Berlin, 1853), pl. IV, fig. 3, **4, 5.**

cystes transparents de plus grande taille, qui environnent les pseudospores dans les pustules où celles-ci se sont développées.

Un bon exemple de dimorphisme chez une des moisissures les plus communes nous est fourni dans un ouvrage de de Bary déjà cité [1]. Dans chaque maison, écrit-il, il y a souvent un hôte visible qui se montre particulièrement sur les fruits conservés : c'est la moisissure appelée *Aspergillus glaucus*. On la voit à l'œil nu sur la substance, comme une enveloppe laineuse, d'abord d'un blanc pur, puis graduellement couverte de petites têtes fines, poudreuses, glauques ou d'un vert sombre. Un examen plus attentif montre que le champignon consiste en filaments fins richement ramifiés, qui sont en partie disséminés dans la substance nourricière, en partie dressés obliquement sur elle. Ils ont une forme cylindrique avec des extrémités arrondies, et sont partagés en longs articles étendus, dont chacun est une vésicule dans le sens ordinaire du mot; il contient, enfermés dans une paroi délicate sans structure, ces corps qui ont l'apparence d'une substance muqueuse finement granulée, et qu'on désigne sous le nom de protoplasma. Cette matière, dans certains cas, remplit également les cellules; dans d'autres, à mesure que la cellule vieillit, elle se remplit de cavités aqueuses appelées vacuoles.

Toutes les parties sont d'abord incolores. L'accroissement en longueur des filaments se produit par suite d'un développement qui a lieu surtout près de leur pointe ; celle-ci s'avance toujours, et, près de l'extrémité, il se forme successivement de nouvelles cloisons; mais, à une certaine distance, l'accroissement en longueur cesse. Ce mode de développement s'appelle développement par la pointe. Les rejetons et les branches naissent comme des dilatations latérales des principaux filaments, et une fois formés, grandissent par l'accroissement en pointe. Cet accroissement de chaque branche est jusqu'à un certain point illimité. Les filaments développés dans la substance nourricière et sur sa surface, sont les premières parties du champignon ; elles durent tant qu'il végète. Comme ce sont ces parties qui absorbent la substance entière et lui empruntent la nourriture, on les appelle le *mycélium*. Presque tout champignon possède un mycélium qui, si nous n'avons pas égard aux différences spécifiques de forme et de taille, se conforme à la description précédente quant à sa disposition et sa croissance.

Les filaments superficiels du mycélium produisent d'autres fils

---

1. A. de Bary, *Sur la moisissure et la fermentation*, dans le *Magasin trimestriel allemand*, vol. II, 1872.

que ces branches nombreuses dont la description précède ; ce
sont les fils porteurs des fruits (carpophores) ou fils à conidies.
Ils sont en moyenne plus gros que les fils du mycélium, et ne
sont que par exception ramifiés ou munis de cloisons ; ils s'élèvent presque perpendiculairement dans l'air et atteignent en
moyenne une longueur d'un demi-millimètre ou 1/5 de pouce ;
mais ils deviennent rarement plus longs et leur croissance est
alors à son terme. Leur extrémité supérieure libre se gonfle et
s'arrondit ; il naît, sur toute la partie supérieure, des protubérances rayonnantes, qui prennent une forme ovale et une longueur presque égale à leur rayon, ou, dans les spécimens les plus
faibles, au diamètre de la tête arrondie. Les protubérances diver-
gentes produisent directement et portent les cellules reproductrices, spores ou conidies, et sont appelées stérigmates. Chaque
stérigmate produit d'abord à sa pointe une petite protubérance
ronde, qui, par une base forte et étroite, repose sur le stérigmate.
Ce corps se remplit de protoplasma, se renfle plus ou moins, et,
au bout de quelque temps, se sépare du stérigmate au moyen
d'une cloison, pour former une cellule indépendante, spore ou
conidie.

La formation de la première spore a lieu à l'extrémité du stérigmate, une seconde suit de la même manière, puis une troisième ; chaque spore qui naît pousse celle qui l'a précédée dans
l'axe du stérigmate, à mesure qu'elle croît elle-même ; les spores
successives, formées d'un stérigmate, restent pour quelque temps
en file les unes avec les autres. Ainsi chaque stérigmate porte
sur son sommet une chaîne de spores, qui sont d'autant plus
anciennes qu'elles s'éloignent plus du stérigmate. Le nombre de
chaînons, dans une chaîne de spores, est, dans les spécimens
normaux, de dix ou davantage. Tous les stérigmates naissent en
même temps, et marchent ensemble dans la formation des spores.
Chaque spore croît pendant un certain temps, et à la fin se sépare
de ses voisines. La masse des spores séparées forme cette fine
couleur glauque dont on a parlé plus haut. Les spores donc sont
articulées en file, l'une après l'autre, aux extrémités des stérigmates. La spore ou la conidie mûre est une cellule de forme
ronde ou largement ovale, remplie d'un protoplasma incolore ; et
si on l'observe séparément, on le trouve pourvu d'une membrane brune, finement verruqueuse et ponctuée.

Le même mycélium, qui forme le pédicelle des conidies quand
il est près de la fin de son développement, produit par sa végétation normale une seconde sorte de fructification. Elle commence
par de petites branches fines et délicates, qui ne se distinguent

pas à l'œil nu, et qui, après une croissance généralement ter
minée en peu de temps, finissent en faisant cinq ou six tours à la
façon d'un tire-bouchon (fig. 102). Les sinuosités décroissent de
plus en plus en largeur; finissent par se rapprocher les unes des
autres, et toute l'extrémité perd la forme de tire-bouchon pour

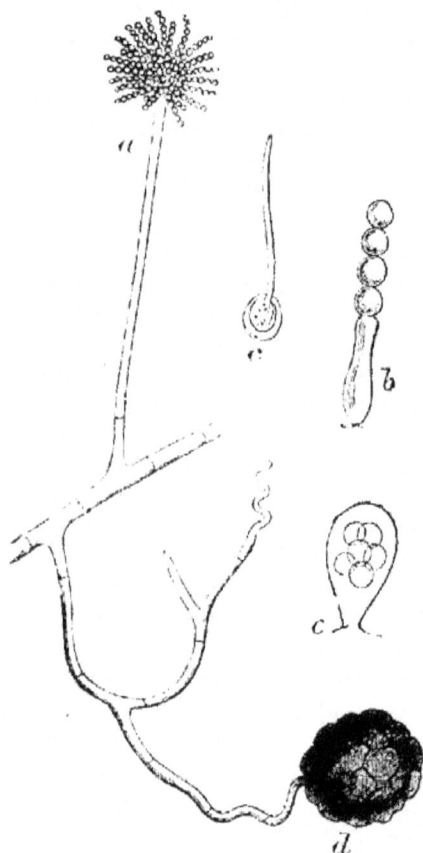

Fig. 102. — *a. Aspergillus glaucus.* — *b.* Conidie. — *e.* Conidie germant. — *d.* conceptacle
d'*Eurotium.* — *e.* Asque.

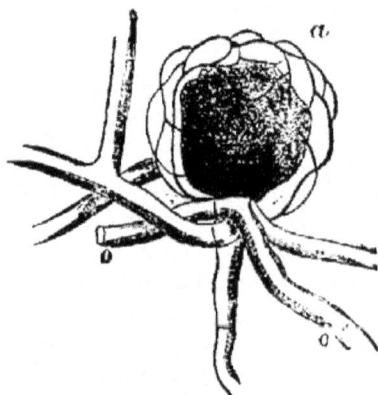

Fig. 103. — *Erysiphe cichoracearum.*
— *a.* Réceptacle. *o. Mycelium* (de
Bary).

prendre celle d'une vis creuse. Dans l'intérieur et sur la surface
de ce corps en vis, il se produit un changement compliqué qui
fait de lui un organe reproducteur. En conséquence, du corps en
vis se forme un réceptable globuleux, consistant en une fine paroi
à membrane délicate, et en une file de cellules étroitement enga-
gées les unes dans les autres, entourées par cette masse épaisse
(*d*). Par l'accroissement de toutes ces parties, le corps rond gran-
cit tellement qu'au temps de sa maturité il est visible à l'œil nu.
La surface extérieure de la paroi prend de la compacité et une

brillante couleur jaune ; la plus grande partie des cellules de la masse intérieure deviennent des asques où se forment des sporidies. Ces cellules s'affranchissent de leur union réciproque, prennent une forme ovale, large, et produisent chacune dans son intérieur huit sporidies (e) ; celles-ci bientôt remplissent entièrement l'asque. Quand elles sont tout à fait mûres, la paroi du conceptacle devient cassante, et par des fissures irrégulières, que le contact produit facilement, les sporidies rondes et incolores sont mises en liberté.

Les pédicelles des deux sortes de fruits se forment de ce même mycélium dans l'ordre que nous venons de décrire. En examinant attentivement, on peut souvent les voir sortir côte à côte, du même filament du mycélium. Cela n'est pas très-facile à apercevoir dans l'entre-croisement des tiges d'une masse de ces champignons, à cause de leur délicatesse et de leur fragilité. Avant que leur connexion fût connue, les conceptacles et les pédicelles de conidies étaient considérés comme des organes de deux espèces bien différentes. Les conceptacles étaient appelés *Eurotium herbariorum*, et les porte-conidies *Aspergillus glaucus*.

Le groupe des *Erysiphe* est allié au genre *Eurotium*. Il présente aussi un polymorphisme authentique. Ces champignons se développent sur les parties vertes des plantes vivantes ; ils consistent d'abord en une couche moisie blanchâtre, composée d'un mycélium délicat, sur lequel se produisent des fils dressés ; ceux-ci se produisent en articles subglobuleux ou conidies. L'espèce qui vient sur les gazons était nommée *Oïdium monilioides* avant qu'on en connût la parenté ; mais sans aucun doute elle consiste seulement dans les conidies de l'*Erysiphe Graminis*. De la même manière, la maladie de la vigne (*Oïdium Tuckeri*) n'est très-probablement autre que les conidies d'une espèce d'*Erysiphe*, dont la forme parfaite est encore à découvrir. Sur les rosiers, l'ancien *Oïdium leucoconium* ne consiste que dans les conidies du *Sphærotheca pannosa*, et ainsi d'autres espèces. L'*Erysiphe* qui paraît à la fin sur le même mycélium consiste en périthéces globuleux, munis extérieurement d'appendices filiformes, et intérieurement d'asques contenant les sporidies. Dans ce genre il n'y a pas moins de cinq formes différentes de fruits [1] : les fils multiformes naissant du mycélium et dont on a déjà parlé comme formes d'*Oïdium*; les asques contenus dans les sporanges et qui sont le fruit propre de l'*Erysiphe*; de grands stylospores qui se produisent dans d'autres sporanges ; des stylospores plus petites qui s'engen-

1. Berkeley, *Introd. Crypt. Bot.*, p. 78, fig. 20.

drent dans les pycnides, et des sporules séparés qui se forment quelquefois sur les articles en dentelles des conidies. Ces formes sont représentées dans l'*Introduction à la botanique cryptogamique,* prises sur le *Sphærotheca Castagnei,* qui est la nielle du houblon [1]. La maladie de la vigne, la nielle du houblon et celle du rosier sont les espèces les plus destructrices de ce groupe, et le fléau du cultivateur.

En décrivant pour la première fois un champignon allié qu'on trouve dans le vieux papier et qu'on nomme *Ascotricha charta-rum,* le révérend M. J. Berkeley a appelé l'attention sur la présence de conidies globuleuses attachées aux fils qui entourent les conceptacles [2]; cela se passait dès 1838. Dans une espèce récente de *Chætomium,* qui se trouve sur les vieux chiffons, *Chætomium griseum,* Cooke [3], nous avons remarqué des touffes extérieurement semblables au *Chætomium* à tous égards; mais il ne se formait pas de périthéces; des conidies nues se développaient visiblement à la base des fils incolores. Dans le *Chætomium funi-colum,* Cooke, on a trouvé aussi une moisissure noire qui peut très-bien en être les conidies; mais il n'y a pas, jusqu'à présent, de preuve directe.

Les frères Tulasne nous ont fait connaître, parmi les Sphéria-cées, un grand nombre d'exemples dans lesquels existent des organes multiples de reproduction. Très-souvent des échantillons vieux et mourants, appartenant à des espèces de *Boletus,* sont remplis par les fils et les spores innombrables d'un parasite jaune d'or qui remplace toute leur substance intérieure : on lui a donné le nom de *Sepedonium chrysospermum.* Suivant Tulasne, ce n'est qu'une forme d'un champignon sphériacé appartenant au genre *Hypomyces* de cet auteur [4].

Les mêmes observateurs ont aussi démontré les premiers que le *Trichoderma viride,* P., n'était que la forme à conidies de l'*Hypocrea rufa,* P., autre champignon sphériacé. Le stroma asci-gère du dernier se rapproche souvent beaucoup, en réalité, des coussins du prétendu *Trichoderma;* dans d'autres cas, le même stroma donne naissance à différents appareils porteurs de coni-dies, dont les principaux éléments sont des filaments pointus, courts, droits, presque simples; ceux-ci portent de petites coni-dies ovales, solitaires au bout des fils. Cet *Hypocrea* possède

1. Voyez aussi Berkeley, *Trans. Hort. Soc. London,* IX, p. 68.
2. Berkeley, *Ann. Nat. Hist.* Juin 1838, n° 116.
3. *Grevillea,* vol. I, p. 176.
4. Tulasne, *Sur certains Sphæria fungicoles (Ann. des Sc. Nat.* 1e série, XIII, 1860, p. 5).

donc deux sortes de' conidies, comme il arrive dans plusieurs
espèces d'*Hypomyces*.

Un exemple très-familier de dualisme se trouve dans le *Nectria
cinnabarina*, dont la forme à conidies est un des champignons
les plus communs, formant de petits nodules rouges sur toutes
sortes de rameaux morts [1].

Toute petite branche de groseillier qui est restée sur le sol à
l'humidité offre généralement l'occasion d'étudier ce phénomène.

Fig. 104. — Rameau portant des
Tubercularia sur sa portion supérieure, des *Nectria* sur l'inférieure.

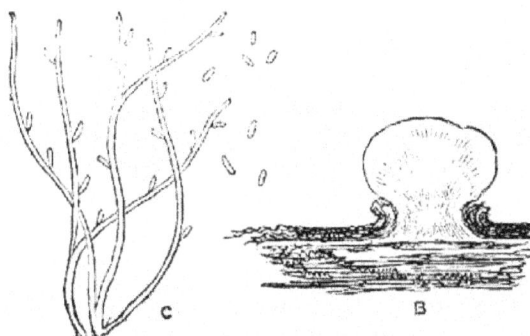

Fig. 105. — Section de *Tubercularia*. — *c*. Filaments
avec conidies.

Toute la surface de la branche est couverte d'un bout à l'autre de
petites proéminences roses et brillantes, faisant saillie à travers
l'écorce, à des distances régulières d'environ un quart de pouce.
Vers l'une des extrémités de la branche, les proéminences seront probablement d'une couleur plus foncée et plus riche, comme
de la poudre de cinnabre. L'œil nu suffit pour découvrir quelque
différence entre les deux sortes de pustules, et, au point où les
deux se mêlent, on voit de petites taches de cinnabre se détacher
sur les marques roses. En enlevant l'écorce, on verra que les
corps roses ont une tige plus pâle, qui s'épanouit vers le haut en
une tête globuleuse couverte d'une fleur de farine délicate. A la
base, cette tige pénètre dans l'intérieur de l'écorce et il s'en dé-

1. *A currant twig, and something on it*, **Gardener's Chron**, 28 janvier 1871.

tache, dans toutes les directions, des fils de mycélium confinés cependant à l'écorce, et n'entrant pas dans les tissus du bois placés au-dessous. La tête, soumise à l'examen, se montre formée de fils parallèles délicats, unis ensemble pour former la tige et la tête; quelques-uns de ces fils sont simples, d'autres sont ramifiés : ils portent çà et là de petits corps délicats qui s'en détachent aisément et forment la fleur de farine qui couvre la surface. Ce sont les conidies, petits corps menus et cylindriques, arrondis aux extrémités.

En passant aux autres corps, qui sont d'une couleur plus foncée, on reconnaîtra bientôt qu'au lieu d'être formé par une tête arrondie, chaque tubercule est composé de particules nombreuses plus petites, presque globuleuses, étroitement unies, souvent comprimées, toutes rassemblées en une base qui ressemble beaucoup à la base des autres tubercules. Si nous regardons pour un instant un des tubercules près de l'endroit où les taches cramoisies semblent s'enfoncer dans le rose, nous ne le trouverons pas seulement teint de deux couleurs, mais nous verrons que les pointes rouges sont les mêmes petites têtes globuleuses que nous venons d'observer en paquets. Cela conduit à soupçonner, comme on le vérifie, que les têtes rouges sont réellement produites sur la tige ou le stroma des tubercules roses.

Une section de l'un des tubercules rouges nous montrera combien diffère la structure intérieure. Les petits corps sub-globuleux qui naissent d'un stroma ou d'une tige commune sont des capsules creuses, extérieurement granuleuses, remplies intérieurement d'un nucléus gélatineux. Ce sont en réalité les périthéces d'un champignon sphériacé du genre *Nectria*, et le nucléus gélatineux contient la fructification. Un examen plus prolongé montrera que cette fructification consiste en asques cylindriques renfermant chacun huit sporidies elliptiques étroitement rassemblées, et mêlées de fils déliés appelés paraphyses.

Nous avons donc là une preuve manifeste que le *Nectria cinnabarina*, avec sa fructification produite dans des asques, pousse du stroma et de la tige de ce qu'on appelait autrefois *Tubercularia vulgaris*, et est en relation intime avec cette plante. Le même champignon a deux sortes de fruits : l'une propre à la forme rose du *Tubercularia*, avec des conidies nues et délicates; l'autre propre aux champignons mûrs, enfermée dans des asques et engendrée dans les parois d'un périthéce. On sait maintenant que de tels exemples sont loin d'être rares, bien qu'ils ne puissent toujours, ni même souvent, être aussi distinctement observés que dans le cas rapporté ici.

Il n'est pas rare que les conidies du *Sphæria* prennent les caractères d'une moisissure; et alors les périthéces se développent parmi les fils à conidies. Un exemple de ce fait dont il a été récemment fait mention se rapporte au *Sphæria Epochnii*, B. et Br. [1], dont la forme à conidies était connue sous le nom d'*Epochnium Fungorum*, longtemps avant la découverte du *Sphæria* qui s'y rattache. L'*Epochnium* forme une couche mince qui se répand sur des espèces diverses de *Corticium*. Les conidies sont d'abord uniseptées. Les périthéces du *Sphæria* sont, à l'origine, d'un vert-bouteille pâle, ramassés au centre de l'*Epochnium*, puis deviennent vert sombre, granulés, quelquefois déprimés au sommet, avec un petit pore. Les sporidies sont fortement serrées au centre, d'abord uniseptées, avec deux nucléus dans chaque compartiment.

Un autre *Sphæria*, dans lequel l'association est hors de doute, est le *Sphæria aquila*, Fr. [2], qu'on trouve presque toujours logé dans un subiculum laineux brun, formé en majeure partie de fils bruns stériles. Ces fils cependant produisent dans des conditions favorables, surtout avant le com-

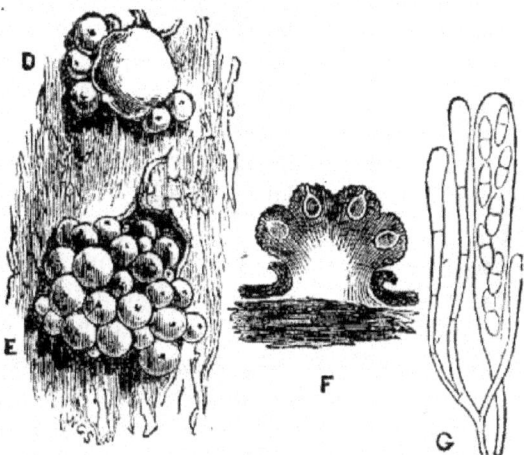

g. 106. — *D. Nectria* entourant le *Tubercularia*. — *E.* Touffe de *Nectria cinnabarina*. — *F.* Section de stroma. — *G.* Asque.

plet développement des périthéces, de petites conidies subglobuleuses, et, dans cet état, constituent ce qui portait autrefois le nom de *Sporotrichum fuscum*, Link, mais que l'on sait être maintenant les conidies du *Sphæria aquila*.

Dans le *Sphæria nidulans*, Schw., espèce de l'Amérique du Nord, nous avons trouvé plus d'une fois le subiculum brun sombre portant de grandes conidies triseptées, et ayant tous les caractères du genre *Helminthosporium*. Dans le *Sphæria pilosa*, P., MM. Berkeley et Broome ont observé des conidies oblongues,

1. Berkeley et Broome, *Ann. of Nat. His.* (1866), pl. V, fig, 36; Cooke, *Handbook*, II, p. 866.
2. Cooke, *Handbook*, II, p. 853, n° 2519; échantillons dans le *Fungi Britannici exsiccati* de Cooke, n° 270.

assez irrégulières dans leurs contours, terminant les poils du
périthéce [1]. Les mêmes auteurs ont aussi représenté les curieuses conidies pentagonales naissant des fils flexueux qui accompagnent le *Sphæria felina*, Fckl. [2], ainsi que les fils semblables à ceux du *Cladotrichum*, et les conidies anguleuses du
Sphæria cupulifera, B. et Br. [3]. Les frères Tulasne ont signalé
aussi un exemple très-remarquable dans le *Pleospora polytricha*,
où les fils à conidies non-seulement entourent, mais surmontent
les périthéces et sont couronnés de faisceaux de conidies cloisonnées [4].

Les exemples de ce genre sont maintenant devenus si nombreux qu'on n'en peut citer que quelques-uns comme exemples.
Il est possible que la majorité des espèces classées aujour-
d'hui dans le genre de moisissure noire, *Helminthosporium*,
soient dans quelque temps reconnues comme les conidies de
différentes espèces de champignons Ascomycètes. Le même sort
est peut-être réservé aussi à d'autres genres voisins; mais tant
que cette association ne sera pas établie, ils doivent conserver
le rang qui leur a été assigné.

Une autre forme de dualisme, un peu différente de la précédente, se présente dans le genre sphériacé *Melanconis*, de
Tulasne; les spores libres y sont encore appelées conidies, bien
qu'elles naissent souvent dans une sorte de réceptacle bâtard,
ou sur des fils courts venant d'une sorte de stroma en forme
de coussin. Dans le *Melanconis stilbostoma* [5], il y a trois formes
de semences; les unes sont de petits corps déliés se présentant
sous la forme de rejetons jaunes, qui peuvent être des spermaties : on les appelait autrefois *Nemaspora crocea*. Puis il y a les
conidies ovales, brunes ou olivâtres, qui sont d'abord abritées,
puis s'échappent au dehors en une masse pâteuse noire : c'était
autrefois le *Melanconium bicolor*; et enfin les sporidies dans des
asques, du *Sphæria stilbostoma*, Fr. Dans le *Melanconis Berkeleii*, Tulasne, les conidies sont quadriloculaires; elles étaient antérieurement connues sous le nom de *Stilbospora mascrosperma*,
B. et Br. Dans une espèce très-voisine, habitant l'Amérique du
Nord, *Melanconis bicornis*, Cooke, les sporidies appendiculées
sont semblables, et les conidies paraissent participer aux caractères du *Stilbospora*. Nous pouvons faire remarquer ici que nous

1. *Ann. Nat. Hist.* (1871), n° 1332, pl. XX, fig. 23.
2. Berk. et Br., *Ann. Nat. Hist.* (1865), n° 1096.
3. Ibid., n° 1333, pl. XXI, fig. 24.
4. Tulasne, *Sel. Fung. Carp.*, II, p. 269, pl. 29.
5. Cooke, *Handbook*, II, p. 878; Tulasne, *Carpologia*, II, p. 128, pl. XIV.

avons vu une moisissure brune, probablement une espèce non
décrite de Dématiée, croissant en taches définies autour des ouvertures formées dans l'écorce du bouleau par l'éruption des
ostioles des périthéces du *Melanconis stilbosloma* des Etats-Unis.

Dans le *Melanconis lanciformis* [1], Tul., il y a, semble-t-il,
quatre formes de fruit. L'un d'eux consiste en conidies, appelées
par Corda *Coryncum disciforme* [2]. Il y a des stylospores, représentées aussi par Corda sous le nom de *Coniothecium betulinum*; des pycnides [3], découvertes pour la première fois par
Berkeley et Broome, et appelées par eux *Hendersonia poly-
cyslis* [4], enfin les fruits ascophores qui constituaient le *Sphæria
lanciformis* de Fries. M. Currey a désigné l'*Hendersonia polycystis*, B. et Br., comme une forme de fruit de cette espèce, dans une
communication à la société royale, en 1857 [5]. Il dit que cette
plante pousse sur le bouleau, et atteint son complet développement dans les temps très-humides; on peut la reconnaître à de
grandes protubérances noires, molles, gélatineuses, sur l'écorce :
elles sont formées par des spores qui s'échappent et se déposent
sur le sommet du périthéce ou aux alentours. Je soupçonne
cette plante d'être un état anormal d'un *Sphæria* bien connu
(*S. lanciformis*), qui croît sur le bouleau et seulement sur cet
arbre.

Nous pourrions multiplier presque indéfiniment ces exemples
pour les Sphériacées, mais nous en avons assez donné pour
nous faire comprendre; nous allons donc passer à la description
succincte de quelques cas parmi les Discomycètes, qui portent
aussi dans des asques leurs fruits complets ou parfaits.

Les belles coupes pourpre et stipitées du *Bulgaria sarcoïdes*,
qu'on peut remarquer en automne sur le vieux bois pourri, sont
souvent accompagnées de corps claviformes de même couleur.
Plus tôt, dans la saison, ces corps claviformes peuvent se trouver
seuls; ils portaient à une époque le nom de *Tremella sarcoides*. La
partie supérieure de ces massues répand une grande abondance
de spermaties rectilignes et très-déliées. Mais auparavant elles
sont couvertes de conidies globuleuses. Le *Bulgaria*, à sa maturité
complète, développe sur son hyménium des asques délicats claviformes, renfermant chacun huit sporidies, transparentes. allongées, de sorte que nous avons trois sortes de fruits apparte-

1. Tulasne, *Sel. Fung. Carp.*, II, XVI.
2. Corda, *Icones Fungorum*, vol. III, fig 91.
3. Corda, *Icones*, vol. I, fig. 25.
4. Berk. et Br., *Ann. Nat. Hist.*, n° 415.
5. Currey, *Phil. Trans. Roy. Soc.* (1857), pl. 25.

nant au même champignon, savoir : des conidies et des spermaties dans la phase *Tremella*, et des sporidies contenues dans des asques à la maturité [1]. Les mêmes phénomènes se présentent dans le *Bulgaria purpurea*, espèce plus grande avec des fruits différents, longtemps confondue avec le *Bulgaria sarcoides*.

Il n'est pas rare de trouver, sur les tiges mortes d'orties, de petits tubercules orangés, de la grosseur d'une tête d'épingle, et qui laissent échapper, à cette phase, une profusion de corps déliés, linéaires, produits sur des fils délicats ramifiés. Ils portaient à une époque le nom de *Dacrymyces Urticæ*; mais ils sont reconnus aujourd'hui pour n'être qu'une forme d'un petit *Peziza* trémelloïde, de même taille et de même couleur, qu'on pourrait confondre avec eux sans le secours du microscope, mais où il y a des asques et des sporidies distincts. On considère aujourd'hui les deux formes comme appartenant au même champignon, auquel on a donné le nom de *Peziza fusarioides,* B.

L'autre série de phénomènes appartenant au polymorphisme se rapporte à des formes qui sont éloignées l'une de l'autre, de telle sorte que le mycélium n'est pas identique, ou bien qui, plus ordinairement, se produisent sur des plantes différentes. Le premier phénomène de cette sorte qui va nous occuper présente un intérêt particulier, car il justifie l'ancienne croyance populaire, que les buissons d'épine-vinette situés près des champs de blé produisent la nielle du blé. Il y a dans le Norfolk, non loin de Great Yarmouth, un village appelé Mildew Rollesby, parce qu'il avait autrefois la réputation peu enviable d'offrir une grande quantité de nielle de blé ; cette végétation était produite, disait-on, par des buissons d'épine-vinette qui ont été coupés ; et alors la nielle a disparu des champs de blé, de sorte que Rollesby n'a plus mérité son surnom. Nous avons déjà montré que la nielle du blé (*Puccinia graminis*) est dimorphe, puisqu'elle a un fruit à une cellule (*Trichobasis*), aussi bien qu'un fruit à deux cellules (*Puccinia*). Le champignon qui attaque l'épine-vinette est une forme des plus curieuses (*Æcidium Berberidis*), dans laquelle de petits péridiums en forme de coupe, contenant de brillantes pseudospores orangées, se produisent en touffes ou en grappes sur les feuilles vertes, avec leurs spermogonies.

Les observations de M. de Bary sur cette association de formes ont été publiées en 1865 [2]. S'inspirant de la croyance populaire, il

1. Tulasne, *Sur l'appareil reproducteur des Champignons* (*Comptes rendus*, 1852), p. 811 ; et Tulasne, *Sel. Fung. Carp.*, vol. III.

2. *Monatsbericht der Koniglischen Preuss, Acad. der Wissenschaften.* Berlin, jan, 1865.

eut l'idée de semer les spores du *Puccinia graminis* sur les
feuilles de l'épine-vinette. Dans ce dessein, il recueillit les
spores dormantes cloisonnées sur le *Poa pratensis* et le *Triticum repens*. Ayant fait germer les spores dans une atmosphère
humide, il plaça les fragments des feuilles où elles avaient développé leurs spores secondaires, sur des feuilles d'épine-vinette
jeunes, mais bien développées, dans la même atmosphère. Au
bout de vingt-quatre à quarante-huit heures, une certaine quantité de fils-germes avaient percé les parois et pénétré parmi les
cellules sous-jacentes. Le phénomène se produisit sur les deux
faces des feuilles. Or, les expériences précédentes avaient démontré que les spores ne pénètrent que si la plante est appropriée
au développement du parasite. La connexion du *P. graminis* et
de l'*Æcid. Berberidis* semblait donc plus que jamais probable.
Dix jours après, les spermogones se montraient. Au bout de quelque temps, les feuilles coupées commencèrent à dépérir, en sorte
que le champignon ne dépassa pas la phase spermogonoïde. Des
semences âgées de trois ans furent ensuite prises, et les spores
dormantes, developpées, furent appliquées comme auparavant. Les
plantes furent conservées sous une cloche de verre de vingt-quatre
à quarante-huit heures, puis exposées à l'air comme les autres
plantes. Du sixième au dixième jour, des taches jaunes se montrèrent avec des spermogones isolés ; du neuvième au douzième,
des spermogones apparurent en grand nombre sur les deux faces,
et quelques jours après, sur la face inférieure des feuilles, les
sporanges cylindriques de l'*Æcidium* firent leur apparition, exactement comme dans le parasite normalement développé ; ils
étaient seulement plus grands, ayant été protégés contre les
agents extérieurs. Plus les feuilles étaient jeunes, plus le développement du parasite fut rapide ; et quelquefois, dans les feuilles
les plus jeunes, la végétation fut bien plus luxuriante qu'à l'ordinaire. Des plantes semblables, jusqu'au nombre de deux cents,
furent observées dans cette pépinière ; et bien que plusieurs d'entre elles eussent des pustules d'*Æcidium*, il ne se produisit pas
une seule pustule nouvelle ; au contraire deux plantes placées
dans des circonstances semblables, mais sans l'application des
spores dormantes, demeurèrent tout l'été exemptes d'*Æcidium*.
Il semble donc incontestable jusqu'ici que l'*Æcidium Berberidis*
soit engendré par les spores du *Puccinia graminis*.

Il est cependant à remarquer que de Bary n'a pas également
réussi à produire le *Puccinia* au moyen des spores de l'*Æcidium*. Dans beaucoup de cas, les spores ne germent pas quand
on les place sur le verre, et elles ne conservent pas longtemps leur

puissance germinative. Il en faut donc revenir aux preuves résul·
tant des expériences instituées par les agronomes. Bonninghausen
a remarqué en 1818 que le blé, le seigle et l'orge, semés dans le
voisinage d'un buisson d'épine-vinette couvert d'*Æcidium*, con-
tractaient la nielle immédiatement après la maturité des spores
de l'*Æcidium*. La nielle était surtout abondante dans les endroits
où le vent transportait les spores. L'année suivante, les mêmes
observations furent répétées ; les spores de l'*Æcidium* furent
recueillies et placées sur des pieds bien portants de seigle. Au
bout de cinq ou six jours, ces pieds furent infestés de nielle, tandis
que le reste de la récolte était sain. En 1863, du seigle d'hiver
ut semé autour d'un buisson d'épine-vinette : ce buisson, l'année
suivante, fut infesté d'*Æcidium*, qui mûrit au milieu de mai, et
alors l'orge fut complétement couverte de nielle. Parmi les graminées sauvages voisines du buisson, le *Triticum repens* fut le
plus attaqué. Les pieds de seigle éloignés furent épargnés.

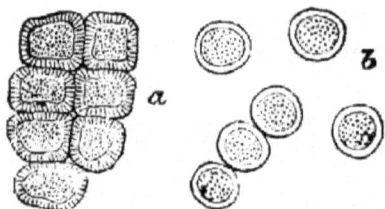

Fig. 107. — Cellules et pseudospores   Fig. 108. — Cellules et pseudospores
d'*Æcidium Berberidis*.   d'*Æcidium graveolens*.

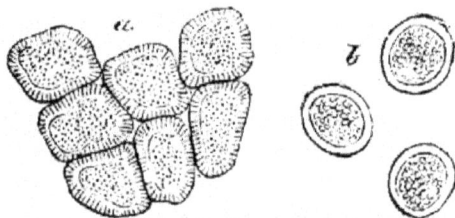

Les spores de l'*Æcidium* ne germèrent pas sur les feuilles
d'épine-vinette ; l'*Æcidium* de l'épine-vinette ne pouvait donc
venir de l'*Æcidium* précédent. Les urédospores du *Puccinia graminis*, en germant, pénètrent dans le parenchyme de l'herbe sur
laquelle elles sont semées ; mais sur les feuilles d'épine-vinette,
si les extrémités des fils entrent à une petite distance dans les
stomates, leur croissance cesse immédiatement, et les feuilles
restent exemptes de parasites.

Montagne a cependant décrit un *Puccinia Berberidis* qui, sur
les feuilles du *Berberis glauca* du Chili, croît en compagnie de
l'*Æcidium Berberidis*. Ce fait, au premier abord, semble en contradiction avec les conclusions précédentes ; mais l'*Æcidium*
qui produit sur le même disque les spores dormantes du *Puccinia*, semble différer de l'espèce européenne, d'autant plus que
les cellules de la paroi du sporange sont deux fois aussi grandes,
et les spores, d'un diamètre décidément plus grand [1]. Les spores

1. Nous avons devant nous un *Æcidium* sur le *Berberis vulgaris*, recueilli

dormantes, d'un autre côté, diffèrent non-seulement de celles du *Puccinia graminis*, mais de celles des autres espèces européennes.

D'après ces faits, il est donc extrêmement probable que l'*Æcidium* de l'épine-vinette entre dans le cycle d'existence du *Puccinia graminis*, et, s'il en est ainsi, pourquoi d'autres espèces de *Puccinia* n'auraient-elles pas une relation semblable avec d'autres espèces d'*Æcidium* ? Telle est la conclusion à laquelle beaucoup sont arrivés, et d'après certaines présomptions, ils ont, nous le craignons, associé témérairement ensemble beaucoup de ces formes, sans preuves positives. Sur les feuilles de la primevère, nous avons communément une espèce d'*Æcidium*, une de *Puccinia* et une d'*Uromyces*, presque en même temps; nous pouvons imaginer que ces trois plantes appartiennent à un même cycle, mais cela n'a pas encore été prouvé. De même l'*Uromyces Cacaliæ*, Unger, et l'*Æcidium Cacaliæ*, Thumen, sont considérés par Heufler [1] comme formant un cycle. De nombreux exemples semblables sont donnés par Fuckel [2]; et de Bary, dans le mémoire que nous avons déjà cité, cite l'*Uromyces appendiculatus*, Link, l'*U. phaseolorum*, Tul., et le *Puccinia tragopogonis*, Ca., comme possédant cinq sortes d'organes reproducteurs. Vers la fin de l'année, des spores brièvement stipitées se montrent sur leur stroma; elles ne tombent pas. Ces spores, qui ne germent qu'après un repos plus ou moins long pendant l'hiver, peuvent être désignées comme des spores dormantes, ou, suivant l'expression de de Bary, comme des *téleutospores*, puisque ce sont les dernières qui soient produites. Elles germent à la longue, deviennent articulées, et produisent des spores ovales ou réniformes, qui germent à leur tour, en pénétrant dans la cuticule de la plante mère, et en évitant les stomates ou les ouvertures par lesquelles elle respire. Après deux ou trois semaines environ, le mycélium qui s'est ramifié au milieu des tissus produit un *Æcidium*, avec ses compagnons constants, les spermogones, cystes dis-

à Berne en 1833, par Shuttleworth. Il est nommé par cet auteur *Æcidium graveolens*, et diffère par les caractères suivants de l'*Æcidium Berberidis*. Les sporidies sont disséminées comme dans l'*Æ. Epilobii*, et non rassemblées en grappes. Elles ne sont pas aussi allongées, les cellules sont plus grandes, et les spores orangées atteignent presque le double du diamètre des autres. Il y a dans la plante fraîche une odeur tranchée, forte, mais désagréable, d'où le nom. Les figures ci-dessus (107, 108) des cellules et des spores des deux espèces sont dessinées à la chambre claire, à la même échelle — 380 diamètres.

1. Freihern von Hohenbühel-Heufler, *Œsterr. Bot. Zeitschrift*, n° 1870.
2. Fuckel, *Symbolæ mycologicæ* (1869), p. 49.

tincts, d'où s'écoulent une quantité de petits corps, souvent sous
la forme d'un rejeton; la fonction de ces organes est imparfaitement connue jusqu'à présent; mais par analogie nous pouvons
les regarder comme une sorte de fruit, bien qu'il soit fort possible
qu'ils soient plutôt des anthérozoïdes. Les *Æcidium* contiennent, dans un sac membraneux cellulaire, un disque fructifère,
qui produit des dentelles de spores : celles-ci finissent par se
séparer l'une de l'autre sous forme d'une poudre granuleuse. Les
grains dont elle est composée germent à leur tour, n'évitent plus
les stomates comme auparavant, mais pénètrent par leurs ouvertures dans le parenchyme. Le nouveau mycélium qui en résulte
reproduit l'*Uredo*, ou cinquième forme de fructification; les spores
de l'*Uredo* tombent comme celles de l'*Æcidium*, et, pour la germination et le mode de pénétration, présentent exactement les
mêmes phénomènes. Le disque qui a produit les spores de l'*Uredo*
donne naissance aux spores dormantes, et ainsi le cycle est
complet.

Le professeur Œrsted [1], de Copenhague, aurait, dit-on, démontré
le polymorphisme des Urédinées trémelloïdes et aurait constaté
que la forme connue sous le nom de *Podisoma* n'est qu'une phase
du *Ræstelia* [2]. Quelques échantillons récemment recueillis de l'espèce *Podisoma* furent trempés dans l'eau, et, pendant la nuit
suivante, les spores germèrent avec profusion, de sorte que les
téleutospores formèrent une poudre orangée. Un peu de cette
poudre fut placée sur les feuilles de cinq petits sorbiers, qui
furent mouillées et mises sous des cloches de verre. En cinq jours,
on vit sur les feuilles des taches jaunes, et deux jours plus tard
on aperçut des indices de spermogones. Les spermaties se répan-
dirent, et, au bout de deux mois à partir du premier semis, les
péridiums du *Ræstelia* firent leur apparition et se développèrent.
« Cette épreuve des spores, dit Œrsted, a conduit aux résultats
attendus et prouve que les téleutospores du prétendu *Podisoma*,
transportées sur le sorbier, donnent naissance à un champignon
entièrement différent, le *Ræstelia cornuta*, c'est-à-dire qu'une génération alternante se produit entre ces champignons. Ils appartiennent en conséquence à une seule espèce; si bien que le *Podisoma* cesse d'être une espèce indépendante et doit être consi-

1. Presque en même temps que de Bary, le professeur Œrsted a fait des
expériences, avec les mêmes résultats, sur l'*Æcidium Berberidis* et le *Puccinia graminis*. (Voyez *Journ. Hort. Soc. Lond.*, nouvelle sér., I, p. 85.)
2. *Résumé du Bulletin de la Soc. roy. danoise des sciences* (1866) p. 15; (1867,
p. 38. *Botanische Zeitung* (1867), p. 104 ; *Quekett Microsc. Club. Journ.*
vol. II, p. 260.

déré comme la première génération du *Ræstelia*. Les spores ont été transportées sur de jeunes pousses de genévrier, et ont maintenant commencé à produire du mycélium dans l'écorce. Il n'y a pas de doute qu'au printemps prochain il n'en résulte des *Podisoma*.

Ensuite, le savant professeur a institué de semblables expériences sur de nouveaux habitats, avec les spores de *Podisoma*; il en a conclu que le *Ræstelia* et le *Podisoma*, dans toutes leurs espèces connues, ne sont que des formes l'un de l'autre. Nous n'avons pas jusqu'ici connaissance que ces résultats aient été confirmés, ou que les spores du *Ræstelia*, semées sur le genévrier, aient produit le *Podisoma*. Les résultats de telles expériences devraient toujours être reçus avec précaution; on ne devrait pas accepter les résultats apparents comme des faits prouvés. Qui peut dire que le *Ræstelia* ne s'est pas montré sur le sorbier dans l'espace de deux mois sans l'intervention du *Podisoma*? Car il n'est nullement rare que ce champignon apparaisse sur cette plante. Il est vrai que beaucoup de mycologistes considèrent le *Ræstelia* et le *Podisoma* (ou le *Gymnosporangium*) comme identiques; mais, à notre avis, il n'y a pas de preuves suffisantes pour entraîner la certitude. C'est néanmoins un fait curieux qu'en Europe le nombre des espèces de *Ræstelia* et de *Podisoma* soit le même, à l'exception d'une seule espèce, qui n'est certainement pas un vrai *Podisoma*, et pour laquelle on a proposé un nouveau genre [1].

Parmi les champignons ascigères, on trouve un genre curieux et intéressant, que l'on a longtemps appelé *Cordyceps* : mais Tulasne, après la découverte de formes secondaires du fruit, a substitué à ce nom celui de *Torrubia* [2]. Ces curieux champignons sont plus ou moins claviformes et vivent en parasites sur les insectes. Les nymphes des mites portent quelquefois cette moisissure blanche ramifiée, quelque peu semblable en apparence à un *Clavaria*, et à laquelle on a donné le nom d'*Isaria farinosa*. Suivant Tulasne, c'est la forme à conidies du corps écarlate, claviforme, qu'on trouve aussi sur les nymphes mortes et qu'on appelle *Torrubia militaris*. Une moisissure américaine du même genre, *Isaria Sphingum*, que l'on trouve sur les mites adultes [3], est également signalée comme la forme à conidies du *Torrubia Sphingum;* une moisissure semblable, qui se produit sur les araignées

---

1. C'est le *Podisoma foliicola*, B. et Br., ou suivant le terme proposé dans le *Journ. Quekett Club*, II, p. 267, *Sarcostroma Berkeleyi*, C.
2. Tulasne, *Selecta Fungorum Carpologia*, III, p. 6, pl. I, fig. 19-31.
. Cramer, *Papillons exotiques* (1872), fig. 267.

mortes, et qu'on appelle *Isaria arachnophila*[1], est probablement
d'une nature pareille. Un genre voisin de moisissure compacte,
qui vit en parasite sur les *Coccus*, sur l'écorce des arbres, et qui
a été récemment signalé en Angleterre par M.-E. Broome sous le
nom de *Microcera coccophila*[2], est considéré par Tulasne comme
une forme de *Sphærostilbe ;* il est à croire que d'autres productions semblables ont les mêmes relations avec d'autres champignons Sphériacés. Pour beaucoup d'espèces de *Torrubia*, on ne
connaît pas de conidies correspondantes.

On pourrait noter quelques exemples intéressants, dans lesquels les faits de dimorphisme et de polymorphisme n'ont pas été
prouvés péremptoirement, et sur lesquels par conséquent on ne
saurait encore se prononcer. Il y a quelques années, on a recueilli
une quantité de feuilles mortes de buis, sur lesquelles prospérait alors une moisissure appelée *Penicillium roseum*. Cette
moisissure a une teinte rosée et se présente en taches sur les
feuilles mortes répandues sur le sol; les filaments dressés et ramifiés vers le haut, portent des chaînes de spores ou plutôt de
conidies oblongues, un peu en forme de fuseau. Quand on recueillit ces feuilles, on les soumit à l'examen, et l'on n'y observa rien
que le *Penicillium*. Au bout d'un certain temps, deux ou trois
ans au moins, période pendant laquelle le buis resta intact, des
circonstances firent qu'on examina de nouveau deux ou trois
feuilles, puis le plus grand nombre d'entre elles, et on trouva les
taches du *Penicillium* entremêlées d'une autre moisissure, d'un
développement plus élevé et d'un caractère tout différent. Cette
moisissure, ou plutôt ce Mucor, consiste en fils dressés ramifiés;
beaucoup de branches se terminent en une tête ou sporange globuleux, cristallin, contenant de nombreuses sporidies, très-
petites, subglobuleuses. Cette espèce a été nommée *Mucor hya-
linus*[3]. Le port ressemble beaucoup à celui du *Penicillium*,
mais il n'y a aucune teinte rosée. Il est presque certain que le
Mucor n'était pas présent quand on examina le *Penicillium*, et
les feuilles sur lesquelles il avait poussé étaient enfermées dans
une boîte de métal. Il faut que le *Mucor* se soit ensuite montré
sur les mêmes feuilles, naissant quelquefois des mêmes taches,
et, à ce qu'il semble, du même mycélium. La grande différence
entre les deux espèces réside dans la fructification. Dans le *Penicillium*, les spores sont nues et en fils moniliformes; tandis que

1. Cooke, *Handbook*, p. 548, n° 1639.
2. *Ibid.*, p. 556, n° 1666.
3. Des spécimens ont été publiés sous ce nom dans l'ouvrage *Fungi Bri-
tan. exsicc.*, de Cooke, n° 359.

dans le *Mucor* les spores sont enfermées dans des têtes ou sporanges membraneux et globuleux. On peut à peine douter que le
Mucor cité plus haut, trouvé ainsi entremêlé, dans des circonstances particulières, au *Penicillium roseum*, ne soit autre que la
forme plus élevée et plus complète de cette espèce, et que le
Penicillium n'en soit que l'état conidiifère. La présomption dans
ce cas est forte, et donne lieu à peu de soupçons. L'analogie la
rend entièrement probable, même indépendamment du fait de la
naissance des deux formes sur la même masse de mycélium.
Dans des organismes si petits et si délicats, il est très-difficile de
manipuler les échantillons de manière à arriver à des preuves
positives. Si l'on pouvait suivre à la trace, à partir du même fil de
mycélium, un fil fertile portant le fruit de chaque forme, la preuve
serait excellente. A défaut d'une pareille démonstration, nous
sommes forcés de nous en tenir à des hypothèses, jusqu'à ce
que des recherches ultérieures nous permettent de les ériger en
faits [1].

A propos de cette étroite connexion du *Penicillium* et du
Mucor, un soupçon semblable s'attache à un exemple noté par
un observateur entièrement désintéressé dans la question. « Sur
une préparation conservée dans une chambre humide, le troisième jour, se montra à la surface une tache blanche consistant
en innombrables cellules de *levûre* avec des filaments ramifiés
dans tous les sens. Le quatrième jour, des touffes de *Penicillium*
avaient développé deux variétés : *P. glaucum* et *P. viride*. Cela
continua jusqu'au neuvième jour; et alors quelques filaments,
naissant au milieu des *Penicillium,* se terminèrent par une dila-
tation semblable à une goutte de rosée, extrêmement délicate,
une simple pellicule distendue. Dans plusieurs cas, ces productions semblèrent dérivées des mêmes filaments que d'autres
portant les spores ramifiées de *Penicillium;* mais je n'ai pu en
acquérir la preuve complète. Cette espèce de fructification s'accrut rapidement, et au quatorzième jour, des spores s'étaient
indubitablement développées dans la pellicule ; des mouvements
révolutifs exactement semblables à ceux qui s'étaient manifestés
dans une culture antérieure étaient en effet observés [2]. » Bien
que nous ayons ici un autre exemple de *Mucor* et de *Penicillium*
croissant ensemble, la preuve n'est pas suffisante pour nous permettre plus qu'un soupçon sur leur identité; d'autant plus que les

---

1. Cooke, *Sur le polymorphisme des Champignons* (Pop. Sci. Rev.).
2. Lewis, *Rapport sur les objets microscopiques trouvés dans les déjections
cholériques.* Calcutta, 1870.

spores de *Mucor* et de *Penicillium* pouvaient avoir été mêlées;
chacune ainsi produisant son espèce, il n'y aurait entre elles
d'autre parenté que le fait du développement sur une même substance.

Un autre cas d'association (car la preuve ne va pas plus loin) a
été signalé par nous : ici une espèce de *Penicillium* de couleur
sombre était étroitement associée avec ce que nous croyons
maintenant être une espèce de *Macrosporium*, mais qui était
alors désigné comme un *Sporidesmium*, et avec une petite espèce de *Sphæria* croissant successivement sur un papier de tenture humide. L'association est tout ce que les faits nous permettent
d'affirmer.

Nous ne pouvons nous dispenser de faire allusion à une espèce
de *Sphæria* à laquelle Tulasne [1] attribue une variation dans la
forme du fruit ; nous nous contentons de citer le fait parce que,
suivant nous, un cas si extraordinaire aurait besoin d'être confirmé avant d'être accepté comme absolument exact. Il s'agit
d'un *Sphæria* commun, que l'on trouve sur les plantes herbacées,
et que l'on appelle *Sphæria* (*Pleospora*) *herbarum*. D'abord la
moisissure très-commune appelée *Cladosporium herbarum* en
est une forme conidiifère, et le *Macrosporium sarcinula*, Berk.,
en est considéré comme une autre forme. Puis le *Cylispora or-
bicularis*, Berk., et le *Phoma herbarum*, West., en sont regardés comme les pycnides, renfermant des stylospores. Ensuite
l'*Alternaria tenuis*, Pr. [2], que l'on regarde comme un parasite du
Cladosporium herbarum, est donné comme une forme de cette
espèce, de sorte que nous n'avons pas ici (en comprenant les périthéces), moins de six formes ou phases pour le même champignon. Quant au *Macrosporium Cheiranthi*, Pr., que l'on trouve
souvent en compagnie du *Cladosporium herbarum*, la question
est également indécise.

Nous avons rassemblé dans les pages précédentes quelques
exemples qui serviront à donner une idée du polymorphisme
des champignons. Quelques-uns d'entre eux, il faut le dire, sont
acceptés sans conteste à cause des relations intimes que l'on
observe entre les formes. D'autres ne sont pas aussi bien établis ; mais l'identité est regardée comme probable, bien que les
formes se développent quelquefois sur des espèces différentes de
plantes. Enfin d'autres n'ont pas reçu jusqu'ici de preuve satisfaisante et ne reposent que sur des présomptions. Dans ce der-

---

1. Tulasne, *Sel. Fung. Carpol.*, II, pl. 261.
2. Corda, *Prachtflora*, p. VII.

nier groupe, quelle que soit la probabilité en faveur du polymorphisme, il n'est pas philosophique d'accepter ces exemples sur
des preuves aussi faibles que celles qui sont quelquefois appor-
tées. Il n'aurait pas été difficile d'étendre considérablement ce
dernier groupe, en y joignant les exemples énumérés par différents mycologues dans leurs ouvrages, sans aucune explication
des données sur lesquelles ils ont fondé leurs conclusions. En
somme, ce chapitre doit être considéré comme donnant des
exemples et des indications, mais nullement comme traitant la
question d'une manière complète.

CHAPITRE X

On ne doute plus que les champignons n'exercent une très-importante influence dans l'économie de la nature. Cette influence a pu être exagérée à certains égards par quelques savants; mais il est certain qu'en somme l'action des champignons, en bien ou en mal, est plus importante que celle d'aucun autre cryptogame. En essayant ici d'apprécier le caractère et l'étendue de ces influences, il sera bon de partager notre examen en trois sections : 1° leur influence sur l'homme ; 2° leur influence sur les animaux inférieurs ; 3° leur influence sur la végétation. On peut grouper sous ces titres les principaux faits, se faire une idée approximative de la très-grande importance de cette famille de plantes inférieures, et par là se pénétrer de la nécessité d'en poursuivre l'étude plus complétement et plus rationnellement qu'on ne l'a fait jusqu'ici.

I. En appréciant l'influence des champignons sur l'homme, nous sommes naturellement conduits à chercher d'abord quels effets funestes ils peuvent produire sur la nourriture. Bien que dans le cas des champignons vénéneux, dans le sens populaire du mot, les champignons ne soient que des agents passifs, ils ne peuvent cependant être passés sous silence dans une étude de cette nature. En parlant des usages des champignons, nous avons déjà montré qu'un grand nombre peuvent être utilisés comme nourriture, et que plusieurs d'entre eux fournissent des aliments vraiment délicats ; il est nécessaire aussi de déclarer, d'une façon plus positive encore, que beaucoup sont vénéneux et que quelques-uns sont des poisons violents. Il ne suffit pas de dire qu'ils sont parfaitement inoffensifs tant qu'ils n'ont pas été introduits volontairement dans l'économie humaine : car il est bien démontré que les accidents sont toujours possibles ; il est probable qu'ils le seraient encore quand même chaque champignon nuisible aurait le mot poison inscrit en lettres capitales sur son chapeau.

On demande sans cesse quelles sont les règles claires à donner pour distinguer les champignons vénéneux des comestibles. Nous ne pouvons répondre que ceci, c'est qu'il en est des champignons comme des plantes à fleurs. Comment peut-on distinguer l'aconit, la jusquiame, l'énanthe, le stramonium, et autres plantes, du persil, de l'oseille, du cresson ou de l'épinard? il est clair qu'il n'y a pas de caractère général, mais des différences spécifiques. Il en est de même des champignons. Il faut que nous apprenions à discerner l'*Agaricus muscarius* de l'*Agaricus rubescens*, de la même manière que nous distinguons le persil de l'*Œthusa cynapium*. En réalité les champignons ont un avantage à cet égard, puisqu'on peut donner pour eux une ou deux indications générales, tandis qu'il n'y en a aucune d'applicable aux plantes supérieures. Par exemple, on peut dire avec certitude que tout champignon qui tourne rapidement au bleu quand il est meurtri ou brisé doit être évité ; que tous les Agarics au goût âcre sont suspects ; qu'aucun champignon trouvé dans les bois ne doit être mangé à moins qu'on n'en connaisse bien l'espèce ; qu'il n'y a pas d'espèce de champignons comestibles qui ait une odeur forte et désagréable. On peut donner d'autres indications semblables : mais cependant, elles sont insuffisantes. La seule règle véritablement sûre est d'apprendre, une par une, les différences spécifiques, et d'accroître graduellement, à force d'études et d'expériences, le nombre des champignons qu'on peut manger : c'est ainsi qu'un enfant apprend à distinguer une noisette d'un gland, ou, qu'après un peu plus d'expérience, il met dans sa bouche une feuille d'*Oxalis* et rejette celle du trèfle blanc.

Une des espèces les plus vénéneuses de champignon que nous possédions est en même temps une des plus belles. C'est l'*Agaricus muscarius*, ou *Agaric mouche*, qu'on emploie quelquefois comme poison pour détruire les mouches [1]. Il a un chapeau d'un cramoisi éclatant, parsemé de verrues pâles, blanchâtres (quelque-

1. Une notice détaillée sur les propriétés particulières de ce champignon et sur son emploi comme narcotique se trouve dans *Les Sept Sœurs du Sommeil* de Cooke, p. 337. Il est représenté dans *la Flore Cryptogamique d'Ecosse* de Gréville, pl. 54.

fois jaunâtres), et une tige et des feuillets d'un blanc d'ivoire. On
a cité de nombreux cas d'empoisonnement par ce champignon,
entre autres celui de l'empoisonnement de plusieurs soldats anglais à l'étranger. Pourtant on ne peut pas douter que ce champignon ne se mange en Russie. A notre connaissance, un jardinier,
et deux personnes possédant des notions de botanique en ont
mangé, pendant une résidence en Russie. Dans l'un des cas, l'*A-
garic mouche* a été recueilli et nous a été montré ; dans l'autre, la
description en a été faite de telle sorte qu'il n'y a pas de doute à
avoir sur l'espèce. On ne peut faire qu'une seule supposition pour
expliquer ce fait. On sait qu'un grand nombre de champignons se
mangent en Russie, et qu'ils entrent pour une large part dans la
cuisine domestique des paysans ; mais on sait aussi que les Russes
donnent une attention particulière au mode de cuisson de cet
aliment, et y ajoutent une grande quantité de sel et de vinaigre :
l'un ou l'autre de ces condiments, par une longue ébullition, doit
agir puissamment pour détruire le poison, probablement assez
volatile, des champignons tels que l'*Agaric mouche*. Nous pouvons ici donner la recette, publiée par un auteur français, d'un
procédé propre à rendre comestibles les champignons vénéneux.
Nous en laissons la responsabilité à cet écrivain, et déclinons la
nôtre : car nous n'en avons jamais fait l'expérience, qui semble
pourtant assez praticable : « Pour chaque 500 grammes de champignons, coupés en morceaux d'assez médiocre grandeur, il faut un
litre d'eau acidulée par deux ou trois cuillerées de vinaigre, et
deux cuillerées de sel gris. Dans le cas où l'on n'aurait que de l'eau
à sa disposition, il faut la renouveler une ou deux fois. On laisse
les champignons macérer dans le liquide pendant deux heures
entières, puis on les lave à grande eau. Ils sont alors mis dans de
l'eau froide qu'on porte à l'ébullition, et après un quart d'heure ou
une demi-heure, on les retire, on les lave, on les essuie, et on les
apprête soit comme un mets spécial, et il comporte les mêmes
assaisonnements que les autres, soit comme condiment[1]. »

Cette méthode est donnée comme ayant été essayée avec succès
sur quelques-unes des espèces les plus dangereuses. Citons entre
autres le champignon émétique : *Russula emetica*, au chapeau
d'un rouge éclatant, et aux feuillets blancs ; ce champignon
a une apparence claire, cireuse et appétissante, mais il est si
vénéneux qu'une petite portion suffit pour produire des effets
désagréables. Il vaudrait certainement mieux éviter les champignons à chapeau rouge ou écarlate, que de les manger. Une

1. Morel, *Traité des champignons*, p. 59. Paris, 1865.

espèce blanche, qui du reste n'est pas très-commune, pourvue d'une base bulbeuse enfermée dans une volva, et appelée *Agaricus vernus*, doit être évitée. Les espèces à spores roses doivent aussi être regardées comme suspectes. Quelques bolets tournent au bleu lorsqu'on les coupe ou qu'on les casse; il faut les écarter. Il en est surtout ainsi du *Boletus luridus*[1] et du *Boletus satanas*[2], espèces qui ont l'une et l'autre la surface inférieure ou l'orifice des pores d'une couleur vermillon ou rouge sang.

Non-seulement il faut éviter les espèces qui sont citées comme vénéneuses; mais il faut user avec précaution de celles qui sont reconnues bonnes. Les champignons subissent des changements chimiques si rapides que même le champignon cultivé peut entraîner des inconvénients, si, après l'avoir recueilli, on le garde assez longtemps pour qu'il s'altère chimiquement. Il ne suffit pas que ces plantes soient d'une bonne espèce, il faut qu'elles soient fraîches. On estime que l'emploi du sel en abondance est excellent pour neutraliser leurs propriétés délétères. Le sel, le poivre, le vinaigre sont employés en plus grande quantité à l'étranger que chez nous dans la préparation des champignons, et les avantages de cette méthode sont manifestes.

Certains champignons microscopiques exercent une influence importante dans les maladies de peau. Cela semble admis de toutes parts par les médecins[3], bien que les avis diffèrent beaucoup sur la question de savoir si ces végétaux sont la cause ou la conséquence de la maladie. Les faits semblent généralement conduire à cette conclusion qu'un grand nombre de maladies de peau sont aggravées ou même produites par des champignons. Robin[4] dit qu'un terrain particulier est nécessaire, et le docteur Fox pense que les personnes tuberculeuses, scrofuleuses ou malpropres fournissent le meilleur. Il est peu nécessaire d'énumérer toutes ces maladies, qui sont familières aux médecins; nous en indiquerons seulement quelques-unes. Il y a la teigne, appelée aussi *porrigo*, qui a son siége dans les follicules du cuir chevelu. La Plique polonaise, qui est endémique en Russie, est presque cosmopolite. Puis il y a le *Tinea tonsurans*, l'*Alopécie*,

1. Smith, *Chart of Poisonous Fungi.*
2. Ibid., fig. 27. Il serait bon d'étudier toutes ces figures.
3. *Maladies de la peau d'origine parasitique*, par le Dr Tilbury Fox. Londres, 1863.
4. Robin, *Hist. Nat. des Vég. Paras.* Paris, 1853. Kuchenmeister, *Animal and Vegetable Parasites of the Human Body.* Londres, Sydenham society, 1857.

le *Sycosis*, etc. ; dans l'Inde une maladie dont le siége est plus
intérieur, le *Madura Foot*, a été rattachée aux ravages d'un champignon décrit sous le nom de *Chionyphe Carteri* [1]. Il est probable que l'application de différents noms à des formes de champignons très-souvent imparfaites, associées avec différentes
maladies, ne peut se justifier scientifiquement. Peut-être une
ou deux moisissures communes, telles que l'*Aspergillus* ou
le *Penicillium*, en forment la majeure partie; mais tout cela
est de peu d'importance ici et ne contredit pas le principe
général que plusieurs maladies de peau sont dues à des champignons.

Tout en admettant qu'il y a des maladies de cette sorte, il faut
reconnaître que certaines autres ont été attribuées à des champignons agissant comme cause première, sans qu'aucune preuve
justifie cette conclusion. La Diphthérie et les aphthes ont été rapportés aux dévastations de certains champignons : mais la diphthérie se rencontre certainement sans trace de champignon. Des
fièvres peuvent être quelquefois accompagnées de corps fungoïdes
dans les déjections; mais il est très-difficile de les déterminer. La
théorie qui attribue les maladies épidémiques à la présence de
champignons semble fondée sur des preuves très-incomplètes. Le
Dr Salisbury pensait que la rougeole des armées était produite
par le *Puccinia graminis*, dont les pseudospores germent dans
la paille humide, disséminent dans l'air les corps secondaires qui
en naissent, et causent la maladie. Cela n'a jamais été vérifié. La
rougeole ainsi que la scarlatine [2] ont été aussi attribuées cou-
ramment à des influences de champignons, et des efforts pour
rattacher le choléra à la même cause ont été poursuivis avec une
opiniâtreté que le succès n'a pas couronnée. La présence de certains cystes, présentés comme ceux de l'*Urocystis*, parasite
du riz, a été signalée par le Dr Hallier; mais quand on eut fait
voir que ce champignon ne se trouve pas sur le riz, cette partie
de la théorie succomba. Des experts spéciaux et compétents furent envoyés d'Angleterre pour examiner les préparations et
entendre les explications du Dr Hallier sur sa théorie de la contagion du choléra : mais ils ne furent ni convaincus, ni satisfaits.
Dès 1853, le Dr Lauder Lindsay a examiné les déjections cholériques, et en 1856, il faisait cette déclaration : « Evidemment je ne
vois aucun fondement solide à la théorie qui rattache le choléra aux
champignons ; et je suis fort surpris qu'elle conserve encore des

1. Berkeley, *Intellectual Observer*, Nov. 1862. *Mycetoma*. H. Vandyke
Carter, 1874.
2. Hallier et Zurn, *Zeitschrift für Parasitenkunde*. Iéna, 1869-1871.

défenseurs aussi autorisés[1]. » A propos des examens entrepris par lui, l'auteur écrit : « Le mycélium et les sporules de différentes espèces de champignons, constituant diverses formes de moisissure végétale, ont été trouvés dans l'écume des vomissements et des selles, mais seulement dans une phase de décomposition. On les trouve en des circonstances semblables dans les vomissements et les selles qui résultent d'autres maladies, et en réalité dans tous les liquides animaux en décomposition. Ils sont donc loin d'être particuliers au choléra. »

Quelques écrivains ont soutenu que l'atmosphère est souvent fort chargée de spores de champignons; d'autres ont nié la présence d'aucun corps organique dans l'air. Les expériences faites dans l'Inde par le Dr Cunningham[2] sont assez péremptoires. Le rapport de ce savant établit que des spores et des cellules semblables se rencontrent constamment dans l'air, et généralement en nombre considérable. Le fait que la majorité des cellules étaient vivantes et prêtes à entrer en développement, dès qu'elles rencontraient un milieu favorable, a été rendu manifeste : ainsi dans le cas où les préparations étaient maintenues en observation pendant un temps assez long, la germination se produisait dans beaucoup de cellules; beaucoup de spores déjà en voie de germination se déposaient sur les verres. Rarement le développement se poursuivit au delà de la formation du mycélium, ou de masses de cellules toruloïdes; mais dans un ou deux cas, des sporules distincts se développèrent sur les filaments issus de quelques-unes des plus grandes spores cloisonnées; quelquefois le *Penicillium* et l'*Aspergillus* montrèrent leurs têtes de fructification caractéristiques.

Quant à la nature des spores et des autres cellules présentes en différents cas, on ne peut dire que peu de chose : à moins en effet que le développement n'en soit suivi avec soin dans toutes ses phases, il est impossible de les rapporter correctement à leurs espèces ou même à leurs genres. Le plus grand nombre semble appartenir aux anciens ordres de champignons, Sphéronémées, Mélanconiées, Torulacées, Dématiées et Mucédinées; mais plusieurs probablement se rangent parmi les Pucciniées et les Céomacées. Parmi celles qui appartiennent aux Torulacées, la plus

1. Dr Lauder Lindsay, *On Microscopical and Clinical characters of cholera evacuations*, extrait de *Edinburg Medical Journal*, Février et Mars 1856, *Clinical Notes on Cholera*, par W. Lauder Lindsay, M. D. F. L. S. *Association Medical Journal*, 14 Avril 1854.
2. *Microscopic examinations of the Air*, *Ninth Annual report of the Sanitary Commissioner*, Calcutta, 1872.

intéressante était un représentant du genre rare *Tetraploa*. Des
cellules algoïdes vertes distinctes se sont présentées dans certains spécimens. Viennent ensuite, dans le rapport du Dr Cunningham, des détails d'observations faites sur la croissance et la
décroissance des maladies : entre autres la diarrhée, la dyssenterie, le choléra, la fièvre furent pris à part et comparés avec l'accroissement ou la diminution du nombre des cellules atmosphé-
riques. Les conclusions sont les suivantes :

« On trouve constamment dans les poussières de l'atmosphère,
et généralement en nombre considérable, des spores et d'autres
cellules végétales ; elles sont, pour la plus grande partie, vivantes
et capables d'accroissement et de développement. La quantité de
ces cellules présentes dans l'air paraît être indépendante de la
vitesse et de la direction du vent, et le nombre n'en est pas diminué par l'humidité.

« On ne peut constater aucun lien entre le nombre des bacté-
ries, des spores, etc., présentes dans l'air, et l'apparition de la
diarrhée, de la dyssenterie, du choléra, de la fièvre, ni entre la
présence ou l'abondance d'aucune forme spéciale de cellules, et
le règne d'une de ces maladies.

« La quantité de particules inorganiques et amorphes, ainsi que
d'autres débris suspendus dans l'atmosphère, dépend directement des conditions d'humidité et de vitesse du vent. »

Ce rapport est accompagné de quatorze planches, grandes et
bien exécutées, contenant chacune des centaines de figures de
corps organiques recueillis dans l'air entre février et septembre.
Cet écrit a une grande valeur, tant pour les indications qu'il
donne sur le nombre et les caractères des spores flottant dans
l'air, que par les tables montrant la relation de cinq formes de
maladie et de leur fluctuation, avec la quantité de spores flottant
dans l'atmosphère.

Nous croyons avoir fait connaître l'influence des champignons
sur l'homme, autant que le permet l'état actuel de la question.
La présence de certaines formes de moisissures, aux premières
phases de leur développement, dans différentes parties malades
du corps humain, à l'extérieur et à l'intérieur, n'entraîne pas la
conclusion que ces végétaux soient en aucune façon la cause
des maladies des tissus, excepté dans certaines circonstances précédemment indiquées. C'est le cas de parler de la pourriture
d'hôpital ; il est possible que cette maladie soit due à quelque
champignon voisin des taches cramoisies (pluie de sang) qui se
présentent sur les matières végétales en dépérissement et sur
la viande en voie de décomposition. Ce champignon fut à une

époque regardé comme une algue, et à une autre époque comme un animal; mais il est bien plus probable qu'il représente l'état inférieur de quelque moisissure commune. La facilité avec laquelle les spores de champignons flottant dans l'atmosphère se fixent et s'établissent sur toutes les substances putrides ou corrompues est connue par expérience de tous ceux qui s'occupent du pansement des plaies ; dans ce cas, il est de la plus grande importance d'éviter autant que possible le contact de l'air.

Il s'est récemment présenté aux Jardins Botaniques d'Edimbourg un cas assez nouveau. Le préparateur du professeur de botanique préparait pour une démonstration quelques échantillons desséchés d'une grande vesse-de-loup, remplis des spores poudreuses; il les respira par hasard, et il fut obligé de garder quelque temps la chambre, et de recevoir les soins d'un médecin, à cause de l'irritation provenant de cet accident. Cela semble prouver que les spores de quelques champignons peuvent, lorsqu'elles sont respirées en grande quantité, déranger l'économie et devenir dangereuses; mais il est probable que, dans les conditions ordinaires et naturelles, ces spores ne sont pas présentes dans l'atmosphère en quantité suffisante pour qu'il en résulte des inconvénients. En automne, l'atmosphère des bois doit renfermer un très-grand nombre de basidiospores; pourtant il n'y a pas de raison pour croire qu'il soit plus malsain de respirer l'air d'un bois en septembre ou en octobre qu'en janvier ou en mai. On parle des terribles effets produits par une espèce de rouille noire qui attaque le grand roseau du sud de l'Europe, *Arundo donax*. C'est très-probablement la même espèce que celle qui attaque dans notre pays l'*Arundo phragmitis*, et dont les spores produisent de violents maux de tête et d'autres désordres chez les ouvriers qui coupent ces roseaux pour en faire des couvertures de chaume. M. Michel dit que les spores du parasite de l'*Arundo donax*, respirées ou injectées, produisent une violente éruption à la face, accompagnée d'une grande enflure, et différents symptômes alarmants, inutiles à décrire, dans plusieurs parties du corps [1]. Peut-être si le *Sarcina* était décidément rangé dans les champignons, faudrait-il l'ajouter à la liste de ceux qui aggravent, s'ils ne déterminent pas comme cause première, les maladies du corps humain.

II. Quelles influences faut-il attribuer aux champignons sur les animaux autres que l'homme ? Sans doute l'instinct préserve les animaux de beaucoup de dangers. On peut présumer que, dans les circonstances ordinaires, il n'y a pas grand danger qu'une

---

1. *Gardener's Chron.* 26 mars 1864.

vache ou un mouton s'empoisonne dans un pâturage ou dans un bois. Mais dans des circonstances extraordinaires, il est non-seulement possible, mais très-probable que des influences malfaisantes se font sentir. Par exemple il est bien connu que non-seulement le seigle et le blé, mais aussi beaucoup de graminées, sont sujets à l'infection d'une forme particulière du champignon appelé ergot. Dans certaines saisons, cet ergot est beaucoup plus commun que dans d'autres ; et il y a une croyance très-répandue parmi ceux que l'expérience doit avoir renseignés sur le sujet, nous voulons dire les fermiers et nourrisseurs : c'est que dans ces saisons il n'est pas rare que les bestiaux mettent bas prématurément pour avoir mangé le seigle ergoté. D'un autre côté, on peut se demander si les années où la rouille et la nielle sont plus fréquentes qu'à l'ordinaire sur les herbes, ne sont pas jusqu'à un certain point plus fertiles en maladies. Sans essayer d'associer en aucune façon la peste des bestiaux et les champignons parasites de l'herbe, c'est néanmoins une coïncidence très-remarquable que l'année où la peste des bestiaux fut la plus répandue dans notre pays a été celle où, dans quelques localités du moins, la rouille des herbes a été plus abondante que jamais, autant que nous pouvons nous souvenir ; les habits d'une personne, qui marchait dans ces champs couverts de rouille, devenaient bientôt orangés par l'abondance des spores. Cependant les nourrisseurs semblent être d'accord sur ce point que la rouille n'a pas été nuisible aux bestiaux. L'influence directe des champignons sur les quadrupèdes, les oiseaux, les reptiles, semble être infiniment petite.

On a observé quelquefois que les insectes de différents ordres deviennent de temps en temps la proie des champignons [1]. Celui qu'on connaît à la Guadeloupe sous le nom de *Guêpe Végétale* a été souvent cité comme une preuve que, dans certains cas du moins, le champignon attaque l'insecte vivant. Le Dr Madianna dit avoir remarqué la guêpe encore vivante, avec son ennemi attaché à son corps ; l'insecte paraissait être cependant à la dernière phase de son existence et près de succomber sous l'influence du parasite destructeur [2]. Ce champignon est appelé par Tulasne *Torrubia sphecocephala* [3]. On a décrit environ vingt-cinq espèces de ce genre de champignon sphériacé comme parasites des insectes ; cinq espèces sont citées dans la Caroline du

1. Gray, G. *Notices of Insects that are known to form the bases of Fungoid parasites.* Londres, 1858.
2. Halsey, *Ann. Lyceum,* New-York, 124, p. 125.
3. Tulasne, *Sel. Fung. Carp.,* vol. III, p. 17.

sud, une en Pensylvanie, parasite des larves du hanneton, une autre dans l'Amérique du Nord, sur des lépidoptères nocturnes, une à Cayenne, une au Brésil, sur la larve d'un *Cicada*, une sur une espèce de fourmi, deux aux Indes occidentales, une dans la Nouvelle-Guinée sur une espèce de coccus, et une sur une espèce de *Vespa* au Sénégal. En Australie on en a signalé deux espèces, et deux sont indigènes de la Nouvelle-Zélande. Le Dr Hooker en a trouvé deux dans les montagnes Khassya aux Indes, et une espèce américaine a été rencontrée aussi à Darjeeling. On sait depuis longtemps qu'une espèce, jouissant dans le pays d'une certaine réputation comme médicament, se trouve en Chine, tandis que trois ont été signalées en Grande-Bretagne. Les opinions sont partagées sur la question de savoir si, dans ces cas, le champignon cause la mort de l'insecte ou la suit. La croyance générale des entomologistes est que la mort de l'insecte est causée par le champignon. Pour l'*Isaria sphingum*, qui est la forme à conidies d'un espèce de *Torrubia*, on a trouvé la mite posée sur une feuille comme pendant sa vie, avec le champignon sortant de son corps.

D'autres formes moins parfaites de champignons attaquent aussi les insectes. Dans l'été de 1826, le professeur Sebert recueillit une grande quantité de chenilles de l'espèce *Arctia villica*, dans le but d'étudier leur accroissement. Ces insectes, au moment où ils atteignirent leur taille normale, devinrent très-mous et moururent subitement. Bientôt après ils devinrent durs, et, en les courbant, on les brisait facilement en deux morceaux. Leurs corps étaient couverts d'une belle moisissure blanche brillante. Si des chenilles infestées de la moisissure parasite étaient placées sur le même arbre près de celles qui étaient exemptes de son attaque, ces dernières donnaient bientôt signe qu'elles étaient infestées de la même manière, par suite du contact des autres [1].

Dans l'été de 1851, sur des milliers de *Cicada septemdecim*, on en trouva quinze ou vingt qui, bien que vivantes, avaient le contenu du tiers postérieur de l'abdomen converti en une masse sèche, poudreuse, jaune d'ocre, compacte, de corps sporuloïdes. L'enveloppe extérieure de cette portion de l'insecte était lâche et se détachait facilement, laissant la matière fungoïde sous la forme d'un cône attaché par la base à la partie saine de l'abdomen. Le champignon, dit le docteur Leidy, peut commencer son attaque sur les larves, développer son mycélium, et produire une masse sporuleuse dans la nymphe; plusieurs sont probable-

---

[1]. *Berlin Entom. Zeitung*, 1858, p. 178.

ment détruites pendant cette phase ; mais si quelques-unes ne
sont pas assez infestées pour que les organes essentiels à la vie
soient détruits, elles peuvent subir leurs métamorphoses, et alors
on les trouve attaquées de la manière ci-dessus décrite [1].

La mouche commune des maisons est souvent sujette, en automne, à l'attaque d'une moisissure appelée *Sporendonema
muscæ*, ou plus anciennement *Empusa muscæ*, qu'on regarde
aujourd'hui comme la forme terrestre d'un champignon sapro-
légnié [2]. Les mouches deviennent paresseuses, et finissent par se
fixer sur quelque objet où elles meurent les pattes étendues, la
tête déprimée, le corps et les ailes bientôt couverts d'une petite
moisissure blanche dont les articles tombent sur l'objet placé au-
dessous. On distingue facilement les individus qui succombent à
cet ennemi, lorsqu'ils s'établissent sur les fenêtres. M. Gray dit
qu'une moisissure semblable a été observée sur des guêpes.

Dans un bois près de Newark, Delaware, aux États-Unis, on
trouva un Gryllotalpa en retournant un morceau de bois. L'insecte
se tenait très-tranquillement à l'entrée de sa cellule ovale, qui
est pratiquée dans la terre, en un tube court et courbé vers l'intérieur. On prit l'animal et il ne fit aucun mouvement, bien qu'il
semblât parfaitement frais et vivant. En l'examinant le lendemain
matin, il ne donna toujours pas signe de vie. Toutes les parties
de l'insecte étaient intactes, les antennes mêmes n'étaient pas
brisées. Au toucher, il était dur et résistant, et une incision lui
ayant été faite au thorax, il exhala une odeur fungoïde. L'insecte
avait été envahi par un champignon parasite qui le remplaçait
pour ainsi dire presque complétement ; il était établi dans tous les
tissus mous et s'étendait même jusque dans les articles du tarse.
Il formait une masse compacte jaunâtre, ou couleur de crème [3].

La maladie destructrice des vers-à-soie, *Botrytis Bassiana*, est
due aussi à un champignon qui attaque et tue l'insecte vivant. On a
écrit beaucoup de choses sur ce parasite, mais on n'a pas encore
pu le faire disparaître. On a aussi supposé qu'une forme imparfaite d'une moisissure a un grand rapport avec une maladie des
abeilles, connue sous le nom de couvain [4].

Le *Penicillium Fieberi*, trouvé par Corda sur un grillon, s'était
sans doute développé entièrement après la mort, et n'était probablement pour rien dans cet événement [5]. Toutefois nous avons

1. *Smithsonian Contributions to Knowledge*, V, p. 53.
2. *Wiegmann Archiv*. 1835, II, p. 351 ; *Ann. Nat. Hist.*, 1841, p. 305.
3. Leidy, *Proc. Acad. Nat. Sci. Phil.*, 1851, p. 201.
4. *Gard. Chron.* 21 nov. 1868.
5. Corda, *Prachtflora*, vl. IX.

assez cité d'exemples pour montrer que les champignons ont une influence sur la vie des insectes, et cela pourrait s'étendre à d'autres animaux, comme les araignées, sur lesquelles se développent une ou deux espèces d'*Isaria* ; le Dr Leidy a cité aussi, sur le *Julus*[1], des observations que l'on peut lire avec avantage. Les poissons sont sujets aussi à un parasite qui a la forme d'une moisissure, et qui appartient aux Saprolégniées ; une végétation semblable attaque les œufs des crapauds et des grenouilles. Le poisson doré, dans les globes et les aquariums, est souvent attaqué par cet ennemi; et bien que nous l'ayons quelquefois vu se rétablir par un changement d'eau souvent répété, il est loin d'en être toujours ainsi, car ordinairement le parasite triomphe de sa victime en quelques semaines.

L'influence des champignons sur les animaux, dans les pays autres que l'Europe, est très-peu connue, si l'on excepte le cas du *Torrubia* trouvé sur les insectes, et les maladies des vers-à-soie. On a signalé des exemples de développement d'un mycélium fungoïde (car dans la plupart des cas la végétation ne va pas plus loin) dans les tissus des animaux, dans les os et les coquilles, dans les intestins, les poumons et autres parties charnues, ainsi que dans divers organes des oiseaux [2]. Dans quelques-uns des derniers cas, le champignon a été décrit comme un *Mucor*. Dans la plupart, il se compose simplement de cellules sans caractère suffisant pour une détermination. Il n'est nullement impossible que des champignons puissent se trouver dans de telles situations ; la seule question est de savoir si leur présence n'est pas accidentelle, et étrangère à la maladie des tissus en souffrance, même quand on les trouve à proximité de ces parties.

Les champignons exercent aussi sur les animaux une influence particulière que nous ne devons pas passer entièrement sous silence : c'est le rôle qu'ils jouent à l'égard de quelques tribus d'insectes, en leur fournissant une nourriture. Beaucoup d'espèces de Coléoptères notamment ont absolument besoin de champignons pour exister, puisqu'on ne les trouve que dans le voisinage de ces végétaux. Les chercheurs d'escarbots nous disent que les vieux champignons polyporés et d'autres analogues, à consistance de liége ou de bois, leur fournissent certaines espèces qu'ils chercheraient vainement ailleurs [3]. Les possesseurs d'herbiers savent combien certains petits animaux sont enclins à

---

1. Leidy, *Fauna and Flora Within Living Animals*, Smithsonian Contributions to Knowledge.

2. Murie, *Monthly Microsc. Journ.* 1872, VII, p. 149.

3. Voyez genre *Mycetophagus*, Stephen's Manual Brit. Coleopt., p. 132.

détruire leurs échantillons les plus précieux; contre ces déprédations, le poison même est quelquefois sans effet.

Quelques Urédinées, comme le *Trichobasis suaveolens* et le *Coleosporium sonchi*, sont généralement accompagnées d'une petite larve orangée qui fait sa proie du champignon, et le Dr Bolles nous informe qu'aux États-Unis quelques espèces d'*Æcidium* sont si constamment infestées de cette larve rouge qu'il est presque impossible de se procurer un bon échantillon ou de le préserver de son ennemi juré. De petites *Anguillida* se font un régal de touffes de moisissures; des agarics charnus, lorsqu'ils commencent à dépérir, deviennent des colonies d'insectes. De petits Lépidoptères, appartenant au genre *Tineina*, semblent avoir un goût particulier pour certaines Polyporées, comme le *P. sulfureus* quand il devient dur et sec, ou le *P. squamosus* quand il a atteint le même état. Les *Acarus* et les *Psocida* attaquent les champignons desséchés de toutes sortes, et les réduisent bientôt en une poudre méconnaissable.

III. Quelles sont maintenant les influences des champignons sur les autres plantes? C'est un sujet large et en même temps très-important, puisque ces influences s'exercent indirectement sur l'homme comme sur les animaux inférieurs : sur l'homme puisqu'elles s'attaquent à sa nourriture végétale dont elles entravent la production, ou détériorent la qualité; sur les animaux inférieurs, puisque par le même moyen leur nourriture naturelle est dépréciée ou diminuée, et aussi parce que des effets funestes peuvent résulter de l'introduction de petits champignons dans leur économie. Ces remarques s'appliquent surtout aux champignons qui vivent en parasites sur les plantes vivantes. D'un autre côté, on ne doit pas perdre de vue le rôle des champignons comme épurateurs de la nature, quand ils se développent sur la matière végétale morte ou mourante. Ici donc, comme dans les autres cas, nous avons encore un mélange d'influences bonnes et mauvaises; nous ne pouvons pas dire que tout soit mal, ni tout bien.

Partout où nous voyons de la matière végétale en voie de dépérissement, nous rencontrons des champignons vivant sur elle et à ses dépens, appropriant à la nourriture d'une végétation nouvelle les éléments transformés de la végétation antérieure, hâtant la décomposition et l'assimilation avec le sol. Il est impossible d'avoir observé le mycélium des champignons à l'œuvre sur les vieilles souches, les branches et le bois mourants, sans avoir été frappé de la rapidité, de la sûreté avec laquelle la décomposition se produit. Le jardinier jette de côté, sur un tas d'ordures, les branches des arbres qu'il a coupées et qui lui sont inutiles, mais qui ont tiré beaucoup du sol sur lequel elles ont vécu. Bientôt les champignons font leur apparition en espèces innombrables, envoient les fils subtils de leur mycélium dans les profondeurs des tissus du bois, et toute la masse reprend une vie nouvelle. Dans cette métamorphose, à mesure que les champignons prospèrent, les petites branches périssent; car la vie nouvelle se produit aux dépens de l'ancienne; puis les destructeurs et leurs victimes retournent, comme des éléments utiles, au sol où ils sont nés, et forment des aliments nouveaux pour une génération nouvelle de feuilles vertes et de fleurs parfumées. Dans les bois et les forêts, nous pouvons apprécier encore plus facilement les services que rendent les champignons, en hâtant la destruction des feuilles tombées et des petites branches qui entourent le pied des arbres sur lesquels elles ont vécu. Là, la nature est abandonnée à ses propres ressources; l'œuvre que l'homme accomplit dans ses jardins soigneusement entretenus et dans ses pépinières, doit être faite ici sans son aide. Ce que nous appelons la mort n'est qu'un changement; changement de forme, changement de relations, changement de composition; et toutes ces transformations sont accomplies par différents agents combinés, l'eau, l'air, la lumière, la chaleur, qui fournissent un milieu nouveau et approprié au développement de nouveaux végétaux. Ces nouveaux venus, par leur vigoureuse croissance, continuent l'œuvre que l'eau et l'oxygène, secondés par la lumière et la chaleur, avaient commencée, et en florissant pendant une courte saison sur les gloires tombées du dernier été, préparent la nature pour la venue du printemps.

Malheureusement ce pouvoir destructeur des champignons sur les tissus végétaux se manifeste souvent d'une manière qui ne plaît pas à l'homme. La pourriture sèche est le nom donné aux ravages de plusieurs champignons qui prospèrent aux dépens du bois qu'ils détruisent. Un de ces champignons, auteurs de la pourriture sèche, est le *Merulius lacrymans*, dont on parle quelquefois comme s'il était le seul, bien qu'il ne soit que le plus terrible destructeur de nos maisons. Un autre est le *Polyporus hybridus*, qui attaque les vaisseaux de chêne [1]; et ce ne sont pas les seuls qui soient à redouter. Il paraît que le champignon auteur de la pourriture sèche agit indirectement sur le bois; il imprègne de son jus le tissu ligneux qui ne tarde pas alors à se détruire. De quelque manière que le bois se détruise, les champignons y contribuent soit en détruisant le tissu, soit en altérant tellement sa

1. Sowerby, *Fungi*, pl. 289 et 387, fig. 6.

nature par l'enlèvement de la cellulose et du ligneux. qu'il devient lâche et friable. C'est ainsi que les champignons amènent la destruction rapide du vieux bois. Telles sont les conclusions formulées par Schacht, dans son mémoire sur cette question [1].

Nous pouvons dire un mot, en passant, d'un autre effet destructeur des champignons ; cet effet est dû au mycélium qui traverse le sol et nuit puissamment à l'accroissement des arbrisseaux et des arbres. Le lecteur des journaux consacrés à l'horticulture ne peut manquer de remarquer les conseils, continuellement donnés, de s'opposer à l'œuvre souterraine des champignons, laquelle menace ici les vignes, là les conifères, là les rhododendrons. Les feuilles mortes et les autres substances végétales non complétement ou complétement décomposées ne manquent presque jamais d'introduire cet élément funeste.

Les plantes vivantes souffrent considérablement des atteintes des espèces parasites : les plus importants de ces hôtes sont ceux qui attaquent les céréales. La nielle du blé et la rouille sa compagne sont cosmopolites, autant que nous sachions, partout où l'on cultive le blé, aussi bien en Australie que sur les pentes de l'Himalaya. On en peut dire autant de l'*Ustilago*, qui est aussi commun en Asie et en Amérique qu'en Europe. Nous l'avons vu sur de nombreuses graminées, comme sur l'orge du Punjab; nous avons observé aussi une espèce différente de l'*Ustilago maydis*, sur les fleurs mâles du maïs du même pays. De plus, nous apprenons qu'en 1870 une autre forme a fait son apparition sur le riz. On l'a décrite comme constituant, dans quelques-uns des grains infestés, un mycélium blanchâtre, gommeux, entrelacé, mal défini, filamenteux, croissant aux dépens des tissus attaqués, et enfin se convertissant en une masse plus ou moins cohérente de spores d'une couleur vert sale, à l'extérieur des grains déformés. Sous l'enveloppe extérieure, les spores aggrégées sont d'un rouge orangé éclatant; la portion centrale a une apparence vésiculeuse et une couleur blanche [2]. Il est difficile de déterminer, d'après la description, ce que peut être ce prétendu *Ustilago*, que l'on représente comme ayant attaqué une portion considérable des récoltes de riz sur pied, dans le voisinage de Diamond Harbour.

La carie (*Tilletia caries*) est une autre peste qui envahit toute la portion farineuse des grains de blé. Depuis qu'on a si généra-

1. Schacht, *Fungous threads in the cells of Plants*, dans le *Jahrbuch* de Pringsheim. Berlin, 1863.
2. *Proceedings of the Agri. Hort. Soc. India*. (1871), p. 85.

lement adopté dans notre pays l'usage de préparer la semence du
blé, ce fléau a beaucoup perdu de son importance. Le sorgho et
le petit millet, dans les contrées où on les cultive pour l'alimentation, sont sujets aux attaques des parasites alliés. L'ergot
attaque le blé et le riz, mais dans des proportions trop faibles
pour avoir une influence importante sur la récolte. Deux ou trois
autres espèces de champignons, telles que le *Dilophospora graminis* et le *Septoria nodorum*, causent quelquefois certains dom-
mages locaux parmi les blés, mais dans une faible mesure. Dans
les pays où le maïs est cultivé en grand, il a non-seulement son
espèce propre de nielle (*Puccinia*), mais aussi une des espèces
les plus grandes et les plus destructrices d'*Ustilago*.

En 1850, Cesati a trouvé en Italie un singulier parasite des graminées, infestant les glumes de l'*Andropogon* [1]. Il a reçu le nom
de *Cerebella Andropogonis;* mais il ne semble pas avoir pris les
développements et l'extension qu'on redoutait d'abord.

Un fléau plus destructeur qu'aucun des précédents est la maladie de la pomme de terre [2] (*Peronospora infestans*), qui malheureusement est trop connue pour avoir besoin de description. Cette
maladie fut autrefois attribuée à différentes influences; mais depuis longtemps on a reconnu que sa véritable cause n'est autre
qu'une espèce de champignon qui attaque aussi les tomates,
quoique moins vigoureusement. De Bary a étudié avec soin cette
maladie, et son opinion est clairement détaillée dans son mémoire
sur le *Peronospora*, ainsi que dans son ouvrage spécial sur la
maladie de la pomme de terre [3]. Les uns voient la cause de l'épidémie, dit-il, dans l'état maladif de la pomme de terre elle-même,
produit accidentellement par les conditions défavorables du sol et
de l'atmosphère ou par une détérioration que la plante a subie
par le fait de la culture. Suivant ces opinions, la végétation du
parasite serait purement accidentelle, la maladie en serait indépendante, et même le parasite pourrait fréquemment épargner les
organes malades. Les autres voient dans la végétation du *Peronospora* la cause immédiate ou indirecte des différents symptômes de la maladie, soit que le parasite envahisse la tige de la
pomme de terre, et en les détruisant ou pour ainsi dire en les
empoisonnant, détermine un état maladif des tubercules, soit
qu'il s'introduise dans tous les organes de la plante et que sa
végétation soit la cause immédiate de tous les symptômes du
mal, qu'on rencontre en effet dans toutes les parties. Les obser-

1. *Gard. Chron.* 1852, p. 643, avec fig.
2. Berkeley, *On the potato Murrain, Journ. Hort. Soc.*, vol. I, (1846), p. 9.
3. De Bary, *Die gegenwärtig herrschende Kartoffelrankheit.*

vations de ce savant ont prouvé rigoureusement que l'opinion des derniers est la seule fondée. Toutes les altérations que l'on a observées sur les individus spontanés se retrouvent lorsque le *Peronospora* est semé sur une plante. L'examen le plus scrupuleux démontre la plus parfaite identité entre les individus cultivés et les spontanés, tant pour l'organisation du parasite que pour l'altération de la plante qui le nourrit. Dans les expériences qu'il a faites, il déclare n'avoir jamais observé une prédisposition individuelle et malsaine de la plante nourricière. Il lui a paru, au contraire, que plus la plante était vigoureuse, plus le parasite y prospérait.

Nous ne pouvons pas le suivre dans tous les détails relatifs à l'accroissement et au développement de la maladie, ou à ses expériences sur les espèces voisines ; ces études l'ont conduit à affirmer que le champignon détermine immédiatement la maladie des tubercules ainsi que celle des feuilles, et que la végétation du *Peronospora* est la seule cause de la redoutable épidémie à laquelle la pomme de terre est exposée [1]. Nous croyons que le même observateur s'occupe encore d'une série d'observations dans le but, s'il est possible, de suggérer quelque remède ou quelque adoucissement à la maladie.

Le Dr Hassall a montré, il y a plusieurs années, l'action du mycélium de ce champignon, qui, au contact du tissu cellulaire, amène une décomposition. Le fait a été pleinement confirmé par Berkeley.

Malheureusement le même genre de champignon renferme d'autres espèces qui sont très-funestes aux productions des jardins. Le *Peronospora gangliformis*, C., attaque les laitues ; il est aussi commun que nuisible. Le *P. effusa*, Grev., se trouve sur les épinards et les plantes analogues. Le *P. Schleideniana*, D. By., est, quelquefois, très-commun et très-funeste aux oignons ; les champs de luzerne sont très-sujets à l'attaque de *P. trifoliorum*, D. By.

La récolte de la vigne est exposée à être sérieusement compromise par un autre champignon, qui n'est que la forme à conidies d'une espèce d'*Erysiphe*. Ce champignon, connu sous le nom d'*Oïdium Tuckeri*, B., attaque en Angleterre les vignes de serres chaudes ; mais sur le Continent les vignobles souffrent souvent beaucoup de ses ravages [2] ; malheureusement, ce n'est

1. De Bary, *Mémoire sur le Peronospora, Ann. des Sci. Nat.*
2. *Rapport des secrétaires d'Ambassade et de Légation de S. M. sur les effets de la maladie de la vigne sur le commerce,* 1859 ; *rapports des secrétaires,* etc., *sur*

pas le seul fléau auquel la vigne soit sujette; car un insecte menace de lui être encore plus funeste.

Les houblonnières souffrent gravement, certaines années, d'une maladie semblable: dans ce cas le champignon atteint sa forme dernière et parfaite. Le nielle de houblon est le *Sphærotheca Castagnei*, qui se montre d'abord sous forme de taches blanchâtres sur les feuilles, devient bientôt incolore, et développe ses réceptacles noirs sur les deux faces de la feuille. Telles sont les principales maladies d'origine fungoïde auxquelles les plantes utiles sont sujettes dans notre pays.

Parmi celles qui sont moins importantes, mais assez gênantes encore pour soulever les anathèmes des cultivateurs, on peut citer le *Puccinia Apii*, Ca., qui réussit souvent à détruire des planches de céleri en attaquant les feuilles; le *Cystopus candidus*, Lév., et le *Glœosporium concentricum*, Grév., destructeur des choux et des autres crucifères, le *Trichobasis Fabæ*, Lév., qui ne pardonne pas dès qu'il s'établit sur les haricots; l'*Erysiphe Martii*, un vrai fléau souvent pour les récoltes de pois.

Les arbres à fruits n'échappent pas complétement; car le *Rœstelia cancellata*, Tul., attaque les feuilles du poirier. Le *Puccinia prunorum* porte atteinte aux feuilles de presque toutes les variétés de prunier. Les pustules causées par l'*Ascomyces deformans*, B., tordent les feuilles des pêchers; l'*A. bullatus*, B., en fait autant au poirier, et l'*A. juglandis*, B., aux noisetiers. Heureusement nous ne souffrons pas maintenant de l'*A. pruni*, Fckl., qui, sur le Continent, attaque les fruits jeunes du prunier, les ride et les fait tomber. Durant ces dernières années, les feuilles de poirier ont souffert de ce qui semble être une forme d'*Helminthosporium pyrorum*, et les branches sont quelquefois infestées de *Capnodium elongatum*; mais les vergers aux Etats-Unis ont un pire ennemi dans le *black knot*[1], qui produit des gonflements dans les branches, et est causé par le *Sphæria morbosa* de Schweinitz.

Les plantations de coton dans l'Inde[2], suivant une description du Dr Thortt, sont sujettes aux attaques d'un sorte de nielle, qui, d'après les détails fournis, paraissait être une espèce d'*Erysiphe*; mais après avoir reçu des échantillons de l'Inde pour les examiner, nous n'avons trouvé qu'un de ces états maladifs des tissus,

---

les *manufact. et le commerce, la maladie de la vigne en Bavière et en Suisse,* 1859, pp. 54 et 62.

1. C. H. Peck, *On the black knot*, Quekette *Microsc. Journ.*, vol. III, p. 82.
2. Cooke, *Microscopic Fungi*, p. 177.

classés autrefois parmi les effets des champignons connus sous le
nom d'*Erineum* ; une espèce de Torula attaque aussi les fruits du
coton après leur maturité. Les feuilles du thé, dans les plantations
du Cachar, souffrent, a-t-on dit, d'un sorte de nielle ; mais dans
tous les échantillons que nous avons vus, les ravages paraissent
dus aux insectes, bien que l'*Hendersonia theicola*, Cooke, s'éta-
blisse sur les feuilles mourantes [1]. Les plantations de café de Ceylan souffrent des ravages de l'*Hemiliea vastatrix*, ainsi que de ceux
des insectes [2]. D'autres plantes utiles trouvent aussi des ennemis
dans des champignons parasites.

Les oliviers, dans le midi de l'Europe, sont attaqués par une
espèce d'*Antennaria*, de même que les orangers et les citronniers
par un *Capnodium*, qui couvre le feuillage comme d'un enduit de
suie. En réalité les plantes les plus utiles semblent avoir à lutter
contre quelque ennemi, et non-seulement la plante, mais ses cultivateurs, doivent s'estimer heureux si l'ennemi est moins impla-
cable que dans le cas de la pomme de terre, de la vigne et du
houblon.

La culture forestière en Grande-Bretagne est d'un intérêt insi-
gnifiant en comparaison de ce qu'elle est dans certaines parties
de l'Europe, aux Etats-Unis et dans nos possessions des Indes.
Dans ces pays, il devient important de rechercher quelle influence
exercent les champignons sur les arbres des forêts. On peut toutefois affirmer à l'avance que les dégats causés par les champignons sont peu de chose en comparaison des dévastations des
insectes, et que peu de champignons deviennent des fléaux pour
ce genre de culture. Les conifères peuvent être infestés par une
espèce de *Peridermium*, incontestablement nuisible, *P. elatinum*,
Lk., qui tord et déforme le sapin argenté ; le *P. Thomsoni*, B. [3],
attaque de même l'*Abies Smithiana* dans l'Himalaya. Cette espèce
a été rencontrée à une hauteur de 8000 pieds. Les feuilles atteintes
se réduisent à la moitié de leur longueur, se courbent, et deviennent
saupoudrées, quelquefois sur deux rangées, des grands *Sores* de
cette espèce ; l'arbre prend un aspect étrange, et à la longue
subit un sort fatal, par suite de l'immense quantité de nourriture
qui lui est soustraite au profit d'un parasite si grand et si puissant par le nombre. Les échantillons desséchés ont une odeur
douce, semblable à celle de la violette. Dans le nord de l'Europe,
le *Cœoma pinitorquum*, D. By., parait être abondant et destructeur. Toutes les espèces de genévriers, tant en Europe qu'aux

---

1. *Grevillea*, I, p. 90.
2. *Gard. Chron.* 1873.
3. *Gard. Chron.* 1852 p. 57, avec fig.

États-Unis, sont sujettes à être attaquées et déformées par un assez grand nombre d'espèces de *Podisoma* [1]. L'*Antennaria pinophila*, Fr., est incontestablement nuisible, ainsi que d'autres espèces du même genre. Il est probable que le plus complet développement de ces plantes est présenté par le *Capnodium*; dans ce genre, le *C. Citri* attaque les orangers dans le midi de l'Europe, et d'autres espèces attaquent d'autres arbres. Jusqu'à quel point les bouleaux sont-ils endommagés par le *Dothidea betulina*, Fr., ou par le *Melampsora betulina*, Lév., de même que les peupliers et les trembles par le *M. populina*, Lév., et le *M. tremulæ*, Lév., c'est ce que nous ne saurions dire. Les espèces de *Lecythea* trouvées sur les feuilles du saule portent décidément préjudice à l'accroissement de la plante infestée.

La floriculture est obligée de combattre beaucoup de champignons ennemis, qui parfois commettent de grands ravages parmi les fleurs les plus précieuses. Les roses ont à se défendre contre les deux formes de *Phragmidium mucronatum*, et contre l'*Asteroma Rosæ*. Plus désastreuse encore est une espèce d'*Erysiphe*, qui se montre d'abord sous la forme d'une espèce de moisissure blanche. Son nom est *Sphærotheca pannosa*. Ce n'est pas tout; car le *Peronospora sparsa*, quand il attaque les roses dans les serres, se montre sans pitié [2]. Quelquefois les violettes sont déformées et gâtées par l'*Urocystis Violæ*. L'anémone des jardins est fort attaquée par l'*Æcidium quadrifidum*. Les orchidées peuvent avoir leurs feuilles tachées par des champignons, et récemment toutes les plus belles roses trémières ont été menacées de destruction par un ennemi impitoyable, le *Puccinia malvacearum*. Ce champignon a été d'abord révélé au monde, il y a quelques années, comme habitant de l'Amérique du Sud. Il semble s'être fait connaitre ensuite dans les colonies de l'Australie; puis, deux ou trois ans après, nous entendons parler de lui pour la première fois sur le continent européen; enfin, l'année dernière, nous le trouvons menaçant dans nos propres îles. Cette année même il étend considérablement ses ravages, au point que tous les admirateurs de la rose trémière commencent à craindre que cette plante d'ornement soit entièrement exterminée. Ce champignon est commun sur les mauves sauvages, et les cultivateurs de coton doivent avoir l'œil au guet, car il est probable que d'autres malvacées peuvent en souffrir.

Un écrivain a proposé, dans le *Gardener's Chronicle,* un remède

---

1. *Podisoma macropus,* Hook, *Journ. Bot.*, vol. IV, pl. XII, fig. 6.
2. Berkeley, *Gard. Chron.*, 1862, p. 308,

contre la maladie des roses trémières, et il en espère un bon
résultat. Cette terrible maladie, dit-il, menace depuis douze mois,
d'une destruction complète, la magnifique famille des roses trémières, en dépit de tous les antidotes que peut imaginer l'esprit
inventif de l'homme, tant elle avance rapidement dans son œuvre
meurtrière. J'en ai vu un triste exemple : l'année dernière, à pareille époque, j'avais sous ma direction une des collections les
plus grandes et les plus belles de roses trémières qui existent ;
elle avait été confiée spécialement à mes soins pendant 11 ans,
et un mois avant de quitter cet office, je n'avais jamais rien observé d'extraordinaire dans ces plantes. Mais un mois avant d'en
prendre définitivement congé, j'eus le chagrin de les voir frappées
planche par planche ; le fléau avait atteint beaucoup de ces magnifiques semis dont la production m'avait coûté des années de
patience et de sollicitude. Ensuite, continuant à m'occuper de ce
genre de culture, une autre collection pareillement infestée tomba
entre mes mains ; de sorte que j'eus à combattre activement le
fléau depuis sa première apparition parmi nous. Je dois l'avouer,
jusqu'à ces derniers temps j'avais fort mal réussi dans cette lutte,
bien que j'eusse fait usage de tous les agents dont j'avais lieu
d'espérer du secours et qu'avaient pu me suggérer des amis fort
compétents. Mais dernièrement on me fit songer au liquide de
Condy, étendu d'eau ; je m'en procurai donc une bouteille, de la
qualité verte, et l'employai dans la proportion d'une grande cuil-
lerée pour un *quart* d'eau. En examinant les plantes ainsi traitées, douze heures après, je fus enchanté de voir que l'opération avait réellement détruit la maladie. Le fait est facile à constater ; car lorsque le parasite est vivant et prospère, il est d'une
couleur gris clair, et, quand il est mort, il devient d'un noir de
rouille. Pour m'assurer ensuite du degré auquel la plante pouvait
supporter l'antidote sans inconvénient, j'augmentai la dose du
double. Cette dose produisit la mort instantanée du fléau et ne
laissa aucune trace fâcheuse sur le feuillage. Quant à la manière d'appliquer le remède, je recommande l'emploi de l'éponge
pour toutes les opérations de cette sorte. L'usage de la seringue
est très-commode, mais il gâte beaucoup les plantes. Sans doute
l'emploi de l'éponge prend beaucoup de temps ; mais si l'on tient
compte de l'efficacité que présente ce moyen seul, on voit au bout
du compte que c'est le procédé le plus économique, surtout dans
le cas de ce petit parasite. J'ai trouvé difficile le traitement par
la seringue ; car l'ennemi a une grande force de résistance, et se
débarrasse facilement de l'humidité ; or si l'on en laisse seulement
la moindre partie vivante, on est étonné de voir avec quelle rapi-

dité il répare ses pertes. J'ai la confiance que par l'application de ce remède faite à temps, une autre année, je préserverai ma collection. Je crois qu'il faut éviter de planter les roses trémières en grandes masses; car j'ai observé que plus elles sont rapprochées, plus elles sont violemment attaquées par la maladie, tandis que les rangs et les pieds isolés ne sont que faiblement endommagés [1].

Le *Gardener's Chronicle* a tenu aussi les horticulteurs en garde par la nouvelle qu'une espèce d'Urédinée a causé de grands ravages parmi les pelargoniums au Cap de Bonne-Espérance. Jusqu'ici ces plantes n'ont pas souffert beaucoup des parasites dans notre pays. En outre de ceux que nous avons cités, il y a beaucoup d'autres parasites moins nuisibles, tels que l'*Uredo filicum*, sur les fougères, le *Puccinia Lychnidearum* sur les feuilles de l'œillet de poète, l'*Uredo Orchidis*, sur les feuilles des Orchidées, etc.

Nous pourrions résumer à peu près de la manière suivante les influences des champignons.

Les champignons exercent une mauvaise influence :

Sur l'homme,

Quand ils sont mangés avec inadvertance.

En détruisant les aliments naturels.

En causant ou en aggravant les maladies de peau.

Sur les animaux,

En détériorant ou en détruisant en partie leur nourriture.

En s'établissant comme parasites sur quelques espèces.

Sur les plantes,

En hâtant la destruction du bois.

En s'établissant comme parasites.

En imprégnant le sol.

Mais il n'est pas prouvé qu'ils produisent des maladies épidémiques chez l'homme et les animaux, ni que la dissémination de leurs innombrables spores dans l'atmosphère ait une influence appréciable sur la santé de l'espèce humaine. Ainsi leur lien, comme cause productrice ou aggravante, avec le choléra, la diarrhée, la rougeole, la scarlatine et les nombreuses maladies qui sont l'héritage de l'humanité, doit, dans l'état actuel de nos connaissances, être regardé comme problématique.

1. *Gard. Chron.*, 22 août 1871, p. 243.

CHAPITRE XI.

En général, une des premières questions que se pose l'étudiant, une fois son attention éveillée sur les champignons, a pour but de savoir où et dans quelles circonstances on les trouve. En effet l'observateur inexpérimenté a besoin d'un guide, ou bien il dépensera beaucoup de peine et de patience à chercher des formes microscopiques dans les endroits où il s'en trouve le moins. Il n'est pas non plus sans profit ni sans intérêt, pour ceux qui ne se proposent pas une étude spéciale, d'avoir des notions sur les habitudes de ces organismes et d'apprendre jusqu'à quel point les circonstances et les corps environnants influencent leur production. Pour des raisons qui seront immédiatement comprises par le mycologue, la meilleure méthode dans cette étude est d'examiner successivement les groupes naturels dans lesquels les champignons se trouvent partagés.

AGARICINÉES. — Il y a une affinité si étroite entre tous les genres de ce groupe, que nous trouverons un avantage manifeste à réunir ensemble tous ces champignons charnus à chapeau, dont le fruit est porté sur des lamelles feuilletées. On peut dire en commençant que, pour la plus grande partie de ce groupe, l'ombre, une humidité modérée, une chaleur continue, mais douce, sont nécessaires. Une promenade dans un bois en automne démontrera la prédilection des Agaricinées et de quelques autres groupes plus petits pour de semblables lieux. On en rencontrera une plus grand proportion dans les bois, où ils trouvent de l'ombre, que dans les bruyères et les pâturages découverts. D'ailleurs, ces espèces amies des bois se composent des champignons qui viennent sur le sol et de ceux qu'on trouve sur les arbres mourants. Beaucoup de ceux qui poussent sur les arbres ont une tige latérale, ou n'ont presque point de tige. On peut remarquer que plusieurs espèces qui naissent sur le sol préfèrent l'ombre d'arbres particuliers. Les agarics d'un hêtre diffèrent beaucoup de ceux d'un chêne, et les uns et les autres se distinguent de ceux qui viennent sous les arbres conifères.

On peut donner comme règle générale pour les espèces terrestres que si elles ne poussent pas directement sur les feuilles pourries et sur les débris végétaux dans le même état de décomposition, le sol doit être riche en humus. Un petit nombre seulement se présentent dans les endroits sablonneux. Le genre *Marasmius* se plaît sur les feuilles mortes, le *Russula* dans les endroits découverts des bois, où il croît immédiatement sur le sol. Le *Lactarius* préfère les arbres, et quand on le trouve dans des lieux découverts, il se tient généralement à l'ombre [1]. Le *Cantharellus* est aussi un champignon des bois; beaucoup de ses espèces aiment à pousser parmi le gazon et la mousse, et plusieurs sont parasites sur celle-ci. Le *Coprinus* n'est pas un genre qui affectionne beaucoup les bois; il aime plutôt l'homme, si l'on peut employer une telle expression ou attribuer à ce végétal une sorte de domesticatio. il recherche les cours des fermes, les jardins, les tas de fumiers, le bas des portes et des grilles, les caves, les murs en plâtre, et même les vieux tapis humides. L'*Hygrophorus* aime les lieux découverts, paturâges, pelouses, bruyères, pentes de montagnes; il monte quelquefois jusqu'aux sommets les plus hauts de la Grande-Bretagne. Le *Cortinarius* paraît avoir une préférence pour les bois, tandis que le *Bolbitius* a une prédilection pour le fumier ou pour un sol riche. Les genres *Lentinus, Panus, Lenzites* et *Schyzophyllum* poussent tous sur le bois. Arrivant aux sous-genres de l'Agaric, nous trouvons les *Pleurotus, Crepidotus, Pluteus, Collybia, Pholiota, Flammula, Hypholoma*, et quelques espèces de *Psathyra*, croissant sur le bois, les vieux troncs, ou le charbon de bois; les *Amanita, Tricholoma* et *Hebolama* se tiennent généralement sous bois; les *Clitocybe* et *Mycena*, parmi les feuilles; le *Nolanea*, sur les gazons; les *Omphalia* et *Galera*, dans les marécages; les *Lepiota, Leptonia, Psalliota, Stropharia, Psilocybe* et *Psathyrella*, dans les lieux découverts et les pâturages; les *Deconica* et *Paneolus*, sur le fumier; les *Entoloma* et *Clitopilus* sont principalement terrestres; les autres sont variables.

1. Ces prédilections sont générales, mais non sans exceptions.

En fait d'habitats spéciaux, les espèces de *Nyctalis* sont parasites sur les champignons morts du genre *Russula*. Deux ou trois espèces d'*Agaricus*, telles que *A. Tuberosus* et *A. Racemosus*, P., poussent sur les Agarics mourants, tandis que *A. Loveianus* prospère sur *A. Nebularis*, même avant la mort complète de celui-ci. Quelques espèces croissent sur les cônes morts de sapins, d'autres sur les vieilles fougères, etc. *A. Cepæstipes*, Sow., probablement d'origine exotique, croît sur le vieux tan dans les serres chaudes. *A. Caulicinatus*, Bull, prospère sur le vieux chaume, sur les branches, etc. *A. Juncicola*, Fr., affectionne le jonc mort des marécages, tandis que *A. Affricatus*, Fr., et *A. Sphagnicola*, B., s'attachent aux mousses des mêmes lieux. Un petit nombre d'espèces sont presque confinées aux tiges des plantes herbacées. *A. petasatus*, Fr., *A. Cucumis*, P., et *Paxillus panuoïdes*, F., préfèrent la sciure de bois. *A. Carpophilus*, Fr., et *Balaninus*, P., ont une prédilection pour le tronc du hêtre. *A. Urticæcola*, B. et Br., semble confiné aux racines d'orties. *Coprinus radians*, Fr., se montre sur les murs en plâtre. *Coprinus domesticus*, Fr., sur les tapis humides. La seule espèce épizoïque, suivant M. Fries, est l'*Agaricus cerussatus v. nauseosus*, qu'on a rencontré en Russie sur la carcasse d'un loup; ce fait, toutefois, peut être simplement accidentel. Persoon a décrit l'*A. Neapolitanus*, qu'on a trouvé poussant sur du marc de café à Naples; et plus récemment Viviani a décrit une autre espèce, *Agaricus coffeæ*, à spores roses, trouvée sur de vieux marc de café en fermentation, à Gênes [1]. Tratinnick a représenté une espèce, *Agaricus Markii*, que l'on a trouvée dans des tonneaux de vin en Autriche. Dans notre pays et sur le continent, un *Coprinus* a été trouvé, après fort peu de temps, sur le pansement d'une blessure, où il n'y avait eu aucune négligence. Un curieux exemple de cette sorte, qui a excité à son apparition beaucoup d'intérêt, s'est présenté, il y a une cinquantaine d'années, à St. Georges Hospital. Quelques espèces paraissent se confiner à de certains arbres; quelques autres préfèrent la terre des pots à fleurs. Certaines espèces ont des habitudes solitaires, d'autres vivent en société : parmi les dernières, *Agaricus grammopodius*, Bull., *Agaricus gambosus*, Fr., *Marasmius Oreades*, F., et quelques autres poussent en cercle. On voit par là que les habitats des Agaricinées sont très-variables, entre certaines limites.

Les *Boletus* ne diffèrent pas beaucoup des Agaricinées quant à leurs habitats. Ils semblent préférer les bois ou les bords qui sé-

1. Viviani, *J. Funghi d'Italia*.

parent les bois des pâturages; on les trouve rarement dans ces derniers. Une espèce *B. Parasiticus*, Bull., pousse sur les vieux spécimens de *Scleroderma*; ils sont, d'ailleurs, pour la plupart terrestres.

Les *Polyporus* n'ont pas non plus une grande variété d'habitats, excepté quant au choix des arbres sur lesquels ils croissent; car ils habitent pour la plupart les écorces. La section *Mesopus*, qui a une tige centrale distincte, contient quelques espèces qui préfèrent le sol. *Polyporus tuberaster*, P., croît en Italie sur le *Pietra funghaïa* [1]; il est cultivé comme comestible, ainsi que *Polyporus avellanus*, qui pousse sur des morceaux carbonisés de noisetier.

D'autres genres de Polyporées ont des habitats semblables. *Merulius lacrymans*, Fr., une des formes de la pourriture sèche, se rencontre dans les caves et trop souvent sur le bois travaillé, tandis que *Merulius himantoïdes*, Fr., est bien plus délicat, et se répand quelquefois sur les plantes de serre.

Hydnées. — Il n'y a rien de particulier à signaler quant à l'habitat de ces champignons. Les espèces stipitées d'*Hydnum* se trouvent, les unes dans les bois, d'autres sur les fougères, une sur les cônes des sapins; le reste a les mêmes habitats que les espèces de *Polyporus*.

Auricularinées. — Les genres *Hymenochœte*, *Stereum* et *Corticium*, avec quelques espèces de *Thelephora*, poussent sur le bois, couvert ou non de son écorce; d'autres espèces de *Thelephora* croissent sur le sol. Les formes Pezizoïdes de *Cyphella* et de *Solenia*, comme les espèces de *Peziza*, se rencontrent quelquefois sur le bois; dans le genre précédent, quelques-unes vivent sur le gazon et d'autres sur la mousse.

Clavariées. — Les touffes de *Clavaria*, ces champignons intéressants aux teintes souvent brillantes, se rencontrent ordinairement dans le gazon et croissent directement sur le sol. Quelquefois, mais rarement, on les trouve sur les feuilles mortes ou les tiges herbacées. Le *Calocera* doit probablement être classé parmi les Tremellinées, dont sa structure le rapproche beaucoup. Ses espèces se développent sur le bois. Celles de *Typhula* et de *Pistillaria* sont petites, et croissent principalement sur les plantes herbacées mortes. Une ou deux se développent sur une sorte de *Sclerotium*, qui est en réalité un mycélium vivace compacte.

Tremellinées. — Ces curieux champignons gélatineux se développent, à de rares exceptions près, sur les branches ou le bois

1. *Champignons comestibles* de Badham, éd. I, pp. 12, 116.

dépouillé. Citons parmi les exceptions *Tremella versicolor*, B. et Br., parasite d'une espèce de *Corticium*, et *Tremella epigæa*, B. et Br., qui croît sur le sol nu. Ceci complète notre examen rapide des habitats des Hyménomycètes. Très-peu d'entre eux portent réellement atteinte à la végétation ; car les *Agaricus* et les *Polyporus* que l'on rencontre sur des arbres vivants attaquent rarement les individus vigoureux, et s'attachent plutôt aux branches mortes ou aux troncs à moitié morts.

Les GASTÉROMYCÈTES sont beaucoup moins nombreux comme espèces et aussi comme individus; mais leurs habitats sont plus variables. Les Hypogées, ou espèces souterraines, se trouvent soit profondément dans le sol, soit près de la surface, généralement dans le voisinage des arbres.

PHALLOIDÉES. — Dans la plupart des cas, les espèces préfèrent les lieux boisés. Ces champignons, généralement terrestres, dévoilent leur présence, quand on ne les voit pas, par l'odeur fétide que beaucoup d'entre eux exhalent. Plusieurs se rencontrent dans les endroits sablonneux.

PODAXINÉES. — Ils ressemblent quant à leurs habitats aux *Trichogastres*. Des espèces de *Podaxon* se fixent sur les nids de termites dans les contrées tropicales [1]. D'autres se rencontrent sur le gazon.

TRICHOGASTRES. — Ils sont principalement terrestres. Le rare mais curieux *Batarrea phalloides*, P., a été trouvé sur des tas de sable et dans les arbres creux. *Tulostoma mammosum*, Fr., se fixe sur les vieux murs de pierre, où il croît parmi la mousse. *Geaster striatus*, D. C., se trouvait généralement à une époque sur le sable des dunes à Great Yarmouth. Bien que le *Lycoperdon giganteum*, Batsch, se présente le plus ordinairement dans les pâturages ou sur le bord des haies dans les champs, nous l'avons vu se montrer tous les ans pendant assez longtemps dans un jardin près de Londres. Les espèces de *Scleroderma* semblent préférer un sol sablonneux. *Aglæocystis* est un genre assez anormal qui se rencontre sur les têtes du *Cyperus* dans l'Inde. *Broomeia* se rencontre au Cap sur le bois pourri.

MYXOGASTRES. — Le bois pourri est l'une des substances où ces champignons se développent le plus ordinairement; quelques-uns cependant sont terrestres : l'*Æthalium* pousse sur le vieux tan et sur d'autres substances. Des espèces de *Diderma* poussent sur

1. Un excellent Agaric blanc se rencontre sur des fourmilières dans les *Neilgherries*, et une curieuse espèce se trouve dans une station semblable à Ceylan.

les mousses, les jungermannia, le gazon, les feuilles mortes, les fougères, etc. L'*Angioridium sinuosum*, Grév., vit sur des plantes vivantes de différentes sortes, et le *Spumaria* incruste pareillement les graminées vivantes. Le *Baldhamia* non-seulement vit sur le bois mort, mais une espèce se trouve sur les feuilles fanées et encore vertes du Tussilage. Le *Craterium* se fixe sur presque toute substance qu'il trouve à sa portée. Le *Licea perreptans* a été trouvé dans l'intérieur d'un concombre chauffé avec du houblon épuisé. Un ou deux Myxogastres ont été trouvés sur du plomb et même sur du fer récemment chauffés. Sowerby en a trouvé un sur des charbons éteints dans une des galeries de la cathédrale de Saint-Paul.

Les NIDULARIACÉES poussent sur le sol, ou sur les tiges, les branches, les copeaux, et d'autres substances végétales, comme le sciure de bois, le fumier, et le bois pourri.

Les CONIOMYCÈTES sont partagés en deux sections d'après leurs habitats. Dans l'une de ces sections, les espèces se développent sur les plantes mortes ou mourantes, dans l'autre elles vivent sur des plantes vivantes. La première renferme les Sphéronémées, qui varient dans leur choix, bien qu'ils préfèrent ordinairement les plantes herbacées mortes et les petites branches des arbres. Parmi les exceptions se trouvent les *Sphœronema*, dont quelques-uns se développent sur les champignons mourants. Pour les grands genres *Septoria*, *Ascochyta*, *Phyllosticta*, *Asteroma*, etc., l'habitat favori consiste dans les plantes fanées et mourantes de toutes sortes. Dans la majorité des cas, ces champignons ne sont pas autonomes, mais sont simplement les stylospores des *Sphœria*. Ils sont généralement petits, et les stylospores sont de la forme la plus simple. Les Mélanconiées ont une préférence pour les petites pousses des arbres; ils percent l'écorce, et laissent échapper leurs spores en une masse gélatineuse. Un petit nombre habitent les feuilles; mais les exceptions sont comparativement rares, et sont représentées surtout par le genre *Glœosporium*, dont les espèces se trouvent aussi sur les pommes, les pêches, les brugnons, et autres fruits. Les Torulacées n'atteignent que les surfaces, et ont beaucoup de l'apparence extérieure des moisissures noires ; comme elles, elles se trouvent sur les substances végétales mourantes, les vieilles tiges de plantes herbacées, les petites branches, le bois, les troncs morts, etc. Parmi les exceptions, nous avons le *Torula sporendonema*, qui est la moisissure rouge du fromage; il se rencontre aussi sur la fiente des rats, la vieille colle ; le *Sporendonema muscæ*, qui est seulement la forme à conidies d'une espèce d'*Achlya*. Une espèce de *Bactridium* vit en parasite sur l'hyménium du *Peziza*, et l'*Echinobotryum atrum*, sur les floccus des moisissures noires.

Dans l'autre section des Coniomycètes, les espèces sont parasites sur les plantes vivantes qu'elles détruisent ; très-rarement on les trouve sur des substances réellement mortes, et dans ces cas même, elles se sont incontestablement développées pendant la vie des tissus. Généralement, la dernière phase de la vie de ces parasites se montre dans la rupture de la cuticule et la dispersion des spores pulvérulentes ; quant à *Tilletia caries*, *Thecaphora hyalina* et *Puccinia incarcerata*, ils restent enfermés dans le fruit de la plante nourricière. Les différents genres montrent dans quelques cas une préférence pour des plantes de certains ordres, sur lesquelles ils se développent. Le *Peridermium* attaque les Conifères ; le *Podisoma* attaque également les différentes espèces de genévriers ; le *Melampsora*, principalement les feuilles caduques des arbres ; le *Ræstelia* s'attache aux arbres pomacés, tandis que le *Graphiola* affectionne les *Palmacées*, et l'*Endophyllum* les feuilles succulentes du poireau. L'*Æcidium* semble plus porté à attaquer certains ordres que d'autres ; ainsi, les Composées, les Renonculacées, les Légumineuses, les Labiées, etc., en sont atteintes, tandis que d'autres, comme les Graminées, les Éricacées, les Malvacées, les Crucifères, en sont exemptes. Il y a néanmoins très-peu d'ordres naturels de plantes phanérogames dans lesquelles on ne trouve une ou plusieurs espèces appartenant à cette section des Coniomycètes, et la même plante nourricière en entretient parfois plusieurs formes. Des recherches récentes tendent à donner décidément des caractères spécifiques distincts aux espèces que l'on trouve sur différentes plantes, et à prouver que le parasite de l'une ne végète pas sur une autre, quelque analogie que celle-ci présente avec la première. Cette règle ne saurait être cependant adoptée comme universellement applicable, et, de ce qu'un certain parasite se trouve développé sur une plante spéciale, on ne doit pas supposer pour cela qu'il soit distinct, à moins qu'on ne lui découvre des caractères propres, autres que l'habitat. Ainsi, l'*Æcidium compositarum* et l'*Æcidium ranunculacearum*, par exemple, se trouvent sur différentes plantes composées et renonculacées ; pourtant on n'a pas encore de preuves suffisantes pour croire que les différentes formes soient autre chose que des variétés de l'une des deux espèces. D'un autre côté, il n'est pas improbable que deux espèces d'*Æcidium* se développent sur l'épine-vinette commune, comme deux espèces de nielle ; *Puccinia graminis* et *Puccinia straminis*, d'après les observations de de Bary, se trouvent sur le blé.

Hyphomycètes. — Les moisissures sont beaucoup plus universelles dans leurs habitats, surtout les *Mucédinées*. Les Isariacées
ont une prédilection, quoique non exclusive, pour les substances
animales. Quelques espèces se rencontrent sur des insectes morts,
d'autres sur des champignons mourants, et le reste sur les tiges,
les branches et le bois pourris. Les Stilbacées ont aussi des habitats semblables, sauf que les espèces d'*Illosporium* semblent
être confinées au parasitisme sur les lichens. Les moisissures
noires, Dématiées, sont fort répandues ; elles se montrent sur les
tiges herbacées, les petites branches, l'écorce et le bois dans la
plupart des cas, mais aussi sur le vieux linge, le papier, le carton,
le fumier, les fruits pourris, etc., tandis que les formes de *Cladosporium* et de *Macrosporium* se rencontrent sur presque toute
espèce de matière végétale où la décomposition a commencé.

Les Mucédinées, dans plusieurs cas, ne se sont pas mon-
trées, que l'on sache, sur plus d'une sorte de substance ; mais le
plus souvent, elles prospèrent sur différentes matières. L'*Aspergillus glaucus* et le *Penicillium crustaceum* sont des exemples
de ces Mucédinées universelles. Il serait bien plus difficile de citer
des substances sur lesquelles ces moisissures ne se soient jamais
développées que d'énumérer celles où on les a trouvées. Avec les
espèces de *Peronospora*, il en est autrement, car elles sont vraiment parasites sur des plantes vivantes ; et, autant qu'on l'a pu
constater, les espèces, confinées à certaines plantes spéciales, ne
peuvent pas végéter sur d'autres. L'espèce qui cause la maladie
de la pomme de terre, bien que pouvant attaquer les tomates et
d'autres espèces de Solanées, n'étend pas ses ravages au-delà de
cet ordre naturel ; tandis que *Peronospora parasitica* ne s'attaque
qu'aux plantes crucifères. Une espèce est particulière aux Ombelli-
fères, une autre, ou peut-être deux, aux Légumineuses, une autre
aux Rubiacées, deux ou trois aux Renonculacées, et deux ou trois
aux Caryophyllées. Les expériences faites par de Bary semblent
prouver que toutes les espèces de *Peronospora* ne viennent que
sur certaines plantes spéciales, à l'exclusion de toutes autres.
Les moisissures non parasites sont rarement exclusives. Dans
l'*Oïdium*, quelques espèces sont parasites ; mais probablement
toutes les formes parasites sont des modifications de l'*Erysiphe*,
et les non parasites sont seules autonomes ; l'une d'elles se rencontre sur le *Porrigo lupinosa*, d'autres sur les oranges, les poi-
res, les pommes, les prunes pourries, et une sur les rayons de
miel. L'*Acrospeira* pousse dans l'intérieur des châtaignes, et
nous avons vu une espèce croissant dans l'écorce dure d'une
graine de *Guilandina Bonduc*, de l'Inde, à laquelle il n'y avait pas

d'ouverture extérieure visible, et qui ne put être cassée qu'avec de grandes difficultés. Certaines Mucédinées se développent sur la fiente de quelques animaux, et rarement sur d'autres substances.

Les Phycomycètes comprennent deux ordres, les Antennariées et les Mucorinées, qui diffèrent presque autant l'un de l'autre par leurs habitats que par leur apparence extérieure. Le premier, si l'on prend pour type l'*Antennaria*, court sur les feuilles vertes et fanées des plantes, où il forme un enduit noir et épais comme une couche de suie; si l'on considère le *Zamidium*, le champignon commun des caves, on le voit répandu sur les murs, les bouteilles, les bouchons, et d'autres substances, comme un épais feutrage couleur de suie. Dans les Mucorinées, comme dans les Mucédinées, il y a moins de tendance à s'adonner à une espèce spéciale. Le *Mucor mucedo* se rencontre sur le pain, la pâte, les conserves et différentes substances; d'autres espèces de *Mucor* semblent avoir une préférence pour le fumier, et d'autres pour les champignons en voie de dépérissement; mais on est sûr de trouver une espèce ou une autre sur les fruits pourris. Les deux espèces connues du curieux genre *Pilobolus* ainsi que l'*Hydrophora* sont confinées au fumier. Les genres *Sporodinia*, *Syzygites*, viennent sur les Agarics pourris, où ils passent par toutes les phases de leur existence assez compliquée.

Les Ascomycètes contiennent un nombre immense d'espèces, et l'on peut dire en résumé qu'ils se trouvent partout. Les Tubéracées sont souterraines, et ont une préférence pour les localités calcaires. Les Perisporiacées sont parasites ou non. Les *Erysiphe* renferment les espèces de l'ordre précédent qui vivent aux dépens des parties vertes des rosiers, du houblon, des érables, des peupliers, des pois et de plusieurs autres plantes, tant en Europe que dans l'Amérique du Nord; dans les latitudes plus chaudes, le genre *Meliola* semble les remplacer.

Les Helvellacées sont des champignons charnus, dont les plus grandes formes sont terrestres; le *Morchella*, le *Gyromitra*, et l'*Helvella* croissent principalement dans les bois; le *Mitrula*, le *Spathularia* et le *Leotia* dans les endroits marécageux, et le *Geoglossum* dans le gazon. Le genre très-étendu appelé *Peziza* se partage en groupes, parmi lesquels les *Aleuria* sont généralement terrestres. Ce groupe renferme presque toutes les espèces à grande taille, bien que quelques-unes appartiennent au suivant. Les *Lachnea* sont en partie terrestres, en partie épiphytes; les plus menues espèces se trouvent sur les petites branches et les feuilles des plantes mortes. Dans le *Phialea*, les espèces sont presque toutes épiphytes ; il en est de même de l'*Helotium* et des espèces alliées. Quelques espèces de *Peziza* naissent des curieuses masses de mycelium compacte appelé *Sclerotium*. Un petit nombre sont assez excentriques dans leurs habitats. *P. viridaria*, *P. domestica* et *P. Hœmastigma*, croissent sur les murs humides ; *P. granulata* et quelques autres, sur le fumier. *P. Bullii* a été trouvé croissant dans un réservoir d'eau. *P. theleboides* se montre en profusion sur le houblon épuisé. *P. episphœria*, *P. clavariarum*, *P. vulgaris*, *Helotium pruinosum* et d'autres sont parasites sur les vieux champignons. Une ou deux espèces d'*Helotium* poussent sur les branches submergées, et sont ainsi presque aquatiques, circonstance rare parmi les champignons. D'autres Discomycètes ressemblent pour ,les habitats aux Helvellacées. Le groupe auquel appartient l'ancien *Ascobolus* est à peu près confiné au fumier de différents animaux, bien que deux ou trois espèces viennent sur le bois, que l'*Ascophanus saccharinus* ait été trouvé d'abord sur de vieux cuirs, l'*Ascophanus testaceus* sur de vieux chiffons, etc. L'*Ascomyces* est peut-être la forme la plus inférieure que revêtent les champignons ascomycètes ; les espèces sont parasites sur les plantes vivantes, dont elles déforment les feuilles et les fruits , et constituent des fléaux pour les cultivateurs de pêchers , de poiriers et de pruniers.

Les Sphériacées renferment un très-grand nombre d'espèces qui viennent sur le bois, l'écorce, les tiges et les rameaux pourris ; un autre groupe se développe sur les tiges herbacées mortes ; un autre est confiné aux feuilles mortes ou mourantes. Un genre, *Torrubia*, croît principalement sur les insectes ; l'*Hypomyces* vit sur les champignons morts ; le *Claviceps* se développe sur l'ergot, le *Poronia* sur le fumier, le *Polystigma* sur les feuilles vivantes, ainsi que quelques espèces de *Stigmatea* et de *Dothidea*. Un grand nombre d'espèces du genre *Sphæria* se trouvent sur le fumier ; quelques auteurs les rangent aujourd'hui parmi les *Sordaria* et les *Sporormia*, genres établis, selon nous, sur des caractères insuffisants. Un nombre limité d'espèces sont parasites sur les lichens, et une espèce seulement est connue comme aquatique.

Nous avons ainsi indiqué sommairement les habitats des plus grands groupes de champignons, en les considérant à un point de vue systématique. Il y a cependant un autre aspect sous lequel nous pourrions envisager le sujet : il consiste à prendre pour base l'hôte ou la substance nourricière, c'est-à-dire l'habitat, et à essayer de déterminer quelles espèces de champignons peuvent se trouver dans telles et telles situations. Ce travail a été fait en partie par M. Westendorp [1] ; mais chaque année ajoute considérablement au nombre des espèces, et des indications qui pouvaient passer pour à peu près suffisantes il y a douze ans, sont loin de nous satisfaire aujourd'hui. Pour traiter ainsi la question, un ouvrage spécial serait nécessaire ; aussi nous nous contenterons d'indiquer par quelques exemples les formes de champignons, souvent très-distinctes dans leur structure et leurs caractères, qu'on trouve dans une même station.

Les tiges des plantes herbacées sont les habitats favoris des petits champignons. Les vieilles tiges de l'ortie commune, par exemple, donnent l'hospitalité à trente espèces environ [2]. On compte dans ce nombre neuf *Peziza*, autant de champignons sphériacés, trois espèces de *Dendryphium*, et d'autres moisissures. Quelques-unes n'ont pas été jusqu'ici découvertes sur d'autres tiges; tels sont le *Sphœria urticæ* et le *Lophiostoma sexnucleatum*, auxquels nous pourrions ajouter le *Peziza fusarioïdes* et le *Dendryphium griseum*. Ce ne sont pas là pourtant tous les champignons que l'on trouve sur l'ortie, puisque d'autres infestent ses parties vertes vivantes. Parmi ces derniers, on peut citer l'*Æcidium urticæ* et le *Peronospora urticæ*, ainsi que deux espèces décrites par Desmazières sous le nom de *Fusiporium urticæ* et *Septoria urticæ*. On voit par là combien est grand le nombre des champignons qui peuvent s'attacher à une seule plante herbacée, soit vivante, soit le plus souvent morte. Ceci n'est nullement un exemple isolé, mais un exemple de ce qui arrive dans beaucoup d'autres

Fig. 109. — *Torrubia militaris*, sur la nymphe d'une mite.

cas. Si, d'un autre côté, nous choisissons un arbre comme le tilleul commun, nous trouverons que les feuilles, les rameaux, les branches et le bois ne portent pas, suivant M. Westendorp [3], moins de 74 espèces de champignons, dont 11 se présentent sur les feuilles. Le mélèze, suivant le même auteur, nourrit 174 espèces, et le chêne au moins 200.

1. Westendorp. *Les Cryptogames d'après leurs stations naturelles.*
2. Cooke. *On Nettle Stems and their Micro-Fungi, Journ. Quekett Micr. Club*, III, p. 69.
3. Westendorp *Les Crypt. d'après leurs nations nat.*, 1865.

Il est curieux de remarquer comment les champignons sont dans certains cas parasites les uns des autres : tels sont les *Hypomyces* caractéristiques du genre, dans lesquels des champignons sphériacés demandent l'hospitalité à des *Lactarius* morts ou à d'autres espèces. Nous avons déjà fait allusion au *Nyctalis*, qui croît sur les *Russula* vieillis, au *Boletus parasiticus*, croissant sur les vieux *Scleroderma*, et à l'*Agaricus Loveianus*, habitant le chapeau de l'*Agaricus nebularis*. Nous pouvons ajouter à ces exemples le *Torrubia ophioglossoïdes* et le *T. capitata*, qui croissent sur l'*Elaphomyces* mourant, le *Stilbum tomentosum*, sur les vieux *Trichia*, le *Peziza Clavariarum* sur les *Clavaria* morts, et beaucoup d'autres, dont la simple énumération présenterait peu d'intérêt. Un petit parasite très-curieux a été trouvé par MM. Berkeley et Broome, et appelé par eux *Hypocrea inclusa* ; il habite l'intérieur des truffes. Les Mucors et autres moisissures forment une végétation abondante et luxuriante sur les Agarics morts et mourants, ainsi que sur d'autres formes charnues. Le *Mucor ramosus* est commun sur le *Boletus luridus*; le *Syzygites megalocarpus*, ainsi que l'*Acrostalagmus cinnabarinus*, sur les Agarics. Un très-curieux petit parasite, *Echinobotryum atrum*, se rencontre en petits nodules sur les floccus des moisissures noires. Le *Bactridium Helvella* usurpe le disque fructifère de quelques espèces de *Peziza*. Un petit *Sphinctrina* se trouve, en Grande-Bretagne et aux États-Unis, sur de vieux *Polyporus*. Dans le *Sphæria nigerrima*, le *Nectria episphæria*, et deux ou trois autres, nous avons des exemples de Sphériacées poussant l'une sur l'autre.

M. Phillips a récemment fait connaître les espèces de champignons trouvées par lui sur des lits de charbons de bois dans le Shropshire [1]; mais cette communication, bien qu'utile, ne se rapporte qu'à une seule localité. Une liste complète de tous les champignons que l'on a trouvés sur des lits de charbon de bois, le sol brûlé ou le bois carbonisé serait assez longue. Les champignons rencontrés dans les serres chaudes et les calorifères sont aussi nombreux, et souvent d'un grand intérêt, par la raison que plusieurs d'entre eux ne s'observent pas dans d'autres stations. Ceux qu'on trouve en Grande-Bretagne [2], par exemple, sont exclus de la Flore britannique, comme douteux, parce que, croissant sur des plantes exotiques ou près de ces plantes, ils peuvent être re-

---

1. *Gard. Chron.*, 1874.
2. W. G. Smith, *Journ. Bot.*, Mars 1873; Berkeley, *Grevillea*, vol. **I,** p. 88.

gardés comme exotiques eux-mêmes ; cependant ce n'est que
dans des cas très-rares qu'ils sont connus comme habitants d'un
pays étranger. Quelques espèces rencontrées dans de pareilles
stations n'y sont pas confinées ; tels sont *Agaricus cepœstipes*,
Agaricus cristatus, *Æthalium vaporarium*, etc. Il est assez singulier que certaines espèces aient une prédilection pour le voisinage d'autres plantes avec lesquelles, du reste, elles ne semblent
pas avoir de relation intime. Les truffes, par exemple, accompagnent le chêne, le *Peziza lanuginosa* les cèdres, l'*Hydnangium
carneum* les racines d'*Eucalyptus*, et de nombreuses espèces
d'Agaricinées des arbres particuliers. Comme on peut le prévoir,
il n'y a pas pour les champignons d'habitats plus fertiles que le
fumier des animaux ; et pourtant les espèces de champignons que
présentent de telles stations appartiennent à un petit nombre de
groupes. Parmi les Discomycètes, quelques-uns, du genre *Peziza*,
habitent le fumier ; mais le genre *Ascobolus* et ses alliés immédiats
ont en cette station la grande majorité de leurs espèces. Si nous
évaluons à 64 le nombre de celles-ci, il n'y en a que sept ou huit
qui n'habitent pas le fumier, tandis que 56 s'y rencontrent. Les
espèces de *Sphæria* qui se trouvent sur la même substance
sont aussi étroitement alliées, et quelques auteurs du continent
les ont groupées dans les deux genres proposés *Sporormia* et
Sordaria ; Fuckel [1] propose un groupe distinct de Sphériacées,
sous le nom de *Fimicoles*, dans lequel il range les genres *Copro-
lepa, Hypocopra, Delitschia, Sporormia, Pleophragmia, Malin-
vernia, Sordaria* et *Cercophora*. Les deux espèces de *Pilobolus*, et quelques-unes de *Mucor*, se rencontrent aussi sur le
fumier, l'*Isaria felina*, par exemple, sur celui des chats ; on peut
en dire autant du *Stilbum fimetarium*, de quelques autres moisissures et, parmi les Agarics, du *Coprinus*. Les substances animales, en général, ne sont pas riches en champignons. L'*Ascobolus saccharinus* et un ou deux autres ont été observés sur de
vieux cuir ; deux ou trois espèces d'*Onygena* sur la vieille corne,
les sabots d'animaux, etc. Le fromage, le lait, etc., présentent
un petit nombre de ces végétaux ; mais la grande majorité infeste les insectes morts, sous la forme de moisissures d'*Isaria*,
ou à l'état plus parfait de *Torrubia*, ou accidentellement sous
d'autres formes.

Robin [2] rapporte que trois espèces de *Brachinus*, de l'ordre des
Coléoptères, ont été trouvées infestées, vivantes, de petits cham-

1. Fuckel, *Symbolæ Mycologicæ*, p. 240.
2. Robin, *Végét. Parasites*, p. 622, t. VII, p. 42.

pignons jaunes qu'il appelle *Laboulbenia Rougeti*, et la même espèce a été remarquée sur des escarbots. Le *Torrubia melolonthæ* [1] a été donné par Tulasne comme poussant sur le hanneton : ce champignon est allié, sinon identique, au *Cordyceps Ravenelii*, B. et C., et aussi à celui qui a été décrit et représenté par M. Fougeroux de Bondaroy [2]. Le *Torrubia curculionum*, Tul., se rencontre sur quelques espèces d'escarbot, et ne semble nullement rare au Brésil et dans l'Amérique centrale. Le *Torrubia cœspitosa*, Tul., qui est peut-être le même que le *Cordyceps Sinclairi* B. [3], se trouve sur des larves d'orthoptère à la Nouvelle-Zélande, le *Torrubia Miquelii* sur les larves de *Cicada* au Brésil, et le *Torrubia sobolifera* sur les nymphes de *Cicada* aux Indes Occidentales. Ce fait est rapporté avec des détails qui tiennent du roman dans un extrait cité par Watson dans sa communication à la Société royale [4] : « La mouche végétante se trouve dans l'île de Saint-Domingue, et, sauf qu'elle n'a pas d'ailes, elle ressemble au bourdon, par la taille et par la couleur, plus qu'à aucun autre insecte anglais. Dans le mois de mai, elle s'ensevelit dans la terre et commence à végéter. A la fin de juillet, la plante est arrivée à sa taille complète, et ressemble à une branche de corail; elle a environ trois pouces de hauteur, et porte plusieurs petites gousses qui tombent et deviennent des vers desquels naissent des mouches, comme il arrive pour la chenille d'Angleterre. » Le *Torrubia Taylori*, qui vient sur la chenille d'une grande mite d'Australie, est un des plus beaux exemples du genre. Le *Torrubia Robertsii*, de la Nouvelle-Zélande, est connu depuis longtemps comme attaquant la larve de l'*Hepialus virescens*. Il y a plusieurs autres espèces de champignons qui se développent sur les larves de différents insectes, sur les araignées, les fourmis, les guêpes, etc. Un ou deux s'établissent sur les Lépidoptères adultes, mais rarement.

Ce fait que les champignons se montrent et prospèrent dans des lieux et dans des conditions considérés généralement comme incompatibles avec la végétation, n'est pas moins étrange que vrai. Nous avons déjà fait allusion à l'apparition de quelques espèces sur le tan épuisé; on en trouve quelques autres dans des stations aussi extraordinaires. Nous avons vu une moisissure jaune ressemblant au *Sporotrichum*, dans le cœur d'une balle d'opium; une moisissure blanche se montre aussi sur la même

---

1. Tulasne, *Sel. Fung. Carp.*, III, p. 12.
2. *Hist. de l'Ac. des Sc.* 1769. Paris, 1772.
3. Berkeley, *Crypt. Bot.*, p. 73 ; Hooker, *New Zealand Flora*, II, 338.
4. *Philosophical Transactions*, LIII (1873), p. 271.

substance, et plusieurs espèces nuisent aux manufactures d'o-
pium des Indes. Une moisissure s'est développée, il y a quelques
années, dans une solution de cuivre employée pour l'électrotypie,
dans le département de Survey, aux Etats-Unis [1] : elle y décom-
posa le sel et précipita le cuivre. On a vu de temps en temps
d'autres organismes dans différentes solutions minérales, dont
quelques-unes étaient considérées comme destructrices de la végétation, et il est assez probable que plusieurs de ces organismes étaient des formes inférieures de moisissures. Il peut paraitre étonnant que des champignons prospèrent dans des cavités tout
à fait fermées à l'air extérieur, telles que l'intérieur des avelines
et des noix plus dures encore du *Guilandina*, dans les cavités du
fruit de la tomate, ou dans un œuf. Il n'est pas moins extraordinaire que l'*Hypocrea inclusa* prospère à l'intérieur d'une sorte
de truffe.

De ce qui précède on peut conclure que les habitats des champignons sont extrêmement variables, qu'on peut regarder ces végétaux comme s'établissant universellement partout où il se rencontre de la matière végétale en voie de dépérissement, et que
dans certaines conditions, des matières animales, surtout celles
qui appartiennent à des animaux frugivores, tels que les insectes,
fournissent un aliment à leur développement.

Une recherche très-curieuse et très-intéressante, intimement
liée à ce sujet de l'habitat des champignons, se présente à notre
esprit. Elle ressemble à une sorte d'énigme propre à amuser les
curieux, mais toutefois il y a profit à la méditer. Comment rendre
compte de l'apparition de formes nouvelles et jusque-là inconnues, dans un cas tel que le suivant [2] ?

Nous eûmes dans notre maison, grâce à une bonne fortune, au
point de vue de nos recherches, une portion de mur présentant
une humidité permanente pendant quelques mois. C'était près d'un
réservoir qui s'était mis à suinter. Le mur était tendu de papier
marbré, et était verni. D'abord il n'y eut rien de remarquable
qu'un mur très-humide, décoloré, mais exempt de toute moisissure. A la fin et presque tout à coup, il s'y montra des taches
de moisissure, quelques-unes de deux à trois pouces de diamètre. Elles furent d'abord d'un blanc de neige, cotonneuses,
épaisses, semblables à de petits flocons de ouate fort dilatée, mais
en miniature. Elles faisaient à peine saillie sur le papier d'un
quart de pouce. Au bout de quelques semaines, la couleur des

1. *Outlines* de Berkeley, p. 30.
2. *Pop. Sci. Rev.*, vol. X (1871), p. 25.

touffes devint moins pure; elles étaient teintes d'une nuance d'ocre, et ressemblaient à de la laine plutôt qu'à du coton; elles étaient moins belles, à l'œil nu comme à la loupe, et moins enchevêtrées. Peu de temps après se montrèrent des taches plus sombres, plus petites, d'un vert olivâtre plus foncé, mêlées aux touffes laineuses ou fixées près d'elles. Enfin des taches semblables, de forme arborescente, succédèrent aux taches olivâtres ou se formèrent à part. Puis de petites boules noires, semblables à de petites têtes d'épingles ou à des grains de poudre de chasse, se montrèrent disséminées parmi les taches humides. Toute cette forêt de moisissures fut observée constamment pendant plus de six mois, et, dans toute cette période, fut religieusement préservée des atteintes du balai et du plumeau de la servante.

La curiosité nous porta d'abord à soumettre au microscope les moisissures implantées sur ce mur, et cette curiosité s'accrut semaine par semaine, quand nous trouvâmes qu'aucune des formes ainsi apparues sur près de deux mètres carrés de surface ne se rapportait par ses caractères spécifiques aux espèces connues de nous. Il y avait là un problème qui se présentait dans les conditions les plus favorables : une forêt de moisissures dans un appartement, croissant naturellement à quelques pas du coin du feu, et toutes étrangères. D'où pouvaient venir ces formes nouvelles?

Les touffes cotonneuses de moisissure blanche, qui parurent les premières, avaient un mycélium abondant; mais les fils dressés qui en sortaient furent longtemps stériles et étroitement entrelacés. A la longue, se développèrent en touffe des fils fertiles, mêlés aux fils stériles. Ces organes fructifères étaient plus courts et plus trapus, moins abondamment ramifiés, mais garnis sur toute leur longueur de petites branches alternes. Ces dernières devenaient plus larges au sommet, de manière à présenter presque la forme d'une massue, et l'extrémité était munie de deux ou trois courtes spicules. Chaque spicule était normalement surmontée d'une spore obovale. La présence des fils fertiles donnait à la végétation la teinte d'ocre indiquée plus haut. Cette teinte était légère, et aurait pu échapper à l'œil, sans le voisinage immédiat des touffes de fils stériles, blancs comme la neige. Les flocons fertiles retombaient, entraînés probablement par le poids des spores, et les touffes s'élevaient un peu au-dessus de la surface nourricière. Cette moisissure appartenait évidemment aux Mucédinées, mais elle ne se rapportait bien à aucun genre connu; toutefois elle avait une grande affinité avec le *Rhinotrichum*, dans lequel elle fut rangée sous le nom de *Rhinotrichum lanosum* [1].

La moisissure blanche s'étant établie pendant une semaine ou deux, de petites taches noirâtres apparurent sur le papier, les unes parmi les petites taches de la première moisissure, les autres en dehors. Les dernières venues, d'abord nuageuses et indéfinies, variaient de taille, mais avaient ordinairement moins d'un quart de pouce de diamètre. Ensuite le vernis du papier se détacha en petites écailles transparentes, une moisissure olivâtre dressée apparut, et les taches atteignirent près d'un pouce de diamètre, en conservant une forme presque toujours circulaire. Cette nouvelle moisissure avait parfois une teinte rouge sale, mais était ordinairement vert olive. Il ne pouvait y avoir de doute sur le genre auquel appartenait cette végétation; elle avait tous les caractères essentiels du *Penicillium :* fils dressés et articulés, ramifiés en faisceau à la partie supérieure, portant de longs chapelets de spores qui formaient une tête en glands frangés, au sommet de chaque fil fertile. Bien que cette production nous fit songer d'abord au *Penicillium olivaceum*, de Corda, à cause de la couleur, elle en différait par la forme des spores, oblongues et non globuleuses, et par celle des ramifications des flocons. Ne pouvant, ici encore, trouver une espèce connue de *Penicillium*, à laquelle cette nouvelle moisissure se rapportât, nous lui donnâmes le nom de *Penicillium chartarum* [2].

Presque simultanément ou très peu de temps après la maturité des spores du *Penicillium*, il se montra d'autres taches fort semblables, que l'œil nu distinguait surtout à leur forme arborescente. Cette particularité semblait résulter du port de nain de ce troisième champignon, puisque le vernis, bien qu'écaillé et soulevé, n'était pas tombé, mais restait en petits fragments, les taches noires des champignons passant à travers les fissures. Cette même moisissure fut trouvée aussi, dans beaucoup de cas, croissant dans les mêmes taches avec le *Penicillium chartarum;* mais il ne fut pas possible de reconnaître si le même mycélium leur donnait naissance.

Le caractère distinctif de ce champignon consiste en un mycélium développé en filaments délicats, d'où s'élèvent de nombreuses branches dressées, portant à leurs sommets des spores opaques d'un brun sombre. Quelquefois les branches portaient à leur tour de courts rameaux; mais dans la majorité des cas elles

---

1 Des échantillons de cette moisissure ont été placés dans les *Fung Britanici exsiccati* de Cooke, n° 356, sous le nom de *Clinotrichum lanosum*.
2. Cooke. *Handbook of British Fungi*, p. 602.

étaient simples. Les spores cloisonnées avaient de deux à quatre
divisions, dont plusieurs étaient partagées à leur tour par des cloisons transversales, dirigées suivant la longueur de la spore, de
façon à lui donner une apparence muriforme. Pour la structure et
l'apparence des spores, ces végétations ressemblaient au *Sporidesmium polymorphum*, sous le nom duquel des échantillons
furent d'abord publiés [1]; mais cette détermination n'était pas satisfaisante. Le mycélium et les fils dressés sont beaucoup trop développés pour être une bonne espèce de *Sporidesmium*, bien qu'on
ait adopté ensuite le nom de *Sporidesmium alternaria*. Dans les
échantillons frais de ce champignon, vus *en place* avec un objectif d'un demi-pouce, les spores semblent moniliformes ; mais s'il
en est ainsi, tous les efforts pour les voir ainsi enchaînées, après
la séparation de la substance nourricicière, ont été vains. Une fois,
une forme très-éloignée de la maturité fut observée, contenant
des corps simples et transparents, en chapelets, attachés les uns
aux autres par un col étroit. La même apparence des spores en
chapelet dans le végétal *en place*, fut reconnue par un mycologue de nos amis, à qui des échantillons avaient été soumis [2].

La dernière production qui fit son apparition sur le papier
de notre mur perça à travers le vernis en petites sphères
noires, semblables à des grains de poudre de chasse. D'abord
le vernis fut soulevé en dessous, puis il fut brisé, et les petites
sphères noirâtres se montrèrent. Elles étaient, dans la majorité des cas, réunies en paquets; mais quelques-unes de ces
sphères apparurent accidentellement isolées, ou rassemblées par
groupes de deux ou trois. Lorsque la surface entière du papier
humide fut recouverte de ces différents champignons, il devint
difficile de regarder aucun d'eux comme isolé, ou d'affirmer que
l'un était indépendant du mycélium des autres. Lorsque le papier
fut déchiré et séparé du mur, on vit aussi les petites sphères
végétant sur la surface inférieure et considérablement aplaties par
la pression. Les corps sphériques, ou périthéces, étaient posés
sur un abondant mycélium transparent. Les parois des périthéces, plutôt charbonneuses que membraneuses, sont réticulées,
et rappellent les conceptacles de l'*Erysiphe*, auquel les périthéces ressemblent beaucoup. L'ostiole est si obscur, que nous

---

1. Cooke, *Fungi Brit. exsicc.*, nº 239, sous le nom de *Sporidesmium polymorphum*, var. *Chartarum*.
2. Ceci rappelle l'*Alternaria* de Preuss, représenté dans la *Flore* de
Sturm; on a dit que la moisissure, examinée sous un grossissement de 3 0
diam., ressemble beaucoup à un *Macrosporium*. De nouveau s'élève la
question des files de spores attachées bout à bout.

doutons de son existence; ainsi la plante paraît se rapprocher plus des Périsporiacées que des Sphériacées. L'intérieur du péri-thèce est occupé par un nucléus gélatineux, consistant en asques cylindriques allongés : chacun d'eux renferme huit sporidies transparentes, globuleuses, avec de menues paraphyses ramifiées. On a proposé un nouveau genre pour cette forme et une autre semblable; la présente espèce porte le nom d'*Orbicula cyclospora* [1].

Ce qu'il y a de plus singulier dans le fait que nous venons de rapporter, c'est la présence simultanée de quatre espèces de champignons parfaitement différentes, toutes inconnues jusque-là, et n'ayant au milieu d'elles aucune des espèces très-communes qu'on pouvait s'attendre à voir naître dans de telles circonstances. Il n'est pas rare que le *Sporocybe alternata*, B., se montre en larges taches noires sur les papiers de tenture humides; mais dans ce cas on n'en trouva pas une trace. Quelles étaient les circonstances particulières qui dans ce cas déterminèrent la manifestation de quatre formes nouvelles sans l'apparition d'aucune des anciennes? Nous nous déclarons incapables d'éclaircir ce mystère d'une manière satisfaisante; mais en même temps, nous n'avons pas la moindre envie d'imaginer des hypothèses pour cacher notre ignorance.

1. *Handbook of British Fungi*, vol. II, p. 926, n° 3788.

CHAPITRE XII.

La culture des champignons pour l'alimentation est bornée dans notre pays à une seule espèce ; pourtant nous ne voyons pas pourquoi on ne chercherait pas, par une série d'expériences bien conduites, les moyens de cultiver d'autres espèces, telles que le *Marasmius oreades*, et la Morille. On a fait sur le continent des tentatives pour la culture des truffes, mais le succès en a été jusqu'ici fort douteux. Pour produire l'Agaric champêtre, il faut peu de peine et de soins, et on est assuré du succès. Un de nos amis eut, il y a quelques années la bonne fortune d'avoir une ou deux espèces de la grande vesse-de-loup (*Lycoperdon Giganteum*), poussant dans son jardin. En connaissant la valeur, et étant fort amateur de ce champignon frit, il eut le désir de s'en assurer la reproduction. La place où les échantillons s'étaient montrés fut marquée et gardée, de sorte que la pioche n'y toucha plus et que le sol resta intact. Chaque année, tant qu'il résida dans la même propriété, il put récolter plusieurs échantillons de la vesse-de-loup, le mycélium continuant à les produire annuellement. Toutes les épluchures, les fragments non utilisés des champignons servis sur la table, furent jetés sur cette place pour y pourrir, de sorte qu'une partie des éléments put retourner au sol. Cela n'était pas, peut-être, une véritable culture, puisque le champignon s'était d'abord établi spontanément ; mais c'était une conservation, et elle eut sa récompense. Il faut dire pourtant que la taille et le nombre des échantillons diminuèrent peu à peu, probablement à cause de l'épuisement du sol. Ce champignon, bien que d'une saveur forte, plaît beaucoup à certains palais, et on pourrait en tenter la culture. On a essayé d'enterrer dans un sol semblable un échantillon mûr, et d'arroser la terre avec les spores : mais cette tentative n'a pas eu de succès [1].

Quant aux méthodes adoptées pour la culture de l'Agaric champêtre, il est inutile de les détailler ici, puisqu'il y a sur la matière des traités spéciaux, où le sujet est développé plus complétement que ne le permettent les limites de ce chapitre [2]. Récemment M. Chevreul a présenté à l'Académie des sciences de Paris quelques magnifiques champignons qui avaient été produits, disait-il, par le procédé suivant : il fait d'abord naître les champignons en semant les spores sur une vitre couverte de sable mouillé ; ensuite il choisit dans le nombre les individus les plus vigoureux, et sème ou plante leur mycélium dans le sol humide d'une cave, sol consistant en terreau couvert d'une couche de sable et de gravier de deux pouces d'épaisseur, puis d'une autre couche de gravois d'un pouce environ d'épaisseur. Ce lit est arrosé d'une solution étendue de nitrate de potasse, et au bout de 6 jours les champignons atteignent une taille énorme [3]. La culture des champignons pour le marché est si profitable, même dans notre pays, qu'il surgit quelquefois à ce sujet des révélations curieuses ; nous en avons un exemple dans un procès plaidé devant la cour du Schérif, entre la Compagnie du chemin de fer

1. Des expériences ont été faites à Belvoir, par M. Ingram, pour la culture de quelques espèces d'Agaricinées, mais sans succès ; il en fut de même d'essais faits par M. J. Henderson sur les pousses naissantes d'une espèce excellente de Swan River. On n'obtint aucun résultat à Chiswick, ni de la culture des truffes, ni de l'inoculation sur des pelouses d'excellent mycélium. Les expériences de M. Disney à Hyde, près d'Ingatestone, furent faites avec des truffes sèches, et ne paraissaient pas avoir de chance de succès. Le vicomte de Noé réussit à obtenir des truffes abondantes dans une partie de bois close et protégée contre les sangliers, en arrosant le sol avec une infusion d'échantillons frais ; il est possible, cette expérience ayant été faite dans un pays à truffes, qu'une récolte se fût développée sans aucune manipulation. Des essais semblables ont réussi, dit-on, avec le *Boletus edulis*. Des spécimens de mycélium de truffes préparé ont été envoyés, il y a plusieurs années, au *Gardener's Chronicle* ; mais ils n'ont produit aucun résultat, si toutefois ils contenaient réellement du mycélium.

2. Robinson, *On Mushroom Culture*. Londres, 1870. Cuthill, *On the Cultivation of the Mushroom*, 1861. Abercrombie, *The Garden Mushroom ; its culture*, etc., 1802.

3. Ceci toutefois n'a pas été confirmé, et est considéré (nous ne saurions dire avec combien de justice) comme un canard.

métropolitain, et un pépiniériste de Kensington qui lui demandait des dommages-intérêts pour une expropriation. Le chemin de fer avait pris possession d'un terrain à champignons, et l'indemnité réclamée était de sept cents livres sterling. Il fut établi devant le tribunal que les bénéfices dans la culture des champignons montaient à cent ou cent cinquante pour cent. Un témoin dit qu'avec une dépense de cinquante livres on pouvait réaliser en douze mois ou peut-être en six, la somme de deux cents livres.

Comme on le sait, il se récolte à Paris, dans des caves, d'immenses quantités de champignons, et il a été publié d'intéressants récits de visites faites sous les voûtes souterraines à champignons, de cette cité des plaisirs. Dans une de ces caves, à Montrouge, le propriétaire fait chaque jour d'abontantes récoltes, et envoie quelquefois à un marché plus de 400 livres de ce produit; la récolte est en moyenne d'environ 300 livres. Il y a dans cette cave dix à douze kilomètres de champignons, et le propriétaire n'est qu'un des nombreux industriels qui se consacrent à ce genre de culture. Ils exportent de grandes quantités de champignons conservés; une maison n'en expédie pas moins en Angleterre de 14000 boîtes par an. Une autre cave près de Frépillon était en plein rapport en 1867 et envoyait chaque jour jusqu'à 3000 champignons aux marchés de Paris. En 1867, M. Renaudot avait plus de 50 kilomètres de couches de champignons dans une grande cave à Méry, et en 1869 il y avait 26 kilomètres de couches dans une cave à Frépillon. La température de ces caves est si égale que la culture des champignons y est possible en toute saison; mais les meilleures récoltes se font en hiver.

M. Bobinson a fait un récit intéressant de la culture, tant souterraine qu'en plein air, des champignons aux environs de Paris. La culture en plein air ne se pratique jamais à Paris en été; rarement elle se fait chez nous en cette saison[1]. Ce que l'on pourrait appeler la culture domestique des champignons est facile : nous entendons par là la culture par des personnes inexpérimentées, pour la consommation de la famille, d'une couche de champignons dans des caves, des cabanes de bois, de vieilles cuves, des boîtes, ou d'autres places sans conséquence. Même dans les villes et les cités, cette opération n'est pas impraticable, puisque les écuries et les poulaillers fournissent toujours du fumier. Sans aucun doute les champignons ne sont jamais aussi inoffensifs et aussi délicieux que lorsqu'on les récolte

---

1. Cette méthode est appliquée avec grand succès par M. Ingram à Belvoir, et par M. Gilbert à Burleigh.

sur la couche et qu'on les fait cuire immédiatement avant que le moindre changement chimique ou la moindre détérioration ait pu se produire.

On peut répéter ici le conseil de M. Cuthill : « Je ne dois pas oublier, dit-il, de rappeler à l'habitant de la campagne qu'il s'économiserait un schilling ou deux par semaine s'il avait une bonne couche de champignons, ne fût-ce même que pour l'usage de sa famille, sans parler d'un schilling ou deux qu'il pourrait gagner en en vendant à ses voisins. Je puis assurer que les champignons viennent plus vite que les cochons, et ne mangent pas; ils n'ont besoin que d'un peu d'attention. M'adressant aux classes ouvrières, je leur conseille d'abord d'occuper leurs enfants ou d'autres à ramasser le crottin sur les routes; s'il est mêlé avec un peu de sable du chemin, il n'en vaut que mieux ; il faut en faire un tas en été et le trépigner solidement. Il s'échauffera un peu; moins il sera pressé, moins il s'échauffera. Il faut veiller à ce que l'échauffement ne soit pas trop grand; si le bâton que l'on y plonge pour en faire l'épreuve devient trop chaud pour être tenu à la main, la chaleur est trop grande et détruira le champignon. Dans ce cas, il faut se servir de blanc artificiel quand la couche est faite ; mais cet expédient est à éviter à cause de la dépense. La manière la plus commode pour un cultivateur, de conserver son blanc, serait de le faire quand il détruit sa vieille couche; il trouvera sur les bords et les parties les plus sèches du fumier une masse de blanc excellent. Qu'il le garde avec soin dans un endroit très-sec, et quand il refera sa nouvelle couche, il pourra le mêler à son fumier d'été; il s'assurera ainsi la continuation d'une excellente récolte. Ces petites provisions de crottin et de sable de route, gardées au sec sous un hangar, dans un trou, ou dans un coin à couvert, engendreront en peu de temps une grande quantité de blanc : il sera bon à répandre sur la surface de la couche au commencement de l'automne, par exemple dans la première moitié de septembre ou un peu plus tôt. Le crottin, pendant l'hiver, doit être mis en tas; il faut le laisser s'échauffer doucement, par exemple jusqu'à 80° ou 96°; alors il faut le retourner deux fois par jour pour laisser s'échapper la chaleur et la vapeur; si l'on néglige cette précaution, le blanc naturel du crottin est détruit. Le cultivateur fera bien de se munir de quelques brouettées de fumier de paille, pour former la base de sa couche, de telle sorte que la profondeur, quand tout est fini, ne soit pas de moins d'un pied. La température doit rester celle du lait. Alors quand il se sera assuré que la couche n'est pas trop chaude, il placera dessus son crottin d'été. A ce moment, ce crottin sera une masse de blanc naturel : il aura un aspect gris, moisi et filamenteux, et une odeur de champignon. Que tout alors soit pressé très-fort, que du terreau, non passé au tamis, soit mis par-dessus jusqu'à l'épaisseur de quatre pouces, qu'on trépigne la couche fortement et qu'on l'arrose; on peut ensuite se servir du dos d'une pioche pour rendre la masse encore plus dure, et aussi la couvrir de plâtre. [1] » Les champignons sont cultivés sur une grande échelle par M. Ingram, à Belvoir, sans blanc artificiel. Il y a là un grand manége dans lequel la litière est brisée menu par les pieds des chevaux. On la place en tas et on la retourne une ou deux fois dans la saison ; alors il s'y développe une grande quantité d'excellent blanc, qui, placé sur des couches d'asperges ou étendu sur un gazon clair, produit d'admirables champignons; dans le dernier cas, ils sont aussi beaux que ceux des meilleurs pâturages [2].

On voit quelquefois d'autres espèces croissant dans les couches à champignons, à côté des champignons communs : il est probable que le blanc étranger, dans ces cas, est introduit avec les substances employées. Nous avons vu une jolie variété d'*Agaricus dealbatus* poussant en profusion en un pareil lieu, et naturellement nous nous en sommes régalés. Quelquefois les champignons dans un état malsain sont sujets aux ravages de moisissures parasites, ou peut-être d'*Hypomyces*. Le *Xylaria vaporaria* a plus d'une fois usurpé la place des champignons. M. Berkeley en a reçu de nombreux échantillons à l'état sclérotioïde, et il a réussi à les faire développer dans le sable sous une cloche de verre. Dans ces conditions sans doute, il y a beaucoup de perte. Le faux mousseron (*Marasmius Oreades*), qui pousse en cercles, est une espèce excellente, et c'est grand dommage qu'on ne fasse pas quelques efforts pour se le procurer par la culture. En Italie, une sorte de *Polyporus*, inconnue dans notre pays, s'obtient en arrosant la *Pietra funghaïa*, ou pierre à champignons, sorte de tuf imprégné de mycélium. Les *Polyporus*, dit-on, mettent sept jours à atteindre leur développement, et on peut en obtenir de la masse six récoltes par an, en la maintenant convenablement humide. Il y en a eu des échantillons parfaitement développés dans la pépinière de M. Lee, à Kensington, il y a quelques années. Un autre champignon se développe facilement sur la tête enlevée du peuplier noir. M. Badham dit qu'il est d'usage d'enlever ces têtes à la fin de l'automne, dès que la ven

1. Cuthil, *Treatise on the Cultivation of the Mushroom*, p. 9.
2. M. Berkeley a recommandé récemment, à une des réunions de la Société d'Horticulture à South Kensington, d'employer les arches des chemins de fer à la culture des champignons.

dange est finie et que le mariage de la vigne avec ces arbres est rompu; on coupe alors des centaines de ces têtes et on les transporte de différents côtés; on les arrose abondamment le premier mois, et en peu de temps ils produisent ce champignon vraiment délicieux, *Agaricus caudicinus*, qui, pendant l'automne, fait la renommée des marchés de l'Italie. Ces morceaux de peupliers continuent à produire pendant douze à quatorze ans.

Un autre champignon, *Polyporus avellanus*, que le docteur Badham a obtenu lui-même se produit, en flambant, au-dessus d'une poignée de paille, un morceau de noisetier, qui ensuite est arrosé et mis de côté. Au bout d'un mois environ, les champignons se montrent tout blancs, ayant de deux à trois pouces de diamètre, et excellents à manger; leur profusion est quelquefois telle qu'ils cachent le bois sur lequel ils poussent [1]. On a dit que le *Boletus edulis* peut se propager en arrosant le sol avec une infusion des plantes; mais nous n'avons pas connaissance que cette méthode ait été suivie avec succès.

La culture des truffes a été partiellement essayée en se fondant sur ce principe que certains arbres, d'une façon occulte, produiraient des truffes sous leur ombre. Il est vrai que les truffes se trouvent sous des arbres particuliers; car M. Broome remarque que certains arbres paraissent plus favorables que d'autres à la production de ces tubercules. Il cite surtout le chêne et le charme; mais il parle aussi du châtaignier, du bouleau et du noisetier. Il a trouvé généralement le *Tuber æstivum* sous le hêtre, mais aussi sous le noisetier, le *Tuber macrosporum* sous le chêne, le *Tuber brumale* sous le chêne et le peuplier blanc. Les hommes qui récoltent les truffes pour le marché de Covent-Garden, les obtiennent principalement sous les hêtres, et dans les plantations de sapins et de hêtres [2].

On peut se faire une idée de l'importance du commerce des truffes en France si l'on songe que, sur le marché d'Apt seulement, 3,500 livres de truffes sont mises en vente par semaine au fort de la saison, et que la quantité vendue pendant l'hiver dépasse 60,000 livres; le département du Vaucluse en expédie annuellement plus de 60,000 livres. Il peut être intéressant de dire ici que la valeur des truffes est si grande en Italie, qu'on y prend des précautions contre les braconniers de truffes, comme en Angleterre contre les braconniers de gibier. Ils dressent si bien leurs chiens que, pendant que les hommes se tiennent en dehors des terrains à truffes, les chiens entrent et déterrent les tubercules.

---

1. Badham, *Esculent Funguses*, première édition, p. 43.
2. Broome, *Sur la culture des truffes*, *Journ. Hort. Soc.*, t. I, p. 15 (1836).

Bien qu'il y en ait des multitudes d'espèces, ils ne rapportent que ceux qui ont de la valeur sur les marchés. Quelques chiens cependant sont employés par les botanistes, et recherchent une espèce particulière qui leur a été montrée. La grande difficulté est de les empêcher de dévorer les truffes, dont ils sont très-friands. Les meilleurs chiens sont les vrais épagneuls écossais.

C'est le comte de Borch et M. de Bornholz qui rendent le compte le plus exact des efforts que l'on a faits pour la culture de ces champignons. D'après eux, on prépare un mélange de pur terreau et de sol végétal, auquel on ajoute des feuilles sèches et de la sciure de bois ; après l'avoir rendu convenablement humide, on y met des truffes mûres entières ou en morceaux, et au bout de quelque temps, on trouve de petites truffes dans le mélange [1]. Le procédé le plus efficace consiste à semer des glands sur une grande étendue de terre calcaire, et quand les jeunes chênes ont atteint l'âge de dix ou douze ans, on trouve des truffes dans les intervalles des arbres. Ce moyen fut employé dans le voisinage de Loudun, où des couches de truffes avaient précédemment existé, mais avaient cessé de produire, fait qui indique l'aptitude du sol à cette culture. Dans ce cas on ne fit pas de tentatives pour produire des truffes en plaçant des échantillons mûrs dans la terre; mais elles poussèrent d'elles-mêmes, probablement de spores contenues dans le sol. Les jeunes arbres furent laissés assez écartés les uns des autres, et coupés, pour la première fois, environ douze ans après ce semis, puis à des intervalles de 9 à 10 ans. On obtint des truffes pendant une période de 25 à 30 ans ; ensuite les plantations cessèrent de produire par la raison, a-t-on dit, que le sol était trop ombragé par les branches des jeunes arbres. C'est l'opinion des MM. Tulasne que la culture régulière des truffes dans les jardins ne peut jamais réussir aussi bien que cette culture indirecte de Loudun; mais ils pensent que l'on pourrait obtenir des résultats satisfaisants dans des sols convenables, en plantant des morceaux de truffes mûres dans des lieux boisés, pourvu que les endroits choisis soient, sous les autres rapports, analogues aux terrains à truffes ordinaires. Ils recommandent d'éclaircir convenablement les arbres, et de débarrasser la surface des broussailles, qui sont un obstacle à la fois aux bienfaits de la pluie et à ceux des rayons directs du soleil. Un chercheur de truffes a dit à M. Broome que partout où une plantation de hêtres, ou de hêtres et de sapins, est faite dans les endroits calcaires de Salisbury Plain,

---

1. Cependant on n'a pas ajouté foi en général à ces traités, fondés sur de simples conjectures.

des truffes se développent au bout de quelques années, et que ces plantations continuent à produire pendant une période de dix à quinze ans, au bout de laquelle la production cesse.

M. Gasparin a fait un rapport au jury de l'exposition de Paris en 1865, relativement aux opérations de M. Rousseau, de Carpentras, pour la production des truffes du chêne en France. Les glands de chêne vert et de chêne ordinaire furent semés à des intervalles de cinq mètres environ. La quatrième année de la plantation, on trouva trois truffes; à la date du rapport, les arbres avaient neuf ans et plus d'un mètre de hauteur. On employait des truies pour la recherche de ces tubercules. Bien que ces plantations consistent en chênes verts et en chênes communs, on ne peut pas recueillir de truffes à la base des derniers, parce qu'ils arrivent plus tard à l'état de production. Le chêne commun cependant produit des truffes comme le chêne vert, dit le rapport; car un grand nombre de terrains naturels à truffes, dans le Vaucluse, sont plantés de chênes communs. On remarque que les truffes de ces derniers sont plus grosses, mais moins régulières que celles du chêne vert, qui sont plus petites, et presque toujours sphériques. On récolte les truffes à deux époques de l'année. En mai, on ne trouve que les truffes blanches, qui ne noircissent jamais et n'ont pas d'odeur; elles sont sèches et vendues pour conserves. Les truffes noires (*Tuber melanosporum*) commencent à se former en juin, et grossissent vers la saison des gelées; alors elles durcissent et acquièrent tout leur parfum. On les déterre un mois avant et un mois après Noël. Il paraît aussi que des truffes se produisent autour de la vigne, ou du moins que le voisinage de la vigne est favorable au développement de ces tubercules; car les terrains à truffes près des vignes sont très-fertiles. L'observation de ce fait a décidé M. Rousseau à planter un rang de vigne entre les chênes. Le résultat de cette expérience, en fin de compte, ne paraît pas avoir été encourageant; car, au bout de huit ans, on n'avait guère obtenu d'un hectare de terre plus de quinze livres : si on les évalue à 45 francs la livre, c'est un maigre profit. M. Rousseau a aussi appelé l'attention sur une prairie fumée (*sic*) avec des épluchures de truffes, et qui, suivant lui, a donné des résultats prodigieux.

La culture des petits champignons pour l'étude a été traitée incidemment dans les chapitres qui précèdent; cette question ne nous occupera donc pas longtemps ici. Comme sujet intermédiaire, nous pouvons dire un mot des espèces de *Sclerotium*, qui sont des corps ordinairement compactes, arrondis ou amorphes, consistant en une masse cellulaire de la nature d'un mycélium con-

centré. Placés dans des conditions favorables, ces *Sclerotium*
développent les formes particulières de champignon qui leur appartiennent; mais dans certains cas la production est plus facile
et plus rapide que dans d'autres. Dans notre pays, M. F. Currey
est celui qui a le mieux réussi dans la culture des *Sclerotium*.
La méthode qu'il adopte est de les garder dans une atmosphère
humide, assez chaude, mais égale, et d'attendre patiemment les
résultats. L'ergot bien connu de seigle, de blé, et d'autres graminées peut être ainsi cultivé, et M. Currey a développé l'ergot
sur le roseau ordinaire en maintenant la tige plongée dans l'eau.
Les formes finales sont de petits corps claviformes, de l'ordre des
Sphériacées, appartenant au genre *Claviceps*. Le *Sclerotium* de
l'*Eleocharis* a été trouvé dans notre pays, mais le *Claviceps* qu'il
développe n'a été, à notre connaissance, ni rencontré ni produit
par la culture. Une méthode recommandée pour cette sorte d'expérience consiste à mettre dans un pot à fleurs, jusqu'à moitié,
des fragments de poterie, à le remplir ensuite presque entièrement de sphagnum brisé, et à le couvrir de sable blanc; si l'on
maintient le pot dans une casserole pleine d'eau, dans une
chambre chaude, la production, dit-on, doit s'ensuivre. L'ergot
des graminées ne se développera pas toujours dans ces conditions;
mais, avec de la persévérance, on finira par réussir.

Une espèce de *Sclerotium* engendre sur les feuillets des Agarics
morts l'*Agaricus tuberosus*, et une autre, l'*Agaricus cirrhatus* [1];
mais il faut conserver ce dernier en place dans la culture ar-
tificielle, et en provoquer le développement pendant qu'il est
attaché aux Agarics pourris. Le *Peziza tuberosa* provient pareillement d'un *Sclerotium* qu'on trouve ordinairement enterré en compagnie des racines de l'*Anemone nemorosa*. On a supposé pendant un temps qu'il existait quelques relations entre les racines
de l'anémone et les *Sclerotium*. Au moyen d'un autre *Sclerotium*
que l'on trouve sur des tiges de joncs, M. Currey a obtenu le développement d'une espèce de *Peziza*, qu'il a nommé P. *Curreyana* [2].
Ce *Peziza* a été trouvé produit naturellement par les *Sclerotium*
enfoncés dans le tissu des joncs ordinaires. De Bary a cité le développement d'un *Peziza Fuckeliana* venant d'un *Sclerotium*
dont les conidies prennent la forme d'une espèce de *Polyactis*.
Le *Peziza Ciborioïdes* se développe sur un *Sclerotium* que l'on
trouve parmi les feuilles mortes; et récemment nous avons reçu

1. Le Dr Bull a parfaitement réussi à développer le *Sclerotium* de l'*Agaricus cirrhatus*.
2. Currey, *Sur le développement du Sclerotium roseum*, Journ. Linn. Soc.,
vol. I, 148.

des États-Unis un *Peziza* voisin, qui tirait son origine de *Sclerotium* trouvés sur les pétales d'un magnolia; il a reçu le nom de *Peziza gracilipes*, Cooke, à cause de sa tige très-fine et filiforme. D'autres espèces de *Peziza* sont aussi connues pour se développer sur des bases semblables, et Fuckel les a réunies dans un nouveau genre, pour lequel il a proposé le nom de *Sclerotinia*. Deux ou trois espèces de *Typhula* naissent pareillement de formes de *Sclerotium* connues depuis longtemps, comme S. *complanatum* et S. *scutellatum*. On connaît d'autres formes de *Sclerotium*, dont l'une, trouvée dans une couche à champignons, a fourni à M. Currey le développement du *Xylaria vaporaria*, B., après avoir été placée sur du sable humide sous une cloche de verre [1]. D'autres ne sont connues qu'à l'état sclérotioïde : tel est le *Sclerotium stipitatum*, qu'on trouve dans les nids de fourmis blanches dans le midi des Indes [2]. De ce que l'on sait déjà, cependant, nous nous croyons fondés à conclure que les prétendues espèces de *Sclerotium* sont une sorte de mycélium compacte, d'où des champignons parfaits peuvent naître dans des conditions convenables. M. Berkeley a réussi à faire naître une espèce de *Mucor* du petit *Sclerotium* des oignons, qui ressemble à des grains de poudre de chasse grossière. Ce résultat fut atteint en plaçant, sous une feuille de verre, une légère tranche du *Sclerotium* dans une goutte d'eau, entourée d'une mince couche d'air; le petit appareil était luté pour empêcher l'évaporation et les influences extérieures [3].

Pour la culture des moisissures et des *Mucor*, on a trouvé une grande difficulté dans la présence ou l'introduction de spores étrangères au milieu de la substance employée à l'expérience. Ayant ce fait présent à l'esprit, on peut se livrer à cette culture, mais il faut avoir égard aux conditions de l'expérience pour se prononcer sur les résultats. On s'est servi avec avantage de la pâte de riz pour y semer les spores des moisissures; il faut ensuite la conserver à l'abri des influences extérieures. Dans la culture des espèces rares sur la pâte de riz, l'expérimentateur est souvent embarrassé par le développement plus rapide des espèces communes de *Mucor* et de *Penicillium*. M. Berkeley a réussi à développer jusqu'à un certain degré le champignon du *Madura Foot*; mais, bien que des sporanges parfaits se soient produits, le développement ultérieur a été masqué par la croissance d'autres

1. Currey, *Linn. Trans.* XXIV, pl. 25, fig. 17, 26.
2. Berkeley, *Sur deux productions végétales tubériformes de Travancore*, *Trans. Linn. Soc.*, vol. XXIII, p. 91.
3. Berkeley, *Sur une forme particulière de nielle dans les oignons*, *Journ. Hort. Soc.*, vol. III, p. 91.

espèces. On a employé pareillement le jus d'orange, les surfaces
de fruits coupés, les tranches de tubercules de pommes de terre.
Du fumier frais de cheval, placé sous une cloche de verre et gardé
dans une atmosphère humide, se couvrira bientôt de *Mucor*, et
on observera de même la croissance de moisissures communes
sur les fruits qui se gâtent; mais cela ne peut guère s'appeler
une culture, à moins qu'on ait semé les spores de quelque espèce
particulière. On a proposé différentes solutions pour le développement des cellules qui produisent la fermentation, par exemple
la levure de bière. Ce développement paraît dépendre de la nature
même de ces solutions.

Les Urédinées et les autres Coniomycètes épiphylles germent
rapidement dès qu'on place sur le sable humide la feuille qui
les porte, ou qu'on les conserve dans une atmosphère humide.
MM. Tulasne et de Bary ont, dans leurs nombreux mémoires, détaillé les méthodes adoptées par eux pour les différentes espèces,
tant pour faire germer les pseudo-spores que pour en imprégner
des plantes saines. Il est facile de provoquer la germination des
espèces de *Podisoma* et d'obtenir des fruits secondaires. La germination des spores de *Tilletia* est plus difficile à obtenir; mais
elle peut se manifester. M. Berkeley n'y a pas trouvé de difficulté,
et il a imprégné des tiges aussi bien que des graines. D'un autre
côté, les pseudo-spores de *Cystopus*, semées dans l'eau sur un
verre, produisent bientôt les curieuses petites zoospores de la manière décrite plus haut.

Les sporidies des Discomycètes et quelques-unes des Sphériacées
germent facilement dans une goutte d'eau sur une feuille de verre;
toutefois le phénomène ne va pas au delà de la production des
tubes-germes. On a imaginé une forme de verre pour obtenir les
germinations; le grand morceau de verre destiné à couvrir est
maintenu en position, et une extrémité de la plaque reste plongée
dans un vase d'eau; l'attraction capillaire fournit une provision de
liquide pour une période indéfinie, de sorte qu'il n'y a pas à craindre
d'insuccès par suite de l'évaporation du liquide. Même avec les
solutions sucrées, on peut employer cette méthode.

La culture spéciale des Péronosporées a occupé longtemps l'attention du professeur de Bary, et ses expériences sont détaillées
dans son mémoire sur ce groupe [1]; mais elles sont trop longues
pour être citées ici, à l'exception de ses observations relatives au
développement du *Peronospora infestans* sur la surface coupée
des tubercules des pommes de terre malades. Quand on coupe une

[1]. De Bary, *Ann. Sci. nat.* 4e série, vol. XX.

pomme de terre malade et qu'on la garantit contre la dessiccation, la surface de la tranche se couvre du mycélium et des branches conidiifères du *Peronospora*; il est facile de prouver que ces organes naissent des tubes intercellulaires du tissu brun. Le mycélium qui se développe sur ces branches est ordinairement très-vigoureux; il constitue souvent une masse cotonneuse de l'épaisseur de plusieurs millimètres; il donne des branches conidiifères, souvent cloisonnées, plus grandes et plus ramifiées que celles qu'on observe sur les feuilles. L'apparition de ces branches fertiles arrive ordinairement au bout de 24 à 48 heures; quelquefois cependant il faut attendre plusieurs jours. Ces phénomènes s'observent sans exception sur tous les tubercules malades, tant que ceux-ci n'ont pas succombé à la putréfaction, qui arrête le développement du parasite et le tue.

Sur les jeunes plantes d'une espèce sujette à l'attaque du parasite, on peut inoculer les conidies de l'espèce de *Peronospora* qui se développe ordinairement sur cet hôte particulier : c'est ainsi que les jeunes crucifères, arrosées avec une infusion de spores de *Cystopus candidus*, montreront bientôt les traces de l'attaque de cette nielle blanche.

C'est à la culture des petits champignons, c'est à l'examen attentif de leur croissance et de leurs métamorphoses, que nous devons demander les additions les plus importantes à nos connaissances sur l'histoire de ces organismes si complexes et si intéressants.

CHAPITRE XIII.

DISTRIBUTION GÉOGRAPHIQUE.

Malheureusement on ne peut pas rendre un compte complet et satisfaisant de la distribution géographique des champignons. Le jeune Fries [1], avec toutes les facilités que lui offraient la longue expérience et les nombreuses collections de son père, ne put donner qu'une imparfaite ébauche, et aujourd'hui nous n'avons que peu de chose à ajouter à ses indications. La cause de cette difficulté réside dans le fait que la Flore mycologique d'une grande portion du monde reste inexplorée, non seulement dans les régions éloignées, mais même dans les pays civilisés où la Flore phanérogamique est bien connue. L'Europe, l'Angleterre, l'Écosse et le pays de Galles sont aussi bien explorés qu'aucun autre pays; mais l'Irlande est comparativement inconnue : aucune collection complète n'y a jamais été faite, ou du moins publiée. La Scandinavie a été aussi examinée avec soin, ainsi que le Nord de la France, la Belgique, quelques parties de l'Allemagne et de l'Autriche, la Russie dans le voisinage de Saint-Pétersbourg, et plusieurs parties de l'Italie et de la Suisse. La Turquie d'Europe, presque toute la Russie, l'Espagne et le Portugal sont à peu près inconnus. Quant à l'Amérique du Nord, des progrès considérables ont été faits depuis Schweinitz par MM. Curtis et Ravenel, mais leurs collections, faites dans la Caroline, ne peuvent pas être considérées comme représentant l'ensemble des États-Unis; les petites collections faites au Texas, au Mexique, etc., ne servent

1. E. P. Fries, *Ann. des Sci. Nat.*, 1861, XV, p. 10.

qu'à montrer la richesse du pays, qui n'est pas à moitié épuisé.
Il faut espérer que la jeune génération de botanistes aux Etats-
Unis s'appliquera à explorer la Flore mycologique de ce riche et
fertile pays. Dans l'Amérique centrale, on n'a fait que des collections très-petites et fort incomplètes; on en peut dire autant de
l'Amérique du Sud et du Canada. De tout le Nouveau-Monde, les
états de la Caroline du nord de l'Amérique sont seuls connus
réellement d'une manière satisfaisante. L'Asie est encore moins
connue : tout notre vaste empire de l'Inde n'est représenté que
par les collections faites par le Dr Hooker dans l'Himalaya Sikkim.
et par quelques échantillons venus d'autres parties. Ceylan a récemment été rayé de la liste des pays inconnus, par la publication
de sa Flore mycologique [1]. Tout ce que l'on sait de Java est dû
aux recherches de Junghuhn; on ne connaît rien sur le reste, c'est-
à-dire sur la Chine, le Japon, Siam, la presqu'île de Malacca, le
Burmah, et tous les pays au nord et à l'ouest de l'Inde. On a quelques données sur les Philippines, sur l'Archipel Indien ; mais
cette connaissance est trop incomplète pour être d'un grand service. En Afrique, aucune partie n'a été vraiment explorée, à l'exception de l'Algérie, bien qu'on connaisse un peu le Cap de
Bonne-Espérance. Les îles de l'Australie sont mieux représentées
par les Flores publiées dans ces pays. Cuba et les Indes Occidentales sont passablement connues en général par les collections de M. Wright, citées dans le Journal de la Société Linnéenne ;
dans le même journal, M. Berkeley a décrit plusieurs espèces
australiennes.

On peut voir par ce résumé combien il est difficile de donner
une vue d'ensemble quelconque de la distribution géographique
des champignons, ou d'estimer même approximativement le nombre des espèces du globe. Toute tentative de ce genre ne doit
donc être faite et acceptée qu'en tenant compte des limites impo-
sées par l'état de la question.

Les conditions qui déterminent la distribution des champignons
ne sont pas les mêmes que pour les plantes supérieures. Dans le
cas des espèces parasites, la distribution est subordonnée à celle
de leurs plantes nourricières : c'est ce qui arrive pour la rouille
et la nielle qui s'attachent aux céréales cultivées, et qui ont suivi
ces plantes partout où elles se sont répandues ; il est de même de
la maladie de la pomme de terre, qui, dit-on, était connue dans le
pays natal de ce tubercule avant de faire son apparition en Eu-

---

1. Berkeley et Broome. Enumération des Champignons de Ceylan, Journ.
Linn. Soc., nᵒˢ 73, 74 (1873).

rope. Nous pourrions aussi prendre pour exemple le *Puccinia malvacearum,* Mont., qui a d'abord été connu comme espèce de l'Amérique du Sud; puis il passa en Australie, et enfin en Europe, où il atteignit l'Angleterre un an après avoir été signalé sur le Continent. De même, autant que nous pouvons le savoir, le *Puccinia Apii,* Ca., a été connu sur le continent européen un certain temps avant d'avoir été découvert sur les pieds de céleri de notre pays. L'expérience semble conduire à cette conclusion que, si un parasite attaque une certaine plante dans une aire définie, il finira par s'étendre, au delà de cette aire, aux autres pays où se trouve la plante nourricière. Cette notion rend en partie compte de la découverte dans notre pays, année par année, d'espèces qui n'y avaient pas encore été signalées. Tout en tenant compte du fait que le nombre croissant des observateurs et des collectionneurs doit rendre la recherche plus complète, il faut cependant reconnaître que l'émigration des espèces continentales doit à un certain degré se poursuivre. Autrement, comment expliquer que des champignons grands et recherchés, comme le *Sparassis crispa,* l'*Helvella gigas* et le *Morchella crassipes* n'ont jamais été signalés avant ces derniers temps; ou, parmi les espèces parasites, pourquoi en peut-on dire autant des deux espèces de *Puccinia* nommées plus haut? De la même manière, il est indubitable que des espèces très-communes à une époque deviennent rares peu à peu, et à la longue s'éteignent presque entièrement. D'après nos observations, ceci s'applique aux grandes espèces aussi bien qu'aux microscopiques, dans des localités données. Par exemple, le *Craterellus cornucopioïdes,* il y a une dizaine d'années, se montra par centaines dans un bois, à une certaine place, tandis que, pendant les trois ou quatre années dernières, nous n'en avons pas trouvé un seul échantillon. A la même date, en deux places où les salsifis étaient abondants, comme ils le sont encore, nous avons trouvé près de la moitié des capitules infestés par l'*Ustilago receptaculorum ;* mais, ces deux ou trois années dernières, malgré des recherches attentives, nous n'en avons pas trouvé un seul échantillon. Il est certain que des plantes trouvées par Dickson, Bolton et Sowerby, n'ont pas été découvertes depuis, et il n'est pas improbable que des espèces communes de nos jours ont été rares il y a une cinquantaine d'années. Ainsi il semble réellement que les champignons soient bien plus sujets que les plantes à fleurs à changer de localité, et à augmenter ou à diminuer de nombre.

Les champignons charnus, surtout les Agarics et les Bolets, dépendent beaucoup de la nature des bois et des forêts. Quand les broussailles d'un bois sont éclaircies, comme il arrive généralement au bout de chaque période de quelques années, il est facile d'observer une différence considérable dans les champignons qui l'habitent. Les espèces semblent changer de place ; celles qui sont communes parmi les fourrés épais deviennent rares ou disparaissent par suite de la coupe, et d'autres, inobservées jusque-là, les remplacent. Quelques espèces aussi sont particulières à certains bois, par exemple aux bois de hêtres et de sapins, et leur distribution, par conséquent, dépend beaucoup de la présence ou de l'absence de ces bois. Les espèces épiphytes, telles que l'*Agaricus ulmarius*, l'*Agaricus mucidus*, et une foule d'autres, dépendent de circonstances qui n'influencent pas la distribution des plantes à fleurs. On peut supposer que les espèces qui prospèrent dans les pâturages et les lieux découverts sont exposées à moins d'influences contraires que les espèces des bois et des forêts.

Quiconque a observé une localité sous le rapport de sa flore mycologique pendant une période de quelques années, a dû être frappé de la différence amenée dans le nombre et la variété des espèces par ce que l'on peut appeler une saison favorable, c'est-à-dire une grande humidité en août suivie d'un temps chaud. Bien que nous sachions fort peu de chose sur les conditions de germination des Agarics, il est raisonnable de supposer qu'une succession d'années sèches exerce une influence considérable sur la Flore d'une localité. La chaleur et l'humidité jouent donc un rôle important dans la végétation mycologique d'un pays. Fries a remarqué, dans son essai, les circonstances dont nous venons de parler : « Il ne faut pas perdre de vue, dit-il, que certaines espèces de champignons, d'abord communes dans certaines localités, peuvent devenir, dans le cours de la vie d'un homme, de plus en plus rares, et même disparaître entièrement. La cause de ce fait est sans doute un changement dans la constitution physique d'une localité, tel que peuvent en amener la destruction d'une forêt, le drainage, par des fossés ou des tranchées, de marécages plus ou moins étendus, ou la culture du sol, toutes circonst ces qui causent la destruction de la végétation cryptogamique primitive et qui favorisent la production d'une nouvelle végétation. Si nous comparons la flore fungique de l'Amérique avec celle des contrées européennes, nous observons que la première égale, par sa richesse et la variété de ses formes, la Flore phanérogame ; il est probable cependant que, dans le cours d'un plus ou moins grand nombre d'années, cette richesse décroîtra par suite des progrès de la culture : c'est ce qu'on a vu, du reste, par ce qui est arriv da s les districts les plus peuplés, comme par exemple dans le voisinage de New-York. »

Bien que la chaleur et l'humidité influencent toute espèce de végétation, la chaleur pourtant semble exercer sur les champignons une action moindre, et l'humidité une plus grande que sur les autres plantes. C'est surtout pendant les temps frais et humides de l'automne que les champignons charnus prospèrent le plus vigoureusement dans notre pays; et nous observons que le nombre s'en accroît avec l'humidité de la saison. La pluie tombe abondamment aux Etats-Unis, et c'est un des pays les plus fertiles en champignons charnus. De là on peut conclure raisonnablement que l'humidité favorise le développement de ces plantes. Les *Myxogastres*, suivant le Dr Henry Carter, sont extrêmement abondants à Bombay, en individus du moins, sinon en espèces; cela ferait croire que les membres de ce groupe sont influencés dans leur développement par la chaleur autant que par l'humidité; cette conclusion est confirmée par l'apparence plus florissante des espèces, dans ce pays, par le temps chaud de l'été.

Dans l'essai dont nous avons parlé, Fries est disposé à reconnaître deux zones pour la distribution des champignons : la zone tempérée et la zone tropicale. La zone glaciale ne produit pas de types particuliers, et est pauvre en espèces; mais il n'y a pas de distinction essentielle à faire, dans l'état présent de nos connaissances, entre les zones tropicale et sub-tropicale. Ces deux zones même ne doivent pas être admises trop strictement; car des formes tropicales, dans certains cas et sous des conditions favorables, s'avancent loin dans la zone tempérée.

« Dans toute région, quelle qu'elle soit, écrit Fries, il est nécessaire d'abord d'établir une distinction entre ses parties nues et découvertes et ses parties boisées. Dans le pays plat et découvert, l'évaporation est plus rapide, grâce à l'action combinée du soleil et du vent; il en résulte que ces parties sont plus dépourvues de champignons que les endroits montagneux ou boisés. D'un autre côté, les plaines possèdent plusieurs espèces qui leur sont propres; comme par exemple l'*Agaricus pediades*, certains *Tricholoma*, et surtout la famille des Coprinées, qui habite spécialement les plaines. Les espèces de cette famille augmentent en nombre, dans un pays donné, en proportion de l'étendue et du degré de la culture; par exemple, elles ont une végétation plus luxuriante dans la province de Scanie en Suède, région qui se distingue entre toutes par sa culture et sa fertilité. Dans les pays bien boisés, l'humidité se conserve plus longtemps, et par conséquent, la production des champignons y est incomparablement plus grande. Ici il faut faire une distinction entre les champignons qui

croissent dans les forêts d'arbres résineux (Conifères) et ceux qui
habitent les forêts d'autres arbres ; car ces deux sortes de forêts,
au point de vue de la végétation des champignons, peuvent être
regardées comme deux régions différentes. Sous l'ombrage des
conifères, les champignons se montrent plus tôt ; c'est au point
que souvent ils ont atteint leur développement complet quand
leurs congénères, dans les forêts d'arbres non résineux, ont à peine
commencé leur croissance. Dans les bois de cette dernière sorte,
les feuilles tombées, formant des couches épaisses, empêchent
l'humidité de pénétrer dans le sol et retardent ainsi la végétation
des champignons ; d'un autre côté, ces bois conservent l'humidité
plus longtemps. Ces circonstances donnent à quelques espèces
grandes et remarquables le temps nécessaire à leur développement. Le hêtre caractérise notre région ; mais plus au nord, cet
arbre cède la place au bouleau. Maintenant les bois de conifères
peuvent se partager aussi en deux régions : celle des pins et
celle des sapins. La dernière est plus riche en espèces que la
première, par la raison bien connue que les sapins viennent sur
les sols plus fertiles et plus humides. Quant au sud de l'Europe, nous ne savons pas s'il y a lieu d'y faire des subdivisions
plus nombreuses ; nous sommes encore moins en état de dé-
cider cette question en ce qui concerne les pays au delà de
l'Europe [1]. »

Dans les pays très-froids, les champignons supérieurs sont
rares, tandis que, dans les régions tropicales, ils sont très-communs aux altitudes qui assurent un climat tempéré. A Java,
Junghuhn les a trouvés le plus prolifiques à une altitude de
3000 à 5000 pieds ; et dans l'Inde, le Dr Hooker a remarqué que
c'était à une élévation de 7000 à 8000 pieds au-dessus du niveau de
la mer qu'ils abondaient le plus.

Pour les champignons supérieurs, nous devons nos renseignements au résumé fait par Fries, et nous avons peu à y ajouter.

Le genre *Agaricus* occupe la première place, et surpasse, pour
le nombre des espèces, tous les autres genres connus. Il paraît,
dans l'état de nos connaissances, que les *Agaricus* ont leur centre
géographique dans la zone tempérée, et surtout dans la portion
la plus froide de cette zone. C'est un fait curieux que toutes les
espèces extra-européennes de ce genre *Agaricus* peuvent se rap
porter à différents sous-genres européens.

Il paraît que, dans les régions tropicales, les *Agaricus* n'occu-

1. Fries, *On the geographical distribution of Fungi, Ann. and. Mag. nat.
Hist.* (3e série), vol. IX, p. 279.

pent qu'un rang secondaire, relativement à d'autres genres de champignons tels que *Polyporus*, *Lenzites*, etc. L'Amérique du Nord, d'un autre côté, est plus riche en espèces d'*Agaricus* que l'Europe ; car la majorité des formes typiques sont communes aux deux continents, et l'Amérique possède de plus beaucoup d'espèces qui lui sont propres. Dans la zone tempérée, les différentes régions présentent la plus grande analogie en ce qui concerne les Agaricinées ; car de la Suède à l'Italie, en Angleterre comme dans l'Amérique du Nord, on trouve les mêmes espèces. Sur 500 Agaricinées qu'on rencontre à Saint-Pétersbourg, il n'y en a que deux ou trois qui n'aient pas été découvertes en Suède, et sur 50 espèces connues au Groënland, il n'y en a pas une qui ne soit commune en Suède. Les mêmes remarques peuvent s'appliquer aux Agaricinées de la Sibérie, du Kamtchatka, de l'Ukraine, etc. Les contrées du bord de la Méditerranée possèdent cependant plusieurs types particuliers ; l'est et l'ouest de l'Europe présentent aussi quelques différences dans leur population d'Agarics. Par exemple plusieurs espèces d'*Armillaria* et de *Tricholoma*, que l'on a trouvées en Russie, ne se rencontrent en Suède que dans la province d'Upland, c'est-à-dire la plus orientale ; toutes les espèces qui appartiennent aux régions de Suède dites *abiegno-rupestres* et *pineto-montanæ* manquent en Angleterre ; ce n'est qu'en Écosse que l'on rencontre les espèces des régions du nord montagneuses et peuplées de sapins ; cette circonstance s'explique par la ressemblance des caractères physiques de la Suède et des parties nord de la Grande-Bretagne.

Les espèces de *Coprinus* paraissent trouver des habitats convenables dans toutes les régions du globe.

Les *Cortinarius* prédominent dans le nord ; ils abondent dans les latitudes septentrionales, surtout sur les collines boisées ; mais les plaines offrent aussi quelques espèces particulières qui prospèrent pendant les jours pluvieux d'août et de septembre. Dans les pays moins froids, ils sont plus rares ou entièrement absents. Les espèces du genre *Hygrophorus* semblent au premier abord avoir une distribution géographique semblable à celle du groupe précédent, mais il n'en est pas réellement ainsi : car les mêmes *Hygrophorus* se rencontrent dans presque tous les pays de l'Europe ; et même les contrées les plus chaudes, sans en excepter l'équateur, comptent des représentants de ce genre si répandu.

Les *Lactarius*, qui sont si abondants dans les forêts de l'Europe et de l'Amérique du Nord, semblent devenir de plus en plus rares si l'on s'avance soit vers le sud, soit vers le nord. On en peut dire autant du genre *Russula.*

Le genre *Marasmius* est dispersé sur toute la surface du globe et présente partout de nombreuses espèces. Dans les régions intertropicales, elles sont encore plus abondantes, et offrent dans leur croissance des particularités qui justifieraient leur classement en un groupe distinct.

Les genres *Lentinus* et *Lenzites* se trouvent dans tous les pays du monde; leur principal centre pourtant est dans les régions chaudes, où ils prennent un développement magnifique. Vers le nord, au contraire, leur nombre décroît rapidement.

Les *Polyporus* constituent un groupe qui, diffèrent en cela des Agarics, appartient surtout aux pays chauds. Les *Boletus* forment la seule exception à cette règle ; car ils choisissent les zones tempérées et froides pour en faire leur demeure favorite. Quelques-uns parfois atteignent les parties les plus élevées des Alpes. Il est impossible de décrire l'abondance luxuriante dans la zone torride des *Polyporus* et des *Trametes*, genres d'Hyménomycètes qui prospèrent à l'ombre des forêts vierges, où une humidité et une chaleur continuelles favorisent leur végétation et donnent naissance à une variété infinie de formes. Mais bien que le genre *Polyporus*, rival de l'*Agaricus* pour le nombre des espèces, habite de préférence les pays chauds sur une grande étendue, il présente néanmoins des espèces particulières à chaque pays. Cela vient de ce que les *Polyporus*, pour la plupart, vivent sur les arbres et exigent tel ou tel arbre particulier pour leur habitat. La Flore tropicale abondant en arbres de toutes sortes, il en résulte une grande variété de formes de champignons. Les genres *Hexagona*, *Favolus* et *Laschia* sont communs dans les régions intertropicales ; mais ils manquent complétement ou sont extrêmement rares dans les climats tempérés.

Quand la majorité des espèces d'un genre ont une consistance charnue, on en peut généralement conclure que ce genre appartient à une région septentrionale, quand il aurait quelques représentants dans les pays plus favorisés du soleil. Ainsi les *Hydnum* sont le principal ornement des forêts du nord, où leur végétation et leur beauté sont si remarquables que tout pays doit céder la palme à la Suède à cet égard. Dans un genre voisin, *Irpex*, le tissu prend une consistance coriace, et nous en trouvons les espèces plus particulièremeut dans les climats chauds.

La plupart des genres d'Auricularinées sont cosmopolites, et l'on en peut dire autant de quelques espèces de *Stereum*, de *Corticium*, etc., qui se rencontrent dans les pays les plus différents par leur situation géographique. Dans les régions tropicales, ces genres de champignons prennent les formes les plus variées et les plus luxuriantes. Le genre isolé et peu considérable *Cyphella* paraît être assez uniformément répandu sur le globe. Les Clavariées également sont universelles, bien que plus abondantes au nord; pourtant le genre *Pterula* possède quelques formes exotiques, bien qu'il n'ait que deux représentants en Europe. Le *Sparassis*, ce beau genre d'Hyménomycètes, occupe une situation semblable dans le voisinage des Clavariées; c'est particulièrement une production de la zone tempérée et des pays à conifères.

Les champignons qui constituent la famille des Trémellinées se font remarquer en Europe, en Asie et dans l'Amérique du Nord; on n'observe pas de différences marquées des uns aux autres, malgré les distances des pays qu'ils habitent. Ils faut dire cependant que les *Hirneola* habitent pour la plupart les tropiques.

Nous arrivons maintenant aux Gastéromycètes, famille intéressante où nous trouvons diverses ramifications et différentes séries de développement. Les Gastéromycètes les plus parfaits appartiennent presque exclusivement à la partie la plus chaude de la zone tempérée et de la zone tropicale : c'est là surtout que leur végétation est luxuriante. Le catalogue de ces champignons s'est dernièrement beaucoup enrichi par l'addition d'un grand nombre de genres et d'espèces propres aux pays chauds et inconnus auparavant. Généralement les flores exotiques diffèrent de la nôtre, non-seulement par les espèces, mais aussi par les genres de Gastéromycètes. Il faut observer de plus que cette famille est riche en genres bien définis, bien que très-pauvre en formes spécifiques distinctes. Des genres que l'on trouve en Europe, beaucoup sont cosmopolites.

Les Phalloïdées se présentent dans la zone torride sous les formes et les colorations les plus variées, et comprennent beaucoup de genres riches en espèces. Le nombre, en Europe, en est très-restreint. A mesure que nous avançons vers le Nord, ils décroissent rapidement; le centre de la Suède n'en possède qu'une espèce, le *Phallus impudicus;* et même ce représentant de la famille est très-rare. Dans la Scanie, la province la plus méridionale de la Suède, il n'y a aussi qu'un genre et qu'une espèce qui appartienne à ce groupe : c'est le *Mutinus-caninus.* Parmi les autres membres de la famille des Phalloïdées, nous pouvons citer encore le *Lysurus* de Chine, l'*Aseroë* de la terre de Van-Diémen, et le *Clathrus,* dont une espèce, *C. Cancellatus,* occupe un vaste espace géographique; on la trouve, par exemple, au sud de l'Europe, en Allemagne, en Amérique; elle se rencontre encore au sud de l'Angleterre et dans l'île de Wight. Les autres espèces de ce genre ont des limites géographiques très-étroites.

Les Tubéracées [1] se font remarquer parmi les champignons
par leur station généralement souterraine. Indigènes des pays
chauds, ils se distribuent en un grand nombre de genres et d'espèces. Les Tubéracées forment dans les latitudes du nord un
groupe de champignons très-pauvre en formes spécifiques. Le peu
d'espèces d'Hyménogastres appartenant à la Suède, à l'exception
de l'*Hyperrhiza variegata* et d'un exemple du genre *Octaviana*,
sont confinées aux provinces du sud. La plus grande partie de ce
groupe, ainsi que des Lycoperdacées, se rencontrent dans la zone
tempérée. La plupart des exemples du genre *Lycoperdon* sont
cosmopolites.

Les Nidulariacées et les Trichodermacées paraissent être disséminées sur le globe d'une façon uniforme, bien que leurs espèces ne soient pas partout semblables. La même observation
s'applique aux Myxogastres, qui sont communs en Laponie, et
qui semblent avoir pour centre de leur distribution les pays de la
zone tempérée. En même temps, ils ne manquent pas dans les
régions tropicales, bien que l'intensité de la chaleur, en dessé-
chant le mucilage qui leur sert à produire leurs spores, s'oppose
à leur développement [2].

Parmi les Coniomycètes, les espèces parasites telles que les
Céomacées, les Pucciniées et les Ustilaginées, accompagnent
leurs plantes nourricières dans presque tous les pays où elles se
trouvent; ainsi la nielle, la rouille et la carie sont aussi communes sur le blé et l'orge dans l'Himalaya et la Nouvelle-Zélande
qu'en Europe et en Amérique. Le *Ravenelia* et le *Cronartium* ne
se rencontrent que dans les parties chaudes de la zone tempérée,
tandis que le *Sartwellia* est confiné à Surinam. Des espèces de
Podisoma et de *Ræstelia* sont aussi communes aux Etats-Unis
qu'en Europe; le dernier de ces genres se montre aussi au Cap
et à Ceylan. Partout où l'on rencontre des espèces de *Sphæria*,
on trouve aussi les Sphéronémées, mais ces plantes, dans l'état
actuel de nos connaissances, ne paraissent pas aussi abondantes
sous les tropiques que dans les pays tempérés. Les Torulacées et
leurs alliées sont largement répandues et se rencontrent probablement en grand nombre dans les régions tropicales.

Les Hyphomycètes sont largement répandus; quelques espèces
sont particulièrement cosmopolites, et toutes semblent moins in-
fluencées par les conditions climatériques que les champignons

---

1. Fries, évidemment, s'occupe ici des Hypogées.
2. Fries, *On the geographical distribution of Fungi*, Ann. and. Mag. nat.
Hist., sér. 3, vol. IX, p. 285.

plus charnus. Les Sépédoniées sont représentées par une espèce au moins, partout où l'on trouve le *Boletus*. Les Mucédinées se rencontrent dans toutes les parties des régions tempérées et tropicales; le *Penicillium* et l'*Aspergillus* prospèrent aussi bien dans les dernières que dans les premières. Les *Botrytis* et les *Peronospora* sont presque aussi répandus et aussi destructeurs dans les pays chauds que dans les tempérés; bien que la difficulté de conserver les moisissures rende difficile la représentation de ces genres dans les collections, pourtant leur présence se manifeste, associée à d'autres formes, avec assez de constance pour permettre de conclure qu'ils sont loin d'être rares. Les Dématiées probablement ne sont pas moins répandues. Les espèces d'*Helminthosporium*, de *Cladosporium* et de *Macrosporium* semblent être aussi communes sous les tropiques que dans les climats tempérés. La distribution de ces champignons est imparfaitement connue, excepté en Europe et dans l'Amérique du Nord; mais leur présence à Ceylan, à Cuba, dans l'Inde et l'Australie, indique des habitudes cosmopolites. Le *Cladosporium herbarum* semble se rencontrer partout. Les Stilbacées et les Isariacées ne sont pas moins largement répandues, bien que limitées dans le nombre de leurs espèces, à ce qu'il semble du moins quant à présent. L'*Isaria* se trouve sur les insectes au Brésil et dans l'Amérique du Nord; des espèces de *Stilbum* et d'*Isaria* ne sont nullement rares à Ceylan.

Les Phycomycètes ont des représentants sous les tropiques; car des espèces de *Mucor* se trouvent à Cuba, au Brésil, et dans les états du sud de l'Amérique du Nord; le même genre et des genres alliés se rencontrent à Ceylan. L'*Antennaria* et le *Pisomyxa* paraissent atteindre leur plus haut développement dans les pays chauds.

Les Ascomycètes sont représentés partout, et bien que certains groupes soient plus tropicaux que d'autres, on en trouve des échantillons dans toutes les collections. Les formes charnues sont plus abondantes dans les pays tempérés; peu d'espèces de *Peziza* habitent les tropiques; pourtant, dans les parties élevées des pays chauds, comme l'Himalaya dans l'Inde, on trouve les *Peziza*, les *Morchella* et les *Geoglossum*. Deux ou trois espèces de *Morchella* se rencontrent à Cachemire, et une ou deux au moins à Java, où l'on s'en sert comme aliment. Le genre *Cyttaria* est confiné aux parties méridionales du sud et à la Tasmanie. Les États-Unis égalent, s'ils ne surpassent point, les états européens par le nombre des espèces de Discomycètes. Les Phacidiacées ne sont pas confinées aux régions tempérées, mais sont

plus rares ailleurs. Le *Cordierites* et l'*Acroscyphus* sont des
genres tropicaux : le premier s'avance au loin dans la zone tempérée, de même que l'*Hysterium* et le *Rhytisma* descendent
entre les tropiques. Parmi les Sphériacées, le *Xylaria* et l'*Hypoxylon* sont bien représentés sous les tropiques , où le *Xylaria
hypoxylon* et le *Xylaria corniformis* sont répandus. Dans l'ouest
de l'Afrique, une espèce américaine d'*Hypoxylon* fait partie
des très-rares échantillons qui nous sont arrivés de Congo ;
H. concentricum et *Ustulina vulgaris* semblent être presque
cosmopolites. Le *Torrubia* et le *Nectria* s'avancent sous les tropiques, mais sont plus abondants dans les pays tempérés et sub-
tropicaux. Le *Dothidea* est bien représenté sous les tropiques ;
parmi les espèces de *Sphæria* proprement dites, il est probable
que les plus prédominantes ont seules été recueillies par les collectionneurs ; aussi la section *Superficiales* est mieux représentée
que les *Obtectæ*, et les représentants tropicaux des espèces qui
vivent sur les feuilles sont peu nombreux. L'*Asterina*, le *Micro-
peltis* et le *Pemphidium* sont des formes plutôt sub-tropicales
que tempérées. Les Périsporiacées sont représentées presque
partout; pourtant les espèces d'*Erysiphe* sont confinées aux régions tempérées, et le genre *Meliola* prend la place de ce dernier
dans les climats plus chauds. Enfin les Tubéracées, qui sont souterraines, sont limitées dans leur distribution ; elles sont confinées à la zone tempérée, et ne s'étendent jamais bien loin dans
les pays froids ; elles sont pauvremeut représentées hors d'Europe. Une espèce de *Mylitta* se rencontre en Australie, une autre
dans les Neilgherries , aux Indes ; le genre *Paurocotylis* se trouve
en Nouvelle-Zélande et à Ceylan. On dit qu'une espèce de *Tuber*
se rencontre dans l'Himalaya ; mais aux États-Unis, aussi bien que
dans le nord de l'Europe, les Tubéracées sont rares.

L'insuffisance de nos connaissances sur beaucoup de pays,
même sur ceux qui sont partiellement explorés, rend imparfaites
et tronquées toute estimation et toute comparaison des flores
de ces pays. Récemment la mycologie de nos propres iles a donné
lieu à des recherches plus complètes ; le résultat de plusieurs
années d'investigation de la part de quelques savants s'est traduit par le recensement de 2809 espèces[1]; il y a été fait des additions, se montant probablement à près de 200 espèces[2], ce qui
porte le total à environ 3000 espèces. La conséquence est qu'il
n'y a pas de différence essentielle entre notre flore et celle de la

1. Cooke, *Handbook of British Fungi*, 2 vol. 1871.
2. *Grevillea*, vol. I et II. Londres, 1872-1874.

France, de la Belgique et de la Scandinavie, sauf que dans notre pays il y a un plus grand nombre de formes hyménomycètes. Les dernières recherches sur la flore de la Scandinavie sont contenues dans les recherches de l'illustre Fries[1], mais elles ne sont pas assez récentes, excepté en ce qui concerne les Hyménomycètes, pour la comparaison numérique avec les espèces de la Grande-Bretagne.

La flore de Belgique a trouvé son exposition la plus récente dans l'ouvrage posthume de Jean Kickx; mais les 1370 espèces énumérées par lui ne peuvent guère être regardées comme représentant la totalité des champignons de la Belgique; car alors le nombre en serait tout au plus deux fois moindre que dans les îles Britanniques, bien que la majorité des genres et celle des espèces soient les mêmes[2].

Pour le nord de la France, personne n'a fourni une liste plus complète, des formes microscopiques surtout, que M. Desmazières; mais nous ne pouvons puiser nos renseignements que dans ses articles des *Ann. des Sci. Nat.* et dans les échantillons qu'il a publiés : ces documents, qui ne présentent nullement le tableau des champignons charnus, sont sans doute passablement complets en ce qui concerne les petites espèces. D'après ce que nous savons sur les Hyménomycètes de France, ils sont loin d'égaler en nombre et en variété ceux de la Grande-Bretagne[3].

La flore mycologique de Suisse a été le sujet d'investigations très-suivies; elle demande pourtant à être révisée. On y a prêté moins d'attention aux petites formes, et plus aux Hyménomycètes qu'en France et en Belgique : cette circonstance peut expliquer la proportion plus grande de ces derniers dans la flore suisse[4].

En Espagne et en Portugal on n'a presque rien fait; la petite collection faite par Welwitsch ne peut nullement être regardée comme représentant la Péninsule[5].

Les champignons d'Italie renferment quelques espèces particu-

---

1. Fries, *Summa vegetabilium Scandinaviæ* (1846), et *Monographia Hymenomycetum Sueciæ* (1863); *Epicrisis Hymenomycetum Europ.* (1871).

2. *Flore cryptogamique des Flandres.*

3. Ainé, *Plantes Cryptogames cellulaires du département de Saône-et-Loire* (1863); Bulliard, *Hist. des Champ. de la France* (1791); De Candolle, *Flore Française* (1815); Duby, *Botanicon gallicum* (1828-1830); Paulet, *Iconographie des Champ.* (1855); Godron, *Catal. des Plantes cellulaires du département de la Meurthe* (1845); Crouan, *Florule du Finistère* (1867); De Seynes, *Essai d'une Flore mycologique de la région de Montpellier* (1863).

4. Secrétan, *Mycographie suisse* (1833); Troy, *Verzeichniss Sweizericher Swämme* (1844).

5. Passerini, *Funghi Parmensi*, Giorn. Bot. *Italiano* (1872-73); Venturi, *Miceti dell'agro Bresciano* (1845); Viviani, *Funghi d'Italia* (1831); Vittadini, *Funghi Mangerecci d'Italia* (1835).

lières à cette péninsule. Les Tubéracées sont bien représentées,
et quoique les Hyménomycètes n'égalent pas en nombre ceux de
la Grande-Bretagne et de la Scandinavie, ils figurent encore pour
une grande proportion.

La Bavière et l'Autriche, y compris la Hongrie et le Tyrol, sont
actuellement le sujet d'investigations plus complètes que jamais ;
mais les ouvrages de Schœffer, de Tratinnick, de Corda et de
Krombholz nous ont fait connaître les traits généraux de leur
mycologie [1], à laquelle des listes et des catalogues plus récents
ont fait des additions [2]. La publication d'échantillons secs a récemment facilité beaucoup la connaissance des champignons de différents pays de l'Europe ; les collections du baron Thümen,
d'Autriche, ne diffèrent pas essentiellement de celles du nord de
l'Allemagne, bien que le Dr Rehm nous ait fait connaître quelques formes nouvelles et intéressantes de la Bavière [3].

La Russie est fort peu connue, excepté sur ses frontières du
Nord [4]. Karsten a étudié les champignons de la Finlande [5] et
ajouté considérablement au nombre des Discomycètes, auxquels le
climat semble favorable. Mais en somme, on peut dire que l'ouest
et le nord de l'Europe sont mieux explorés que l'est et le sud-est,
auxquels nous pourrions ajouter le sud, en exceptant l'Italie.

Nous ajouterons seulement, pour l'Europe, que différentes portions de l'Empire d'Allemagne ont été bien étudiées depuis l'é-
poque de Wallroth jusqu'aujourd'hui [6]. Récemment la vallée du
Rhin a été examinée à fond par Fuckel [7]; mais l'Allemagne et la
France, par suite de la dernière guerre, ont éprouvé, en ce qui
concerne notre science, un retard qui ne sera réparé qu'avec le
temps. Le Danemark, avec sa magnifique *Flora Danica* toujours
en progrès, plus d'un siècle après sa fondation [8], a une flore

---

1. Schœffer, *Fungorum qui in Bavaria*, etc. (1762-1774); Tratinnick,
Fungi Austriaci (1804-1806 et 1809-1830); Corda, *Icones Fungorum* (Prague,
1837-12); Krombholz, *Abbildungen der Swämme* 1831-49).

2. Reichardt, *Flora von Iglau*; Niessl, *Cryptogamen-Flora Nieder-Œster-
reichs* (1857-59); Schulzer, *Schwämme Ungarns, Slavoniens*, etc.

3. Rehm, *Ascomyceten*, fasc. I-IV.

4. Weinmann, *Hymno-et Gasteromycetes, Imp. Ross* (1836); Weinmann,
Enumeratio stirpium in agro Petropolitano (1837).

5. Karsten, *Fungi in insulis Spetzbergen collectio* (1872); Karsten, *Monographia Pezizarum fennicarum* (1869); Karsten, *Symbolæ ad Mycologiam fen-
nicam* (1870).

6. Rabenhorst, *Deutschlands Kryptogamen Flora* (1844); Wallroth, *Flora
Germanica* (1833); Sturm, *Deutschlands Flora. III. die Pilze* (1837, etc.).

7. Fuckel, *Symbolæ mycologicæ* (1869).

8. *Flora Danica* (1766-1873); Holmskjold, *Beata ruris otia Fungis Danicis
impensa* (1799); Schumacher, *Enumeratio plantarum Sellandiæ* (1801).

mycologique très-semblable à celle de la Scandinavie, qui n'es
pas moins connue.

Si nous passons de l'Europe à l'Amérique du Nord, nous trouvons là une flore mycologique fort semblable à celle de l'Europe
et, bien que le Canada et l'extrême Nord soient peu connus, plusieurs parties des Etats-Unis ont été étudiées. Schweinitz [1] le premier a fait connaître d'une façon assez satisfaisante les richesses
de ce pays, surtout de la Caroline, et dans cet Etat, le docteur Curtis
et H. W. Ravenel ont continué ses travaux. A l'exception des collections de Lea dans le Cincinnati, de Wright dans le Texas, et
de quelques renseignements venus de l'Ohio, de l'Alabama, du
Massachusetts et de New-York, une grande portion de ce vaste
pays est inconnue au point de vue mycologique. Il est remarquablement riche en champignons charnus, non-seulement en Agaricinées, mais aussi en Discomycètes ; il contient un grand nombre
de formes européennes, surtout de genres européens, avec un
grand nombre d'espèces qui lui sont particulières. Les formes
tropicales s'avancent jusque dans les états du Sud.

Les îles des Indes Orientales ont été plus ou moins examinées,
mais aucune aussi complétement que Cuba, explorée d'abord par
Ramon de la Sagra et ensuite par Wright [2]. Les trois principaux
genres d'Hyménomycètes qui y soient représentés sont l'*Agaricus*, le *Marasmius* et le *Polyporus* ; ils y comptent respectivement 82, 51 et 120 espèces, formant plus de la moitié du nombre
total. Sur les 490 espèces, 57 p. 100 environ sont particulières
à l'île ; 13 p. 100 sont des espèces fort répandues ; 12 p. 100 sont
communes à l'île et à l'Amérique centrale, ainsi qu'aux parties
les plus chaudes de l'Amérique du Sud et du Mexique ; 3 p. 100
lui sont communes avec les Etats-Unis, surtout ceux du Sud ;
enfin 13 p. 100 sont des espèces européennes, dont 13 cependant
peuvent être considérées comme cosmopolites. Quelques espèces
tropicales communes ne s'y rencontrent pas, et en somme le caractère général semble plutôt sub-tropical que tropical. Beaucoup
d'espèces sont décidément celles des régions tempérées, ou du
moins leurs alliées. Les espèces les plus intéressantes sont peut-
être celles qui se présentent dans les genres *Craterellus* et *Las-*

---

1. Schweinitz, *Synopsis Fungorum in America Boreali*, etc. (1834); Lea, *Ca-
taloge of Plants of Cincinnati* (1849); Curtis, *Cat. of the Pl. of North Carolina*
(1867); Berkeley, *North Amer. Fungi, Grevillea*, vols. I-III; Peck, *Reports
of New-York Museum Nat. Hist.*

2. Berkeley et Curtis, *Fungi Cubensis, Journ. Linn. Soc.* (1868); Ramon
de la Sagra, *Hist. phys. de l'île de Cuba, Cryptogames, par Montagne* (1841);
Montagne, *Ann. des Sc. Nat.*, Février 1842.

chia, dont le dernier surtout fournit plusieurs formes nouvelles.
Le fait que le climat est en somme plus tempéré que celui de
quelques autres îles des mêmes latitudes, devait nous faire prévoir la présence d'un nombre relativement grand d'espèces européennes, ou de celles que l'on trouve plus au nord dans les Etats-
Unis ainsi que dans l'Amérique du Nord anglaise ; la même
circonstance rend compte de cette particularité qu'une très-petite
proportion des espèces sont identiques à celles des îles voisines.

Dans l'Amérique centrale, on a fait quelques petites collections :
elles indiquent une région sub-tropicale.

Quant aux parties nord de l'Amérique du Sud, M. Leprieur a fait
des collections dans la Guyane française. Plus au sud [1], Spruce en
a fait dans les pays arrosés par l'Amazone, Gardner au Brésil [2], Gaudichaud au Chili et au Pérou [3], Gay au Chili [4], Blanchet à Bahia [5],
Weddell au Brésil [6] et Auguste de Saint-Hilaire [7] dans le même
pays. De petites collections ont été faites aussi à l'extrême sud.
Toutes contiennent des espèces coriaces de *Polyporus*, de *Favolus*, et des genres voisins, avec des Auricularinées, des Ascomycètes tels que le *Xylaria*, et certaines formes de *Peziza*, par
exemple *P. Tricholoma*, *P. Hindsii*, *P. Macrotis*. Jusqu'ici, nous
ne pouvons pas nous faire une idée de l'étendue et de la variété
de la flore de l'Amérique Méridionale, qui a fourni le genre intéressant *Cyttaria*, et peut encore donner des formes inconnues
ailleurs.

L'île de Juan Fernandez a fourni à M. Bertero une bonne
collection [8], remarquable en ce que plus de la moitié est formée
d'espèces européennes, et que le reste a le caractère d'une
région tempérée.

L'Australie a été en partie explorée, et les résultats ont été
condensés dans les flores du D' Hooker et dans les ouvrages
postérieurs. Dans une note relative à l'énumération de 235 espèces, en 1872, l'écrivain observe que « beaucoup sont identiques
aux espèces européennes, ou en sont si voisines qu'avec des
échantillons desséchés seulement, sans notes ni dessins, il est
impossible de les distinguer ; d'autres sont des espèces qui se

1. Montagne, *Cryptogamia Gyanensis*, *Ann. Sc. Nat.*, 1ᵉ série, III
2. Berkeley, *Hooker's Journ. of Bot.*, 1843, etc.
3. Montagne, *Ann. des Sc. Nat.*, 2ᵉ série, vol. II, p. 73 (1834).
4. Gay, *Hist. física y política de Chile* (1815).
5. Berkeley et Montagne, *Ann. des Sc. Nat.*, XI. Avril 1849.
6. Montagne, *Ann. des Sc. Nat.*, 4ᵉ série, V, nᵒ 6.
7. Montagne, ibid. Juillet 1839.
8. Montagne, *Prodromus Floræ Fernandesianæ*, *Ann. des Sc. Nat.*, juin 1835.

trouvent presque universellement dans les régions tropicales ou
sub-tropicales; enfin un petit nombre seulement sont particulières à l'Australie, ou sont des espèces non décrites, généralement de type tropical. Les collections en somme ne peuvent
guère être considérées comme présentant un grand intérêt,
excepté en ce qui concerne la distribution géographique; car les
formes spéciales sont rares [1]. »

Les champignons recueillis par l'expédition antarctique dans
l'Auckland et les îles Campbell, dans la Fuégie et les Falklands [2],
étaient peu nombreux et de peu d'intérêt : ils comprenaient des
formes cosmopolites, comme *Sphæria herbarum*, *Cladosporium
herbarum*, *Hirneola auricula Judæ*, *Polyporus versicolor*, *Eurotium herbariorum*, etc.

Dans la Nouvelle-Zélande, on a trouvé une grande proportion de
champignons; et ils peuvent être considérés comme représentant
le caractère général des champignons des îles, qui se confond
avec le type ordinaire des régions tempérées [3].

Les champignons de l'Asie sont si peu connus qu'on ne peut
tirer à leur égard aucune conclusion satisfaisante de nos connaissances incomplètes sur ce pays. Dans l'Inde, les collections faites
par le Dr Hooker dans son voyage à l'Himalaya Sikkim [4], quelques
espèces obtenues par M. Perrottet à Pondichéry et de petites collections venant des Neilgherries [5], sont presque tout ce que l'on
possède. On peut conclure de ces données que les altitudes qui
s'approchent d'un climat tempéré sont les plus productives, et,
dans ces conditions, les genres de l'Europe et de l'Amérique du
Nord, avec les espèces voisines, ont la prépondérance. Le nombre
des Agaracinées, par exemple, est grand, et parmi les 28 sous-
genres dont le genre *Agaricus* se compose, 8 seulement n'ont pas
de représentants. Des échantillons reçus accidentellement d'autres
parties de l'Inde montrent qu'il y a là un vaste champ inexploré;
les forêts et les pentes des montagnes de ce pays offriraient sans
doute un nombre immense de formes nouvelles et intéressantes.

Dans l'archipel Indien, Java a été le mieux exploré tant par Junghuhn [6] que par Zollinger [7]. Le premier signale 117 espèces en

1. Berkeley, *On Australian Fungi*, Journ. Lin. Soc., vol. XIII (Mai 1872).
2. Hooker, *Cryptogamia Antarctica*, pp. 57 et 141.
3. Hooker, *Flore de la Nouvelle-Zélande*.
4. Berkeley, *Sikkim Himalayan Fungi*, Journ. Bot. de Hooker (1850,
p. 42, etc.).
5. Montagne, *Cryptogamæ Neilgherrensis*, Ann. des Sc. Nat., 2e sér., XVIII,
p. 21 (1842).
6. Junghuhn, *Præmissa in Floram crypt. Javæ*.
7. Zollinger, *Fungi Archipelagi Malaijo Neerlandici novi*.

40 genres, Nees von Esenbeck et Blume 11 espèces en 3 genres, Zollinger et Moritzi 31 espèces en 20 genres, ce qui fait un total de 159 espèces, dont 47 appartiennent au *Polyporus*. Léveillé a ajouté 87 espèces, formant un total de 246 espèces. Les champignons de Sumatra, de Bornéo, et d'autres îles, sont en partie les mêmes, en partie voisins, mais d'un caractère tropical semblable.

Les champignons de l'île de Ceylan réunis par Gardner, Thwaites et König, sont nombreux. Les Agarics comprennent 302 espèces, fort semblables à celles de notre pays [1]. Il est singulier que chacun des sous-genres de Fries y soit représenté, bien que le nombre des espèces de deux ou trois d'entre eux prédomine beaucoup. Le *Lepiota* et le *Psalliota* seuls comprennent un tiers des espèces, tandis que le *Pholiota* n'offre qu'une seule espèce obscure. L'énumération récemment publiée des familles de ce pays contient nombre d'espèces intéressantes.

En Afrique, la contrée la mieux explorée est l'Algérie, bien que malheureusement la flore n'en ait jamais été complétée [2]. La correspondance entre les champignons de l'Algérie et ceux de l'Europe est très-frappante, et cette impression n'est pas diminuée par la présence de quelques formes sub-tropicales. Il est probable que si les champignons d'Espagne étaient connus, la ressemblance serait plus complète.

Au Cap de Bonne-Espérance et au Natal, des collections ont été faites par Zeyher [3], Drége et d'autres; elles nous permettent de nous faire une idée de la flore mycologique du pays. Parmi les Hyménomycètes, la plus grande partie appartiennent à l'*Agaricus;* il n'y a dans la collection de Zeyher que 4 ou 5 *Polyporus*, dont l'un est protéen. Les Gastéromycètes sont intéressants; ils appartiennent à plusieurs genres, et en offrent deux, *Scoleciocarpus* et *Phellorinia*, qui ont été fondés sur des échantillons de cette collection. Le *Batarrea*, le *Tulostoma* et le *Mycenastrum* sont représentés par des espèces européennes. Il y a aussi deux espèces de *Lycoperdon* et une de *Podaxon*. En outre, il y a le curieux *Secotium Gueinzii*. Ni le genre *Geaster*, ni le *Scleroderma*, ne se montre dans cette collection. En somme la flore du Cap est particulière et ne peut guère se comparer à aucune autre.

Du Sénégal, de l'Egypte et des autres parties de l'Afrique, à

---

1. Berkeley et Broome, *Fungi of Ceylon*, Journ. Lin. Soc., mai 1871.
2. *Flore d'Algérie, Cryptogames* (1846, etc.).
3. Berkeley, *Journ. of Bot.*, de Hooker, vol. II (1843), p. 408.

peine a-t-on signalé quelques échantillons disséminés et isolés.
Ainsi, sauf exceptions précédentes, le Continent peut être considéré comme inconnu.

De ce résumé incomplet, on peut conclure que nous ne pouvons jusqu'ici tracer aucun plan général de la distribution géographique des champignons. Le plus que nous puissions faire,
c'est de comparer les collections aux collections, ce que nous
connaissons d'un pays à ce que nous connaissons d'un autre, de
noter les différences et les ressemblances, de façon à apprécier
le caractère probable des champignons des pays qui nous sont
encore inconnus. Il est bon que nous rencontrions parfois une
tâche comme celle-ci, puisque nous apprenons par là combien il
nous reste à connaître, et quel ouvrage utile attend les travail-
leurs capables et actifs qui peuvent l'entreprendre après nous.

CHAPITRE XIV.

RÉCOLTE ET CONSERVATION DES CHAMPIGNONS.

Les formes innombrables que prennent les champignons, les différences que présente leur substance, la variété de leurs tailles, rendent nécessaire une exposition quelque peu détaillée des procédés adoptés pour leur récolte et leur conservation. Les habitats des différents groupes ont déjà été indiqués, de sorte qu'il n'y a pas de difficulté à choisir les places les plus convenables; mais quant à la saison de l'année, elle sera déterminée par la classe des champignons que l'on cherche. A la vérité, on peut dire qu'aucune époque, excepté celle où le sol est couvert de neige, n'est absolument dépourvue de champignons; pourtant il y a des saisons plus prolifiques que d'autres [1]. Les champignons charnus, tels que les Hyménomycètes, abondent surtout du mois de septembre au temps des gelées, tandis que beaucoup d'espèces microscopiques peuvent se trouver au commencement du printemps, et croître en nombre jusqu'à l'automne.

Le collectionneur peut être muni d'une boîte ordinaire de botanique; mais pour les Agarics, un panier ouvert et peu profond est préférable. Un grand nombre d'espèces des bois peuvent se transporter dans la poche de l'habit, et les espèces qui habitent les feuilles peuvent être placées dans un portefeuille. Il est bon de se munir d'une certaine quantité de papier buvard mou, où l'on

---

1. Le genre *Chioniphe* se rencontre sur les amas de grains sous la neige, aussi bien que ce terrible fléau, le *Madura-foot*. Voyez le *Mycetoma* de Carter.

peut envelopper les échantillons quand on les a recueillis; cette précaution aidera éminemment à leur conservation quand ils seront transportés dans la boîte ou dans le panier. Un grand couteau de poche, une petite scie de poche, et une loupe compléteront l'attirail pour les occasions ordinaires. Si l'on veut conserver pour l'herbier les champignons charnus, il n'y a qu'une méthode, qui a été souvent décrite. L'Agaric, ou tout autre champignon semblable, est coupé perpendiculairement de haut en bas, à partir du chapeau, tout le long de la tige. Une seconde section dans la même direction enlève une tranche mince, qui représente une coupe du champignon. On peut l'étendre sur du papier buvard ou sur du papier à sécher les plantes, et la soumettre à une légère pression pour la faire sécher. Sur une moitié du champignon, on enlève le chapeau, et, avec un couteau bien tranchant, on coupe les feuillets et la portion charnue du chapeau. De la même manière, on enlève le tissu charnu intérieur de la moitié du stipe. Après la dessiccation, la moitié du chapeau est placée, dans sa position naturelle, sur la moitié du stipe, et l'on a ainsi une représentation du champignon avec son port, tandis que la section montre l'arrangement de l'hyménium et les caractères du stipe. On peut mettre l'autre moitié du chapeau, les feuillets tournés en bas, sur un morceau de papier noir, et le laisser passer ainsi la nuit. Le matin, les spores se seront répandues sur le papier, qu'on pourra placer avec les autres parties. Quand le tout sera sec, la coupe, le profil, et le papier aux spores pourront se monter ensemble sur un morceau de papier fort; et on inscrira au-dessous le nom, la localité et la date, avec toutes les particularités à signaler. Il est bon de conseiller ici aux collectionneurs de ne jamais omettre d'écrire tout de suite ces indications en faisant les préparations, et de les placer ensemble entre les doubles de papier desséché, pour éviter la possibilité d'une méprise. Quelques petites espèces peuvent être séchées tout entières ou seulement partagées par le milieu; mais on ne devrait jamais oublier les spores. Une fois secs, les échantillons, soit avant, soit après le montage, doivent être empoisonnés, pour être préservés des attaques des insectes. Le meilleur ingrédient pour arriver à ce but, c'est l'acide carbolique, étendu avec une petite brosse en soies de porc. Quelle que soit la substance employée, le préparateur doit ne pas oublier qu'il opère avec du poison, et prendre ses précautions en conséquence. Si l'on trouve ensuite que les échantillons ne sont pas suffisamment empoisonnés, et que de petits insectes se présentent dans l'herbier, il faut les empoisonner de nouveau. Quelques-uns pensent que la benzine ou l'alcool camphré suffisent, mais l'un et l'autre sont volatils, et il ne faut pas s'y fier comme à des préservatifs permanents. M. English, d'Epping, par une méthode ingénieuse, conserve dans leur position naturelle un grand nombre d'espèces charnues; bien qu'elles ne puissent ainsi entrer dans un herbier, non-seulement elles forment de jolis ornements, mais elles sont utiles si l'on peut leur consacrer de l'espace.

Les parasites qui vivent sur les feuilles vivantes ou mortes peuvent être séchés suivant la méthode employée pour les autres plantes, entre des feuilles de papier buvard comprimées. Il peut être quelquefois nécessaire, pour les feuilles mortes, de les jeter dans l'eau, afin qu'elles s'aplatissent sans se briser, et ensuite de les sécher de la même façon que les feuilles vertes. Toutes les espèces qui se développent sur une matière dure, comme le bois, l'écorce, etc., doivent être autant que possible dégagées de la substance nourricière, en sorte que les échantillons puissent s'étendre à plat dans l'herbier. On arrive souvent d'une manière plus facile à ce résultat dans les espèces qui vivent sur l'écorce, en enlevant l'écorce et en la faisant sécher sous pression.

Les Gastéromycètes poudreux sont difficiles à traiter, surtout les petites espèces, et si on les monte à découvert sur du papier, ils s'abîment vite. Un bon moyen est de se procurer de petites boîtes de carton, carrées ou rondes, de la profondeur d'un quart de pouce au plus, de coller tout de suite l'échantillon au fond, et de le laisser sécher dans cette position avant de remettre le couvercle. On devrait adopter la même méthode pour beaucoup de moisissures, comme le *Polyactis*, etc., qui, de toutes manières, sont difficiles à conserver.

Pour collectionner les moisissures, nous avons trouvé très-avantageux de nous munir, dans nos excursions, de petites boîtes de bois bouchées avec du liége en dessus et en dessous, comme celles des entomologistes, et d'épingles ordinaires. Quand on récolte une moisissure délicate sur un vieil agaric, ou sur toute autre substance, après avoir enlevé avec un canif toutes les parties inutiles de la substance nourricière, on peut piquer l'échantillon sur le liége de l'une de ces boîtes avec une épingle. Une autre méthode, avantageuse aussi dans le cas des Myxogastres, est d'emporter deux ou trois boîtes à pilules, dans lesquelles on peut placer l'échantillon, après l'avoir enveloppé dans du taffetas.

Une grande difficulté se présente souvent pour les champignons microscopiques, comme par exemple les Sphériacées : il faut, en effet, chaque fois qu'on a besoin de les examiner, laisser tremper l'échantillon pendant quelques heures, puis transporter le fruit sur une lame de verre, avant de le comparer avec l'échantillon

nouvellement trouvé et que l'on veut identifier. Pour éviter cette
manipulation, il existe des échantillons montés tout prêts pour
le microscope, et qu'on peut se procurer de la manière suivante.
Lorsque le champignon a été trempé dans l'eau, si cela est nécessaire, et qu'une partie de l'hyménium a été retirée avec la pointe
d'un canif, on le place au milieu d'un morceau de verre propre.
On laisse tomber sur cet objet une goutte de glycérine, puis on
place par-dessus une plaque de verre. Une légère pression aplatit
l'objet et fait sortir par les bords de la plaque toute la glycérine
inutile. Une petite pince à ressort maintient la plaque en position,
tandis qu'avec un pinceau en poils de chameau, on enlève la glycérine qui a été chassée. Cela fait, on fixe la plaque sur l'autre morceau de verre, en passant avec un pinceau de la gomme dissoute
dans de la benzine. Au bout de 20 à 24 heures on peut enlever
la pince, et placer l'appareil dans le cabinet de travail. La glycérine est peut-être la meilleure substance pour monter la plus
grande partie de ces objets ; et quand on se sert, pour les fixer,
de gomme et de benzine, on ne rencontre pas de difficulté, comme
il s'en présente avec le baume du Canada : mais il faut avoir soin
d'enlever toute la glycérine superflue. Des échantillons de *Puccinia*, montés de cette manière après avoir été fraîchement ré-
coltés, et avant qu'ils aient eu le temps de se rider, sont aussi
beaux et aussi naturels dans notre cabinet qu'ils l'étaient quand
nous les recueillîmes il y a 6 ou 7 ans.

Les moisissures sont toujours difficiles à conserver dans un
herbier, dans un état suffisamment intact, pour être consultées au
bout de quelques années. Nous avons trouvé qu'il est excellent de
se procurer des plaques de mica, aussi minces que possible, d'une
grandeur uniforme, soit de deux pouces carrés et même moins.
Entre deux de ces plaques de mica, placez un fragment de la
moisissure, en ayant soin de ne pas faire glisser ces plaques l'une
sur l'autre après que la moisissure a été posée. Fixez les plaques
avec une pince, pendant que vous collez des bandes de papier à
la gomme ou à la pâte, sur les bords du mica, pour assujettir les
plaques. Quand le tout est sec, vous pouvez enlever la pince, et
écrire le nom sur le papier. Ces montures peuvent être mises chacune dans une petite enveloppe, et fixées dans l'herbier. Chaque fois
qu'un examen est nécessaire, l'objet, tout monté à sec, peut être
tout de suite placé sous le microscope. De cette manière on peut
voir le mode d'attache des spores; mais si l'échantillon est monté
dans un liquide, elles se détachent très-vite, et si les moisissures
sont seulement conservées dans des boîtes, presque toutes les
spores au bout de peu de temps seront tombées de leurs supports.

Il faut signaler deux ou trois accessoires dont un bon herbier doit être pourvu. Pour les champignons charnus, surtout les Agarics, des dessins fidèlement coloriés, placés près des échantillons secs, suppléeront aux pertes et aux changements de couleur que subissent beaucoup d'espèces par la dessiccation. Pour les petites espèces, des dessins des spores à la chambre claire, avec l'indication de leurs mesures, ajouteront beaucoup à la valeur pratique d'une collection. En montant les échantillons qui sont sur des feuilles, sur de l'écorce ou sur du bois, il sera bon d'avoir un échantillon collé sur le papier, de manière à ce qu'il soit vu tout de suite, et un second renfermé sans attache sous une simple enveloppe, et placé près du premier : ainsi le dernier pourra être enlevé à volonté et examiné sous le microscope.

Quant à l'arrangement des échantillons pour l'herbier, les goûts et les opinions diffèrent relativement à la grandeur à donner au papier de l'herbier. On admet généralement que de petites dimensions sont préférables aux grandes, que l'on emploie d'ordinaire pour des plantes phanérogames. Le format dit *Foolscap* est probablement le plus convenable, une feuille étant consacrée à chaque espèce. Dans les herbiers publics, l'avantage d'un format uniforme domine tous les autres; mais dans un herbier privé, consistant uniquement en champignons, le plus petit format est le meilleur.

L'examen microscopique des petites espèces est d'une absolue nécessité pour arriver à une identification certaine. Nous avons peu de remarques spéciales à faire à ce sujet : car les méthodes adoptées pour d'autres objets conviennent ici. Les échantillons qui se sont desséchés peuvent être placés dans l'eau avant l'examen, opération essentielle pour certains genres, tels que le *Peziza*, le *Sphæria*, etc. Pour les moisissures, qui doivent être examinées comme des objets opaques, si l'on veut les voir dans toute leur beauté et dans tous leurs détails, on recommande un objectif d'un demi-pouce, à monture aussi courte que possible, de façon à ne pas obstruer la lumière [1].

Pour examiner les sporidies des petits *Peziza* et de quelques autres espèces, le secours d'un réactif est nécessaire. Quand les sporidies sont très-délicates et transparentes, les cloisons, s'il en existe, ne peuvent pas se voir aisément; pour aider à l'examen, une goutte de teinture d'iode sera fort utile. Dans beaucoup de cas, les sporidies, qui sont très-indistinctes dans la glycérine, s'aperçoivent beaucoup mieux quand le liquide employé est de l'eau.

1. Les bulles d'air gênent quelquefois beaucoup dans l'examen des moisissures. Un peu d'alcool les fait disparaître.

Les conseils suivants, adressés aux voyageurs il y a quelques années, pour la récolte des champignons, par le Rév. M. J. Berkeley, ont été publiés partout ; on peut les placer ici au risque de répéter des choses connues :

« On se plaint souvent que, dans les collections de plantes exotiques, aucune tribu ne soit aussi négligée que celle des champignons ; cela vient en partie des difficultés que l'on a à conserver de bons échantillons, et en partie de ce que ces végétaux sont généralement moins étudiés que les autres plantes. Cependant, comme il n'y a dans aucune partie de la botanique plus de chances de rencontrer des formes nouvelles, et que les difficultés, considérables sans contredit dans un ou deux genres, sont cependant bien loin de ce que l'on suppose souvent, nous nous permettons de soumettre les avis suivants aux collectionneurs qui désirent ne négliger aucune partie du règne végétal.

« La plus grande partie des champignons, surtout des tropicaux, se dessèchent simplement par une légère pression, avec autant de facilité que les plantes phanérogames ; un seul changement du papier dans lequel ils sont placés suffit généralement ; un grand nombre, une fois enveloppés dans du papier buvard au moment de la récolte, et soumis à une légère pression, ne demandent pas d'autres soins. Pour ceux qui ont la consistance du cuir, on n'a qu'à changer le papier quelques heures après que les échantillons y ont été mis, et ils conservent admirablement leurs caractères ; si quelques semaines après, on a occasion de les laver avec une solution de térébenthine et de sublimé, et qu'on les soumette de nouveau à la pression pendant quelques heures, uniquement pour les empêcher de se rétrécir, il n'y aura pas à craindre qu'ils soient attaqués par les insectes.

« Beaucoup de champignons sont si mous et si aqueux qu'il est difficile d'en préparer de bons échantillons sans un travail auquel les voyageurs ne peuvent pas songer. Pourtant, en changeant deux ou trois fois le premier jour, s'il est possible, les papiers dans lesquels ils sont séchés, on aura des échantillons utiles ; surtout si l'on peut prendre quelques notes sur la couleur, etc. Les notes les plus importantes sont relatives à la couleur de la tige et du chapeau, et aux particularités de la surface : on examinera, par exemple, si ces parties sont sèches, visqueuses, cotonneuses, écailleuses, etc. ; si la chair du chapeau est mince ou non ; si le stipe est creux ou plein ; si les feuillets sont décurrents sur le stipe ou libres, et surtout quelle est leur couleur et celle des spores. Il n'est pas avantageux, en général, de

conserver des échantillons dans l'alcool, à moins qu'on n'en ait
d'autres séchés par pression, ou qu'on n'ait pris des notes développées; à moins encore que les champignons ne soient de nature
gélatineuse, ce qui rend presque impossible de les sécher par la
pression. Pour les grands champignons ligneux, les vesses-de-
loup, et un grand nombre de ceux qui poussent sur le bois, etc.,
la meilleure manière de les conserver, après qu'on s'est assuré
qu'ils sont secs et exempts de larves, est de les envelopper simplement dans du papier ou de les placer dans des boîtes garnies
de rognures, en prenant soin qu'ils soient assez bien empaquetés
pour ne pas éprouver de frottements. Comme dans les autres
sortes de plantes, il est très-important d'avoir des échantillons à
différents âges, et des notes sur les habitats précis sont toujours
intéressantes.

« L'attention du voyageur ne peut s'attacher à des objets plus
intéressants et qui promettent des révélations plus nouvelles que
la tribu des vesses-de-loup; il devra particulièrement les récolter
à toutes les phases de leur développement, surtout dans les premières, et, s'il est possible, conserver dans l'alcool quelques-uns
des échantillons les plus jeunes. Il en vit sur les fourmilières une
ou deux espèces dont il est très-intéressant de connaître le premier âge..

« Les champignons qui poussent sur les feuilles dans les climats
tropicaux, ne sont guère moins intéressants que ceux de notre
pays, bien qu'ils appartiennent à un type différent. Beaucoup d'entre
eux doivent se présenter constamment aux yeux du collectionneur
de phanérogames et seraient fort utiles au mycologue. Mais l'attention du collectionneur devrait se porter aussi sur les champignons
qui ressemblent aux lichens, et qui, dans certains pays, sont si
abondants sur les branches tombées. Des centaines d'espèces du
plus haut intérêt récompenseraient des recherches assidues, et
elles sont des plus aisées à sécher; en réalité, dans les pays tropicaux, la plus grande partie des espèces sont faciles à conserver,
mais elles ne frappent pas l'œil de celui qui n'est pas sur ses
gardes. Les espèces charnues y sont peu nombreuses et promettent beaucoup moins de découvertes nouvelles. »

Pour conclure, nous presserons tous ceux qui nous ont suivis
jusqu'ici d'adopter cette branche de la botanique pour leur spé-
cialité. Elle a été jusqu'à présent très-négligée, et il reste un vaste
champ ouvert aux investigations et aux recherches. L'histoire de
la vie de la majorité des espèces est encore à connaître, et
grandes sont les perspectives de découvertes nouvelles pour le
savant actif et persévérant. Tous ceux qui jusqu'ici se sont dé-

voués à cette tâche avec assiduité ont trouvé ce genre de récompense. Les objets d'étude sont faciles à trouver, et le goût de cette science va tous les jours croissant. Dans un champ de recherches où il y a tant d'inconnu, les difficultés sont nombreuses, et ce n'est pas par la vitesse, mais par une persévérance infatigable qu'on gagnera le prix. Puissent nos efforts pour guider les étudiants au seuil de cette science, recevoir leur récompense la plus précieuse dans l'accroissement du nombre de ceux qui rechercheront la nature, les usages et les influences des champignons.

FIN.

INDEX ALPHABÉTIQUE

TABLE DES MATIÈRES

COULOMMIERS. — Imprimerie PAUL BRODARD.

ANCIENNE LIBRAIRIE GERMER BAILLIERE ET Cie
FÉLIX ALCAN, ÉDITEUR

CATALOGUE

DES

LIVRES DE FONDS

(PHILOSOPHIE — HISTOIRE)

TABLE DES MATIÈRES

On peut se procurer tous les ouvrages qui se trouvent dans ce Catalogue par l'intermédiaire des libraires de France et de l'Étranger.

On peut également les recevoir *franco* par la poste, sans augmentation des prix désignés, en joignant à la demande des TIMBRES-POSTE FRANÇAIS ou un MANDAT sur Paris.

PARIS
108, BOULEVARD SAINT-GERMAIN, 108
Au coin de la rue Hautefeuille.

MARS 1888

Les titres précédés d'un *astérisque* sont recommandés par le Ministère de l'Instruction publique pour les Bibliothèques et pour les distributions des prix des lycées et collèges. — Les lettres V. P. indiquent les volumes adoptés pour les distributions de prix et les Bibliothèques de la Ville de Paris.

BIBLIOTHÈQUE DE PHILOSOPHIE CONTEMPORAINE
Volumes in-12 brochés à 2 fr. 50.

Cartonnés toile. 3 francs. — En demi-reliure, plats papier. 4 francs.

Quelques-uns de ces volumes sont épuisés, et il n'en reste que peu d'exemplaires imprimés sur papier vélin; ces volumes sont annoncés au prix de 5 francs.

ALAUX, professeur à la Faculté des lettres d'Alger. **Philosophie de M. Cousin.**

AUBER (Ed.). **Philosophie de la médecine.**

BALLET (G.), professeur agrégé à la Faculté de médecine. **Le Langage intérieur** et les diverses formes de l'aphasie, avec figures dans le texte. 2ᵉ édit.

BARTHÉLEMY SAINT-HILAIRE, de l'Institut. **De la Métaphysique.**

* BEAUSSIRE, de l'Institut. **Antécédents de l'hégélianisme dans la philosophie française.**

* BERSOT (Ernest), de l'Institut. **Libre Philosophie.** (V. P.)

* BERTAULD, de l'Institut. **L'Ordre social et l'Ordre moral.**

— **De la Philosophie sociale.**

BINET (A.). **La Psychologie du raisonnement,** expériences par l'hypnotisme.

BOST. **Le Protestantisme libéral.**

BOUILLIER. **Plaisir et Douleur.** Papier vélin. 5 fr.

* BOUTMY (E.), de l'Institut. **Philosophie de l'architecture en Grèce.** (V. P.)

* CHALLEMEL-LACOUR. **La Philosophie individualiste,** étude sur G. de Humboldt. (V. P.)

COIGNET (Mᵐᵉ C.). **La Morale indépendante.**

COQUEREL Fɪʟs (Ath.). **Transformations historiques du christianisme.**

— **La Conscience et la Foi.**

— **Histoire du Credo.**

COSTE (Ad.). **Les Conditions sociales du bonheur et de la force.** (V. P.)

DELBŒUF (J.). **La Matière brute et la matière vivante.** Étude sur l'origine de la vie et de la mort.

* ESPINAS (A.), professeur à la Faculté des lettres de Bordeaux. **La Philosophie expérimentale en Italie.**

FAIVRE (E.), professeur à la Faculté des sciences de Lyon. **De la Variabilité des espèces.**

FÉRÉ (Ch.). **Sensation et mouvement.** Étude de psycho-mécanique, avec figures.

— **Dégénérescence et criminalité,** avec figures.

FONTANÈS. **Le Christianisme moderne.**

FONVIELLE (W. de). **L'Astronomie moderne.**

* FRANCK (Ad.), de l'Institut. **Philosophie du droit pénal.** 2ᵉ édit.

— **Des Rapports de la religion et de l'État.** 2ᵉ édit.

— **La Philosophie mystique en France au XVIIIᵉ siècle.** 5 fr.

* GARNIER. **De la Morale dans l'antiquité.** Papier vélin.

GAUCKLER. **Le Beau et son histoire.**

HAECKEL, prof. à l'Université d'Iéna. **Les Preuves du transformisme.** 2ᵉ édit.

— **La Psychologie cellulaire.**

HARTMANN (E. de). **La Religion de l'avenir.** 2ᵉ édit.

— **Le Darwinisme,** ce qu'il y a de vrai et de faux dans cette doctrine. 3ᵉ édit.

* HERBERT SPENCER. **Classification des sciences,** trad. de M. Cazelles. 4ᵉ édit.

— **L'Individu contre l'État,** traduit par M. Gerschel. 2ᵉ édit.

Suite de la *Bibliothèque de philosophie contemporaine*, format in-12,
à 2 fr. 50 le volume.

* JANET (Paul), de l'Institut. **Le Matérialisme contemporain.** 4ᵉ édit.
— * **La Crise philosophique.** Taine, Renan, Vacherot, Littré.
— * **Philosophie de la Révolution française.** 3ᵉ édit. (V. P.)
— * **Saint-Simon et le Saint-Simonisme.**
— **Les Origines du socialisme contemporain.**
* LAUGEL (Auguste). **L'Optique et les Arts.** (V. P.)
— * **Les Problèmes de la nature.**
— * **Les Problèmes de la vie.**
— * **Les Problèmes de l'âme.**
— * **La Voix, l'Oreille et la Musique.** Papier vélin.   5 fr.
LEBLAIS. **Matérialisme et Spiritualisme.**
* LEMOINE (Albert), maître de conférences à l'Ecole normale. **Le Vitalisme et l'Animisme.**
— * **De la Physionomie et de la Parole.**
— * **L'Habitude et l'Instinct.**
LEOPARDI. **Opuscules et Pensées,** traduit par M. Aug. Dapples.
LEVALLOIS (Jules). **Déisme et Christianisme.**
* LÉVÊQUE (Charles), de l'Institut. **Le Spiritualisme dans l'art.**
— * **La Science de l'invisible.**
LÉVY (Antoine). **Morceaux choisis des philosophes allemands.**
* LIARD, directeur de l'Enseignement supérieur. **Les Logiciens anglais contemporains.** 2ᵉ édit.
— * **Des définitions géométriques et des définitions empiriques.** 2ᵉ édit.
LOTZE (H.). **Psychologie physiologique,** traduit par M. Penjon.
MARIANO. **La Philosophie contemporaine en Italie.**
MARION, professeur à la Faculté des lettres de Paris. **J. Locke, sa vie, son œuvre.**
MILSAND. **L'Esthétique anglaise,** étude sur John Ruskin.
MOSSO. **La Peur.** Étude psycho-physiologique, trad. de l'italien par F. Hément (avec figures).
DYSSE BAROT. **Philosophie de l'histoire.**
AULHAN. **Les Phénomènes affectifs et les lois de leur apparition.** Essai de psychologie générale.
I Y MARGALL. **Les Nationalités,** traduit par M. L. X. de Ricard.
RÉMUSAT (Charles de), de l'Académie française. **Philosophie religieuse.**
ÉVILLE (A.), professeur au Collège de France. **Histoire du dogme de la divinité de Jésus-Christ.**
IBOT (Th.), direct. de la *Revue philos.* **La Philosophie de Schopenhauer.** 2ᵉ édit.
- * **Les Maladies de la mémoire.** 4ᵉ édit.
- **Les Maladies de la volonté.** 4ᵉ édit.
- **Les Maladies de la personnalité.** 2ᵉ édit.
- **Le Mécanisme de l'attention.** (*Sous presse.*)
ICHET (Ch.), professeur à la Faculté de médecine. **Essai de psychologie générale** (avec figures).
OISEL. **De la Substance.**
AIGEY. **La Physique moderne.** 2ᵉ tirage. (V. P.)
SAISSET (Emile), de l'Institut. **L'Ame et la Vie.**
- * **Critique et Histoire de la philosophie** (fragm. et disc.).
CHMIDT (O.). **Les Sciences naturelles et la Philosophie de l'inconscience.**
CHŒBEL. **Philosophie de la raison pure.**

Suite de la *Bibliothèque de philosophie contemporaine*, format in-12,
à 2 fr. 50 le volume.

* SCHOPENHAUER. **Le Libre arbitre**, traduit par M. Salomon Reinach. 3ᵉ édit.
— * **Le Fondement de la morale**, traduit par M. A. Burdeau. 2ᵉ édit.
— **Pensées et Fragments**, avec intr. par M. J. Bourdeau. 7ᵉ édit.
SELDEN (Camille). **La Musique en Allemagne**, étude sur Mendelssohn. (V. P.)
SICILIANI (P.). **La Psychogénie moderne.**
STRICKER. **Le Langage et la Musique**, traduit par M. Schwiedland.
* STUART MILL. **Auguste Comte et la Philosophie positive**, traduit par M. Clé-
menceau. 2ᵉ édit. (V. P.)
— **L'Utilitarisme**, traduit par M. Le Monnier.
TAINE (H.), de l'Académie française. **L'Idéalisme anglais**, étude sur Carlyle.
— * **Philosophie de l'art dans les Pays-Bas.** 2ᵉ édit. (V. P.)
— * **Philosophie de l'art en Grèce.** 2ᵉ édit. (V. P.)   5 fr.
— * **De l'Idéal dans l'art.** Papier vélin.   5 fr.
— * **Philosophie de l'art en Italie.** Papier vélin.   5 fr.
— * **Philosophie de l'art.** Papier vélin.
TARDE. **La Criminalité comparée.**   5 fr.
TISSANDIER. **Des Sciences occultes et du Spiritisme.** Pap. vélin.
* VACHEROT (Et.), de l'Institut. **La Science et la Conscience.**
VÉRA (A.), professeur à l'Université de Naples. **Philosophie hégélienne.**
VIANNA DE LIMA. **L'Homme selon le transformisme.**
ZELLER. **Christian Baur et l'École de Tubingue**, traduit par M. Ritter.

BIBLIOTHÈQUE DE PHILOSOPHIE CONTEMPORAINE

Volumes in-8.

Brochés à 5 r., 7 fr. 50 et 10 fr. — Cart. anglais, 1 fr. en plus par volume.
Demi-reliure...................... **2 francs.**

AGASSIZ. **De l'Espèce et des Classifications.** 1 vol.   5 fr.
BAIN (Alex.) *. **La Logique inductive et déductive.** Traduit de l'anglais par
M. G. Compayré. 2 vol. 2ᵉ édit.   20 fr.
— * **Les Sens et l'Intelligence.** 1 vol. Traduit par M. Cazelles.   10 fr.
— * **L'Esprit et le Corps.** 1 vol. 4ᵉ édit.   6 fr.
— **La Science de l'Éducation.** 1 vol. 6ᵉ édit.   6 fr.
— **Les Émotions et la Volonté.** Trad. par M. Le Monnier. 1 vol.   10 fr.
* BARDOUX, sénateur. **Les Légistes, leur influence sur la société française.**
1 vol.   5 fr.
* BARNI (Jules). **La Morale dans la démocratie.** 1 vol. 2ᵉ édit. précédée d'une
préface de M. D. Nolen, recteur de l'académie de Douai. (V. P.)   5 fr.
BEAUSSIRE (Émile), de l'Institut. **Les Principes de la morale.** 1 vol.   5 fr.
— **Les Principes du droit.** 1 vol. in-8.   5 fr.
BERTRAND (A.), professeur à la Faculté des lettres de Lyon. **L'Aperception du
corps humain par la conscience.** 1 vol.   5 fr.
BÜCHNER. **Nature et Science.** 1 vol. 2ᵉ édit. Traduit par M. Lauth.   7 fr. 50
CARRAU (Ludovic), directeur des conférences de philosophie à la Sorbonne. **La
Philosophie religieuse en Angleterre**, depuis Locke jusqu'à nos jours. 1 vol. 5 fr.
CLAY (R.). **L'Alternative, contribution à la psychologie.** 1 vol. Traduit de
l'anglais par M. A. Burdeau, député, ancien prof. au lycée Louis-le-Grand.   10 fr.
EGGER (V.), professeur à la Faculté des lettres de Nancy. **La Parole intérieure.**
1 vol.   5 fr.

ESPINAS (Alf.), professeur à la Faculté des lettres de Bordeaux. **Des Sociétés animales.** 1 vol. 2ᵉ édit. 7 fr. 50

FERRI (Louis), correspondant de l'Institut. **La Psychologie de l'association,** depuis Hobbes jusqu'à nos jours. 1 vol. 7 fr. 50

* FLINT, professeur à l'Université d'Edimbourg. **La Philosophie de l'histoire en France.** Traduit de l'anglais par M. Ludovic Carrau, directeur des conférences de philosophie à la Sorbonne. 1 vol. 7 fr. 50

— * **La Philosophie de l'histoire en Allemagne.** Trad. de l'angl. par M. Ludovic Carrau. 1 vol. 7 fr. 50

FONSEGRIVES. **Essai sur le libre arbitre.** Sa théorie, son histoire. 1 vol. 10 fr.

* FOUILLÉE (Alf.), ancien maître de conférences à l'École normale supérieure. **La Liberté et le Déterminisme.** 1 vol. 2ᵉ édit. 7 fr. 50

— **Critique des systèmes de morale contemporains.** 1 vol. 2ᵉ édit. 7 fr. 50

FRANCK (A.), de l'Institut. **Philosophie du droit civil.** 1 vol. 5 fr.

GAROFALO, agrégé de l'Université de Naples. **La Criminologie.** 1 vol. 7 fr. 50

* GUYAU. **La Morale anglaise contemporaine.** 1 vol. 2ᵉ édit. 7 fr. 50

— **Les Problèmes de l'esthétique contemporaine.** 1 vol. 5 fr.

— **Esquisse d'une morale sans obligation ni sanction.** 1 vol. 5 fr.

— **L'Irréligion de l'avenir,** étude de sociologie. 1 vol. 2ᵉ édit. 7 fr. 50

HERBERT SPENCER *. **Les Premiers Principes.** Traduit par M. Cazelles. 1 fort volume. 10 fr.

— **Principes de biologie.** Traduit par M. Cazelles. 2 vol. 20 fr.

— * **Principes de psychologie.** Trad. par MM. Ribot et Espinas. 2 vol. 20 fr.

— * **Principes de sociologie :**
Tome I. Traduit par M. Cazelles. 1 vol. 10 fr.
Tome II. Traduit par MM. Cazelles et Gerschel. 1 vol. 7 fr. 50
Tome III. Traduit par M. Cazelles. 1 vol. 15 fr.
Tome IV. Traduit par M. Cazelles. 1 vol. 3 fr. 75

— * **Essais sur le progrès.** Traduit par M. A. Burdeau. 1 vol. 2ᵉ éd. 7 fr. 50

— **Essais de politique.** Traduit par M. A. Burdeau. 1 vol. 2ᵉ édit. 7 fr. 50

— **Essais scientifiques.** Traduit par M. A. Burdeau. 1 vol. 7 fr. 50

De l'Education physique, intellectuelle et morale. 1 vol. 5ᵉ édit. 5 fr.

— * **Introduction à la science sociale.** 1 vol. 6ᵉ édit. 6 fr.

— **Les Bases de la morale évolutionniste.** 1 vol. 3ᵉ édit. 6 fr.

— * **Classification des sciences.** 1 vol. in-18. 2ᵉ édit. 2 fr. 50

— **L'Individu contre l'État.** Traduit par M. Gerschel. 1 vol. in-18. 2ᵉ édit. 2 fr. 50

— **Descriptive Sociology,** or Groups of sociological facts. French compiled by James COLLIER. 1 vol. in-folio. 50 fr.

HUXLEY, de la Société royale de Londres. **Hume, sa vie, sa philosophie.** Traduit de l'anglais et précédé d'une Introduction par G. COMPAYRÉ. 1 vol. 5 fr.

JANET (Paul), de l'Institut. **Les Causes finales.** 1 vol. 2ᵉ édit. 10 fr.

— * **Histoire de la science politique dans ses rapports avec la morale.** 2 forts vol. in-8. 3ᵉ édit., revue, remaniée et considérablement augmentée. 20 fr.

LAUGEL (Auguste). **Les Problèmes** (Problèmes de la nature, problèmes de la vie, problèmes de l'âme). 1 vol. 7 fr. 50

LAVELEYE (de), correspondant de l'Institut. **De la Propriété et de ses formes primitives.** 1 vol. 4ᵉ édit. (*Sous presse.*)

LIARD, directeur de l'enseignement supérieur. **La Science positive et la Métaphysique.** 1 vol. 2ᵉ édit. 7 fr. 50

— **Descartes.** 1 vol. 5 fr.

LOMBROSO. **L'Homme criminel** (criminel-né, fou-moral, épileptique). Étude anthropologique et médico-légale, précédée d'une préface de M. le docteur LETOURNEAU. 1 vol. in-8. 10 fr.

— **Atlas de 32 planches,** contenant de nombreux portraits, fac-similés d'écritures et de dessins, tableaux et courbes statistiques pour accompagner ledit ouvrage. 8 fr.

Suite de la *Bibliothèque de philosophie contemporaine*, format in-8.

MARION (H.), professeur à la Faculté des lettres de Paris. **De la Solidarité morale**. Essai de psychologie appliquée. 1 vol. 2ᵉ édit. (V. P.)   5 fr.

MATTHEW ARNOLD. **La Crise religieuse**. 1 vol.   7 fr. 50

MAUDSLEY. **La Pathologie de l'esprit**. 1 vol. Trad. par M. Germont.   10 fr.

* NAVILLE (E.), correspond. de l'Institut. **La Logique de l'hypothèse**. 1 vol.   5 fr.

PÉREZ (Bernard). **Les trois premières années de l'enfant**. 1 fort vol. 3ᵉ édit.   5 fr.

— **L'Enfant de trois à sept ans**. 1 vol.   5 fr.

— **L'Éducation morale dès le berceau**. 1 vol. 2ᵉ édit.   5 fr.

— **L'Art et la Peinture chez l'enfant**. (*Sous presse.*)

PIDERIT. **La Mimique et la Physiognomonie**. Trad. de l'allemand par M. Girot. 1 vol. avec 95 figures dans le texte.   5 fr.

PREYER, professeur à la Faculté d'Iéna. **Éléments de physiologie**. Traduit de l'allemand par M. J. Soury. 1 vol.   5 fr.

— **L'Âme de l'enfant**. Observations sur le développement psychique des premières années. 1 vol., traduit de l'allemand par M. H. C. de Varigny.   10 fr.

* QUATREFAGES (De), de l'Institut. **Ch. Darwin et ses précurseurs français**. 1 vol.   5 fr.

RIBOT (Th.), directeur de la *Revue philosophique*. **L'Hérédité psychologique**. 1 vol. 3ᵉ édit.   7 fr. 50

— * **La Psychologie anglaise contemporaine**. 1 vol. 3ᵉ édit.   7 fr. 50

— * **La Psychologie allemande contemporaine**. 1 vol. 2ᵉ édit.   7 fr. 50

RICHET (Ch.), professeur à la Faculté de médecine de Paris. **L'Homme et l'Intelligence**. Fragments de psychologie et de physiologie. 1 vol. 2ᵉ édit.   10 fr.

ROBERTY (E. de). **L'Ancienne et la Nouvelle philosophie**. 1 vol.   7 fr. 50

SAIGEY (Emile). **Les Sciences au XVIIIᵉ siècle**. La physique de Voltaire 1 vol.   5 fr.

SCHOPENHAUER. **Aphorismes sur la sagesse dans la vie**. 3ᵉ édit. Traduit par M. Cantacuzène. 1 vol.   5 fr.

— **De la quadruple racine du principe de la raison suffisante**, suivi d'une *Histoire de la doctrine de l'idéal et du réel*. Trad. par M. Cantacuzène. 1 vol.   5 fr.

— **Le monde comme volonté et représentation**. Traduit de l'allemand par M. A. Burdeau. 3 vol. Tome I. 1 vol.   7 fr. 50

    Les tomes II et III paraîtront dans le courant de l'année 1888.

SÉAILLES, maître de conférences à la Faculté des lettres de Paris. **Essai sur le génie dans l'art**. 1 vol.   5 fr.

SERGI, professeur à l'Université de Rome. **La Psychologie physiologique**, traduite de l'italien par M. Mouton. 1 vol. avec figures. 1888.   10 fr.

* STUART MILL. **La Philosophie de Hamilton**. 1 vol.   10 fr.

— * **Mes Mémoires**. Histoire de ma vie et de mes idées. Traduit de l'anglais par M. E. Cazelles. 1 vol.   5 fr.

— * **Système de logique déductive et inductive**. Trad. de l'anglais par M. Louis Peisse. 2 vol.   20 fr.

— * **Essais sur la religion**. 2ᵉ édit. 1 vol.   5 fr.

SULLY (James). **Le Pessimisme**. Trad. par MM. Bertrand et Gérard. 1 vol.   7 fr. 50

VACHEROT (Et.), de l'Institut. **Essais de philosophie critique**. 1 vol.   7 fr. 50

— **La Religion**. 1 vol.   7 fr. 50

WUNDT. **Éléments de psychologie physiologique**. 2 vol. avec figures, trad. de l'allem. par le Dʳ Élie Rouvier, et précédés d'une préface de M. D. Nolen.   20 fr.

ÉDITIONS ÉTRANGÈRES

Éditions anglaises.

AUGUSTE LAUGEL. The United States during the war. In-8.   7 shill. 6 p.

ALBERT RÉVILLE. History of the doctrine of the deity of Jesus-Christ.   3 sh. 6 p.

H. TAINE. Italy (Naples et Rome).   7 sh. 6 p.

H. TAINE. The Philosophy of Art.   3 sh.

Éditions allemandes.

PAUL JANET. The Materialism of present day. 1 vol. in-18, rel.   3 shill.

JULES BARNI. Napoléon Iᵉʳ. In-18.   3 m.

PAUL JANET. Der Materialismus unsere Zeit. 1 vol. in-18.   3 m.

H. TAINE. Philosophie der Kunst. 1 volume in-18.   3 m.

COLLECTION HISTORIQUE DES GRANDS PHILOSOPHES

PHILOSOPHIE ANCIENNE

ARISTOTE (Œuvres d'), traduction de M. BARTHÉLEMY SAINT-HILAIRE.
— **Psychologie** (Opuscules), avec notes. 1 vol. in-8 .... 10 fr.
— **Rhétorique**, avec notes. 1870. 2 vol. in-8 .... 16 fr.
— **Politique**, 1868, 1 v. in-8. 10 fr.
— **Traité du ciel**, 1866. 1 fort vol. grand in-8 .... 10 fr.
— **La Métaphysique d'Aristote.** 3 vol. in-8, 1879 .... 30 fr.
— **Traité de la production et de la destruction des choses**, avec notes. 1866. 1 v. gr. in-8 .... 10 fr.
— **De la Logique d'Aristote**, par M. BARTHÉLEMY SAINT-HILAIRE. 2 vol. in-8 .... 10 fr.
* SOCRATE. **La Philosophie de Socrate**, par M. Alf. FOUILLÉE. 2 vol. in-8 .... 16 fr.
* PLATON. **La Philosophie de Platon**, par M. Alfred FOUILLÉE. 2 vol. in-8 .... 16 fr.
* — **Études sur la Dialectique dans Platon et dans Hegel**, par M. Paul JANET. 1 vol. in-8. 6 fr.
— **Platon et Aristote**, par VAN DER REST. 1 vol. in-8 ...... 10 fr.
* ÉPICURE. **La Morale d'Épicure et ses rapports avec les doctrines contemporaines**, par M. GUYAU. 1 vol. in-8. 3ᵉ édit.... 7 fr. 50
* ÉCOLE D'ALEXANDRIE. **Histoire**

de **l'École d'Alexandrie**, par M. BARTHÉLEMY SAINT-HILAIRE. 1 v. in-8 .... 6 fr.
MARC-AURÈLE. **Pensées de Marc-Aurèle**, traduites et annotées par M. BARTHÉLEMY SAINT-HILAIRE. 1 vol. in-18 .... 4 fr. 50
BÉNARD. **La Philosophie ancienne**, histoire de ses systèmes. Première partie : *La Philosophie et la Sagesse orientales.* — *La Philosophie grecque avant Socrate.* — *Socrate et les socratiques.* — *Etudes sur les sophistes grecs.* 1 vol. in-8. 1885........ 9 fr.
BROCHARD (V.). **Les Sceptiques grecs** (couronné par l'Académie des sciences morales et politiques). 1 vol. in-8. 1887........ 8 fr.
* FABRE (Joseph). **Histoire de la philosophie, antiquité et moyen âge.** 1 vol. in-18. .... 3 fr. 50
OGEREAU. **Essai sur le système philosophique des stoïciens.** 1 vol. in-8. 1885........ 5 fr.
FAVRE (Mᵐᵉ Jules), née VELTEN. **La Morale des stoïciens.** 1 volume in-18. 1887.......... 3 fr. 50
— **La Morale de Socrate.** 1 vol. in-18. 1888.......... 3 fr. 50
TANNERY (Paul). **Pour l'histoire de la science hellène** (de Thalès à Empédocle). 1 v. in-8. 1887. 7 fr. 50

PHILOSOPHIE MODERNE

* LEIBNIZ. **Œuvres philosophiques**, avec introduction et notes par M. Paul JANET. 2 vol. in-8. 16 fr.
— **Leibniz et Pierre le Grand**, par FOUCHER DE CAREIL. 1 v. in-8. 2 fr.
— **Leibniz et les deux Sophie**, par FOUCHER DE CAREIL. In-8. 2 fr.
DESCARTES, par Louis LIARD. 1 vol. in-8.................. 5 fr.
— **Essai sur l'Esthétique de Descartes**, par KRANTZ. 1 v. in-8. 6 fr.
* SPINOZA. **Dieu, l'homme et la béatitude**, trad. et précédé d'une Introd. de P. JANET. In-18. 2 fr. 50
— **Benedicti de Spinoza opera** quotquot reperta sunt, recognoverunt J. Van Vloten et J.-P.-N. Land. 2 forts vol. in-8 sur papier de

Hollande............. 45 fr.
* LOCKE. **Sa vie et ses œuvres**, par M. MARION. 1 vol. in-18. 2 fr. 50
* MALEBRANCHE. **La Philosophie de Malebranche**, par M. OLLÉ-LAPRUNE. 2 vol. in-8...... 16 fr.
PASCAL. **Études sur le scepticisme de Pascal**, par M. DROZ, 1 vol. in-8.............. 6 fr.
* VOLTAIRE. **Les Sciences au XVIIIᵉ siècle.** Voltaire physicien, par M. Em. SAIGEY. 1 vol. in-8. 5 fr.
FRANCK (Ad.). **La Philosophie mystique en France au XVIIIᵉ siècle.** 1 vol. in-18... 2 fr. 50
* DAMIRON. **Mémoires pour servir à l'histoire de la philosophie au XVIIIᵉ siècle.** 3 vol. in-8. 15 fr.

PHILOSOPHIE ÉCOSSAISE

* DUGALD STEWART. **Éléments de la philosophie de l'esprit humain**, traduits de l'anglais par L. PEISSE. 3 vol. in-12... 9 fr.
* HAMILTON. **La Philosophie de Hamilton**, par J. STUART MILL, 1 vol. in-8............ 10 fr.
* HUME. **Sa vie et sa philosophie**, par Th. HUXLEY, trad. de l'angl. par M. G. COMPAYRÉ. 1 vol. in-8. 5 fr.

PHILOSOPHIE ALLEMANDE

KANT. **Critique de la raison pure**, trad. par M. TISSOT. 2 v. in-8. 16 fr.

— Même ouvrage, traduction par M. Jules BARNI. 2 vol. in-8.. 16 fr.

* — **Éclaircissements sur la Critique de la raison pure**, trad. par M. J. TISSOT. 1 vol. in-8... 6 fr.

— **Principes métaphysiques de la morale**, augmentés des *Fondements de la métaphysique des mœurs*, traduct. par M. TISSOT. 1 v. in-8. 8 fr.

— Même ouvrage, traduction par M. Jules BARNI. 1 vol. in-8... 8 fr.

* — **La Logique**, traduction par M. TISSOT. 1 vol. in-8..... 4 fr.

* — **Mélanges de logique**, traduction par M. TISSOT. 1 v. in-8. 6 fr.

* — **Prolégomènes à toute métaphysique future** qui se présentera comme science, traduction de M. TISSOT. 1 vol. in-8... 6 fr.

* — **Anthropologie**, suivie de divers fragments relatifs aux rapports du physique et du moral de l'homme, et du commerce des esprits d'un monde à l'autre, traduction par M. TISSOT. 1 vol. in-8..... 6 fr.

— **Traité de pédagogie**, trad. J. BARNI; préface par M. Raymond THAMIN. 1 vol. in-12. 2 fr.

— **Critique de la raison pratique**, trad. et notes de M. PICAVET. 1 vol. in-8............ 5 fr.

* FICHTE. **Méthode pour arriver à la vie bienheureuse**, trad. par M. Fr. BOUILLIER. 1 vol. in-8. 8 fr.

— **Destination du savant et de l'homme de lettres**, traduit par M. NICOLAS. 1 vol. in-8. 3 fr.

* — **Doctrines de la science**. 1 vol. in-8............ 9 fr.

SCHELLING. **Bruno, ou du principe divin**. 1 vol. in-8....... 3 fr. 50

SCHELLING. **Écrits philosophiques et morceaux propres à donner une idée de son système**, traduit par M. Ch. BÉNARD. 1 vol. in-8. 9 fr.

HEGEL. * **Logique**. 2ᵉ édit. 2 vol. in-8................ 14 fr.

* — **Philosophie de la nature**. 3 vol. in-8............ 25 fr.

* — **Philosophie de l'esprit**. 2 vol. in-8............ 18 fr.

* — **Philosophie de la religion**. 2 vol. in-8........... 20 fr.

— **Essais de philosophie hégélienne**, par A. VÉRA. 1 vol. 2 fr. 50

— **La Poétique**, trad. par M. Ch. BÉNARD. Extraits de Schiller, Gœthe Jean, Paul, etc., et sur divers sujets relatifs à la poésie. 2 v. in-8. 12 fr.

— **Esthétique**. 2 vol. in-8, traduit par M. BÉNARD...... 16 fr.

— **Antécédents de l'hégelianisme dans la philosophie française**, par M. BEAUSSIRE. 1 vol. in-18....... 2 fr. 50

* — **La Dialectique dans Hegel et dans Platon**, par M. Paul JANET. 1 vol. in-8........... 6 fr.

— **Introduction à la philosophie de Hegel**, par VÉRA. 1 vol. in-8. 2ᵉ édit............. 6 fr. 50

HUMBOLDT (G. de). **Essai sur les limites de l'action de l'État**. 1 vol. in-18........ 3 fr. 50

— * **La Philosophie individualiste**, étude sur G. de HUMBOLDT, par M. CHALLEMEL-LACOUR. 1 v. in-18. 2 fr. 50

* STAHL. **Le Vitalisme et l'Animisme de Stahl**, par M. Albert LEMOINE. 1 vol. in-18.... 2 fr. 50

LESSING. **Le Christianisme moderne**. Étude sur Lessing, par M. FONTANÈS. 1 vol. in-18. 2 fr. 50

PHILOSOPHIE ALLEMANDE CONTEMPORAINE

L. BUCHNER. **Nature et Science.**
1 vol. in-8. 2ᵉ édit...... 7 fr. 50

— * **Le Matérialisme contemporain,** par M. P. JANET. 4ᵉ édit.
1 vol. in-18........ 2 fr. 50

CHRISTIAN BAUR **et l'École de Tubingue,** par M. Ed. ZELLER.
1 vol. in-18......... 2 fr. 50

HARTMANN (E. de). **La Religion de l'avenir.** 1 vol. in-18.. 2 fr. 50

— **Le Darwinisme,** ce qu'il y a de vrai et de faux dans cette doctrine.
1 vol. in-18. 3ᵉ édition.. 2 fr. 50

HAECKEL. **Les Preuves du transformisme.** 1 vol. in-18. 2 fr. 50

— **Essais de psychologie cellulaire.** 1 vol. in-18... 2 fr. 50

O. SCHMIDT. **Les Sciences naturelles et la Philosophie de l'inconscient.** 1 v. in-18. 2fr.50

LOTZE (H.). **Principes généraux de psychologie physiologique.**
1 vol. in-18.......... 2 fr. 50

PIDERIT. **La Mimique et la Physiognomonie.** 1 v. in-8. 5 fr.

PREYER. **Éléments de physiologie.** 1 vol. in-8....... 5 fr.

— **L'Ame de l'enfant.** Observations sur le développement psychique des premières années. 1 vol. in-8. 10 fr.

SCHŒBEL. **Philosophie de la raison pure.** 1 vol. in-18. 2 fr. 50

SCHOPENHAUER. **Essai sur le libre arbitre.** 1 vol. in-18. 3ᵉ éd. 2 fr. 50

— **Le Fondement de la morale.**
1 vol. in-18.......... 2 fr. 50

— **Essais et fragments,** traduit et précédé d'une Vie de Schopenhauer, par M. BOURDEAU. 1 vol. in-18. 6ᵉ édit........ 2 fr. 50

— **Aphorismes sur la sagesse dans la vie.** 1 vol. in-8. 3ᵉ éd. 5 fr.

— **De la quadruple racine du principe de la raison suffisante.** 1 vol. in-8...... 5 fr.

— **Le Monde comme volonté et représentation.** Tome premier.
1 vol. in-8.......... 7 fr. 50

— **Schopenhauer et les origines de sa métaphysique,** par M. L. DUCROS. 1 vol. in-8..... 3 fr. 50

— **La Philosophie de Schopenhauer,** par M. Th. RIBOT. 1 vol. in-18. 2ᵉ édit........ 2 fr. 50

RIBOT (Th.). **La Psychologie allemande contemporaine.** 1 vol. in-8. 2ᵉ édit........ 7 fr. 50

STRICKER. **Le Langage et la Musique.** 1 vol. in-18...... 2 fr. 50

WUNDT. **Psychologie physiologique.** 2 vol. in-8 avec fig. 20 fr.

PHILOSOPHIE ANGLAISE CONTEMPORAINE

STUART MILL *. **La Philosophie de Hamilton.** 1 fort vol. in-8. 10 fr.

— * **Mes Mémoires.** Histoire de ma vie et de mes idées. 1 v. in-8. 5 fr.

— * **Système de logique** déductive et inductive. 2 v. in-8. 20 fr.

— * **Auguste Comte** et la philosophie positive. 1 vol. in-18. 2 fr. 50

— **L'Utilitarisme.** 1 v. in-18. 2 fr. 50

— **Essais sur la Religion.** 1 vol. in-8. 2ᵉ édit.......... 5 fr.

— **La République de 1848 et ses détracteurs.** 1 v. in-18. 1 fr.

— **La Philosophie de Stuart Mill,** par H. LAURET. 1 v. in-8. 6 fr.

HERBERT SPENCER *. **Les Premiers Principes.** 1 fort volume in-8.......... 10 fr.

HERBERT SPENCER *. **Principes de biologie.** 2 forts vol. in-8. 20 fr.

— * **Principes de psychologie.**
2 vol. in-8.......... 20 fr.

— * **Introduction à la science sociale.** 1 v. in-8 cart. 6ᵉ édit. 6 fr.

— * **Principes de sociologie.** 4 vol. in-8.......... 36 fr. 25

— * **Classification des sciences.**
1 vol. in-18, 2ᵉ édition. 2 fr. 50

— * **De l'éducation intellectuelle, morale et physique.** 1 vol. in-8, 5ᵉ édit........... 5 fr.

— * **Essais sur le progrès.** 1 vol. in-8. 2ᵉ édit........ 7 fr. 50

— **Essais de politique.** 1 vol. in-8. 2ᵉ édit........ 7 fr. 50

— **Essais scientifiques.** 1 vol. in-8........ 7 fr. 50

HERBERT SPENCER *. **Les Bases de la morale évolutionniste.** 1 vol. in-8. 3ᵉ édit........ 6 fr.

— **L'Individu contre l'Etat.** 1 vol in-18. 2ᵉ édit........ 2 fr. 50

BAIN *. **Des sens et de l'intelligence.** 1 vol. in-8.... 10 fr.

— **Les Émotions et la Volonté.** 1 vol. in-8............ 10 fr.

— * **La Logique inductive et déductive.** 2 vol. in-8. 2ᵉ édit. 20 fr.

— * **L'Esprit et le Corps.** 1 vol. in-8, cartonné, 4ᵉ édit.... 6 fr.

— * **La Science de l'éducation.** 1 vol. in-8, cartonné. 6ᵉ édit. 6 fr.

DARWIN *. **Ch. Darwin et ses précurseurs français**, par M. de QUATREFAGES. 1 vol. in-8.. 5 fr.

— *. **Descendance et Darwinisme**, par Oscar SCHMIDT. 1 vol. in-8 cart. 5ᵉ édit........ 6 fr.

— **Le Darwinisme**, par E. DE HARTMANN. 1 vol. in-18.. 2 fr. 50

FERRIER. **Les Fonctions du Cerveau.** 1 vol. in-8...... 10 fr.

CHARLTON BASTIAN. **Le cerveau, organe de la pensée chez l'homme et les animaux.** 2 vol. in-8. 12 fr.

CARLYLE. **L'Idéalisme anglais**, étude sur Carlyle, par H. TAINE. 1 vol. in-18............ 2 fr. 50

BAGEHOT *. **Lois scientifiques du développement des nations.** 1 vol. in-8, cart. 4ᵉ édit.... 6 fr.

DRAPER. **Les Conflits de la science et de la religion.** 1 volume in-8. 7ᵉ édit............. 6 fr.

RUSKIN (JOHN) *. **L'Esthétique anglaise**, étude sur J. Ruskin, par MILSAND. 1 vol. in-18 ... 2 fr. 50

MATTHEW ARNOLD. **La Crise religieuse.** 1 vol. in-8.... 7 fr. 50

MAUDSLEY *. **Le Crime et la Folie.** 1 vol. in-8. cart. 5ᵉ édit... 6 fr.

— **La Pathologie de l'esprit.** 1 vol in-8............ 10 fr.

FLINT *. **La Philosophie de l'histoire en France et en Allemagne.** 2 vol in-8. Chacun, séparément............ 7 fr. 50

RIBOT (Th.). **La Psychologie anglaise contemporaine.** 3ᵉ édit. 1 vol. in-8........... 7 fr. 50

LIARD *. **Les Logiciens anglais contemporains.** 1 vol. in-18. 2ᵉ édit............ 2 fr. 50

GUYAU *. **La Morale anglaise contemporaine.** 1 v. in-8. 2ᵉ éd. 7 fr. 50

HUXLEY *. **Hume, sa vie, sa philosophie.** 1 vol. in-8...... 5 fr.

JAMES SULLY. **Le Pessimisme.** 1 vol. in-8........... 7 fr. 50

— **Les Illusions des sens et de l'esprit.** 1 vol. in-8, cart.. 6 fr.

CARRAU (L.). **La Philosophie religieuse en Angleterre, depuis Locke jusqu'à nos jours.** 1 volume in-8.................. 5 fr.

PHILOSOPHIE ITALIENNE CONTEMPORAINE

SICILIANI. **La Psychogénie moderne.** 1 vol. in-18..... 2 fr. 50

ESPINAS *. **La Philosophie expérimentale en Italie**, origines, état actuel. 1 vol. in-18. 2 fr. 50

MARIANO. **La Philosophie contemporaine en Italie**, essais de philos. hégélienne. 1 v. in-18. 2 fr. 50

FERRI (Louis). **Essai sur l'histoire de la philosophie en Italie au XIXᵉ siècle.** 2 vol. in-8. 12 fr.

— **La Philosophie de l'association depuis Hobbes jusqu'à nos jours.** In-8........ 7 fr. 50

MINGHETTI. **L'État et l'Église.** 1 vol. in-8.................. 5 fr.

LEOPARDI. **Opuscules et pensées.** 1 vol. in-18......... 2 fr. 50

MOSSO. **La Peur.** 1 vol. in-18. 2 fr. 50

LOMBROSO. **L'Homme criminel.** 1 vol. in-8........... 10 fr.

MANTEGAZZA. **La Physionomie et l'Expression des sentiments.** 1 vol. in-8 cart.......... 6 fr.

SERGI. **La Psychologie physiologique.** 1 vol. in-8... 7 fr. 50

GAROFALO. **La Criminologie.** 1 volume in-8........... 7 fr. 50

BIBLIOTHÈQUE
D'HISTOIRE CONTEMPORAINE

Volumes in-18 brochés à 3 fr. 50. — Volumes in-8 brochés à 5 et 7 francs.

Cartonnage anglais, 50 cent. par vol. in-18; 1 fr. par vol. in-8.

Demi-reliure, 1 fr. 50 par vol. in-18; 2 fr. par vol. in-8.

EUROPE

* SYBEL (H. de). **Histoire de l'Europe pendant la Révolution française,** traduit de l'allemand par Mlle DOSQUET. Ouvrage complet en 6 vol. in-8.　42 fr.
Chaque volume séparément.　7 fr.

FRANCE

BLANC (Louis). **Histoire de Dix ans.** 5 vol. in-8. (V. P.)　25 fr.
Chaque volume séparément.　5 fr.

— 25 pl. en taille-douce. Illustrations pour l'*Histoire de Dix ans.*　6 fr.

* BOERT. **La Guerre de 1870-1871,** d'après le colonel fédéral suisse Rustow. 1 vol. in-18. (V. P.)　3 fr. 50

CARLYLE. **Histoire de la Révolution française.** Traduit de l'anglais. 3 vol. in-18. Chaque volume.　3 fr. 50

* CARNOT (H.), sénateur. **La Révolution française,** résumé historique. 1 volume in-18. Nouvelle édit. (V. P.)　3 fr. 50

ÉLIAS REGNAULT. **Histoire de Huit ans** (1840-1848). 3 vol. in-8.　15 fr.
Chaque volume séparément.　5 fr.

— 14 planches en taille-douce, illustrations pour l'*Histoire de Huit ans.*　4 fr.

* GAFFAREL (P.), professeur à la Faculté des lettres de Dijon. **Les Colonies françaises.** 1 vol. in-8. 3e édit. (V. P.)　5 fr.

* LAUGEL (A.). **La France politique et sociale.** 1 vol. in-8.　5 fr.

ROCHAU (de). **Histoire de la Restauration.** 1 vol. in-18.　3 fr. 50

* TAXILE DELORD. **Histoire du second Empire** (1848-1870). 6 vol. in-8.　42 fr.
Chaque volume séparément.　7 fr.

WAHL, professeur au lycée Lakanal. **L'Algérie.** 1 vol. in-8. (V. P.)　5 fr.

LANESSAN (de), député. **L'Expansion coloniale de la France.** Étude économique, politique et géographique sur les établissements français d'outre-mer. 1 fort vol. in-8, avec cartes. 1886.　12 fr.

— **La Tunisie.** 1 vol. in-8 avec une carte en couleurs (1887).　5 fr.

— **L'Indo-Chine française.** 1 vol. in-8 avec cartes. (*Sous presse.*)

ANGLETERRE

* BAGEHOT (W.). **La Constitution anglaise.** Traduit de l'anglais. 1 volume in-18. (V. P.)　3 fr. 50

— * **Lombard-street.** Le Marché financier en Angleterre. 1 vol. in-18.　3 fr. 50

GLADSTONE (E. W.). **Questions constitutionnelles** (1873-1878). — Le prince-époux. — Le droit électoral. Traduit de l'anglais, et précédé d'une Introduction par Albert GIGOT. 1 vol. in-8.　5 fr.

* LAUGEL (Aug.). **Lord Palmerston et lord Russel.** 1 vol. in-18.　3 fr. 50

* SIR CORNEWAL LEWIS. **Histoire gouvernementale de l'Angleterre depuis 1770 jusqu'à 1830.** Traduit de l'anglais. 1 vol. in-8.　7 fr.

* REYNALD (H.), doyen de la Faculté des lettres d'Aix. **Histoire de l'Angleterre depuis la reine Anne jusqu'à nos jours.** 1 vol. in-18. 2e édit. (V. P.)　3 fr. 50

* THACKERAY. **Les Quatre George.** Traduit de l'anglais par LEFOYER. 1 vol. in-18. (V. P.)

ALLEMAGNE

* BOURLOTON (Ed.). **L'Allemagne contemporaine.** 1 vol. in-18.   3 fr. 50

* VÉRON (Eug.). **Histoire de la Prusse,** depuis la mort de Frédéric II jusqu'à la bataille de Sadowa. 1 vol. in-18. 4ᵉ édit. (V. P.)   3 fr. 50

— * **Histoire de l'Allemagne,** depuis la bataille de Sadowa jusqu'à nos jours. 1 vol. in-18. 2ᵉ édit. (V. P.)   3 fr. 50

AUTRICHE-HONGRIE

* ASSELINE (L.). **Histoire de l'Autriche,** depuis la mort de Marie-Thérèse jusqu'à nos jours. 1 vol. in-18. 3ᵉ édit. (V. P.)   3 fr. 50

SAYOUS (Ed.), professeur à la Faculté des lettres de Toulouse. **Histoire des Hongrois** et de leur littérature politique, de 1790 à 1815. 1 vol. in-18.   3 fr. 50

ITALIE

SORIN (Élie). **Histoire de l'Italie,** depuis 1815 jusqu'à la mort de Victor-Emmanuel. 1 vol. in-18.   3 fr. 50

ESPAGNE

* REYNALD (H.). **Histoire de l'Espagne** depuis la mort de Charles III jusqu'à nos jours. 1 vol. in-18. (V. P.)   3 fr. 50

RUSSIE

HERBERT BARRY. **La Russie contemporaine.** Traduit de l'anglais. 1 vol. in-18. (V. P.)   3 fr. 50

CRÉHANGE (M.). **Histoire contemporaine de la Russie.** 1 vol. in-18. (V.P.) 3 fr. 50

SUISSE

* DAENDLIKER. **Histoire du peuple suisse.** Trad. de l'allem. par Mᵐᵉ Jules FAVRE et précédé d'une Introduction de M. Jules FAVRE. 1 vol. in-8. (V. P.)   5 fr.

DIXON (H.). **La Suisse contemporaine.** 1 vol. in-18, trad. de l'angl. (V. P.) 3 fr. 50

AMÉRIQUE

DEBERLE (Alf.). **Histoire de l'Amérique du Sud,** depuis sa conquête jusqu'à nos jours. 1 vol. in-18. 2ᵉ édit. (V. P.)   3 fr. 50

* LAUGEL (Aug.). **Les États-Unis pendant la guerre.** 1861-1864. Souvenirs personnels. 1 vol. in-18.   3 fr. 50

---

* BARNI (Jules). **Histoire des idées morales et politiques en France au dix-huitième siècle.** 2 vol. in-18. (V. P.) Chaque volume.   3 fr. 50

— * **Les Moralistes français au dix-huitième siècle.** 1 vol. in-18 faisant suite aux deux précédents. (V. P.)   3 fr. 50

BEAUSSIRE (Émile), de l'Institut. **La Guerre étrangère et la Guerre civile.** 1 vol. in-18.   3 fr. 50

* DESPOIS (Eug.). **Le Vandalisme révolutionnaire.** Fondations littéraires, scientifiques et artistiques de la Convention. 2ᵉ édition, précédée d'une notice sur l'auteur par M. Charles BIGOT. 1 vol. in-18. (V. P.)   3 fr. 50

* CLAMAGERAN (J.), sénateur. **La France républicaine.** 1 vol. in-18. (V.P.) 3 fr. 50

LAVELEYE (E. de), correspondant de l'Institut. **Le Socialisme contemporain.** 1 vol. in-18. 3ᵉ édit.   3 fr. 50

MARCELLIN PELLET, ancien député. **Variétés révolutionnaires.** 2 vol. in-18, précédés d'une Préface de A. RANC. Chaque volume séparément.   3 fr. 50

SPULLER (E.), député, ancien ministre de l'Instruction publique. **Figures disparues,** portraits contemporains, littéraires et politiques. 1 vol. in-18. 2ᵉ édit. 3 fr. 50

BIBLIOTHÈQUE HISTORIQUE ET POLITIQUE

* ALBANY DE FONBLANQUE. **L'Angleterre, son gouvernement, ses institutions**. Traduit de l'anglais sur la 14e édition par M. F. C. DREYFUS, avec Introduction par M. H. BRISSON. 1 vol. in-8. 5 fr.

BENLOEW. **Les Lois de l'Histoire**. 1 vol. in-8. 5 fr.

* DESCHANEL (E.). **Le Peuple et la Bourgeoisie**. 1 vol. in-8. 5 fr.

DU CASSE. **Les Rois frères de Napoléon Ier**. 1 vol. in-8. 10 fr.

MINGHETTI. **L'État et l'Église**. 1 vol. in-8. 5 fr.

LOUIS BLANC. **Discours politiques** (1848-1881). 1 vol. in-8. 7 fr. 50

PHILIPPSON. **La Contre-révolution religieuse au XVIe siècle**. 1 vol. in-8. 10 fr.

HENRARD (P.). **Henri IV et la princesse de Condé**. 1 vol. in-8. 6 fr.

NOVICOW. **La Politique internationale**, précédé d'une Préface de M. Eugène VÉRON. 1 fort vol. in-8. 7 fr.

DREYFUS (F. C.). **La France, son gouvernement, ses institutions**. 1 vol. (*Sous presse.*)

PUBLICATIONS HISTORIQUES ILLUSTRÉES

HISTOIRE ILLUSTRÉE DU SECOND EMPIRE, par Taxile DELORD. 6 vol. in-8 colombier avec 500 gravures de FERAT, Fr. REGAMEY, etc.

Chaque vol. broché, 8 fr. — Cart. doré, tr. dorées. 11 fr. 50

HISTOIRE POPULAIRE DE LA FRANCE, depuis les origines jusqu'en 1815. — Nouvelle édition. — 4 vol. in-8 colombier avec 1323 gravures sur bois dans le texte.

Chaque vol., avec gravures, broché, 7 fr. 50 — Cart. doré, tranches dorées.. 11 fr.

RECUEIL DES INSTRUCTIONS

DONNÉES

AUX AMBASSADEURS ET MINISTRES DE FRANCE

DEPUIS LES TRAITÉS DE WESTPHALIE JUSQU'A LA RÉVOLUTION FRANÇAISE

Publié sous les auspices de la Commission des archives diplomatiques au Ministère des affaires étrangères.

Beaux volumes in-8 cavalier, imprimés sur papier de Hollande :

I. — **AUTRICHE**, avec Introduction et notes, par M. Albert SOREL. 20 fr.

II. — **SUÈDE**, avec Introduction et notes, par M. A. GEFFROY, membre de l'Institut.. 20 fr.

III. — **PORTUGAL**, avec Introduction et notes, par le vicomte DE CAIX DE SAINT-AYMOUR............................... 20 fr.

La publication se continuera par les volumes suivants

POLOGNE, par M. Louis Farges.

ROME, par M. Hanotaux.

ANGLETERRE, par M. Jusserand.

PRUSSE, par M. E. Lavisse.

RUSSIE, par M. A. Rambaud.

TURQUIE, par M. Girard de Rialle.

HOLLANDE, par M. H. Maze.

ESPAGNE, par M. Morel Fatio.

DANEMARK, par M. Geffroy.

SAVOIE ET MANTOUE, par M. Armingaud.

BAVIÈRE ET PALATINAT, par M. Lebon.

NAPLES ET PARME, par M. Joseph Reinach.

DIÈTE GERMANIQUE, par M. Chuquet.

VENISE, par M. Jean Kaulek.

INVENTAIRE ANALYTIQUE

DES

ARCHIVES DU MINISTÈRE DES AFFAIRES ÉTRANGÈRES

Publié sous les auspices de la Commission des archives diplomatiques

I. — **Correspondance politique de MM. de CASTILLON et de MARILLAC, ambassadeurs de France en Angleterre (1538-1540)**, par M. Jean Kaulek, avec la collaboration de MM. Louis Farges et Germain Lefèvre-Pontalis. 1 beau volume in-8 raisin sur papier fort.. 15 francs.

II. — **Papiers de BARTHÉLEMY**, ambassadeur de France en Suisse, de 1792 à 1797. Année 1792, par M. Jean Kaulek. 1 beau vol. in-8 raisin sur papier fort................................... 15 fr.

III. — **Papiers de BARTHÉLEMY** (janvier-août 1793), par M. Jean Kaulek. 1 beau vol. in-8 raisin sur papier fort............... 15 fr.

IV. — **Angleterre**, 1546-1549. Ambassade de M. de Selve, par M. G. Lefèvre-Pontalis. 1 beau vol. in-8 raisin sur papier fort.... 15 fr

Sous presse : **Papiers de BARTHÉLEMY**. Fin de l'année 1793, par M. J. Kaulek.

ANTHROPOLOGIE ET ETHNOLOGIE

EVANS (John). **Les Ages de la pierre.** 1 vol. grand in-8, avec 467 figures dans le texte. 15 fr. — En demi-reliure. 18 fr.

EVANS (John). **L'Age du bronze.** 1 vol. grand in-8, avec 540 figures dans le texte, broché, 15 fr. — En demi-reliure. 18 fr.

GIRARD DE RIALLE. **Les Peuples de l'Afrique et de l'Amérique.** 1 vol. petit in-18. 60 cent.

GIRARD DE RIALLE. **Les Peuples de l'Asie et de l'Europe.** 1 vol. petit in-18. 60 c.

HARTMANN (R.). **Les Peuples de l'Afrique.** 1 vol. in-8, avec fig. 6 fr.

HARTMANN (R.). **Les Singes anthropoïdes.** 1 vol. in-8 avec fig. 6 fr.

JOLY (N.). **L'Homme avant les métaux.** 1 vol. in-8 avec 150 figures dans le texte et un frontispice. 4e édit. 6 fr.

LUBBOCK (Sir John). **Les Origines de la civilisation.** État primitif de l'homme et mœurs des sauvages modernes. 1877. 1 vol. gr. in-8, avec figures et planches hors texte. Trad. de l'anglais par M. Ed. Barbier. 2e édit. 1877. 15 fr. — Relié en demi-maroquin, avec tr. dorées. 18 fr.

LUBBOCK (Sir John). **L'Homme préhistorique.** 3e édit., avec figures dans le texte. 2 vol. in-8. 12 fr.

PIÉTREMENT. **Les Chevaux dans les temps préhistoriques et historiques.** 1 fort vol. gr. in-8. 15 fr.

DE QUATREFAGES. **L'Espèce humaine.** 1 vol. in-8. 6e édit. 6 fr.

WHITNEY. **La Vie du langage.** 1 vol. in-8. 3e édit. 6 fr.

CARETTE (le colonel). **Études sur les temps antéhistoriques.** Pre-

REVUE PHILOSOPHIQUE
DE LA FRANCE ET DE L'ÉTRANGER
Dirigée par TH. RIBOT
Professeur au Collège de France.

(13ᵉ *année*, 1888.)

La REVUE PHILOSOPHIQUE paraît tous les mois, par livraisons de 6 ou 7 feuilles grand in-8, et forme ainsi à la fin de chaque année deux forts volumes d'environ 680 pages chacun.

CHAQUE NUMÉRO DE LA *REVUE* CONTIENT :

1º Plusieurs articles de fond; 2º des analyses et comptes rendus des nouveaux ouvrages philosophiques français et étrangers; 3º un compte rendu aussi complet que possible des *publications périodiques* de l'étranger pour tout ce qui concerne la philosophie; 4º des notes, documents, observations, pouvant servir de matériaux ou donner lieu à des vues nouvelles.

Prix d'abonnement :

Un an, pour Paris, 30 fr. — Pour les départements et l'étranger, 33 fr.
La livraison...................... 3 fr.

Les années écoulées se vendent séparément 30 francs, et par livraisons de 3 francs.

REVUE HISTORIQUE
Dirigée par G. MONOD
Maître de conférences à l'École normale, directeur à l'École des hautes études.

(13ᵉ *année*, 1888.)

La REVUE HISTORIQUE paraît tous les deux mois, par livraisons grand in-8 de 15 ou 16 feuilles, de manière à former à la fin de l'année trois beaux volumes de 500 pages chacun.

CHAQUE LIVRAISON CONTIENT :

I. Plusieurs *articles de fond*, comprenant chacun, s'il est possible, un travail complet. — II. Des *Mélanges et Variétés*, composés de documents inédits d'une étendue restreinte et de courtes notices sur des points d'histoire curieux ou mal connus. — III. Un *Bulletin historique* de la France et de l'étranger, fournissant des renseignements aussi complets que possible sur tout ce qui touche aux études historiques. — IV. Une *analyse des publications périodiques* de la France et de l'étranger, au point de vue des études historiques. — V. Des *Comptes rendus critiques* des livres d'histoire nouveaux.

Prix d'abonnement :

Un an, pour Paris, 30 fr. — Pour les départements et l'étranger, 33 fr.
La livraison................... 6 fr.

Les années écoulées se vendent séparément 30 francs, et par fascicules de 6 francs. Les fascicules de la 1ʳᵉ année se vendent 9 francs.

Tables générales des matières contenues dans les cinq premières années de la Revue historique.

I. — Années 1876 à 1880, par M. CHARLES BÉMONT.
II. — Années 1881 à 1885, par M. RENÉ COUDERC.

Chaque Table formant un vol. in-8. 3 francs; 1 fr. 50 pour les abonnés.

ANNALES DE L'ÉCOLE LIBRE

DES

SCIENCES POLITIQUES

RECUEIL TRIMESTRIEL

Publié avec la collaboration des professeurs et des anciens élèves de l'école

TROISIÈME ANNÉE, 1888

COMITÉ DE RÉDACTION :

M. Émile BOUTMY, de l'Institut, directeur de l'École ; M. Léon SAY, de l'Académie française, ancien ministre des Finances ; M. ALF. DE FOVILLE, chef du bureau de statistique au ministère des Finances, professeur au Conservatoire des arts et métiers ; M. R. STOURM, ancien inspecteur des Finances et administrateur des Contributions indirectes ; M. Alexandre RIBOT, député ; M. Gabriel ALIX ; M. L. RENAULT, professeur à la Faculté des lettres de Paris ; M. André LEBON ; M. Albert SOREL ; M. PIGEONNEAU, professeur à la Sorbonne ; M. A. VANDAL, auditeur de 1re classe au Conseil d'État ; Directeurs des groupes de travail, professeurs à l'École.

Secrétaire de la rédaction : M. Aug. ARNAUNÉ, docteur en droit.

La première livraison des **Annales de l'École libre des sciences politiques** a paru le 15 janvier 1886.

Les sujets traités embrassent tout le champ couvert par le programme d'enseignement de l'École : *Économie politique, finances, statistique, histoire constitutionnelle, droit international, public et privé, droit administratif, législations civile et commerciale privées, histoire législative et parlementaire, histoire diplomatique, géographie économique, ethnographie,* etc.

La direction du Recueil ne néglige aucune des questions qui présentent, tant en France qu'à l'étranger, un intérêt pratique et actuel. L'esprit et la méthode en sont strictement scientifiques.

Les *Annales* contiennent en outre des notices bibliographiques et des correspondances de l'étranger.

Cette publication présente donc un intérêt considérable pour toutes les personnes qui s'adonnent à l'étude des sciences politiques. Sa place est marquée dans toutes les Bibliothèques des Facultés, des Universités et des grands corps délibérants.

MODE DE PUBLICATION ET CONDITIONS D'ABONNEMENT

Les *Annales de l'École libre des sciences politiques* paraissent tous les trois mois (15 janvier, 15 avril, 15 juillet et 15 octobre), par fascicules gr. in-8, de 160 pages chacun.

Les conditions d'abonnement sont les suivantes :

	Paris	16 francs.
Un an (du 15 janvier)	Départements et étranger.	17 —
	La livraison	5 —

Les années précédentes se vendent chacune **16** *francs ou, par livraisons de* **5** *francs.*

BIBLIOTHÈQUE SCIENTIFIQUE
INTERNATIONALE
Publiée sous la direction de M. Émile ALGLAVE

La *Bibliothèque scientifique internationale* est une œuvre dirigée par les auteurs mêmes, en vue des intérêts de la science, pour la populariser sous toutes ses formes, et faire connaître immédiatement dans le monde entier les idées originales, les directions nouvelles, les découvertes importantes qui se font chaque jour dans tous les pays. Chaque savant expose les idées qu'il a introduites dans la science, et condense pour ainsi dire ses doctrines les plus originales.

On peut ainsi, sans quitter la France, assister et participer au mouvement des esprits en Angleterre, en Allemagne, en Amérique, en Italie, tout aussi bien que les savants mêmes de chacun de ces pays.

La *Bibliothèque scientifique internationale* ne comprend pas seulement des ouvrages consacrés aux sciences physiques et naturelles, elle aborde aussi les sciences morales, comme la philosophie, l'histoire, la politique et l'économie sociale, la haute législation, etc.; mais les livres traitant des sujets de ce genre se rattachent encore aux sciences naturelles, en leur empruntant les méthodes d'observation et d'expérience qui les ont rendues si fécondes depuis deux siècles.

Cette collection paraît à la fois en français, en anglais, en allemand et en italien : à Paris, chez Félix Alcan ; à Londres, chez C. Kegan, Paul et Cie ; à New-York, chez Appleton ; à Leipzig, chez Brockhaus ; et à Milan, chez Dumolard frères.

LISTE DES OUVRAGES PAR ORDRE D'APPARITION

VOLUMES IN-8, CARTONNÉS A L'ANGLAISE, A 6 FRANCS.

Les mêmes en demi-reliure veau, avec coins, tranche supérieure dorée, non rognés .... 10 francs.

* 1. J. TYNDALL. **Les Glaciers et les Transformations de l'eau,** avec figures. 1 vol. in-8. 5e édition.   6 fr.
* 2. BAGEHOT. **Lois scientifiques du développement des nations** dans leurs rapports avec les principes de la sélection naturelle et de l'hérédité. 1 vol. in-8. 4e édition.   6 fr.
* 3. MAREY. **La Machine animale,** locomotion terrestre et aérienne, avec de nombreuses fig. 1 vol. in-8. 4e édit. augmentée.   6 fr.
  4. BAIN. **L'Esprit et le Corps.** 1 vol. in-8. 4e édi ion.   6 fr.
* 5. PETTIGREW. **La Locomotion chez les animaux,** marche, natation. 1 vol. in-8, avec figures. 2e édit.   6 fr.
* 6. HERBERT SPENCER. **La Science sociale.** 1 v. in-8. 8e édit.   6 fr.
* 7. SCHMIDT (O.). **La Descendance de l'homme et le Darwinisme.** 1 vol. in-8, avec fig. 5e édition.   6 fr.

8. MAUDSLEY. Le Crime et la Folie. 1 vol. in-8. 4e édit. 6 fr.

* 9. VAN BENEDEN. Les Commensaux et les Parasites dans le règne animal. 1 vol. in-8, avec figures. 3e édit. 6 fr.

* 10. BALFOUR STEWART. La Conservation de l'énergie, suivi d'une Étude sur la *nature de la force*, par *M. P. de Saint-Robert*, avec figures. 1 vol. in-8. 4e édition. 6 fr.

11. DRAPER. Les Conflits de la science et de la religion. 1 vol. in-8. 7e édition. 6 fr.

12. L. DUMONT. Théorie scientifique de la sensibilité. 1 vol. in-8. 3e édition. 6 fr.

* 13. SCHUTZENBERGER. Les Fermentations. 1 vol. in-8, avec fig. 4e édition. 6 fr.

* 14. WHITNEY. La Vie du langage. 1 vol. in-8. 3e édit. 6 fr.

15. COOKE et BERKELEY. Les Champignons. 1 vol. in-8, avec figures. 3e édition. 6 fr.

16. BERNSTEIN. Les Sens. 1 vol. in-8, avec 91 fig. 4e édit. 6 fr.

* 17. BERTHELOT. La Synthèse chimique. 1 vol. in-8. 5e édit. 6 fr.

* 18. VOGEL. La Photographie et la Chimie de la lumière, avec 95 figures. 1 vol. in-8. 4e édition. 6 fr.

* 19. LUYS. Le Cerveau et ses fonctions, avec figures. 1 vol. in-8. 6e édition. 6 fr.

* 20. STANLEY JEVONS. La Monnaie et le Mécanisme de l'échange. 1 vol. in-8. 4e édition. 6 fr.

21. FUCHS. Les Volcans et les Tremblements de terre. 1 vol. in-8, avec figures et une carte en couleur. 4e édition. 6 fr.

* 22. GÉNÉRAL BRIALMONT. Les Camps retranchés et leur rôle dans la défense des États, avec fig. dans le texte et 2 planches hors texte. 3e édit. 6 fr.

23. DE QUATREFAGES. L'Espèce humaine. 1 vol. in-8. 8e édit. 6 fr.

* 24. BLASERNA et HELMHOLTZ. Le Son et la Musique. 1 vol. in-8, avec figures. 4e édition. 6 fr.

* 25. ROSENTHAL. Les Nerfs et les Muscles. 1 vol. in-8, avec 75 figures. 3e édition. 6 fr.

* 26. BRUCKE et HELMHOLTZ. Principes scientifiques des beaux-arts. 1 vol. in-8, avec 39 figures. 2e édition. 6 fr.

* 27. WURTZ. La Théorie atomique. 1 vol. in-8. 4e édition. 6 fr.

* 28-29. SECCHI (le père). Les Étoiles. 2 vol. in-8, avec 63 figures dans le texte et 17 planches en noir et en couleur hors texte. 2e édit. 12 fr.

30. JOLY. L'Homme avant les métaux. 1 vol. in-8, avec figures. 4e édition. 6 fr.

* 31. A. BAIN. La Science de l'éducation. 1 vol. in-8. 6e édition. 6 fr.

* 32-33. THURSTON (R.). Histoire de la machine à vapeur, précédée d'une Introduction par M. HIRSCH. 2 vol. in-8, avec 140 figures dans le texte et 16 planches hors texte. 3e édition. 12 fr.

34. HARTMANN (R.). Les Peuples de l'Afrique. 1 vol. in-8, avec figures. 2e édition. 6 fr.

* 35. HERBERT SPENCER. Les Bases de la morale évolutionniste. 1 vol. in-8. 3e édition. 6 fr.

36. HUXLEY. L'Écrevisse, introduction à l'étude de la zoologie. 1 vol. in-8, avec figures. 6 fr.

37. DE ROBERTY. De la Sociologie. 1 vol. in-8. 2e édition. 6 fr.

* 38. ROOD. Théorie scientifique des couleurs. 1 vol. in-8, avec figures et une planche en couleur hors texte. 6 fr.

39. DE SAPORTA et MARION. **L'Évolution du règne végétal** (les Crypto-
    games). 1 vol. in-8 avec figures.   6 fr.
40-41. CHARLTON BASTIAN. **Le Cerveau, organe de la pensée chez
    l'homme et chez les animaux.** 2 vol. in-8, avec figures.   12 fr.
42. JAMES SULLY. **Les Illusions des sens et de l'esprit.** 1 vol. in-8,
    avec figures.   6 fr.
43. YOUNG. **Le Soleil.** 1 vol. in-8, avec figures.   6 fr.
44. DE CANDOLLE. **L'Origine des plantes cultivées.** 3e édition. 1 vol.
    in-8.   6 fr.
45-46. SIR JOHN LUBBOCK. **Fourmis, abeilles et guêpes.** Études
    expérimentales sur l'organisation et les mœurs des sociétés d'insectes
    hyménoptères. 2 vol. in-8, avec 65 figures dans le texte et 13 plan-
    ches hors texte, dont 5 coloriées.   12 fr.
47. PERRIER (Edm.). **La Philosophie zoologique avant Darwin.**
    1 vol. in-8. 2e édition.   6 fr.
48. STALLO. **La Matière et la Physique moderne.** 1 vol. in-8, pré-
    cédé d'une Introduction par FRIEDEL.   6 fr.
49. MANTEGAZZA. **La Physionomie et l'Expression des sentiments.**
    1 vol. in-8 avec huit planches hors texte.   6 fr.
50. DE MEYER. **Les Organes de la parole et leur emploi pour
    la formation des sons du langage.** 1 vol. in-8 avec 51 figures,
    traduit de l'allemand et précédé d'une Introduction par M. O. CLA-
    VEAU.   6 fr.
51. DE LANESSAN. **Introduction à l'Étude de la botanique** (le Sapin).
    1 vol. in-8, avec 143 figures dans le texte.   6 fr.
52-53. DE SAPORTA et MARION. **L'évolution du règne végétal** (les
    Phanérogames). 2 vol. in-8, avec 136 figures.   12 fr.
54. TROUESSART. **Les Microbes, les Ferments et les Moisissures.**
    1 vol. in-8, avec 107 figures dans le texte.   6 fr.
55. HARTMANN (R.). **Les Singes anthropoïdes, et leur organisation
    comparée à celle de l'homme.** 1 vol. in-8, avec 63 figures dans
    le texte.   6 fr.
56. SCHMIDT (O.). **Les Mammifères dans leurs rapports avec leurs
    ancêtres géologiques.** 1 vol. in-8 avec 51 figures.   6 fr.
57. BINET et FÉRÉ. **Le Magnétisme animal.** 1 vol. in-8 avec fig.   6 fr.
58-59. ROMANES. **L'Intelligence des animaux.** 2 vol. in-8 avec fig. 12 fr.
60. F. LAGRANGE. **Physiologie des exercices du corps.** 1 vol. in-8. 6 fr.
61. DREYFUS (Camille). **La Théorie de l'évolution.** 1 vol. in-8.   6 fr.
62-63. SIR JOHN LUBBOCK. **L'Homme préhistorique.** 2 vol. in-8,
    avec figures dans le texte. 3e édit.   12 fr.
64. DAUBRÉE. **Les Régions invisibles du globe et de l'espace
    céleste.** 1 vol. in-8, avec figures.   9 fr.

OUVRAGES SUR LE POINT DE PARAITRE :

BERTHELOT. **La Philosophie chimique.** 1 vol.
BEAUNIS. **Les Sensations internes.** 1 vol. avec figures.
MORTILLET (de). **L'Origine de l'homme.** 1 vol. avec figures.
PERRIER (E.) **L'Embryogénie générale.** 1 vol. avec figures.
LACASSAGNE. **Les Criminels.** 1 vol. avec figures.
CARTAILHAC. **La France préhistorique.** 1 vol. avec figures.
DURAND-CLAYE (A.). **L'Hygiène des villes.** 1 vol. avec figures.
POUCHET (G.). **La Vie du sang.** 1 vol. avec figures.
RICHER (Charles). **La Chaleur animale.** 1 vol. avec figures.

LISTE DES OUVRAGES

DE LA

BIBLIOTHÈQUE SCIENTIFIQUE INTERNATIONALE

PAR ORDRE DE MATIÈRES.

Chaque volume in-8, cartonné à l'anglaise........ **6 francs.**
En demi-rel. veau avec coins, tranche supérieure dorée, non rogné. **10 fr.**

SCIENCES SOCIALES

* **Introduction à la science sociale**, par HERBERT SPENCER. 1 vol. in-8, 7ᵉ édit.   6 fr.
* **Les Bases de la morale évolutionniste**, par HERBERT SPENCER. 1 vol. in-8, 3ᵉ édit.   6 fr.
Les Conflits de la science et de la religion, par DRAPER, professeur à l'Université de New-York. 1 vol. in-8, 7ᵉ édit.   6 fr.
Le Crime et la Folie, par H. MAUDSLEY, professeur de médecine légale à l'Université de Londres. 1 vol. in-8, 5ᵉ édit.   6 fr.
* **La Défense des États et les camps retranchés,** par le général A. BRIALMONT, inspecteur général des fortifications et du corps du génie de Belgique. 1 vol. in-8 avec nombreuses figures dans le texte et 2 pl. hors texte, 3ᵉ édit.   6 fr.
* **La Monnaie et le Mécanisme de l'échange**, par W. STANLEY JEVONS, professeur d'économie politique à l'Université de Londres. 1 vol. in-8, 4ᵉ édit. (V. P.)   6 fr.
La Sociologie, par DE ROBERTY. 1 vol. in-8, 2ᵉ édit. (V. P.)   6 fr.
* **La Science de l'éducation**, par Alex. BAIN, professeur à l'Université d'Aberdeen (Écosse). 1 vol. in-8, 6ᵉ édit. (V. P.)   6 fr.
Lois scientifiques du développement des nations dans leurs rapports avec les principes de l'hérédité et de la sélection naturelle, par W. BAGEHOT. 1 vol. in-8, 5ᵉ édit.
* **La Vie du langage**, par D. WHITNEY, professeur de philologie comparée à Yale-College de Boston (Etats-Unis). 1 vol. in-8, 3ᵉ édit. (V. P.)   6 fr.

PHYSIOLOGIE

Les Illusions des sens et de l'esprit, par James SULLY. 1 vol. in-8. 2ᵉ édit. (V. P.)   6 fr.
* **La Locomotion chez les animaux** (marche, natation et vol), suivie d'une étude sur l'*Histoire de la navigation aérienne*, par J.-B. PETTIGREW, professeur au Collège royal de chirurgie d'Édimbourg (Écosse). 1 vol. in-8 avec 140 figures dans le texte. 2ᵉ édit.   6 fr.
* **Les Nerfs et les Muscles**, par J. ROSENTHAL, professeur de physiologie à l'Université d'Erlangen (Bavière). 1 vol. in-8 avec 75 figures dans le texte, 3ᵉ édit. (V. P.)   6 fr.
* **La Machine animale**, par E.-J. MAREY, membre de l'Institut, professeur au Collège de France. 1 vol. in-8 avec 117 figures dans le texte, 4ᵉ édit. (V. P.)   6 fr.
* **Les Sens**, par BERNSTEIN, professeur de physiologie à l'Université de Halle (Prusse). 1 vol. in-8 avec 91 figures dans le texte, 4ᵉ édit. (V. P.)   6 fr.
Les Organes de la parole, par H. DE MEYER, professeur à l'Université de Zurich, traduit de l'allemand et précédé d'une introduction sur l'*Enseignement de la parole aux sourds-muets*, par O. CLAVEAU, inspecteur général des établissements de bienfaisance. 1 vol. in-8 avec 51 figures dans le texte.   6 fr.
La Physionomie et l'Expression des sentiments, par P. MANTEGAZZA, professeur au Muséum d'histoire naturelle de Florence. 1 vol. in-8 avec figures et 8 planches hors texte, d'après les dessins originaux d'Edouard Ximenès.   6 fr.
Physiologie des exercices du corps, par le docteur LAGRANGE. 1 vol. in-8.   6 fr.

PHILOSOPHIE SCIENTIFIQUE

* **Le Cerveau et ses fonctions**, par J. LUYS, membre de l'Académie de médecine, médecin de la Salpêtrière. 1 vol. in-8 avec fig. 5ᵉ édit. (V. P.)   6 fr.
Le Cerveau et la Pensée chez l'homme et les animaux, par CHARLTON
BASTIAN, professeur à l'Université de Londres. 2 vol. in-8 avec 184 fig. dans
le texte.   12 fr.
Le Crime et la Folie, par H. MAUDSLEY, professeur à l'Université de Lon-
dres. 1 vol. in-8, 5ᵉ édit.   6 fr.
L'Esprit et le Corps, considérés au point de vue de leurs relations, suivi
d'études sur les *Erreurs généralement répandues au sujet de l'esprit*, par
Alex. BAIN, professeur à l'Université d'Aberdeen (Écosse). 1 vol. in-8,
4ᵉ édit. (V. P.)   6 fr.
* **Théorie scientifique de la sensibilité** : *le Plaisir et la Peine*, par Léon
DUMONT. 1 vol. in-8, 3ᵉ édit.   6 fr.
La Matière et la Physique moderne, par STALLO, précédé d'une pré-
face par M. Ch. FRIEDEL, de l'Institut. 1 vol. in-8.   6 fr.
Le Magnétisme animal, par A. BINET et Ch. FÉRÉ. 1 vol. in-8, avec figures
dans le texte. 2ᵉ édit.   6 fr.
L'Intelligence des animaux, par ROMANES. 2 vol. in-8, précédés d'une pré-
face de M. E. PERRIER, professeur au Muséum d'histoire naturelle.   12 fr.
La Théorie de l'évolution, par C. DREYFUS, député de la Seine. 1 v. in-8. 6 fr.

ANTHROPOLOGIE

* **L'Espèce humaine**, par A. DE QUATREFAGES, membre de l'Institut, professeur d'anthropologie au Muséum d'histoire naturelle de Paris. 1 vol. in-8,
9ᵉ édit. (V. P.)   6 fr.
* **L'Homme avant les métaux**, par N. JOLY, correspondant de l'Institut,
professeur à la Faculté des sciences de Toulouse. 1 vol. in-8 avec 150 figures dans le texte et un frontispice, 4ᵉ édit. (V. P.)   6 fr.
* **Les Peuples de l'Afrique**, par R. HARTMANN, professeur à l'Université de
Berlin. 1 vol. in-8 avec 93 figures dans le texte, 2ᵉ édit. (V. P.)   6 fr.
Les Singes anthropoïdes, et leur organisation comparée à celle de l'homme,
par R. HARTMANN, professeur à l'Université de Berlin. 1 vol. in-8 avec
63 figures gravées sur bois.   6 fr.
L'Homme préhistorique, par SIR JOHN LUBBOCK, membre de la Société royale
de Londres. 2 vol. in-8, avec de nombreuses fig. dans le texte. 3ᵉ édit. 12 fr.

ZOOLOGIE

* **Descendance et Darwinisme**, par O. SCHMIDT, professeur à l'Université
de Strasbourg. 1 vol. in-8 avec figures, 5ᵉ édit.   6 fr.
Les Mammifères dans leurs rapports avec leurs ancêtres géologiques,
par O. SCHMIDT. 1 vol. in-8 avec 51 figures dans le texte.   6 fr.
Fourmis, Abeilles et Guêpes, par sir JOHN LUBBOCK, membre de la Société
royale de Londres. 2 vol. in-8 avec figures dans le texte et 13 planches
hors texte, dont 5 coloriées. (V. P.)   12 fr.
L'Écrevisse, introduction à l'étude de la zoologie, par Th.-H. HUXLEY, membre de la Société royale de Londres et de l'Institut de France, professeur
d'histoire naturelle à l'École royale des mines de Londres. 1 vol. in-8
avec 82 figures.   6 fr.
* **Les Commensaux et les Parasites** dans le règne animal, par P.-J. VAN
BENEDEN, professeur à l'Université de Louvain (Belgique). 1 vol. in-8 avec
82 figures dans le texte. 3ᵉ édit. (V. P.)   6 fr.
La Philosophie zoologique avant Darwin, par EDMOND PERRIER, professeur
au Muséum d'histoire naturelle de Paris. 1 vol. in-8, 2ᵉ édit. (V. P.) 6 fr.

BOTANIQUE — GÉOLOGIE

Les Champignons, par COOKE et BERKELEY. 1 vol. in-8 avec 110 figures.
3ᵉ édition.   6 fr.
L'Évolution du règne végétal, par G. DE SAPORTA, correspondant de l'Institut, et MARION, correspondant de l'Institut, professeur à la Faculté des
sciences de Marseille.
    I. *Les Cryptogames*. 1 vol. in-8 avec 85 figures dans le texte.   6 fr.
    II. *Les Phanérogames*. 2 vol. in-8 avec 136 figures dans le texte. 12 fr.
* **Les Volcans et les Tremblements de terre**, par FUCHS, professeur à
l'Université de Heidelberg. 1 vol. in-8 avec 36 figures et une carte en
couleur, 5ᵉ édition. (V. P.)   6 fr.

Les Régions invisibles du globe et des espaces célestes, par DAUBRÉE, de l'Institut, professeur au Muséum d'histoire naturelle. 1 vol. in-8, avec 85 figures dans le texte et 2 cartes.   6 fr.

L'Origine des plantes cultivées, par A. DE CANDOLLE, correspondant de l'Institut. 1 vol. in-8, 3ᵉ édit.   6 fr.

Introduction à l'étude de la botanique (le Sapin), par J. DE LANESSAN, professeur agrégé à la Faculté de médecine de Paris. 1 vol. in-8 avec figures dans le texte. (V. P.)   6 fr.

Microbes, Ferments et Moisissures, par le docteur L. TROUESSART. 1 vol. in-8 avec 108 figures dans le texte. (V. P.)   6 fr.

CHIMIE

Les Fermentations, par P. SCHUTZENBERGER, membre de l'Académie de médecine, professeur de chimie au Collège de France. 1 vol. in-8 avec figures, 4ᵉ édit.   6 fr.

* **La Synthèse chimique**, par M. BERTHELOT, membre de l'Institut, professeur de chimie organique au Collège de France. 1 vol. in-8, 6ᵉ édit.   6 fr.

* **La Théorie atomique**, par Ad. WURTZ, membre de l'Institut, professeur à la Faculté des sciences et à la Faculté de médecine de Paris. 1 vol. in-8, 4ᵉ édit., précédée d'une introduction sur la *Vie et les travaux* de l'auteur, par M. CH. FRIEDEL, de l'Institut.   6 fr.

ASTRONOMIE — MÉCANIQUE

* **Histoire de la Machine à vapeur, de la Locomotive et des Bateaux à vapeur**, par R. THURSTON, professeur de mécanique à l'Institut technique de Hoboken, près de New-York, revue, annotée et augmentée d'une Introduction par M. HIRSCH, professeur de machines à vapeur à l'École des ponts et chaussées de Paris. 2 vol. in-8 avec 160 figures dans le texte et 16 planches tirées à part. 3ᵉ édit. (V. P.)   12 fr.

* **Les Étoiles**, notions d'astronomie sidérale, par le P. A. SECCHI, directeur de l'Observatoire du Collège Romain. 2 vol. in-8 avec 68 figures dans le texte et 16 planches en noir et en couleurs, 2ᵉ édit. (V. P.)   12 fr.

Le Soleil, par C.-A. YOUNG, professeur d'astronomie au Collège de New-Jersey. 1 vol. in-8 avec 87 figures. (V. P.)   6 fr.

PHYSIQUE

La Conservation de l'énergie, par BALFOUR STEWART, professeur de physique au collège Owens de Manchester (Angleterre), suivi d'une étude sur la *Nature de la force*, par P. DE SAINT-ROBERT (de Turin). 1 vol. in-8 avec figures, 4ᵉ édit.   6 fr.

* **Les Glaciers et les Transformations de l'eau**, par J. TYNDALL, professeur de chimie à l'Institution royale de Londres, suivi d'une étude sur le même sujet, par HELMHOLTZ, professeur à l'Université de Berlin. 1 vol. in-8 avec nombreuses figures dans le texte et 8 planches tirées à part sur papier teinté, 5ᵉ édit. (V. P.)   6 fr.

* **La Photographie et la Chimie de la lumière**, par VOGEL, professeur à l'Académie polytechnique de Berlin. 1 vol. in-8 avec 95 figures dans le texte et une planche en photoglyptie, 4ᵉ édit. (V. P.)   6 fr.

La Matière et la Physique moderne, par STALLO. 1 vol. in-8.   6 fr.

THÉORIE DES BEAUX-ARTS

* **Le Son et la Musique**, par P. BLASERNA, professeur à l'Université de Rome, suivi des *Causes physiologiques de l'harmonie musicale*, par H. HELMHOLTZ, professeur à l'Université de Berlin. 1 vol. in-8 avec 41 figures, 3ᵉ édit. (V. P.)   6 fr.

Principes scientifiques des Beaux-Arts, par E. BRUCKE, professeur à l'Université de Vienne, suivi de l'*Optique et les Arts*, par HELMHOLTZ, professeur à l'Université de Berlin. 1 vol. in-8 avec figures, 3ᵉ édit. (V. P.)   6 fr.

* **Théorie scientifique des couleurs** et leurs applications aux arts et à l'industrie, par O. N. ROOD, professeur de physique à Colombia-College de New-York (États-Unis). 1 vol. in-8 avec 130 figures dans le texte et une planche en couleurs. (V. P.)   6 fr.

PUBLICATIONS

HISTORIQUES, PHILOSOPHIQUES ET SCIENTIFIQUES

qui ne se trouvent pas dans les collections précédentes.

ALAUX. **La Religion progressive.** 1 vol. in-18. 3 fr. 50

ALGLAVE. **Des Juridictions civiles chez les Romains.** 1 vol. in-8. 2 fr. 50

ALTMEYER (J. J.). **Les Précurseurs de la réforme aux Pays-Bas.** 2 forts volumes in-8°. 12 fr.

ARRÉAT. **Une Éducation intellectuelle.** 1 vol. in-18. 2 fr. 50

ARRÉAT. **La Morale dans le drame, l'épopée et le roman.** 1 vol. in-18. 1883. 2 fr. 50

ARRÉAT. **Journal d'un philosophe.** 1 vol. in-18. 1887. 3 fr. 50

AUBRY. **La Contagion du meurtre.** 1 vol. in-8. 1887. 4 fr.

AZAM. **Le Caractère dans la santé et dans la maladie.** 1 vol. in-8, précédé d'une préface de Th. RIBOT. 1887. 4 fr.

BALFOUR STEWART et TAIT. **L'Univers invisible.** 1 vol. in-8, traduit de l'anglais. 7 fr.

BARNI. **Les Martyrs de la libre pensée.** 1 vol. in-18. 2e édit. 3 fr. 50

BARNI. **Napoléon Ier.** 1 vol. in-18, édition populaire. 1 fr.

BARNI. Voy. p. 4 ; KANT, p. 4 ; p. 12 et 31.

BARTHÉLEMY SAINT-HILAIRE. Voy. pages 2 et 6, ARISTOTE.

BAUTAIN. **La Philosophie morale.** 2 vol. in-8. 12 fr.

BEAUNIS (H.). **Impressions de campagne** (1870-1871). 1 volume in-18. 3 fr. 50

BÉNARD (Ch.). **De la philosophie dans l'éducation classique.** 1862. 1 fort vol. in-8. 6 fr.

BÉNARD. Voy. p. 7 et 8, SCHELLING et HEGEL.

BERTAULD (P.-A.). **Introduction à la recherche des causes premières. — De la méthode.** 3 vol. in-18. Chaque volume, 3 fr. 50

BLACKWELL (Dr Elisabeth). **Conseils aux parents** sur l'éducation de leurs enfants au point de vue sexuel. In-18. 2 fr.

BLANQUI. **L'Éternité par les astres.** In-8. 2 fr.

BLANQUI. **Critique sociale,** capital et travail. Fragments et notes. 2 vol. in-18. 1885. 7 fr.

BOUCHARDAT. **Le Travail,** son influence sur la santé (conférences faites aux ouvriers). 1 vol. in-18. 2 fr. 50

BOUILLET (Ad.). **Les Bourgeois gentilshommes. — L'Armée de Henri V.** 1 vol. in-18. 3 fr. 50

BOUILLET (Ad.). **Types nouveaux.** 1 vol. in-18. 1 fr. 50

BOUILLET (Ad.). **L'Arrière-ban de l'ordre moral.** 1 vol. in-18. 3 fr. 50

BOURBON DEL MONTE. **L'Homme et les Animaux.** 1 vol. in-8. 5 fr.

BOURDEAU (Louis). **Théorie des sciences,** plan de science intégrale. 2 vol. in-8. 20 fr.

BOURDEAU (Louis). **Les Forces de l'industrie,** progrès de la puissance humaine. 1 vol. in-8. 5 fr.

BOURDEAU (Louis). **La Conquête du monde animal.** In-8. 5 fr.

BOURDEAU (Louis). **L'Histoire et les Historiens.** 2 vol. in-8 (S. presse.)

BOURDET (Eug.). **Principes d'éducation positive,** précédés d'une préface de M. Ch. ROBIN. 1 vol. in-18. 3 fr. 50

BOURDET. **Vocabulaire des principaux termes de la philosophie positive.** 1 vol. in-18. 3 fr. 50

BOURLOTON (Edg.) et ROBERT (Edmond). **La Commune et ses idées à travers l'histoire.** 1 vol. in-18. 3 fr. 50

BOURLOTON. Voy. p. 12.

BROCHARD (V.). **De l'Erreur.** 1 vol. in-8. 3 fr. 50

BROCHARD. Voy. p. 7.

BUCHNER. **Essai biographique sur Léon Dumont.** 1 vol. in 18 (1884).   2 fr.

Bulletins de la Société de psychologie physiologique. 1re année 1885. 1 broch. in-8, 1 fr. 50. — 2e année 1886, 1 broch. in-8, 1 fr. 50. — 3e année. 1887.   1 fr. 50

BUSQUET. **Représailles,** poésies. 1 vol. in-18.   3 fr.

CAIX DE SAINT-AYMOUR (le vicomte de). **Recueil des instructions données aux ambassadeurs et ministres de France en Portugal,** depuis les traités de Westphalie jusqu'à la Révolution française. 1 fort vol. in-8 sur papier de Hollande.   20 fr.

CADET. **Hygiène, inhumation, crémation.** In-18.   2 fr.

CARRAU (Lud.). **Études historiques et critiques sur les preuves du Phédon de Platon en faveur de l'immortalité de l'âme humaine.** In-8.   2 fr.

CHASSERIAU (Jean). **Du principe autoritaire et du principe rationnel** 1 vol. in-18.   3 fr. 50

CLAMAGERAN. **L'Algérie,** impressions de voyage. 3e édit. 1 vol. in-18. 1884.   3 fr. 50

CLAMAGERAN. Voy. p. 12.

CLAVEL (Dr), **La Morale positive.** 1 vol. in-8.   3 fr.

CLAVEL (Dr). **Critique et conséquence des principes de 1789.** 1 vol. in-18.   3 fr.

CLAVEL (Dr). **Les Principes au XIXe siècle.** In-18.   1 fr.

CONTA. **Théorie du fatalisme.** 1 vol. in-18.   4 fr.

CONTA. **Introduction à la métaphysique.** 1 vol. in-18.   3 fr.

COQUEREL (Charles). **Lettres d'un marin à sa famille.** 1 vol. in-18.   3 fr. 50

COQUEREL fils (Athanase). **Libres Études** (religion, critique, histoire, beaux-arts). 1 vol. in-8.   5 fr.

CORTAMBERT (Louis). **La Religion du progrès.** In-18.   3 fr. 50

COSTE (Adolphe). **Hygiène sociale contre le paupérisme** (prix de 5000 fr. au concours Pereire). 1 vol. in-8.   6 fr.

COSTE (Adolphe). **Les Questions sociales contemporaines,** comptes rendus du concours Pereire, et études nouvelles sur le *paupérisme, la prévoyance, l'impôt, le crédit, les monopoles, l'enseignement,* avec la collaboration de MM. A. BURDEAU et ARRÉAT pour la partie relative à l'enseignement. 1 fort. vol. in-8.   10 fr.

COSTE (Ad.) Voy. p. 2.

DANICOURT (Léon). **La Patrie et la République.** In-18.   2 fr. 50

DANOVER. **De l'esprit moderne.** 1 vol. in-18.   1 fr. 50

DAURIAC. **Psychologie et pédagogie.** 1 br. in-8. 1884.   1 fr.

DAURIAC. **Sens commun et raison pratique.** 1 br. in-8.   1 fr. 50

DAVY. **Les Conventionnels de l'Eure.** 2 forts vol. in-8.   18 fr.

DELBŒUF. **Psychophysique,** mesure des sensations de lumière et de fatigue, théorie générale de la sensibilité. 1 vol. in-18.   3 fr. 50

DELBŒUF. **Examen critique de la loi psychophysique,** sa base et sa signification. 1 vol. in-18. 1883.   3 fr. 50

DELBŒUF. **Le Sommeil et les Rêves,** considérés principalement dans leurs rapports avec les théories de la certitude et de la mémoire. 1 vol. in-18.   3 fr. 50

DELBŒUF. **De l'origine des effets curatifs de l'hypnotisme.** Étude de psychologie expérimentale. 1887. In-8.   1 fr. 50

DELBŒUF. Voy. p. 2.

DESTREM (J.). **Les Déportations du Consulat.** 1 br. in-8.   1 fr. 50

DOLLFUS (Ch.). **De la nature humaine.** 1868. 1 vol. in-8.   5 fr.

DOLLFUS (Ch.). **Lettres philosophiques.** In-18.   3 fr.

DOLLFUS (Ch.). **Considérations sur l'histoire.** Le monde antique. 1 vol. in-8.   7 fr. 50

DOLLFUS (Ch.). **L'Ame dans les phénomènes de conscience**. 1 vol. in-18. 3 fr. 50

DUBOST (Antonin). **Des conditions de gouvernement en France.** 1 vol. in-8. 7 fr. 50

DUFAY. **Etudes sur la destinée.** 1 vol. in-18. 1876. 3 fr.

DUMONT (Léon). **Le Sentiment du gracieux.** 1 vol. in-8. 3 fr.

DUMONT (Léon). Voy. p. 18 et 21.

DUNAN. **Essai sur les formes à priori de la sensibilité.** 1 vol. in-8. 1884. 5 fr.

DUNAN. **Les Arguments de Zénon d'Elée contre le mouvement.** 1 br. in-8. 1884. 1 fr. 50

DU POTET. **Manuel de l'étudiant magnétiseur.** Nouvelle édition. 1 vol. in-18. 3 fr. 50

DU POTET. **Traité complet de magnétisme, cours en douze leçons.** 4e édition. 1 vol. in-8 de 634 pages. 8 fr.

DURAND-DÉSORMEAUX. **Réflexions et Pensées**, précédées d'une Notice sur la vie, le caractère et les écrits de l'auteur, par Ch. YRIARTE. 1 vol. in-8. 1884. 2 fr. 50

DURAND-DESORMEAUX. **Études philosophiques**, théorie de l'action, théorie de la connaissance. 2 vol. in-8. 1884. 15 fr.

DUTASTA. **Le Capitaine Vallé**, ou l'Armée sous la Restauration. 1 vol. in-18. 1883. 3 fr. 50

DUVAL-JOUVE. **Traité de logique.** 1 vol. in-8. 6 fr.

DUVERGIER DE HAURANNE (Mme E.). **Histoire populaire de la Révolution française.** 1 vol. in-18. 3e édit. 3 fr. 50

Éléments de science sociale. Religion physique, sexuelle et naturelle. 1 vol. in-18. 4e édit. 1885. 3 fr. 50

ÉLIPHAS LÉVI. **Dogme et rituel de la haute magie.** 2e édit., 2 vol. in-8, avec 24 fig. 18 fr.

ÉLIPHAS LÉVI. **Histoire de la magie.** 1 vol. in-8, avec fig. 12 fr.

ÉLIPHAS LÉVI. **Clef des grands mystères.** 1 vol. in-8. 12 fr.

ÉLIPHAS LÉVI. **La Science des esprits.** 1 vol. in-8. 7 fr.

ESCANDE. **Hoche en Irlande** (1795-1798), d'après les documents inédits. 1 vol. in-18 en caractères elzéviriens (1888). 3 fr. 50

ESPINAS. **Idée générale de la pédagogie.** 1 br. in-8. 1884. 1 fr.

ESPINAS. **Du sommeil provoqué chez les hystériques.** Essai d'explication psychologique de sa cause et de ses effets. 1 brochure in-8. 1 fr.

ESPINAS. Voy. p. 2 et 5.

ÉVELLIN. **Infini et quantité.** Étude sur le concept de l'infini dans la philosophie et dans les sciences. 1 vol. in-8. 2e édit. (*Sous presse.*)

FABRE (Joseph). **Histoire de la philosophie.** Première partie : Antiquité et moyen âge. 1 vol. in-12. 3 fr. 50

FAU. **Anatomie des formes du corps humain**, à l'usage des peintres et des sculpteurs. 1 atlas de 25 planches avec texte. 2e édition. Prix, figures noires. 15 fr. ; fig. coloriées. 30 fr.

FAUCONNIER. **Protection et libre échange.** In-8. 2 fr.

FAUCONNIER. **La morale et la religion dans l'enseignement.** in-8. 75 c.

FAUCONNIER. **L'Or et l'Argent.** In-8. 2 fr. 50

FEDERICI. **Les Lois du progrès.** 1 vol. in-18. (*Sous presse.*)

FERBUS (N.). **La Science positive du bonheur.** 1 vol. in-18. 3 fr.

FERRIÈRE (Em.). **Les Apôtres**, essai d'histoire religieuse, d'après la méthode des sciences naturelles. 1 vol. in-12. 4 fr. 50

FERRIÈRE (Em.). **L'Ame est la fonction du cerveau.** 2 volumes in-18. 1883. 7 fr.

FERRIÈRE (Em.). **Le Paganisme des Hébreux jusqu'à la captivité de Babylone.** 1 vol. in-18. 1884. 3 fr. 50

FERRIÈRE (Em.). **La Matière et l'Énergie.** 1 vol. in-18. 1887. 4 fr. 50

FERRIÈRE (Em.). Voy. p. 32.

FERRON (de). **Institutions municipales et provinciales** dans les diffé-rents États de l'Europe. Comparaison. Réformes. 1 vol. in-8. 1883.   8 fr.

FERRON (de). **Théorie du progrès.** 2 vol. in-18.   7 fr.

FERRON (de). **De la division du pouvoir législatif en deux cham-bres,** histoire et théorie du Sénat. 1 vol. in-8.   8 fr.

FONCIN. **Essai sur le ministère Turgot.** In-8. 2° édit. (*Sous presse.*)

FOX (W.-J.). **Des idées religieuses.** In-8.   3 fr.

FRIBOURG (E.). **Le Paupérisme parisien.** 1 vol. in-12.   1 fr. 25

GALTIER-BOISSIÈRE. **Sématotechnie,** ou Nouveaux signes phonogra-phiques. 1 vol. in-8 avec figures.   3 fr. 50

GASTINEAU. **Voltaire en exil.** 1 vol. in-18.   3 fr.

GAYTE (Claude). **Essai sur la croyance.** 1 vol. in-8.   3 fr.

GEFFROY. **Recueil des instructions données aux ministres et ambassadeurs de France en Suède,** depuis les traités de Westphalie jusqu'à la Révolution française. 1 fort vol. in-8 raisin sur papier de Hol-lande.   20 fr.

GILLIOT (Alph.). **Études sur les religions et institutions comparées.** 2 vol. in-12, tome Ier. 3 fr. — Tome II.   5 fr.

GOBLET D'ALVIELLA. **L'Évolution religieuse** chez les Anglais, les Amé-ricains, les Hindous, etc. 1 vol. in-8. 1883.   7 fr. 50

GOURD. **Le Phénomène.** Essai de philosophie générale. 1 vol. in-8.
(*Sous presse.*)

GRESLAND. **Le Génie de l'homme,** libre philosophie. Gr. in-8.   7 fr.

GUILLAUME (de Moissey). **Traité des sensations.** 2 vol. in-8.   12 fr.

GUILLY. **La Nature et la Morale.** 1 vol. in-18. 2e édit.   2 fr. 50

GUYAU. **Vers d'un philosophe.** 1 vol. in-18.   3 fr. 50

GUYAU. Voy. p. 5 et 10.

HAYEM (Armand). **L'Être social.** 1 vol. in-18. 2e édit.   3 fr. 50

HERZEN. **Récits et Nouvelles.** 1 vol. in-18.   3 fr. 50

HERZEN. **De l'autre rive.** 1 vol. in-18.   3 fr. 50

HERZEN. **Lettres de France et d'Italie.** In-18.   3 fr. 50

HUXLEY. **La Physiographie,** introduction à l'étude de la nature, traduit et adapté par M. G. Lamy. 1 vol. in-8 avec figures dans le texte et 2 planches en couleurs, broché, 8 fr. — En demi-reliure, tranches dorées.   11 fr.

HUXLEY. Voy. p. 5 et 32.

ISSAURAT. **Moments perdus de Pierre-Jean.** 1 vol. in-18.   3 fr.

ISSAURAT. **Les Alarmes d'un père de famille.** In-8.   1 fr.

JANET (Paul). **Le Médiateur plastique de Cudworth.** 1 vol. in-8.   1 fr.

JANET (Paul). Voy. p. 3, 5, 7, 8 et 9.

JEANMAIRE. **L'Idée de la personnalité dans la psychologie moderne.** 1 vol. in-8. 1883.   5 fr.

JOIRE. **La Population, richesse nationale; le travail, richesse du peuple.** 1 vol. in-8. 1886.   5 fr.

JOYAU. **De l'invention dans les arts et dans les sciences.** 1 vol. in-8.   5 fr.

JOZON (Paul). **De l'écriture phonétique.** In-18.   3 fr. 50

KAULEK (Jean). **Correspondance politique de MM. de Castillon et de Marillac,** ambassadeurs de France en Angleterre (1538-1542). 1 fort vol. gr. in-8.   15 fr.

KAULEK (Jean). **Papiers de Barthélemy,** ambassadeur de France en Suisse de 1792 à 1797. — I, année 1792. 1 vol. gr. in-8.   15 fr. II (janvier-août 1793). 1 vol. in-8.   15 fr.

LABORDE. **Les Hommes et les Actes de l'insurrection de Paris** devant la psychologie morbide. 1 vol. in-18.   2 fr. 50

LACHELIER. **Le Fondement de l'induction.** 1 vol. in-8.   3 fr. 50

LACOMBE. **Mes droits.** 1 vol. in-12.   2 fr. 50

LAFONTAINE. **L'Art de magnétiser** ou le Magnétisme vital, considéré au point de vue théorique, pratique et thérapeutique. 5e éd., 1886. In-8. 5 fr.

LAGGROND. **L'Univers, la force et la vie.** 1 vol. in-8. 1884. 2 fr. 50

LA LANDELLE (de). **Alphabet phonétique.** In-18. 2 fr. 50

LANGLOIS. **L'Homme et la Révolution.** 2 vol. in-18. 7 fr.

LAURET (Henri). **Critique d'une morale sans obligation ni sanction.** In-8. 1 fr. 50

LAURET (Henri). Voy. p. 9.

LAUSSEDAT. **La Suisse.** Études méd. et sociales. In-18 3 fr. 50

LAVELEYE (Em. de). **De l'avenir des peuples catholiques.** In-8. 21e édit. 25 c.

LAVELEYE (Em. de). **Lettres sur l'Italie** (1878-1879). 1 volume in-18. 3 fr. 50

LAVELEYE (Em. de). **Nouvelles lettres d'Italie.** 1 vol. in-8. 1884. 3 fr.

LAVELEYE (Em. de). **L'Afrique centrale.** 1 vol. in-12. 3 fr.

LAVELEYE (Em. de). **La Péninsule des Balkans** (Vienne, Croatie, Bosnie, Serbie, Bulgarie, Roumélie, Turquie, Roumanie). 2 vol. in-12. 1886. 10 fr.

LAVELEYE (Em. de). **La Propriété collective du sol en différents pays.** In-8. 2 fr.

LAVELEYE (Em. de) et HERBERT SPENCER. **L'État et l'Individu, ou darwinisme social et christianisme.** In-8. 1 fr.

LAVELEYE (Em. de). Voy. p. 5 et 12.

LAVERGNE (Bernard). **L'Ultramontanisme et l'État.** In-8. 1 fr. 50

LEDRU-ROLLIN. **Discours politiques et écrits divers.** 2 vol. in-8 cavalier. 12 fr.

LEGOYT. **Le Suicide.** 1 vol. in-8. 8 fr.

LELORRAIN. **De l'aliéné au point de vue de la responsabilité pénale.** In-8. 2 fr.

LEMER (Julien). **Dossier des Jésuites et des libertés de l'Église gallicane.** 1 vol. in-18. 3 fr. 50

LOURDEAU. **Le Sénat et la Magistrature dans la démocratie française.** 1 vol. in-18. 3 fr. 50

MAGY. **De la Science et de la Nature.** 1 vol. in-8. 6 fr.

MAINDRON (Ernest). **L'Académie des sciences** (Histoire de l'Académie, fondation de l'Institut national ; Bonaparte, membre de l'Institut). 1 beau vol. in-8 cavalier, avec 53 gravures dans le texte, portraits, plans, etc., 8 planches hors texte et 2 autographes, d'après des documents originaux. 12 fr.

MARAIS. **Garibaldi et l'Armée des Vosges.** In-18. (V. P.) 1 fr. 50

MASSERON (I.). **Danger et Nécessité du socialisme.** 1 vol. in-18 1883. 3 fr. 50

MAURICE (Fernand). **La Politique extérieure de la République française.** 1 vol. in-12. 3 fr. 50

MENIÈRE. **Cicéron médecin.** 1 vol. in-18. 4 fr. 50

MENIÈRE. **Les Consultations de Mme de Sévigné,** étude médico-littéraire. 1884. 1 vol. in-8. 3 fr.

MESMER. **Mémoires et Aphorismes,** suivis des procédés de d'Eslon. In-18. 2 fr. 50

MICHAUT (N.). **De l'Imagination.** 1 vol. in-8. 5 fr.

MILSAND. **Les Études classiques** et l'enseignement public. 1 vol. in-18. 3 fr. 50

MILSAND. **Le Code et la Liberté.** In-8. 2 fr.

MORIN (Miron). **De la séparation du temporel et du spirituel.** In-8. 3 fr. 50

MORIN (Miron). **Essais de critique religieuse.** 1 fort vol. in-8. 1885. 5 fr.

MORIN. **Magnétisme et Sciences occultes.** 1 vol. in-8. 6 fr.

MORIN (Frédéric). **Politique et Philosophie.** 1 vol. in-18. 3 fr. 50

MUNARET. **Le Médecin des villes et des campagnes.** 4e édition. 1 vol. grand in-18. 4 fr. 50

NIVELET. **Loisirs de la vieillesse ou l'Heure de philosopher.** 1 vol. in-12. 3 fr.

NOEL (E.). **Mémoires d'un imbécile,** précédé d'une préface de *M. Littré.* 1 vol. in-18. 3ᵉ édition. 3 fr. 50

NOTOVITCH. **La Liberté de la volonté.** 1 vol. in-18, en caractères elzéviriens. 1888. 3 fr. 50

OGER. **Les Bonaparte** et les frontières de la France. In-18. 50 c.

OGER. **La République.** In-8. 50 c.

OLECHNOWICZ. **Histoire de la civilisation de l'humanité,** d'après la méthode brahmanique. 1 vol. in-12. 3 fr. 50

PARIS (le colonel). **Le Feu à Paris et en Amérique.** 1 volume in-18. 3 fr. 50

PARIS (comte de). **Les Associations ouvrières en Angleterre** (Trades-unions). 1 vol. in-18. 7ᵉ édit. 1 fr.
Édition sur papier fort, 2 fr. 50. — Sur papier de Chine, broché, 12 fr. — Rel. de luxe. 20 fr.

PELLETAN (Eugène). **La Naissance d'une ville** (Royan). 1 vol. in-18, cart. 1 fr. 40

PELLETAN (Eug.). **Jarousseau, le pasteur du désert.** 1 vol. in-18 (couronné par l'Académie française), toile, tr. jaspées. 2 fr. 50

PELLETAN (Eug.). **Élisée, voyage d'un homme à la recherche de lui-même.** 1 vol. in-18. 3 fr. 50

PELLETAN (Eug.). **Un Roi philosophe, Frédéric le Grand.** 1 vol. in-18. 3 fr. 50

PELLETAN (Eug.). **Le monde marche** (la loi du progrès). In-18. 3 fr. 50

PELLETAN (Eug.). **Droits de l'homme.** 1 vol. in-12. 3 fr. 50

PELLETAN (Eug.). **Profession de foi du XIXᵉ siècle.** 1 vol. in-12. 3 fr. 50

PELLETAN (Eug.). **Dieu est-il mort ?** 1 vol. in-12. 3 fr. 50

PELLETAN (Eug.). **La Mère.** 1 vol. in-8, toile, tr. dorées. 4 fr. 25

PELLETAN (Eug.). **Les Rois philosophes.** 1 vol. in-8, toile, tranches dorées. 4 fr. 25

PELLETAN (Eug.). **La Nouvelle Babylone.** 1 vol. in-12. 3 fr. 50

PÉNY (le major). **La France par rapport à l'Allemagne.** Étude de géographie militaire. 1 vol. in-8. 2ᵉ édit. 6 fr.

PEREZ (Bernard). **Thiery Tiedmann. — Mes deux chats.** 1 brochure in-12. 2 fr.

PEREZ (Bernard). **Jacotot et sa méthode d'émancipation intellectuelle.** 1 vol. in-18. 3 fr.

PEREZ (Bernard). — Voyez page 5.

PETROZ (P.). **L'Art et la Critique en France** depuis 1822. 1 vol. in-18. 3 fr. 50

PETROZ. **Un Critique d'art au XIXᵉ siècle.** In-18. 1 fr. 50

PHILBERT (Louis). **Le Rire,** essai littéraire, moral et psychologique. 1 vol. in-8. (Ouvrage couronné par l'Académie française, prix Montyon.) 7 fr. 50

POEY. **Le Positivisme.** 1 fort vol. in-12. 4 fr. 50

POEY. **M. Littré et Auguste Comte.** 1 vol. in-18. 3 fr. 50

POULLET. **La Campagne de l'Est** (1870-1871). 1 vol. in-8 avec 2 cartes, et pièces justificatives. 7 fr.

QUINET (Edgar). **Œuvres complètes.** 30 volumes in-18. Chaque volume. . . . . 3 fr. 50

    Chaque ouvrage se vend séparément :

1. Génie des religions. 6ᵉ édition.

2. Les Jésuites. — L'Ultramontanisme. 11ᵉ édition.

3. Le Christianisme et la Révolution française. 6ᵉ édition.

4-5. Les Révolutions d'Italie. 5ᵉ édition. 2 vol.

6. Marnix de Sainte-Aldegonde. — Philosophie de l'Histoire de France. 4ᵉ édition.

7. Les Roumains. — Allemagne et Italie. 3ᵉ édition.

8. Premiers travaux : Introduction à la Philosophie de l'histoire. — Essai sur Herder. — Examen de la Vie de Jésus. — Origine des dieux. — l'Église de Brou. 3ᵉ édition.

9. La Grèce moderne. — Histoire de la poésie. 3ᵉ édition.

10. Mes Vacances en Espagne. 5ᵉ édition.

11. Ahasverus. — Tablettes du Juif errant. 5ᵉ édition.

12. Prométhée. — Les Esclaves. 4ᵉ édition.

13. Napoléon (poème). (*Épuisé.*)

14. L'Enseignement du peuple. — Œuvres politiques avant l'exil. 8 édition.

15. Histoire de mes idées (Autobiographie). 4ᵉ édition.

16-17. Merlin l'Enchanteur. 2ᵉ édition. 2 vol.

18-19-20. La Révolution. 10ᵉ édition. 3 vol.

21. Campagne de 1815. 7ᵉ édition.

22-23. La Création. 3ᵉ édition. 2 vol.

24. Le Livre de l'exilé. — La Révolution religieuse au XIXᵉ siècle. — Œuvres politiques pendant l'exil. 2ᵉ édition.

25. Le Siège de Paris. — Œuvres politiques après l'exil. 2ᵉ édition.

26. La République. Conditions de régénération de la France. 2ᵉ édition.

27. L'Esprit nouveau. 5ᵉ édition.

28. Le Génie grec. 1ʳᵉ édition.

29-30. Correspondance. Lettres à sa mère. 1ʳᵉ édition. 2 vol.

RÉGAMEY (Guillaume). **Anatomie des formes du cheval**, à l'usage des peintres et des sculpteurs. 6 planches en chromolithographie, publiées sous la direction de Félix Régamey, avec texte par le Dʳ Kuhff.   8 fr.

RIBERT (Léonce). **Esprit de la Constitution** du 25 février 1875. 1 vol. in-18.   3 fr. 50

RIBOT (Paul). **Spiritualisme et Matérialisme.** Étude sur les limites de nos connaissances. 2ᵉ édit. 1887. 1 vol. in-8.   6 fr.

ROBERT (Edmond). **Les Domestiques.** 1 vol. in-18.   3 fr. 50

ROSNY (Ch. de). **La Méthode consciencielle.** Essai de philosophie exactiviste. 1 vol. in-8. 1887.   4 fr.

SANDERVAL (O. de). **De l'Absolu.** La loi de vie. 1887. 1 vol. in-8.   5 fr.

SECRÉTAN. **Philosophie de la liberté.** 2 vol. in-8.   10 fr.

SECRÉTAN. **Le Droit de la femme.** In-12.   1 fr. 20

SECRÉTAN. **La Civilisation et la Croyance.** 1 vol. in-8. 1887.   7 fr. 50

SIEGFRIED (Jules). **La Misère, son histoire, ses causes, ses remèdes.** 1 vol. grand in-18. 3ᵉ édition. 1879.   2 fr. 50

SIÈREBOIS. **Psychologie réaliste.** Étude sur les éléments réels de l'âme et de la pensée. 1876. 1 vol. in-18.   2 fr. 50

SOREL (Albert). **Le Traité de Paris du 20 novembre 1815.** 1 vol. in-8. 4 fr. 50

SOREL (Albert). **Recueil des instructions données aux ambassadeurs et ministres de France en Autriche**, depuis les traités de Westphalie jusqu'à la Révolution française. 1 fort vol. gr. in-8, sur papier de Hollande. 20 fr.

SPIR (A.). **Esquisses de philosophie critique**, précédées d'une préface de M. A. Penjon. 1 vol. in-18. 1887. 2 fr. 50

STUART MILL (J.). **La République de 1848 et ses détracteurs**, traduit de l'anglais, avec préface par M. Sadi Carnot. 1 vol. in-18. 2e édition. 1 fr.

STUART MILL. Voy. p. 4, 6 et 9.

TÉNOT (Eugène). **Paris et ses fortifications** (1870-1880). 1 vol. in-8. 5 fr.

TÉNOT (Eugène). **La Frontière** (1870-1881). 1 fort vol. grand in-8. 8 fr.

THIERS (Édouard). **La Puissance de l'armée par la réduction du service.** In-8. 1 fr. 50

THULIÉ. **La Folie et la Loi.** 2e édit. 1 vol. in-8. 3 fr. 50

THULIÉ. **La Manie raisonnante du docteur Campagne.** In-8. 2 fr.

TIBERGHIEN. **Les Commandements de l'humanité.** 1 vol. in-18. 3 fr.

TIBERGHIEN. **Enseignement et philosophie.** 1 vol. in-18. 4 fr.

TIBERGHIEN. **Introduction à la philosophie.** 1 vol. in-18. 6 fr.

TIBERGHIEN. **La Science de l'âme.** 1 vol. in-12. 3e édit. 6 fr.

TIBERGHIEN. **Éléments de morale universelle.** In-12. 2 fr.

TISSANDIER. **Études de théodicée.** 1 vol. in-8. 4 fr.

TISSOT. **Principes de morale.** 1 vol. in-8. 6 fr.

TISSOT. — Voy. Kant, page 7.

TISSOT (J.). **Essai de philosophie naturelle.** Tome Ier. 1 vol. in-8. 12 fr.

VACHEROT. **La Science et la Métaphysique.** 3 vol. in-18. 10 fr. 50

VACHEROT. — Voy. pages 4 et 6.

VALLIER. **De l'intention morale.** 1 vol. in-8. 3 fr. 50

VAN ENDE (U.). **Histoire naturelle de la croyance,** première partie : l'Animal. 1887. 1 vol. in-8. 5 fr.

VERNIAL. **Origine de l'homme,** d'après les lois de l'évolution naturelle. 1 vol. in-8. 3 fr.

VILLIAUMÉ. **La Politique moderne.** 1 vol. in-8. 6 fr.

VOITURON (P.). **Le Libéralisme et les Idées religieuses.** 1 volume in-12. 4 fr.

WEILL (Alexandre). **Le Pentateuque selon Moïse et le Pentateuque selon Esra,** avec vie, doctrine et gouvernement authentique de Moïse. 1 fort vol. in-8. 7 fr. 50

WEILL (Alexandre). **Vie, doctrine et gouvernement authentique de Moïse,** d'après des textes hébraïques de la Bible jusqu'à ce jour incompris. 1 vol. in-8. 3 fr.

YUNG (Eugène). **Henri IV écrivain.** 1 vol. in-8. 5 fr.

ZIESING (Th.). **Érasme ou Salignac.** Étude sur la lettre de François Rabelais, avec un fac-similé de l'original de la Bibliothèque de Zurich. 1 brochure gr. in-8. 1887. 4 fr.

BIBLIOTHÈQUE UTILE

99 VOLUMES PARUS.

Le volume de 190 pages, broché, 60 centimes.

Cartonné à l'anglaise ou en cartonnage toile dorée, 1 fr.

Le titre de cette collection est justifié par les services qu'elle rend et la part pour laquelle elle contribue à l'instruction populaire.

Elle embrasse l'*histoire*, la *philosophie*, le *droit*, les *sciences*, l'*économie politique* et les *arts*, c'est-à-dire qu'elle traite toutes les questions qu'il est aujourd'hui indispensable de connaître. Son esprit est essentiellement démocratique. La plupart de ses volumes sont adoptés pour les Bibliothèques par le *Ministère de l'instruction publique, le Ministère de la guerre, la Ville de Paris, la Ligue de l'enseignement*, etc.

HISTOIRE DE FRANCE

* **Les Mérovingiens**, par BUCHEZ, anc. présid. de l'Assemblée constituante.

* **Les Carlovingiens**, par BUCHEZ.

Les Luttes religieuses des premiers siècles, par J. BASTIDE, 4ᵉ édit.

Les Guerres de la Réforme, par J. BASTIDE. 4ᵒ édit.

La France au moyen âge, par F. MORIN.

* **Jeanne d'Arc**, par Fréd. LOCK.

Décadence de la monarchie française, par Eug. PELLETAN. 4ᵉ édit.

* **La Révolution française**, par CARNOT, sénateur (2 volumes).

* **La Défense nationale en 1792**, par P. GAFFAREL.

* **Napoléon Iᵉʳ**, par Jules BARNI.

* **Histoire de la Restauration**, par Fréd. LOCK. 3ᵉ édit.

* **Histoire de la marine française**, par Alfr. DONEAUD. 2ᵉ édit.

* **Histoire de Louis-Philippe**, par Edgar ZEVORT. 2ᵉ édit.

Mœurs et Institutions de la France, par P. BONDOIS. 2 volumes.

Léon Gambetta, par J. REINACH.

PAYS ÉTRANGERS

* **L'Espagne et le Portugal**, par E. RAYMOND. 2ᵉ édition.

Histoire de l'empire ottoman, par L. COLLAS. 2ᵉ édit.

* **Les Révolutions d'Angleterre**, par Eug. DESPOIS. 3ᵉ édit.

Histoire de la maison d'Autriche, par Ch. ROLLAND. 2 édit.

L'Europe contemporaine (1789-1879), par P. BONDOIS.

Histoire contemporaine de la Prusse, par Alfr. DONEAUD.

Histoire contemporaine de l'Italie, par Félix HENNEGUY.

Histoire contemporaine de l'Angleterre, par A. REGNARD.

HISTOIRE ANCIENNE

La Grèce ancienne, par L. COMBES, conseiller municipal de Paris. 2ᵉ éd.

L'Asie occidentale et l'Égypte, par A. OTT. 2ᵉ édit.

L'Inde et la Chine, par A. OTT.

Histoire romaine, par CREIGHTON.

L'Antiquité romaine, par WILKINS (avec gravures).

GÉOGRAPHIE

* **Torrents, fleuves et canaux de la France**, par H. BLERZY.

* **Les Colonies anglaises**, par le même.

Les Iles du Pacifique, par le capitaine de vaisseau JOUAN (avec 1 carte).

* **Les Peuples de l'Afrique et de l'Amérique**, par GIRARD DE RIALLE.

* **Les Peuples de l'Asie et de** l'Europe, par le même.

L'Indo-Chine française, par FAQUE.

* **Géographie physique**, par GEIKIE, prof. à l'Univ. d'Edimbourg (avec fig.).

* **Continents et Océans**, par GROVE (avec figures).

Les Frontières de la France, par P. GAFFAREL.

COSMOGRAHPIE

* **Les Entretiens de Fontenelle sur la pluralité des mondes**, mis au courant de la science par BOILLOT.

* **Le Soleil et les Étoiles**, par ZURCHER et MARGOLLÉ.

A travers le ciel, par AMIGUES.

Origines et Fin des mondes, par Ch. RICHARD. 3ᵉ édit.

SCIENCES APPLIQUÉES

* Le Génie de la science et de l'industrie, par B. GASTINEAU.

* Causeries sur la mécanique, par BROTHIER. 2ᵉ édit.

Médecine populaire, par le docteur TUREK. 4ᵉ édit.

La Médecine des accidents, par le docteur BROQUÈRE.

Les maladies épidémiques (Hygiène et Protection), par le docteur L. MONIN.

* Hygiène générale, par le docteur L. CRUVEILHIER. 6ᵉ édit.

Petit Dictionnaire des falsifications, avec moyens faciles pour les reconnaître, par DUFOUR.

Les Mines de la France et de ses colonies, par P. MAIGNE.

Les Matières premières et leur emploi dans les divers usages de la vie, par H. GENEVOIX.

La Machine à vapeur, par H. GOSSIN, avec figures.

La Photographie, par le même, avec figures.

La Navigation aérienne, par G. DALLET (avec figures).

L'Agriculture française, par A. LARBALÉTRIER, avec figures.

SCIENCES PHYSIQUES ET NATURELLES

Télescope et Microscope, par ZURCHER et MARGOLLÉ.

* Les Phénomènes de l'atmosphère, par ZURCHER. 4ᵉ édit.

* Histoire de l'air, par Albert LÉVY.

* Histoire de la terre, par le même.

* Principaux faits de la chimie, par SAMSON, prof. à l'Éc. d'Alfort. 5ᵉ édit.

Les Phénomènes de la mer, par E. MARGOLLÉ. 5ᵉ édit.

* L'Homme préhistorique, par L. ZABOROWSKI. 2ᵉ édit.

* Les Grands Singes, par le même.

Histoire de l'eau, par JOUANT.

* Introduction à l'étude des sciences physiques, par MORAND. 5ᵉ édit.

* Le Darwinisme, par E. FERRIÈRE.

* Géologie, par GEIKIE (avec fig.).

* Les Migrations des animaux et le Pigeon voyageur, par ZABOROWSKI.

* Premières Notions sur les sciences, par Th. HUXLEY.

La Chasse et la Pêche des animaux marins, par le capitaine de vaisseau JOUAN.

Les Mondes disparus, par L. ZABOROWSKI (avec figures).

* Zoologie générale, par H. BEAUREGARD, aide-naturaliste au Muséum (avec figures).

PHILOSOPHIE

La Vie éternelle, par ENFANTIN. 2ᵉ éd.

Voltaire et Rousseau, par Eug. NOEL. 3ᵉ édit.

* Histoire populaire de la philosophie, par L. BROTHIER. 3ᵉ édit.

* La Philosophie zoologique, par Victor MEUNIER. 2ᵉ édit.

* L'Origine du langage, par L. ZABOROWSKI.

Physiologie de l'esprit, par PAULIAN (avec figures).

L'Homme est-il libre? par RENARD. 2ᵉ édition.

La Philosophie positive, par le docteur ROBINET. 2ᵉ édit.

ENSEIGNEMENT. — ÉCONOMIE DOMESTIQUE

* De l'Éducation, par Herbert Spencer.

La Statistique humaine de la France, par Jacques BERTILLON.

Le Journal, par HATIN.

De l'Enseignement professionnel, par CORBON, sénateur. 3ᵉ édit.

* Les Délassements du travail, par Maurice CRISTAL. 2ᵉ édit.

Le Budget du foyer, par H. LENEVEUX.

* Paris municipal, par le même.

* Histoire du travail manuel en France, par le même.

L'Art et les Artistes en France, par Laurent PICHAT, sénateur. 4ᵉ édit.

Premiers principes des beaux-arts, par J. COLLIER.

Économie politique, par STANLEY JEVONS. 3ᵉ édit.

* Le Patriotisme à l'école, par JOURDY, capitaine d'artillerie.

Histoire du libre échange en Angleterre, par MONGREDIEN.

Économie rurale et agricole, par PETIT.

Les Industries d'art, par Achille MERCIER.

www.ingramcontent.com/pod-product-compliance
Lightning Source LLC
Chambersburg PA
CBHW060424200326
41518CB00009B/1477